野外调查

野外调查

野外调查

野外调查

野外调查

河池药用植物种质资源库

小叶假糙苏育苗基地

石生黄堇育苗基地

青蒿种植基地

山豆根种植基地

地不容种植基地

专家进行栽培技术指导

广西
河池药用植物资源

韦国旺　唐健民　黄甫克
邹　蓉　岑华飞　韦　霄　主编

广西科学技术出版社
·南宁·

图书在版编目（CIP）数据

广西河池药用植物资源 / 韦国旺等主编. —南宁：广西科学技术出版社，2024.1
ISBN 978-7-5551-2190-9

Ⅰ.①广… Ⅱ.①韦… Ⅲ.①药用植物—植物资源—河池 Ⅳ.① Q949.95

中国国家版本馆 CIP 数据核字（2024）第 091482 号

广西河池药用植物资源
韦国旺　唐健民　黄甫克　邹　蓉　岑华飞　韦　霄　**主编**

责任编辑：吴桐林　　装帧设计：梁　良
责任校对：夏晓雯　　责任印制：陆　弟

出 版 人：梁　志　　出版发行：广西科学技术出版社
社　　址：南宁市东葛路 66 号　　邮政编码：530023
网　　址：http://www.gxkjs.com

印　　刷：广西民族印刷包装集团有限公司
开　　本：889mm × 1194mm　1/16
字　　数：1010 千字　　印　　张：38
版　　次：2024 年 1 月第 1 版　　印　　次：2024 年 1 月第 1 次印刷
书　　号：ISBN 978-7-5551-2190-9
定　　价：298.00 元

《广西河池药用植物资源》编委会

主　编：韦国旺　唐健民　黄甫克　邹　蓉　岑华飞　韦　霄

副主编：韦良炬　丁　涛　叶开玉　曾丹娟　张晓声　蒋昊龙

编　委（按姓氏音序排列）：

蔡欣茹　柴胜丰　陈　锋　陈绍凤　陈泰国　陈宗游

邓丽丽　丰　硕　高丽梅　何国华　何忠会　胡真真

黄兰爱　江海都　蒋运生　蓝　锐　刘　铭　龙　声

龙　跃　卢　励　欧乃坚　潘李泼　潘鑫峰　盘　波

彭丽辉　盛　双　施　燚　史艳财　唐凤鸾　田寒露

王　丽　韦彬琳　冼康华　谢君理　熊雅兰　熊忠臣

杨一山　郑凯文　钟文彤　朱成豪　朱显亮　朱鑫鑫

摄　影（按姓氏音序排列）：

岑华飞　丁　涛　唐健民　韦　霄　冼康华　徐晔春

严岳鸿　叶开玉　朱鑫鑫　邹　蓉

参编单位：河池市科学技术情报研究所（广西科学院河池分院）

广西壮族自治区中国科学院广西植物研究所

河池市卫生健康委员会

前言

2019年10月20日发布的《中共中央 国务院关于促进中医药传承创新发展的意见》指出，中医药学是中华民族的伟大创造，是中国古代科学的瑰宝，也是打开中华文明宝库的钥匙，为中华民族繁衍生息作出了巨大贡献，对世界文明进步产生了积极影响。党和政府高度重视中医药工作，特别是党的十八大以来，以习近平同志为核心的党中央把中医药工作摆在更加突出的位置，中医药改革发展取得显著成绩。同时也要看到，中西医并重方针仍需全面落实，遵循中医药规律的治理体系亟待健全，中医药发展基础和人才建设还比较薄弱，中药材质量良莠不齐，中医药传承不足、创新不够、作用发挥不充分，迫切需要深入实施中医药法，采取有效措施解决以上问题，切实把中医药这一祖先留给我们的宝贵财富继承好、发展好、利用好。应强化中药材道地产区环境保护，修订中药材生产质量管理规范，推行中药材生态种植、野生抚育和仿生栽培；加强珍稀濒危野生药用动植物保护，支持珍稀濒危中药材替代品的研究和开发利用等工作，为中医药传承创新发展提供保障。

中医药是我国传统医学的重要组成部分，在国家科技发展战略中占有重要地位（刘燕华，2005）。中药资源是我国人民在长期与自然和疾病作斗争的过程中利用当地自然资源的经验总结，是中华民族的文化瑰宝（史艳财等，2020）。中药资源是中药产业和中医药事业发展的重要物质基础，是国家的战略性资源，中医药的传承与发展依靠丰富的中药资源作支撑，而药用植物资源正是中药资源的一个重要组成部分。随着中国共产党实现第一个百年奋斗目标，全面建成小康社会，人民对健康的追求日益强烈，对中医药的需求也日益增长，但人们对于合理开发利用药用植物资源的认知还没有达到相应的高度，导致药用植物资源的可持续发展陷入困境。如今，全球范围内兴起了回归自然的热潮，中医疗法开始受到更多的关注，药用植物也越来越受到人们的青睐。

我国幅员辽阔，气候多样，地形地貌复杂多变，资源充足。这也使得我国的药用植物资源十分丰富。据第三次全国中药资源普查结果，我国有中药资源种类12807种，其中药用植物就有11146种（包括种下单位），隶属383科2309属，占中药资源种类的87%。这充分说明药用植物资源在中药资源中占主要地位。在这11146种药用植物中，临床常用的有700多种，其中300多种已实现人工种植。我国不但有十分丰富的药用植物资源，而且对于药用植物的利用历史悠久且涉及面广。特别是我国作为一个统一的多民族国家，许多不同的民族（如藏族、壮族、瑶族）对于中药及民族药的研究和使用都有各自独到且深入的理解，这也让我国在长久的历史进程中积累了大量的用药经验，并且形成了具有强烈民族特色的中医文化。

广西壮族自治区位于我国南部，陆地总面积达到2.376×10^5 km^2，占我国陆地总面积的2.48%，地跨北热带、南亚热带和中亚热带，气温高，热量足，雨量充沛，地形复杂，生境多样化，造就了种类繁多的植物资源，故而药用植物资源也相当丰富。其物种多样性仅次于云南和四川，在全国排名第三。据第三次全国中药资源普查可知，广西有中药资源4623种，其中药用植物有4094种，包括藻类、真菌、地衣和苔藓植物57科81属125种，蕨类植物46科88属255种，裸子植物9科17属34种，被子植物212科1326属3680种。广西是一个多民族聚居的自治区，生活在此的壮族、瑶族、苗族、侗族、仫佬族、毛南族等少数民族均在长期的研究实践中形成了各自独特的民族医药文化。虽然我国如今已经十分重视中医药的保护与研究，但是对于广西药用植物资源的保护和开发工作还需更加深入、更加细致及更具创新，只有这样才能够使多种多样的药用植物资源发挥其应有的作用，进而使我国的中医药产业得到更好的发展。

河池市（以下简称河池）位于广西西北部，地处云贵高原南缘，为低纬度气候带，属亚热带季风区，热量丰富，光照充足，雨量充沛，无霜期长，雨热同期。市内地形多样，结构复杂，地势西北高东南低，是广西喀斯特地貌出露面积最多的城市，也是广西喀斯特地貌出露类型最多的城市，是名副其实的“喀斯特王国”。全市有壮族、汉族、瑶族、苗族、侗族、仫佬族、毛南族、水族等8个世居民族，具有深厚的历史文化底蕴和丰富的中医药民族医药资源。多因素交织形成其得天独厚的中药材产业发展优势。

河池错综复杂的地形地貌与优越的气候条件孕育了丰富的植物资源，其中药用植物资源所占比重最大。药用植物资源是中医药的原料，是中药产业发展的基石。但由于对药用植物资源合理开发与可持续利用认识不足及相关保护政策不健全，加上过度采挖、经济发展、环境破坏等原因，以及长期以来对野生生物资源的评估和可持续利用不够重视，导致一些药用植物资源逐渐减少，甚至面临枯竭。随着人们生活质量的提高，对植物药品和产品提出了更高的要求，其核心就是要提高药用植物资源的质量。

针对河池药用植物资源流失以及资源保护体制机制不健全的局面，急需围绕河池珍稀药用植物生物多样性保护及可持续利用的关键科学技术问题，对河池的药用植物资源进行全面系统的调查，摸清河池药用植物的基本情况，保证药用植物资源的可持续发展。为此，我们采用文献查阅、实地调查、访问调查和室内整理等方法对河池野生药用植物进行调查，通过整理资料，编制出河池药用植物名录；并对河池药用植物资源的种类组成特点、性状、药用部位和性味进行归纳，为河池药用植物资源的可持续发展提供基础资料。同时，我们对河池中药材产业发展现状、发展优势和发展中存在的主要问题进行系统整理和分析，并提出产业发展对策和建议，为河池中药材产业高质量发展提供参考。

本书分为总论和各论两个部分。总论部分包括五章：第一章介绍河池自然地理概况；第二章阐述调查目的、内容和方法；第三章进行河池药用植物资源分析；第四章介绍河池野生珍稀濒危和特有药用植物资源；第五章论述河池药用植物资源的利用与中药材产业的可持续发展。各论部分共收集河池主要国家重点保护野生药用植物51种及常见药用植物486种。此外，书后附有河池药用植物名录供读者查阅。

在野外调查和编写过程中，在主编团队的策划和指导下，项目组成员团结协作，分工明确，充分发挥不怕困难、艰苦奋斗、无私奉献的精神，克服了调查范围广、石山攀爬艰难、危险性大以及天气炎热、毒虫叮咬等诸多困难，高效、优质完成了项目的野外调查及种质采集任务。书中各种药用植物的性味及功效主要参考《广西药用植物名录》《药用植物辞典》《中药大辞典》《中华人民共和国药典》《全国中草药汇编》《中国中药资源志要》《中国中草药志》等资料。在此一并表示衷心的感谢。

本书研究成果获以下项目的资助：国家重点研发计划课题No.2022YFF1300703；河池市科技计划项目《喀斯特药食两用植物种质资源保护研究与开发》（河科AB210306）；中国科学院“西部之光”计划（2022）；广西林业科技推广示范项目（［2022］GT23号）；广西首批高端智库建设试点单位研究成果项目（桂科院ZL202302和ZL202307）；广西植物功能与资源持续利用重点实验室自主研究课题（ZRJJ2022-2和ZRJJ2022-9）；广西植物研究所基本业务费项目（桂植业22008）；广西重点研发计划（桂科AB22080097）；广西中医药事业传承与发展补助资金项目。

由于编者水平有限，书中内容难免有疏漏和不足之处，敬请广大读者批评指正。

编者

2023年10月于广西河池

目　录

第一部分　总论

第一章　河池自然地理概况 …… 2
第二章　调查目的、内容和方法 …… 4
第三章　河池药用植物资源分析 …… 6
第四章　河池野生珍稀濒危和特有药用植物资源 …… 26
第五章　河池药用植物资源的利用与中药材产业的可持续发展 …… 31

第二部分　各论

第一章　河池主要国家重点保护野生药用植物 …… 42
第二章　河池常见药用植物 …… 68

附录

河池药用植物名录 …… 312

参考文献 …… 592

第一部分 总论

第一章　河池自然地理概况

一、地理位置

河池市（以下简称河池）地处广西西北部、云贵高原南缘，是大西南通向沿海港口的重要通道，东连柳州市、来宾市，南界南宁市，西接百色市，北邻贵州省黔南布依族苗族自治州，水平分布范围为 106° 34′ ～ 109° 09′ E、23° 41′ ～ 25° 37′ N。

二、地质地貌

河池山多地少，岩溶广布，是主要的喀斯特地貌景观旅游资源分布区，喀斯特地貌面积为 2.18×10^4 km^2，占全市土地总面积的 65.07%，占广西喀斯特地貌总面积的 24.34%，是广西喀斯特地貌出露面积最多的城市，也是广西喀斯特地貌出露类型最多的城市，是名副其实的“喀斯特王国”。全市喀斯特地貌大石山区人均耕地不足 0.3 亩*，除宜州区外，其他 10 个县区均属于滇桂黔石漠化片区。

三、气候

河池地处低纬度地区，属亚热带季风气候区。夏季长而炎热，冬季短而暖和，热量丰富，光照充足，雨量充沛，无霜期长，大部分地区年日照时数都在 1447 ～ 1600 h。气温较高，年平均气温一般都在 16.9 ～ 21.5℃，南部与北部气温相差约 6℃，大部分地区没有严冬。全市年平均降水量一般在 1200 ～ 1600 mm。

四、水文

河池水资源丰富，境内有大小河流 635 条，其中流域面积 50 km^2 以上的河流有 172 条。市内的河流主要为红水河、龙江及其支流，属珠江水系。除蕴藏着巨大水力资源外，某些河段如红水河流经的天峨“小三峡”、大化板兰峡谷和龙江及其支流流经的六甲峡谷、大小环江、下枧河、古龙河、罗城怀群剑江等也有一定的旅游观赏价值。河池多年平均水资源总量为 2.818×10^{10} m^3，是全国有名的“水电之乡”，水力资源蕴藏量 1.2×10^7 kW，可开发量 9.8×10^6 kW，占广西可开发量的 58.5%，大型水电站资源占广西水电站总资源的 70%。

五、矿产资源

河池行政区划内已发现矿产地 534 处，其中大型矿产地 95 处、中型矿产地 114 处、小型矿产地

---

* 1 亩 ≈ 667 m^2。

325处。共发现矿产53种，金属矿产有锡、铅、锌、锑、金、铜、银、铝、铁等，能源矿产有煤、石煤等，非金属矿产有方解石、石灰岩、白云岩、辉绿岩等，水气矿产有矿泉水、地热等。主要分布在南丹县、环江毛南族自治县、罗城仫佬族自治县、金城江区。

六、植被类型

河池森林面积为2.3977×10^6 hm^2，全市森林覆盖率71.6%。全市拥有自然保护区6处，其中国家级自然保护区2处，自治区级自然保护区3处，县级自然保护区1处，总面积6.98×10^4 hm^2，占河池土地总面积的2.08%。全市有国家级湿地公园3处，总面积1.97488×10^3 hm^2。全市湿地总面积4.77×10^4 hm^2，包括河流湿地2.65×10^4 hm^2，湖泊湿地1.50946×10^3 hm^2，沼泽湿地35.22 hm^2，人工湿地1.96×10^4 hm^2。

七、民族概况

河池是一座以壮族为主的多民族聚居城市，辖5个民族自治县（罗城仫佬族自治县、环江毛南族自治县、巴马瑶族自治县、都安瑶族自治县、大化瑶族自治县）和11个民族乡（北牙瑶族乡、福龙瑶族乡、驯乐苗族乡、八圩瑶族乡、里湖瑶族乡、中堡苗族乡、八腊瑶族乡、三弄瑶族乡、平乐瑶族乡、江洲瑶族乡、金牙瑶族乡），有壮族、汉族、瑶族、苗族、侗族、仫佬族、毛南族、水族等8个世居民族。

第二章　调查目的、内容和方法

一、调查目的和意义

全面了解河池药用植物资源的种类、数量、地理分布和产业发展现状等情况，为广西药用植物资源评估提供基础资料。对河池药用植物资源进行系统分析，并提出有效的保护和利用对策。为河池药用植物资源的可持续利用以及药用植物产业化发展提供依据。

二、调查内容

（1）调查河池药用植物资源的种类、地理分布，完成河池药用植物名录编写。（2）分析河池药用植物资源的特点、植物性状、资源类型、药用部位和疗效等。（3）开展河池中药材产业发展现状及发展对策研究。

三、调查方法

（一）文献查阅

通过各种途径调查与收集整理相关的文献、调查报告，包括河池市志、中药植物资源名录、药典、药用植物学专著、药用植物相关论文和报告等，制订具体的调查预案。

（二）野外调查

采用样线法，在河池市内于不同季节、不同物候期、不同生境进行多次野外药用植物资源调查，调查路线覆盖整个市域。对所采集的植物进行拍照、GPS 定位；对重要和特有的植物种类进行种子或枝条材料的收集，并对其信息做详细记录，包括采集地点、采集人、采集日期、生境、性状、经纬度、海拔、坡向、坡位、坡度等。

（三）访问调查

结合查阅到的相关文献资料，对河池的药农、药材市场进行访问调查，详细记录各种药用植物的收购量、药效及使用方法。

（四）整理分析

（1）编写河池药用植物名录。对采集到的植物标本及拍摄的照片进行整理和鉴定。查阅《中国植物志》、*Flora of China*、《中国高等植物》、《中国高等植物科属检索表》、《广西植物志》（第一至第六卷）、《广西蕨类植物图谱》（第一卷）、《蕨类植物学》、《广西植物名录》、中国植物图像库、中国数字植物标本馆等书籍或网络数据库进行植物标本鉴定。借助植物药学著作《广西药用植物名录》《药用植物辞典》《中药大辞典》《中华人民共和国药典》《全国中草药汇编》《中国中药资源志要》《中国中草药志》等资料，完善河池药用植物名录中各种药用植物的药用部位、功效等信息。

（2）进行河池药用植物资源现状分析。结合河池药用植物名录信息、市场调查信息和访问调查信息，对河池药用植物的种类组成特点、植物性状、药用部位、性味等进行分析，并统计河池珍稀濒危药用植物资源和特有药用植物资源相关信息。

（3）通过实地调研和数据收集等方法对河池药用植物资源和中药材产业现状、发展优势及发展存在的主要问题进行整理分析，提出河池药用植物资源和中药材产业可持续发展建议及对策，为河池市中药材产业高质量发展提供参考。

第三章　河池药用植物资源分析

一、河池药用植物种类组成特点

经对河池药用植物资源进行整理统计可知（表 3-1），河池有药用植物 233 科 788 属 2011 种（包括种下单位，下同）。从药用植物资源种的数量来看，河池药用植物资源种数占广西药用植物资源种数的 49.12%，占全国药用植物资源种数的 18.04%，充分说明河池药用植物资源十分丰富。

表 3-1　河池药用植物资源与广西及全国药用植物资源数据比较

项目	科	属	种
河池药用植物资源	233	788	2011
广西药用植物资源	324	1512	4094
河池药用植物资源占广西药用植物资源比重	71.91%	52.12%	49.12%
全国药用植物资源	383	2309	11146
河池药用植物资源占全国药用植物资源比重	60.83%	34.13%	18.04%

通过对河池药用植物各科所含种数进行统计分析可知（表 3-2），河池药用植物中含仅 1 种的药用植物科有 51 科，占河池药用植物总科数的 21.89%，共有 51 种，占河池药用植物总种数的 2.54%；含 2 ～ 5 种的药用植物科有 97 科，占河池药用植物总科数的 41.63%，共有 299 种，占河池药用植物总种数的 14.87%；含 6 ～ 10 种的药用植物科有 31 科，占河池药用植物总科数的 13.30%，共有 234 种，占河池药用植物总种数的 11.64%；含 11 ～ 20 种的药用植物科有 27 科，占河池药用植物总科数的 11.59%，共有 384 种，占河池药用植物总种数的 19.09%；含超过 50 种的药用植物科有 6 科，占河池药用植物总科数的 2.58%，共有 413 种，占河池药用植物总种数的 20.54%。由于含 1 ～ 10 种的药用植物科有 179 科，占河池药用植物总科数的 76.82%，含 10 种以上的药用植物科数占河池药用植物总科数的 23.18%，说明河池药用植物有优势科现象。河池药用植物资源所含种数较多的科中，含超过 50 种的有菊科、兰科、蔷薇科、蝶形花科、茜草科、大戟科；含 21 ～ 50 种的有禾本科、莎草科、水龙骨科、番荔枝科、毛茛科、葫芦科、大戟科、荨麻科、卫矛科、芸香科、紫金牛科、百合科；含 11 ～ 20 种的有凤尾蕨科、铁角蕨科、小檗科、蓼科、苏木科、葡萄科、桑寄生科、五加科、伞形科、木犀科、天南星科。

表 3-2　河池药用植物各科所含种数统计分析

科所含种数	科数	占总科数比例	主要科	含种数	占总种数比例
1	51	21.89%	列当科	51	2.54%
2 ～ 5	97	41.63%	八角枫科	299	14.87%
6 ～ 10	31	13.30%	卷柏科	234	11.64%
11 ～ 20	27	11.59%	凤尾蕨科、铁角蕨科	384	19.09%
21 ～ 50	21	9.01%	禾本科、莎草科	630	31.33%
＞ 50	6	2.58%	菊科、兰科	413	20.54%
合计	233	100.00%		2011	100.00%

对河池药用植物各属所含种数进行统计分析可知（表 3-3），河池药用植物中，含仅 1 种的药用植物属占优势；含 1 ～ 10 种的药用植物属有 769 种，占总属数的 97.59%，共包括 1727 种，是河池药用植物资源的主要组成部分，也说明河池药用植物多样性丰富。

表 3-3　河池药用植物各属所含种数统计分析

属所含种数	属数	占总属数比例	主要属	含种数	占总种数比例
1	391	49.62%	苏铁属、银杏属	388	19.29%
2 ～ 5	325	41.24%	松属、豇豆属	934	46.44%
6 ～ 10	53	6.73%	远志属、堇菜属	405	20.14%
11 ～ 20	17	2.16%	铁线莲属、大青属	233	11.59%
＞ 20	2	0.25%	榕属	51	2.54%
合计	788	100.00%		2011	100.00%

二、河池药用植物资源分析

（一）药用植物性状分析

根据河池药用植物的不同性状，将它们分为藤本，小乔木和乔木，灌木、半灌木和攀缘灌木，草本四大类进行统计分析（表 3-4）。

表 3-4　河池药用植物性状

类别	种数	占总种数比例
藤本	351	17.45%
小乔木和乔木	359	17.85%
灌木、半灌木和攀缘灌木	402	20.00%
草本	899	44.70%
合计	2011	100.00%

由表 3-4 可知，河池药用植物资源中草本类所占比例最大，共有 899 种，占河池药用植物总种数的 44.70%；其次是灌木、半灌木和攀缘灌木类，共有 402 种，占河池药用植物总种数的 20.00%；小乔木和乔木类及藤本类所占的比例相差不大，分别为 359 种和 351 种，占河池药用植物总种数的 17.85% 和 17.45%。草本类及灌木、半灌木和攀缘灌木类共有 1301 种，占河池药用植物总种数的 64.70%，是河池药用植物的主要组成部分。

（二）药用植物药用部位分析

同一种植物的不同部位所含成分不同，所含有效成分也有所差异。根据药用部位的不同将河池药用植物分为全株、根及根茎、茎、树皮、叶、花、果、种子共 8 类进行统计分析（如同种药用植物有多个药用部位，则按主要药用部位进行统计）。其中根及根茎包括根、根茎、根皮、块根、块茎、鳞茎和埋于地下的球茎；茎包括茎、茎髓、地上球茎和假鳞茎；叶包括叶和嫩梢；花包括花蕾、花和花序；

果包括果和果序。

由表 3-5 可知，河池药用植物中药用部位为全株的药用植物所占比例最大，共有 701 种，占河池药用植物总种数的 34.86%；其次为根及根茎部位，共有 547 种，占河池药用植物总种数的 27.20%；往后依次为叶、茎、树皮、种子、花、果，药用部位为果的药用植物仅有 56 种，占河池药用植物总种数比例最小。药用部位为全株和根及根茎的药用植物占大多数，共 1248 种，占总种数的 62.06%，这种现象对药用植物的影响是巨大的，因为挖了全株、根或根茎，就意味着植株的死亡，这对药用植物资源的可持续利用相当不利。因此在对药用植物进行采收利用时，应注意适度，兼顾药用植物资源的繁衍更新，以期实现资源的可持续合理利用。

表 3–5　河池药用植物药用部位统计

药用部位	种数	占总种数比例
全株	701	34.86%
根及根茎	547	27.20%
茎	182	9.05%
树皮	93	4.62%
叶	271	13.48%
花	75	3.73%
果	56	2.78%
种子	86	4.28%
合计	2011	100.00%

（三）药用植物的性味分析

按照中医理论，中药有四气五味，指的是中药的药性和药味，即性味。四气，是指中药有寒、热、温、凉 4 种药性。寒、凉和温、热是对立的 2 类药性；寒和凉之间、热和温之间药性相同，但在程度上有所差别，温次于热，凉次于寒。还有一些中药的药性较为平和，称为平性。由于平性药没有寒凉药或温热药的作用显著，在实践中多提寒、热、温、凉 4 种药性。五味，是指中药有酸、苦、甘、辛、咸 5 种不同的药味，主要由味觉器官辨别区分。临床治疗中发现有些中药还具有淡味或涩味，因而实际上中药的药味不止 5 种，只是因为五味是最基本的 5 种药味，所以仍然称为五味。

将药性已有资料记载的 1186 种河池药用植物分为寒、热、温、凉、平 5 种类型进行统计分析。可知药用部位为寒性的药用植物有 251 种，如海金沙（*Lygodium japonicum*）、虎杖（*Reynoutria japonica*）、青牛胆（*Tinospora sagittata*）等（表 3-6）；药用部位为凉性的药用植物有 335 种，如水龙（*Ludwigia adscendens*）、紫茉莉（*Mirabilis jalapa*）、藿香蓟（*Ageratum conyzoides*）等（表 3-7）；药用部位为温性的药用植物有 267 种，如何首乌（*Fallopia multiflora*）、五月茶（*Antidesma bunius*）、滇丁香（*Luculia pinceana*）等（表 3-8）；药用部位为热性的药用植物有 4 种，即乌头（*Aconitum carmichaelii*）、扬子毛茛（*Ranunculus sieboldii*）、荜拔（*Piper longum*）、辣椒（*Capsicum annuum*）（表 3-9）；药用部位为平性的药用植物有 329 种，如桃金娘（*Rhodomyrtus tomentosa*）、广寄生（*Taxillus chinensis*）、多花黄精（*Polygonatum cyrtonema*）等（表 3-10）。

表3-6　河池寒性药用植物

种名	性味	种名	性味
有柄马尾杉	味甘、淡，性微寒	针毛蕨	味苦，性寒
薄叶卷柏	味苦、辛，性寒	金星蕨	味苦，性寒
桂皮紫萁	味苦、涩，性微寒	红色新月蕨	味苦，性寒
紫萁	味苦，性微寒	镰羽贯众	味苦，性寒
宽叶紫萁	味苦，性寒	厚叶贯众	味苦，性寒
海金沙	味甘、咸，性寒	对生耳蕨	味酸、涩，性微寒
小叶海金沙	味甘、微苦，性寒	对马耳蕨	味苦，性寒
二回边缘鳞盖蕨	味苦，性寒	矩圆线蕨	味甘，性微寒
边缘鳞盖蕨	味苦，性寒	抱石莲	味甘、苦，性寒
乌蕨	味微苦，性寒	广叶星蕨	味甘，性寒
蕨	味甘，性寒	石韦	味甘、苦，性微寒
凤尾蕨	味淡、微苦，性寒	中华剑蕨	味苦，性微寒
井栏凤尾蕨	味淡、微苦，性寒	蘋	味甘，性寒
毛轴碎米蕨	味微苦，性寒	槐叶蘋	味辛，性寒
野雉尾金粉蕨	味苦，性寒	满江红	味辛，性寒
日本柳杉	味苦，性寒	侧柏	味苦、涩，性寒
篦子三尖杉	味苦、涩，性寒	香叶树	味涩、微辛，性微寒
沙叶铁线莲	味苦、辛，性寒	盾叶唐松草	味苦，性寒
单花小檗	味苦，性寒	短序十大功劳	味苦，性寒
长柱十大功劳	味苦，性寒	宽苞十大功劳	味苦，性寒
南天竹	味苦，性寒	鹰爪枫	味微苦，性寒
粉叶轮环藤	味苦，性寒	轮环藤	味苦，性寒
苍白秤钩风	味微苦，性寒	粪箕笃	味苦，性寒
青牛胆	味苦，性寒	长叶马兜铃	味苦，性寒
管花马兜铃	味微苦、辛，性微寒	蕺菜	味辛，性微寒
三白草	味甘、辛，性寒	博落回	味苦、辛，性寒
广州山柑	味苦，性寒	七星莲	味苦，性寒
柔毛堇菜	味辛、苦，性寒	长萼堇菜	味苦、微辛，性寒
落地生根	味微苦、酸，性寒	虎耳草	味苦、辛，性寒
马齿苋	味酸，性寒	荞麦	味甘，性寒
虎杖	味微苦，性微寒	羊蹄	味苦、酸，性寒
刺酸模	味酸、苦，性寒	商陆	味苦，性寒
垂序商陆	味苦，性寒	土牛膝	味苦、酸，性微寒
白花苋	味辛，性微寒	青葙	味苦，性寒
酢浆草	味酸，性寒	水苋菜	味苦、涩，性微寒
毛草龙	味苦、微辛，性寒	了哥王	味苦、辛，性寒

续表

种名	性味	种名	性味
马桑	味苦、辛，性寒	南岭柞木	味苦、涩，性寒
毛叶南岭柞木	味苦、涩，性寒	西瓜	味甘，性寒
菜瓜	味甘，性寒	甜瓜	味甘，性寒
王瓜	味苦，性寒	长萼栝楼	味甘、苦，性寒
截叶栝楼	味甘，性寒	周裂秋海棠	味酸，性微寒
食用秋海棠	味酸、涩，性寒	长柄秋海棠	味酸，性寒
元宝草	味苦、辛，性寒	黄蜀葵	味甘、苦，性寒
垂花悬铃花	味苦，性寒	大戟	味苦、辛，性寒
一品红	味苦、涩，性寒	水柳	味苦，性寒
中平树	味辛、苦，性寒	毛桐	味苦，性寒
山乌桕	味苦，性寒	油桐	味甘、微辛，性寒
木油桐	味甘、微辛，性寒	常山	味苦、辛，性寒
马桑绣球	味甘，性寒	蛇莓	味甘、酸，性寒
三叶委陵菜	味苦，性微寒	蛇含委陵菜	味苦，性微寒
猴耳环	味苦、涩，性寒	海红豆	味微苦、辛，性微寒
小籽海红豆	味微苦、辛，性微寒	紫云英	味微辛、微甘，性寒
假木豆	味辛、甘，性寒	中南鱼藤	味苦，性寒
多叶越南槐	味苦，性寒	绿豆	味甘，性寒
云南野豇豆	味苦，性寒	长叶柄野扇花	味苦、涩、微辛，性寒
垂柳	味苦，性寒	紫弹树	味甘，性寒
光叶山黄麻	味甘、淡，性微寒	斜叶榕	味苦，性寒
桑	味甘、苦，性寒	鸡桑	味甘、辛，性寒
广西紫麻	味辛，性寒	长茎冷水花	味苦，性寒
多枝雾水葛	味苦，性寒	冻绿	味苦，性寒
梗花雀梅藤	味苦，性寒	乌蔹莓	味苦、酸，性寒
毛乌蔹莓	味苦、酸，性寒	蜜茱萸	味苦，性寒
楝	味苦，性寒	锐尖山香圆	味苦，性寒
山香圆	味苦，性寒	黄连木	味苦、涩，性寒
盐肤木	味酸、涩，性寒	圆果化香	味苦，性寒
喜树	味苦、辛，性寒	穗序鹅掌柴	味苦、涩，性微寒
通脱木	味甘、淡，性微寒	积雪草	味苦、辛，性寒
九管血	味苦、辛，性寒	剑叶紫金牛	味苦，性寒
月月红	味苦、辛，性寒	杜茎山	味苦，性寒
金珠柳	味苦，性寒	密花树	味淡，性寒
密蒙花	味甘，性微寒	小蜡	味苦，性寒
糖胶树	味苦，性寒	长春花	味苦，性寒

续表

种名	性味	种名	性味
羊角拗	味苦，性寒	大叶鱼骨木	味辛，性寒
马利筋	味苦，性寒	栀子	味苦，性寒
淡竹叶	味甘、淡，性寒	乌檀	味苦，性寒
通光藤	味苦，性寒	九节	味苦，性寒
弯管花	味辛、苦，性寒	钩毛茜草	味苦，性寒
香港大沙叶	味苦、涩，性寒	华南忍冬	味甘，性寒
茜草	味苦，性寒	短柄忍冬	味甘，性寒
钩藤	味甘、苦，性微寒	细毡毛忍冬	味甘，性寒
菰腺忍冬	味甘，性寒	白花败酱	味辛、苦，性微寒
皱叶忍冬	味甘，性寒	黄花蒿	味苦、辛，性寒
荚蒾	味辛、涩、酸，性微寒	野菊	味苦、辛，性寒
牛蒡	味辛、苦，性寒	地胆草	味苦、辛，性寒
天名精	味苦、辛，性寒	白子菜	味甘、淡，性寒
鳢肠	味甘、酸，性寒	黄瓜菜	味甘、微苦，性寒
毛大丁草	味苦、辛，性寒	豨莶	味苦，性寒
千里光	味微苦、辛，性寒	广西斑鸠菊	味苦，性寒
蒲公英	味苦、甘，性寒	车前	味甘，性寒
点地梅	味辛、甘，性微寒	西南山梗菜	味辛，性寒
大车前	味甘，性寒	紫草	味甘、咸，性寒
小花琉璃草	味苦，性寒	喀西茄	味微苦，性寒
番茄	味甘、酸，性微寒	白英	味苦，性微寒
少花龙葵	味微苦、甘，性寒	白花泡桐	味苦，性寒
龙葵	味微苦、甘，性寒	四方麻	味苦，性寒
台湾泡桐	味苦、涩，性寒	穿心莲	味苦，性寒
菜豆树	味苦，性寒	爵床	味微苦，性寒
狗肝菜	味甘、微苦，性寒	马缨丹	味苦，性寒
大青	味苦，性寒	金疮小草	味苦、辛，性寒
豆腐柴	味苦、涩，性寒	益母草	味苦、辛，性微寒
紫背金盘	味苦、辛，性寒	贵州鼠尾草	味辛、苦，性寒
夏枯草	味辛、苦，性寒	韩信草	味辛、苦，性寒
半枝莲	味辛、苦，性寒	野慈姑	味辛，性寒
红茎黄芩	味苦，性寒	鸭跖草	味甘、淡，性寒
饭包草	味苦，性寒	大苞鸭跖草	味甘，性寒
络石	味苦，性微寒	牛轭草	味甘、淡、微苦，性寒
滴锡眼树莲	味甘、微酸，性寒	天门冬	味甘、苦，性寒
毛球兰	味苦，性寒	小花蜘蛛抱蛋	味辛、苦，性寒

续表

种名	性味	种名	性味
矮小山麦冬	味甘、微苦，性微寒	间型沿阶草	味甘、苦，性寒
山麦冬	味甘、微苦，性微寒	海芋	味辛，性寒
万年青	味甘、苦，性寒	爬树龙	味苦，性寒
磨芋	味辛，性寒	蝴蝶花	味苦，性寒
射干	味苦，性寒	白及	味苦、甘、涩，性微寒
黄独	味苦，性寒	流苏石斛	味甘，性微寒
水玉簪	味淡，性寒	美花石斛	味甘，性微寒
泽泻虾脊兰	味辛、苦，性寒	毛葶玉凤花	味苦、甘，性寒
疏花石斛	味甘，性微寒	见血青	味苦，性寒
铁皮石斛	味甘，性微寒	刺子莞	味辛、苦，性寒
镰翅羊耳蒜	味苦、甘，性微寒	白茅	味甘，性寒
灯心草	味甘、淡，性微寒	喜旱莲子草	味苦、甘，性寒
止血马唐	味甘，性寒	鬼针草	味苦，性微寒
闭鞘姜	味辛，性寒	败酱	味苦、辛，性微寒
柊叶	味甘、淡，性微寒	马鞭草	味苦、辛，性微寒
蜘蛛抱蛋	味辛、甘，性微寒	杠板归	味酸，性微寒
弯蕊开口箭	味辛、苦，性寒	蕹菜	味甘，性寒
阔叶山麦冬	味甘、微苦，性微寒		

表3-7　河池凉性药用植物

种名	性味	种名	性味
翠云草	味淡、微苦，性凉	笔管草	味甘、微苦，性凉
瓶尔小草	味微甘、苦，性凉	福建观音座莲	味微苦，性凉
芒萁	味微苦、涩，性凉	中华里白	味微苦、微涩，性凉
华东膜蕨	味涩，性凉	蕗蕨	味苦、涩，性凉
碗蕨	味辛，性凉	鳞始蕨	味淡，性凉
姬蕨	味苦、辛，性凉	毛轴蕨	味涩，性凉
岩凤尾蕨	味甘、苦，性凉	刺齿半边旗	味苦、涩，性凉
疏羽半边旗	味辛，性凉	剑叶凤尾蕨	味淡、涩，性凉
百越凤尾蕨	味苦，性凉	傅氏凤尾蕨	味苦，性凉
狭叶凤尾蕨	味苦、涩，性凉	全缘凤尾蕨	味微苦，性凉
栗柄凤尾蕨	味甘，性凉	半边旗	味苦、辛，性凉
团羽铁线蕨	味微苦，性凉	条裂铁线蕨	味淡、苦，性凉
扇叶铁线蕨	味淡、涩，性凉	白垩铁线蕨	味甘，性凉
凤丫蕨	味苦，性凉	书带蕨	味苦、涩，性凉
中华短肠蕨	味微苦、涩，性凉	毛柄短肠蕨	味微苦，性凉
假蹄盖蕨	味微苦、涩，性凉	长江蹄盖蕨	味苦，性凉

续表

种名	性味	种名	性味
华中介蕨	味淡、涩，性凉	厚叶铁角蕨	味苦，性凉
披针新月蕨	味苦、涩，性凉	乌毛蕨	味苦，性凉
变异铁角蕨	味微涩，性凉	美丽复叶耳蕨	味涩，性凉
狗脊	味苦，性凉	变异鳞毛蕨	味微涩，性凉
贵州贯众	味苦，性凉	华南舌蕨	味苦、辛，性凉
长叶实蕨	味淡，性凉	圆盖阴石蕨	味微苦、甘，性凉
阴石蕨	味甘、淡，性凉	曲边线蕨	味微苦、涩，性凉
线蕨	味微苦、涩，性凉	绿叶线蕨	味微涩，性凉
断线蕨	味淡、涩，性凉	披针骨牌蕨	味微苦、涩，性凉
肉质伏石蕨	味甘、辛，性凉	粤瓦韦	味苦，性凉
鳞果星蕨	味微苦、涩，性凉	盾蕨	味苦，性凉
江南星蕨	味甘、淡、微苦，性凉	相近石韦	味苦、涩，性凉
金鸡脚假瘤蕨	味苦、微辛，性凉	柳叶剑蕨	味微苦，性凉
光石韦	味苦、酸，性凉	绒毛润楠	味苦，性凉
红果黄肉楠	味辛，性凉	金鱼藻	味甘、淡，性凉
钝齿铁线莲	味淡、苦，性凉	八角莲	味甘、微苦，性凉
小八角莲	味甘、苦，性凉	细圆藤	味苦，性凉
三叶木通	味苦，性凉	马山地不容	味苦，性凉
金线吊乌龟	味苦、辛，性凉	北越紫堇	味苦，性凉
石蝉草	味辛，性凉	芸苔	味辛，性凉
石生黄堇	味苦，性凉	珠芽景天	味酸、涩，性凉
无瓣蔊菜	味甘、淡，性凉	落新妇	味苦，性凉
垂盆草	味甘、淡，性凉	荷莲豆草	味微酸、淡，性凉
鸡肫草	味淡，性凉	繁缕	味甘、酸，性凉
漆姑草	味苦、辛，性凉	短毛金线草	味辛、苦，性凉
金线草	味辛、苦，性凉	头花蓼	味苦、辛，性凉
金荞麦	味微辛、涩，性凉	硬毛火炭母	味微酸、微涩，性凉
火炭母	味微酸、微涩，性凉	菠菜	味甘，性凉
小藜	味甘、苦，性凉	莲子草	味微甘、淡，性凉
尾穗苋	味甘，性凉	皱果苋	味甘，性凉
鸡冠花	味甘、涩，性凉	圆叶节节菜	味甘、淡，性凉
水龙	味淡，性凉	小二仙草	味苦，性凉
紫茉莉	味甘、淡，性凉	冬瓜	味甘、淡，性凉
黄瓜	味甘，性凉	绞股蓝	味苦、微甘，性凉
丝瓜	味甘，性凉	苦瓜	味苦，性凉
星毛蕨	味辛，性凉	木鳖子	味苦、微甘，性凉

续表

种名	性味	种名	性味
紫背天葵	味甘、酸，性凉	毛花猕猴桃	味微辛，性凉
量天尺	味甘、淡，性凉	叶底红	味微苦、甘，性凉
仙人掌	味苦，性凉	细叶野牡丹	味苦，性凉
匙萼柏拉木	味涩，性凉	展毛野牡丹	味涩，性凉
地棯	味甘、涩，性凉	旁杞木	味微甘、涩，性凉
野牡丹	味酸、涩，性凉	金丝桃	味苦，性凉
大叶熊巴掌	味甘、微苦，性凉	木棉	味甘、淡，性凉
地耳草	味甘、微苦，性凉	赛葵	味甘、淡，性凉
梧桐	味甘、苦，性凉	粗叶地桃花	味甘、淡，性凉
黄葵	味微甘，性凉	梵天花	味甘、苦，性凉
木槿	味甘、苦，性凉	红背山麻秆	味甘，性凉
白背黄花棯	味甘、辛、涩，性凉	喙果黑面神	味苦、涩，性凉
地桃花	味甘、辛，性凉	飞扬草	味辛、酸，性凉
铁苋菜	味苦、涩，性凉	白饭树	味苦、微涩，性凉
秋枫	味辛、涩，性凉	粗糠柴	味微苦、微涩，性凉
乳浆大戟	味苦，性凉	牛耳枫	味辛、苦，性凉
通奶草	味酸、涩，性微凉	蜡莲绣球	味辛、酸，性凉
算盘子	味苦，性凉	火棘	味苦、涩，性凉
圆叶乌桕	味辛、苦，性凉	沙梨	味甘、涩，性凉
虎皮楠	味苦、涩，性凉	茅莓	味苦、涩，性凉
李	味苦，性凉	亮叶猴耳环	味微苦、辛，性凉
豆梨	味微甘、涩，性凉	含羞草	味甘、涩，性凉
香水月季	味涩，性凉	决明	味苦、甘，性凉
空心泡	味苦、甘、涩，性凉	截叶铁扫帚	味苦、涩，性凉
藤金合欢	味甘、淡，性凉	蔓茎葫芦茶	味甘、微苦，性凉
响铃豆	味苦、辛，性凉	匙叶黄杨	味苦、甘，性凉
葛	味甘、辛，性凉	构树	味甘，性凉
葫芦茶	味苦、涩，性凉	榕树	味微苦、涩，性凉
亮叶桦	味甘、辛，性凉	黄葛树	味涩、微辛，性凉
对叶榕	味淡，性凉	柘	味淡、微苦，性凉
构棘	味淡、微苦，性凉	条叶楼梯草	味微苦、甘，性凉
长叶水麻	味辛、苦，性凉	紫麻	味甘，性凉
毛花点草	味苦、辛，性凉	基心叶冷水花	味微辛、涩，性凉
马交儿	味甘、淡，性凉	圆齿石油菜	味甘、淡，性凉
裂叶秋海棠	味酸，性凉	玻璃草	味淡、微甘，性凉
单刺仙人掌	味苦，性凉	藤麻	味微苦，性凉

续表

种名	性味	种名	性味
过山枫	味苦、辛，性凉	齿叶黄皮	味苦、微辛，性凉
青皮木	味甘、淡，性凉	鹧鸪花	味苦，性凉
蛇葡萄	味辛、苦，性凉	毛脉南酸枣	味酸、涩，性凉
显齿蛇葡萄	味甘、淡，性凉	小花梾木	味甘、咸，性凉
灰毛浆果楝	味苦，性凉	天胡荽	味甘、淡、微辛，性凉
小叶红叶藤	味苦、涩，性凉	柿	味苦、酸、涩、甘，性凉
红马蹄草	味辛、微苦，性凉	朱砂根	味苦、辛，性凉
石生越桔	味苦、辛，性凉	心叶紫金牛	味苦，性凉
罗浮柿	味苦、涩，性凉	莲座紫金牛	味微苦、辛，性凉
百两金	味苦、辛，性凉	扭肚藤	味微苦，性凉
虎舌红	味苦、辛，性凉	亮叶素馨	味涩，性凉
疏花酸藤子	味辛、微苦，性凉	光萼小蜡	味苦，性凉
青藤仔	味微苦，性凉	鸡蛋花	味甘，性凉
女贞	味苦，性凉	酸叶胶藤	味酸、微涩，性凉
尖山橙	味苦，性凉	匙羹藤	味微苦，性凉
萝芙木	味苦、微辛，性凉	石萝藦	味苦、辛，性凉
白叶藤	味甘、淡，性凉	流苏子	味辛、苦，性凉
荷秋藤	味苦、辛，性凉	金毛耳草	味苦，性凉
水团花	味苦、涩，性凉	白花龙船花	味甘、辛，性凉
耳草	味苦，性凉	羊角藤	味甘，性凉
牛白藤	味甘、淡，性凉	贵州玉叶金花	味苦、微甘，性凉
大果巴戟	味辛、微苦，性凉	云南鸡矢藤	味甘、微苦，性凉
楠藤	味微甘，性凉	白花苦灯笼	味辛、微苦，性凉
玉叶金花	味甘、微苦，性凉	倒挂金钩	味甘，性凉
驳骨九节	味苦、甘，性凉	侯钩藤	味甘，性凉
毛钩藤	味甘，性凉	南方荚蒾	味苦，性凉
攀茎钩藤	味甘，性凉	少蕊败酱	味苦、辛，性凉
异叶败酱	味苦、微酸、涩，性凉	无毛牛尾蒿	味苦、微辛，性凉
藿香蓟	味辛、微苦，性凉	牡蒿	味苦、微甘，性凉
石油菜	味微苦，性凉	东风草	味苦、微辛，性凉
小叶冷水花	味淡、涩，性凉	香丝草	味辛、苦，性凉
疣果冷水花	味淡、微甘，性凉	一年蓬	味苦，性凉
啤酒花	味苦，性微凉	菊芋	味甘、微苦，性凉
华南青皮木	味甘、淡，性凉	苦荬菜	味苦，性凉
毛咀签	味微苦、涩，性凉	蒲儿根	味辛、苦，性凉
光叶蛇葡萄	味辛、苦，性凉	长裂苦苣菜	味苦、微酸、涩，性凉

续表

种名	性味	种名	性味
毒根斑鸠菊	味苦，性凉	小酸浆	味苦，性凉
泽珍珠菜	味苦，性凉	东京银背藤	味甘、淡，性凉
临时救	味苦，性凉	银丝草	味苦、辛，性凉
红丝线	味苦，性凉	松蒿	味微辛，性凉
水茄	味辛，性微凉	光叶蝴蝶草	味甘、微苦，性凉
马蹄金	味苦、辛，性凉	紫萼蝴蝶草	味微苦，性凉
来江藤	味微苦，性凉	蚂蟥七	味苦，性凉
独脚金	味甘、淡，性凉	凌霄	味苦，性凉
单色蝴蝶草	味苦，性凉	白接骨	味淡，性凉
野菰	味苦，性凉	白棠子树	味涩，性凉
吊石苣苔	味苦，性凉	灰毛大青	味淡，性凉
木蝴蝶	味苦、甘，性凉	三台花	味苦、辛，性凉
球花马蓝	味甘，性凉	细风轮菜	味辛、苦，性凉
尖萼紫珠	味苦，性凉	活血丹	味苦、辛，性凉
赪桐	味甘，性凉	碎米桠	味苦、甘，性凉
三对节	味苦、辛，性凉	薄荷	味辛，性凉
肾茶	味甘、淡、微苦，性凉	荔枝草	味苦、辛，性凉
灯笼草	味辛、涩，性凉	血见愁	味辛、苦，性凉
香茶菜	味辛、苦，性凉	聚花草	味苦，性凉
刺蕊草	味苦，性凉	吊竹梅	味甘，性凉
铁轴草	味辛、苦，性凉	美人蕉	味甘、淡，性凉
眼子菜	味微苦，性凉	万寿竹	味苦、辛，性凉
大苞水竹叶	味甘、淡，性凉	凤眼蓝	味辛、淡，性凉
野蕉	味苦、辛，性凉	文殊兰	味辛、苦，性凉
吊兰	味甘、微苦，性凉	鸭舌草	味甘，性凉
萱草	味甘，性凉	薯莨	味苦，性凉
大蓟	味甘、苦，性凉	分叉露兜	味甘、淡，性凉
一点红	味苦，性凉	细花虾脊兰	味苦、辛，性凉
平卧菊三七	味辛、微苦，性凉	长茎羊耳蒜	味辛，性凉
细叶小苦荬	味苦，性凉	石仙桃	味甘、淡，性凉
莴苣	味苦、甘，性凉	异型莎草	味咸、微苦，性凉
一枝黄花	味辛、苦，性凉	薏苡	味甘、淡，性凉
夜香牛	味苦、微甘，性凉	狗牙根	味苦、微甘，性凉
黄鹌菜	味甘、微苦，性凉	金发草	味甘，性凉
四川金钱草	味甘、微苦，性凉	刺果苏木	味苦，性凉
盾果草	味苦，性凉	七叶薯蓣	味辛、苦，性凉

续表

种名	性味	种名	性味
裂果薯	味苦、微甘，性凉	菰	味甘，性凉
曲轴石斛	味甘、微苦，性凉	白簕	味苦、辛，性凉
钗子股	味苦、辛，性凉	山菅	味甘、辛，性凉
小灯心草	味苦，性凉	罗浮槭	味苦、涩，性凉
看麦娘	味淡，性凉	马兰	味辛，性凉
薏米	味甘、淡，性凉	大果油麻藤	味涩，性凉
金丝草	味甘、淡，性凉	萝卜	味辛，性凉
粽叶芦	味甘，性凉		

表3-8　河池温性药用植物

种名	性味	种名	性味
松叶蕨	味甘、辛，性温	藤石松	味微甘，性温
石松	味微苦、辛，性温	澜沧卷柏	味苦、涩，性温
金毛狗	味苦、甘，性温	粉背蕨	味淡，性温
西畴粉背蕨	味淡、微涩，性温	无毛凤丫蕨	味甘、涩，性温
剑叶铁角蕨	味甘，性温	北京铁角蕨	味微辛，性温
斜方复叶耳蕨	味微苦，性温	尖顶耳蕨	味甘，性温
虹鳞肋毛蕨	味辛，性温	宽羽线蕨	味淡、涩，性温
光亮瘤蕨	味涩，性温	马尾松	味苦，性温
黄山松	味苦，性温	杉木	味辛，性温
福建柏	味苦、辛，性温	小叶罗汉松	味微苦、辛，性温
买麻藤	味苦，性温	厚朴	味苦，性温
夜香木兰	味辛，性温	鹅掌楸	味辛，性温
地枫皮	味微辛、涩，性温	八角	味甘、辛，性温
黑老虎	味辛、微苦，性温	异形南五味子	味苦、辛，性温
南五味子	味辛、苦，性温	绿叶五味子	味辛，性温
翼梗五味子	味辛、涩，性微温	假鹰爪	味辛，性温
瓜馥木	味微辛，性温	黑风藤	味甘，性温
紫玉盘	味苦、甘，性微温	毛桂	味辛，性温
樟	味辛，性微温	川桂	味辛、甘，性温
山胡椒	味辛，性温	山鸡椒	味辛、苦，性温
檫木	味甘、淡，性温	小花青藤	味辛，性温
红花青藤	味甘、辛、涩，性温	威灵仙	味辛、咸，性温

续表

种名	性味	种名	性味
山木通	味苦、辛，性温	南岭黄檀	味辛，性温
柱果铁线莲	味辛，性温	小蓑衣藤	味辛，性温
禺毛茛	味微苦、辛，性温	还亮草	味辛、苦，性温
毛茛	味辛、微苦，性温	茴茴蒜	味辛、苦，性温
粗毛淫羊藿	味辛、甘，性温	莲	味苦、涩，性温
樟叶木防己	味辛、甘，性温	三枝九叶草	味辛、甘，性温
地花细辛	味辛，性温	尾花细辛	味辛、微苦，性温
复毛胡椒	味辛，性温	苎叶蒟	味辛，性温
毛蒟	味辛，性温	山蒟	味辛，性温
石南藤	味辛，性温	假蒟	味苦，性温
鱼子兰	味辛、微苦，性温	裸蒴	味辛，性微温
金粟兰	味辛、甘，性温	宽叶金粟兰	味辛，性温
擘蓝	味甘、辛、微苦，性温	芥菜	味辛，性温
密花远志	味辛、苦，性温	长毛籽远志	味微甘、涩，性温
何首乌	味苦、甘、涩，性温	毛蓼	味辛，性温
酸模叶蓼	味辛，性温	土荆芥	味辛、苦，性微温
落葵薯	味微苦，性温	凤仙花	味辛、苦，性温
黄金凤	味甘，性温	白瑞香	味辛、苦，性温
北江荛花	味甘、辛，性温	光叶子花	味苦、涩，性温
短萼海桐	味甘、涩，性温	西番莲	味苦，性温
杯叶西番莲	味甘、微涩，性温	笋瓜	味甘，性温
南瓜	味甘，性温	西葫芦	味甘，性温
昌感秋海棠	味涩、微酸，性温	木荷	味辛，性温
西来稗	味微苦，性微温	翻白叶树	味甘、淡，性微温
梭罗树	味辛，性温	假苹婆	味甘，性微温
五月茶	味酸，性温	小叶五月茶	味辛、涩，性温
小巴豆	味辛，性温	续随子	味辛，性温
雀儿舌头	味辛，性温	石岩枫	味苦、辛，性温
乌桕	味苦，性微温	大叶桂樱	味甘，性温
月季花	味甘，性温	栽秧泡	味酸、涩，性温
红泡刺藤	味苦，性温	绣球绣线菊	味辛，性微温
粉叶羊蹄甲	味辛、甘、酸、微苦，性温	云实	味辛，性温
大叶云实	味甘、辛，性温	华南皂荚	味苦、辛，性温
皂荚	味辛，性温	灰毛崖豆藤	味苦、甘，性温
异果崖豆藤	味苦、甘，性温	雪峰山崖豆藤	味苦、甘，性温

续表

种名	性味	种名	性味
藤黄檀	味辛，性温	鱼藤	味辛，性温
多裂黄檀	味辛，性温	马蹄荷	味酸、涩，性温
白花油麻藤	味苦、甘，性温	窄瓣红花荷	味辛，性温
蕈树	味辛，性温	毛杨梅	味甘、酸，性温
杜仲	味甘，性温	红山梅	味甘，性温
杨梅	味甘、酸，性温	全缘琴叶榕	味辛，性温
异叶榕	味甘、酸，性温	珠芽艾麻	味辛，性温
竹叶榕	味甘、苦，性温	赤车	味辛、苦，性温
短叶赤车	味苦，性温	石筋草	味辛、酸，性温
圆瓣冷水花	味辛，性温	南蛇藤	味苦、辛，性温
荨麻	味苦、辛，性温	软刺卫矛	味辛、微涩，性温
刺果卫矛	味辛，性温	扶芳藤	味苦、甘，性温
裂果卫矛	味甘、微苦，性微温	马比木	味辛，性温
疏花卫矛	味甘、辛，性微温	黔桂大苞寄生	味苦、甘，性微温
栗寄生	味苦、甘，性微温	毛叶翼核果	味苦，性温
翼核果	味苦，性温	崖爬藤	味苦、涩，性温
地锦	味甘，性温	黄皮	味辛、微苦、酸，性温
绵毛葡萄	味辛，性温	九里香	味辛、微苦，性温
小芸木	味苦、辛，性温	茵芋	味苦，性温
千里香	味辛、微苦，性温	竹叶花椒	味辛、微苦，性温
飞龙掌血	味辛、微苦，性温	石山花椒	味辛，性温
簕欓花椒	味辛，性温	异叶花椒	味辛，性温
蚬壳花椒	味辛，性温	金沙槭	味辛、微苦，性微温
花椒簕	味辛，性温	枫杨	味辛、苦，性温
角叶槭	味辛、苦，性温	八角枫	味辛、苦，性温
桃叶珊瑚	味苦、辛，性温	树参	味甘，性温
小花八角枫	味辛、苦，性微温	蛇床	味辛、苦，性温
密脉鹅掌柴	味苦、甘，性温	鸭儿芹	味辛，性温
芫荽	味辛，性温	异叶茴芹	味辛、苦，性温
川芎	味辛，性温	薄片变豆菜	味甘、辛，性温
五匹青	味辛，性温	滇白珠	味辛，性温
野鹅脚板	味苦，性温	小果珍珠花	味甘，性温
珍珠花	味辛、微苦，性温	南烛	味辛、微苦，性温
羊踯躅	味辛，性温	当归藤	味苦、涩，性温
九节龙	味苦、辛，性温	赤杨叶	味辛，性微温

续表

种名	性味	种名	性味
野茉莉	味辛、苦，性温	醉鱼草	味辛、苦，性温
白背枫	味苦、微辛，性温	白蜡树	味辛，性微温
钩吻	味苦、辛，性温	清明花	味辛，性温
筋藤	味辛、微苦，性温	长叶吊灯花	味辛、微苦，性温
夹竹桃	味辛、苦、涩，性温	蓝叶藤	味辛、苦，性温
青羊参	味甘、辛，性温	云桂虎刺	味辛，性温
娃儿藤	味辛，性温	蔓九节	味苦、微辛，性微温
滇丁香	味辛，性温	假桂乌口树	味酸、辛、微苦，性微温
六月雪	味淡、苦、微辛，性温	石胡荽	味辛，性温
川续断	味苦、辛，性微温	苏门白酒草	味辛，性温
藤菊	味辛、微苦，性微温	羊耳菊	味辛、微苦，性温
菊三七	味甘、微苦，性温	三角叶风毛菊	味甘、微苦，性温
鹿蹄橐吾	味淡、微辛，性温	糙叶斑鸠菊	味辛、甘，性温
金纽扣	味辛、苦，性温	苍耳	味辛、苦，性温
麻叶蟛蜞菊	味甘，性温	附地菜	味甘、辛，性温
狭叶落地梅	味苦、辛，性温	单花红丝线	味辛，性温
夜香树	味辛，性温	牛茄子	味苦、辛，性温
烟草	味辛，性温	珊瑚樱	味辛、微苦，性温
假烟叶树	味苦，性温	鸭嘴花	味苦、辛，性温
毛麝香	味辛，性温	四棱草	味辛、苦，性温
透骨草	味辛，性温	藿香	味辛，性微温
广防风	味辛、苦，性微温	紫花香薷	味辛，性微温
香薷	味辛、微苦，性温	小鱼仙草	味辛，性温
紫苏	味辛，性温	野生紫苏	味辛，性温
广藿香	味辛，性微温	大杜若	味甘，性温
杜若	味辛，性微温	香姜	味辛，性温
山姜	味辛，性温	长柄山姜	味辛、涩，性温
华山姜	味辛，性温	温郁金	味辛、苦，性温
藠头	味辛、苦，性温	葱	味辛，性温
薤白	味辛、苦，性温	蒜	味辛，性温
韭	味甘、辛，性温	卵叶蜘蛛抱蛋	味辛、苦，性微温
石菖蒲	味辛，性温	金钱蒲	味辛、苦，性温
一把伞南星	味苦、辛，性温	螃蟹七	味甘，性温
赛山梅	味辛，性温	象头花	味辛，性温
栓叶安息香	味辛，性微温	画笔南星	味辛，性温

续表

种名	性味	种名	性味
大百部	味甘、苦，性微温	蕙兰	味苦、甘，性温
梳帽卷瓣兰	味甘，性温	龙头兰	味甘，性微温
高斑叶兰	味苦、辛，性温	毛轴莎草	味辛，性温
鹤顶兰	味微辛，性温	莪术	味辛、苦，性温
天南星	味苦、辛，性温	香椿	味苦、涩，性温
滴水珠	味辛，性温	打破碗花花	味苦，性温
小金梅草	味甘、微辛，性温		

表3-9　河池热性药用植物

种名	性味	种名	性味
乌头	味苦、辛，性热	扬子毛茛	味苦、辛，性热
荜拔	味辛，性热	辣椒	味辛，性热

表3-10　河池平性药用植物

种名	性味	种名	性味
蛇足石杉	味苦、辛、微甘，性平	江南卷柏	味微甘，性平
垂穗石松	味苦、辛，性平	伏地卷柏	味淡、涩，性平
节节草	味甘、微苦，性平	华南紫萁	味微苦、涩，性平
瓶蕨	味微苦，性平	中华桫椤	味微苦，性平
大叶黑桫椤	味涩，性平	华中稀子蕨	味微苦，性平
指叶凤尾蕨	味淡、涩，性平	蜈蚣草	味淡，性平
鞭叶铁线蕨	味苦、微甘，性平	肿足蕨	味微苦、涩，性平
渐尖毛蕨	味苦，性平	齿牙毛蕨	味微苦，性平
华南毛蕨	味辛、微苦，性平	延羽卵果蕨	味微苦，性平
倒挂铁角蕨	味苦，性平	长叶铁角蕨	味辛、微苦，性平
石生铁角蕨	味淡、涩，性平	狭翅铁角蕨	味微苦，性平
三叉蕨	味涩，性平	中华双扇蕨	味甘，性平
节肢蕨	味辛，性平	骨牌蕨	味微苦、甘，性平
瓦韦	味苦，性平	友水龙骨	味甘、苦，性平
石蕨	味苦，性平	苏铁	味甘、淡，性平
银杏	味甘、苦、涩，性平	柏木	味甘、辛、微苦，性平
百日青	味淡，性平	三尖杉	味苦、涩，性平
毛柱铁线莲	味辛、苦，性平	平坝铁线莲	味苦，性平
睡莲	味甘、苦，性平	短萼黄连	味甘、辛，性平
大血藤	味苦，性平	及己	味苦，性平
草珊瑚	味辛、苦，性平	白花甘蓝	味甘，性平
白菜	味甘，性平	弯曲碎米荠	味甘，性平

续表

种名	性味	种名	性味
碎米荠	味甘，性平	无心菜	味辛，性平
黄花倒水莲	味甘、微苦，性平	中国繁缕	味苦、辛，性平
齿果草	味辛，性平	土人参	味甘、淡，性平
鹅肠菜	味酸，性平	习见蓼	味苦，性平
丛枝蓼	味辛，性平	赤胫散	味苦、涩，性平
牛膝	味苦、酸，性平	柳叶牛膝	味苦、酸，性平
千日红	味甘，性平	米念芭	味甘，性平
青篱柴	味甘，性平	野老鹳草	味辛、苦，性平
尼泊尔老鹳草	味辛、苦，性平	山酢浆草	味酸、微辛，性平
紫薇	味微苦、涩，性平	大花紫薇	味微苦、涩，性平
石榴	味甘、酸、涩，性平	南方露珠草	味辛、苦，性平
柳叶菜	味淡，性平	栀子皮	味苦，性平
蝴蝶藤	味苦、甘，性平	葫芦	味甘，性平
钮子瓜	味甘，性平	掌裂秋海棠	味酸，性平
昙花	味甘，性平	贵州金花茶	味微苦、涩，性平
岗柃	味微苦，性平	油茶	味苦，性平
凹脉柃	味辛，性平	微毛柃	味辛，性平
华夏子楝树	味辛、苦，性平	细枝柃	味微辛、微苦，性平
大桉	味微辛、微苦，性平	子楝树	味苦、涩，性平
华南蒲桃	味酸、涩，性平	桃金娘	味甘、涩，性平
柏拉木	味涩、微酸，性平	赤楠	味甘，性平
红毛野海棠	味苦，性平	长萼野海棠	味辛、苦，性平
玉蜀黍	味甘，性平	朝天罐	味甘、涩，性平
尖子木	味甘、微涩，性平	鼠尾粟	味甘，性平
石风车子	味甘、微苦，性平	风车子	味甘、淡、微苦，性平
毛刺蒴麻	味辛，性平	金丝李	味微涩，性平
铁海棠	味苦、涩，性平	毛果算盘子	味苦、涩，性平
黄珠子草	味甘，性平	蓖麻	味辛，性平
龙芽草	味苦、涩，性平	桃	味苦，性平
梅	味酸，性平	枇杷	味甘、苦，性平
柔毛路边青	味辛、甘，性平	湖北海棠	味酸，性平
石楠	味辛、苦，性平	全缘火棘	味甘、酸，性平
小果蔷薇	味苦、涩，性平	金樱子	味酸、涩，性平
缫丝花	味酸、涩，性平	山莓	味苦、涩，性平
北美独行菜	味甘，性平	高粱泡	味甘、苦，性平
尾叶远志	味甘，性平	红毛悬钩子	味酸、咸，性平
瓜子金	味微苦、辛，性平	龙须藤	味苦、涩，性平

续表

种名	性味	种名	性味
望江南	味甘、苦，性平	落花生	味甘，性平
线叶猪屎豆	味辛、微苦，性平	猪屎豆	味苦、辛，性平
野百合	味甘，性平	黄檀	味辛、苦，性平
大叶拿身草	味甘，性平	长波叶山蚂蝗	味苦、涩，性平
大叶千斤拔	味甘、淡，性平	千斤拔	味甘、微涩，性平
大豆	味甘，性平	马棘	味苦、涩，性平
扁豆	味苦、涩、甘，性平	厚果崖豆藤	味苦，性平
小槐花	味微苦、辛，性平	排钱树	味淡、苦，性平
豌豆	味甘，性平	鹿藿	味苦、辛，性平
猫尾草	味甘、微苦，性平	蚕豆	味苦、涩、甘，性平
赤豆	味甘、酸，性平	短豇豆	味甘，性平
长豇豆	味甘，性平	中国旌节花	味淡，性平
亮叶蚊母树	味辛、微苦，性平	枫香树	味苦，性平
檵木	味苦、涩，性平	野扇花	味辛、苦，性平
响叶杨	味苦，性平	锥栗	味苦、涩、甘，性平
栗	味甘、淡，性平	白栎	味苦、涩，性平
朴树	味苦、辛，性平	黄毛榕	味甘，性平
台湾榕	味甘、微涩，性平	薜荔	味酸，性平
笔管榕	味甘、微苦，性平	水麻	味辛、微苦，性平
长圆楼梯草	味辛、苦，性平	糯米团	味淡，性平
大麻	味甘，性平	圆叶南蛇藤	味微甘，性平
灯油藤	味苦、辛，性平	百齿卫矛	味甘，性平
大果卫矛	味甘、微苦，性平	赤苍藤	味苦，性平
粗丝木	味甘、苦，性平	桑寄生	味苦、甘，性平
离瓣寄生	味苦、甘，性平	枫香槲寄生	味辛、苦，性平
广寄生	味苦、甘，性平	光枝勾儿茶	味苦、微涩，性平
多蕊蛇菰	味苦、微涩，性平	皱叶雀梅藤	味甘、淡，性平
枳椇	味甘，性平	长叶冻绿	味苦，性平
雀梅藤	味甘、淡，性平	蔓胡颓子	味酸，性平
苦郎藤	味淡、微涩，性平	三叶崖爬藤	味微苦，性平
毛葡萄	味微苦、酸，性平	柠檬	味苦、酸、甘，性平
黎檬	味苦、酸、甘，性平	柚	味甘、辛，性平
小花山小橘	味苦，性平	杧果	味酸、甘，性平
粗叶悬钩子	味甘、淡，性平	清香木	味酸，性平
椭圆悬钩子	味咸、酸，性平	山核桃	味甘，性平
木莓	味甘、酸，性平	灯台树	味淡，性平
渐尖绣线菊	味微苦，性平	罗伞	味微辛、苦，性平

续表

种名	性味	种名	性味
水芹	味甘，性平	窃衣	味苦、辛，性平
毛果珍珠花	味甘、酸，性平	马银花	味苦，性平
水晶兰	味微咸，性平	乌材	味微苦、涩、辛，性平
野柿	味苦、涩，性平	罗伞树	味苦、辛，性平
小紫金牛	味辛、微苦，性平	郎伞树	味辛、苦，性平
海南罗伞树	味苦、辛，性平	雪下红	味苦、辛，性平
白花酸藤子	味甘、辛，性平	瘤皮孔酸藤子	味酸，性平
平叶酸藤子	味酸、涩，性平	密齿酸藤子	味苦，性平
鲫鱼胆	味苦，性平	针齿铁仔	味苦、酸，性平
光叶山矾	味甘，性平	吊灯花	味酸，性平
毛杜仲藤	味苦、微辛，性平	催乳藤	味微苦、甘，性平
刺瓜	味甘、淡，性平	虎刺	味甘、苦，性平
短刺虎刺	味苦、甘，性平	日本蛇根草	味淡，性平
四叶葎	味甘，性平	毛鸡矢藤	味甘，性平
鸡矢藤	味甘、微苦，性平	白花鬼针草	味甘、微苦，性平
接骨草	味苦，性平	总序蓟	味甘，性平
珠光香青	味微苦、甘，性平	鱼眼草	味苦、辛，性平
野茼蒿	味辛，性平	鼠麴草	味甘，性平
牛膝菊	味淡，性平	向日葵	味甘、淡，性平
匙叶鼠麴草	味甘，性平	锯叶合耳菊	味淡，性平
泥胡菜	味辛，性平	矮桃	味辛、微涩，性平
穿心草	味微甘、微苦，性平	灵香草	味辛、甘，性平
延叶珍珠菜	味苦、辛，性平	桂党参	味甘，性平
星宿菜	味苦、涩，性平	桔梗	味苦、辛，性平
长叶轮钟草	味甘、微苦，性平	铜锤玉带草	味辛、苦，性平
蓝花参	味甘，性平	厚壳树	味甘、微苦，性平
半边莲	味辛，性平	南方菟丝子	味甘、苦，性平
橄榄	味微苦、甘，性平	广西来江藤	味微辛，性平
青榨槭	味甘、苦，性平	黄花蝴蝶草	味甘，性平
灰背清风藤	味甘、苦，性平	芝麻	味甘，性平
利黄藤	味酸，性平	紫珠	味苦、微辛，性平
野漆	味苦、涩，性平	红紫珠	味微苦，性平
黄杞	味苦，性平	臭茉莉	味苦，性平
角叶鞘柄木	味辛、微苦，性平	尖齿臭茉莉	味苦，性平
纤齿罗伞	味辛、微苦，性平	黄毛豆腐柴	味甘、淡、微涩，性平
刺通草	味微苦，性平	海通	味苦、辛，性平
胡萝卜	味甘、辛，性平	黄荆	味苦、微辛，性平

续表

种名	性味	种名	性味
肉叶鞘蕊花	味辛，性平	牡荆	味甘、苦，性平
小叶假糙苏	味甘，性平	山牡荆	味淡，性平
竹叶子	味甘，性平	中华锥花	味苦，性平
短梗天门冬	味甘、淡，性平	假糙苏	味甘，性平
宝铎草	味甘、淡，性平	白药谷精草	味辛、甘，性平
大盖球子草	味甘、淡，性平	竹根七	味甘、微辛，性平
滇黄精	味甘，性平	褐鞘沿阶草	味甘，性平
抱茎菝葜	味甘、淡，性平	多花黄精	味甘，性平
石柑子	味辛、苦，性平	菝葜	味甘、涩，性平
忽地笑	味辛，性平	牛尾菜	味甘、苦，性平
褐苞薯蓣	味甘、涩，性平	香蒲	味甘、微辛，性平
蒲葵	味甘、涩，性平	日本薯蓣	味甘，性平
大叶仙茅	味苦、涩，性平	鱼尾葵	味微甘、涩，性平
灰岩金线兰	味甘，性平	棕榈	味甘、涩，性平
金线兰	味甘，性平	多花脆兰	味辛、微苦，性平
小白及	味苦，性平	西南齿唇兰	味甘，性平
橙黄玉凤花	味苦，性平	浙江金线兰	味甘，性平
绶草	味甘、淡，性平	鹅毛玉凤花	味甘、微苦，性平
十字薹草	味辛、甘，性平	毛唇芋兰	味苦、甘，性平
碎米莎草	味辛，性平	浆果薹草	味甘、微辛，性平
单穗水蜈蚣	味微甘、微苦，性平	畦畔莎草	味甘，性平
萤蔺	味甘、淡，性平	香附子	味辛、微苦、微甘，性平
牛筋草	味甘、淡，性平	砖子苗	味苦、辛，性平
稻	味甘，性平	毛果珍珠茅	味苦、辛，性平
柔弱斑种草	味苦、涩，性平	类芦	味甘、淡，性平
金灯藤	味甘、苦，性平	狗尾草	味淡，性平
番薯	味甘，性平	地果	味苦、微甘，性平
刺齿泥花草	味淡，性平	南酸枣	味甘、酸，性平
阿拉伯婆婆纳	味辛、苦、咸，性平	常春藤	味辛、苦，性平
小驳骨	味辛、苦，性平	木芙蓉	味辛，性平
大叶紫珠	味苦、微辛，性平	荠	味甘，性平
臭牡丹	味辛、微苦，性平		

第四章　河池野生珍稀濒危和特有药用植物资源

一、河池野生珍稀濒危药用植物

依据国家重点保护野生植物名录（2021 年国家林业和草原局及农业农村部公布）及《广西壮族自治区重点保护野生植物名录》（桂政发〔2023〕10 号）对河池分布的野生珍稀濒危药用植物进行统计。河池野生珍稀濒危药用植物共有 117 种。其中被列为国家重点保护野生植物的有 54 种；被列为广西重点保护野生植物的有 63 种（表 4-1）。

表 4-1　河池野生珍稀濒危药用植物

科名	物种名	保护等级
石杉科 Huperziaceae	福氏马尾杉 *Phlegmariurus fordii*	国家二级
	有柄马尾杉 *Phlegmariurus Petiolatus*	国家二级
	闽浙马尾杉 *Phlegmariurus mingcheensis*	国家二级
观音座莲科 Angiopteridaceae	福建观音座莲 *Angiopteris fokiensis*	国家二级
	云南观音座莲 *Angiopteris yunnanensis*	国家二级
蚌壳蕨科 Dicksoniaceae	金毛狗 *Cibotium barometz*	国家二级
桫椤科 Cyatheaceae	中华桫椤 *Alsophila costularis*	国家二级
	大叶黑桫椤 *Alsophila gigantea*	国家二级
	黑桫椤 *Alsophila podophylla*	国家二级
	桫椤 *Alsophila spinulosa*	国家二级
水蕨科 Parkeriaceae	水蕨 *Ceratopteris thalictroides*	国家二级
松科 Pinaceae	华南五针松 *Pinus kwangtungensis*	国家二级
柏科 Cupressaceae	福建柏 *Fokienia hodginsii*	国家二级
罗汉松科 Podocarpaceae	小叶罗汉松 *Podocarpus wangii*	国家二级
	百日青 *Podocarpus neriifolius*	国家二级
三尖杉科 Cephalotaxaceae	海南粗榧 *Cephalotaxus hainanensis*	国家二级
	篦子三尖杉 *Cephalotaxus oliveri*	国家二级
红豆杉科 Taxaceae	穗花杉 *Amentotaxus argotaenia*	国家二级
	灰岩红豆杉 *Taxus calcicola*	国家一级
	南方红豆杉 *Taxus wallichiana* var. *mairei*	国家一级
木兰科 Magnoliaceae	鹅掌楸 *Liriodendron chinense*	国家二级
八角科 Illiciaceae	地枫皮 *Illicium difengpi*	国家二级
毛茛科 Ranunculaceae	短萼黄连 *Coptis chinensis* var. *brevisepala*	国家二级
紫堇科 Fumariaceae	石生黄堇 *Corydalis saxicola*	国家二级

续表

科名	物种名	保护等级
小檗科 Berberidaceae	小八角莲 *Dysosma difformis*	国家二级
	六角莲 *Dysosma pleiantha*	国家二级
	八角莲 *Dysosma versipellis*	国家二级
蓼科 Polygonaceae	金荞麦 *Fagopyrum dibotrys*	国家二级
山茶科 Theaceae	茶 *Camellia sinensis*（野生）	国家二级
	贵州金花茶 *Camellia huana*	国家二级
藤黄科 Guttiferae	金丝李 *Garcinia paucinervis*	国家二级
猕猴桃科 Actinidiaceae	条叶猕猴桃 *Actinidia fortunatii*	国家二级
蝶形花科 Papilionaceae	肥荚红豆 *Ormosia fordiana*	国家二级
	小叶红豆 *Ormosia microphylla*	国家一级
	海南红豆 *Ormosia pinnata*	国家二级
	木荚红豆 *Ormosia xylocarpa*	国家二级
	越南槐 *Sophora tonkinensis*	国家二级
无患子科 Sapindaceae	荔枝 *Litchi chinensis*（野生）	国家二级
水鳖科 Hydrocharitaceae	海菜花 *Ottelia acuminata*	国家二级
延龄草科 Trilliaceae	凌云重楼 *Paris cronquistii*	国家二级
	球药隔重楼 *Paris fargesii*	国家二级
	具柄重楼 *Paris fargesii* var. *Petiolata*	国家二级
兰科 Orchidaceae	灰岩金线兰 *Anoectochilus calcareus*	国家二级
	金线兰 *Anoectochilus roxburghii*	国家二级
	浙江金线兰 *Anoectochilus zhejiangensis*	国家二级
	白及 *Bletilla striata*	国家二级
	蕙兰 *Cymbidium faberi*	国家二级
	流苏石斛 *Dendrobium fimbriatum*	国家二级
	曲轴石斛 *Dendrobium gibsonii*	国家二级
	疏花石斛 *Dendrobium henryi*	国家二级
	美花石斛 *Dendrobium loddigesii*	国家二级
	铁皮石斛 *Dendrobium officinale*	国家二级
	小叶兜兰 *Paphiopedilum barbigerum*	国家一级
禾本科 Poaceae	稻 *Oryza sativa*（野生）	国家二级
槲蕨科 Drynariaceae	槲蕨 *Drynaria roosii*	自治区级
松科 Pinaceae	海南五针松 *Pinus fenzeliana*	自治区级
罗汉松科 Podocarpaceae	鸡毛松 *Dacrycarpus imbricatus*	自治区级
防己科 Menispermaceae	马山地不容 *Stephania mashanica*	自治区级
菊科 Asteraceae	异裂菊 *Heteroplexis vernonioides*	自治区级

续表

科名	物种名	保护等级
兰科 Orchidaceae	多花脆兰 *Acampe rigida*	自治区级
	竹叶兰 *Arundina graminifolia*	自治区级
	小白及 *Bletilla formosana*	自治区级
	短距苞叶兰 *Brachycorythis galeandra*	自治区级
	梳帽卷瓣兰 *Bulbophyllum andersonii*	自治区级
	广东石豆兰 *Bulbophyllum kwangtungense*	自治区级
	密花石豆兰 *Bulbophyllum odoratissimum*	自治区级
	泽泻虾脊兰 *Calanthe alismatifolia*	自治区级
	细花虾脊兰 *Calanthe mannii*	自治区级
	长距虾脊兰 *Calanthe sylvatica*	自治区级
	黄兰 *Cephalantheropsis gracilis*	自治区级
	云南叉柱兰 *Cheirostylis yunnanensis*	自治区级
	大序隔距兰 *Cleisostoma paniculatum*	自治区级
	尖喙隔距兰 *Cleisostoma rostratum*	自治区级
	台湾吻兰 *Collabium formosanum*	自治区级
	蛇舌兰 *Diploprora championii*	自治区级
	半柱毛兰 *Eria corneri*	自治区级
	菱唇毛兰 *Eria rhomboidalis*	自治区级
	高斑叶兰 *Goodyera procera*	自治区级
	毛葶玉凤花 *Habenaria ciliolaris*	自治区级
	鹅毛玉凤花 *Habenaria dentata*	自治区级
	线瓣玉凤花 *Habenaria fordii*	自治区级
	坡参 *Habenaria linguella*	自治区级
	橙黄玉凤花 *Habenaria rhodocheila*	自治区级
	四腺翻唇兰 *Hetaeria biloba*	自治区级
	镰翅羊耳蒜 *Liparis bootanensis*	自治区级
	丛生羊耳蒜 *Liparis cespitosa*	自治区级
	大花羊耳蒜 *Liparis distans*	自治区级
	长苞羊耳蒜 *Liparis inaperta*	自治区级
	见血青 *Liparis nervosa*	自治区级
	紫花羊耳蒜 *Liparis nigra*	自治区级
	扇唇羊耳蒜 *Liparis stricklandiana*	自治区级
	长茎羊耳蒜 *Liparis viridiflora*	自治区级

续表

科名	物种名	保护等级
兰科 Orchidaceae	钗子股 *Lusia morsei*	自治区级
	阔叶沼兰 *Malaxis latifolia*	自治区级
	毛唇芋兰 *Nervilia fordii*	自治区级
	广布芋兰 *Nervilia aragoana*	自治区级
	剑叶鸢尾兰 *Oberonia ensiformis*	自治区级
	羽唇兰 *Ornithochilus difformis*	自治区级
	龙头兰 *Pecteilis susannae*	自治区级
	狭穗阔蕊兰 *Peristylus densus*	自治区级
	阔蕊兰 *Peristylus goodyeroides*	自治区级
	黄花鹤顶兰 *Phaius flavus*	自治区级
	鹤顶兰 *Phaius tancarvilleae*	自治区级
	石仙桃 *Pholidota chinensis*	自治区级
	单叶石仙桃 *Pholidota leveilleana*	自治区级
	长足石仙桃 *Pholidota longipes*	自治区级
	琴唇万代兰 *Vanda concolor*	自治区级
	拟万代兰 *Vandopsis gigantea*	自治区级
	台湾香荚兰 *Vanilla somae*	自治区级
小檗科 Berberidaceae	粗毛淫羊藿 *Epimedium acuminatum*	自治区级
	三枝九叶草 *Epimedium sagittatum*	自治区级
蝶形花科 Papilionaceae	藤黄檀 *Dalbergia hancei*	自治区级
	黄檀 *Dalbergia hupeana*	自治区级
	多裂黄檀 *Dalbergia rimosa*	自治区级
	两粤黄檀 *Dalbergia benthamii*	自治区级
紫金牛科 Myrsinaceae	走马胎 *Ardisia gigantifolia*	自治区级
金缕梅科 Hamamelidaceae	半枫荷 *Semiliquidambar cathayensis*	自治区级

二、河池药用植物广西特有种

特有现象是和普遍分布（世界分布）现象相对而言的，凡是一切没有在全世界范围内的其他地区分布的种系，都称为它们所在生长地区的特有种。药用植物在野外的分布与行政区域的划分是不协同的，故本调查所提到的广西特有种，是指以广西为最主要的分布中心或目前仅发现在广西有分布的药用植物。河池药用植物广西特有种共有 12 种，分别是地枫皮（*Illicium difengpi*）、马山地不容（*Stephania mashanica*）、蝴蝶藤（*Passiflora papilio*）、柱果猕猴桃（*Actinidia cylindrica*）、基心叶冷水花（*Pilea basicordata*）、广西姜花（*Hedychium kwangsiense*）、多叶越南槐（*Sophora tonkinensis* var. *polyphylla*）、白萼素馨（*Jasminum albicalyx*）、仁昌玉叶金花（*Mussaenda chingii*）、广西斑鸠菊（*Vernonia chingiana*）、异裂菊（*Heteroplexis vernonioides*）、长瓣蜘蛛抱蛋（*Aspidistra longipetala*）（表 4-2）。

表 4–2　河池药用植物广西特有种

科名	物种名	拉丁名	性状
八角科	地枫皮	*Illicium difengpi*	灌木
防己科	马山地不容	*Stephania mashanica*	藤本
西番莲科	蝴蝶藤	*Passiflora papilio*	藤本
猕猴桃科	柱果猕猴桃	*Actinidia cylindrica*	藤本
荨麻科	基心叶冷水花	*Pilea basicordata*	草本
姜科	广西姜花	*Hedychium kwangsiense*	草本
蝶形花科	多叶越南槐	*Sophora tonkinensis* var. *polyphylla*	灌木
木犀科	白萼素馨	*Jasminum albicalyx*	藤本
茜草科	仁昌玉叶金花	*Mussaenda chingii*	藤本
菊科	广西斑鸠菊	*Vernonia chingiana*	藤本
菊科	异裂菊	*Heteroplexis vernonioides*	草本
百合科	长瓣蜘蛛抱蛋	*Aspidistra longipetala*	草本

第五章　河池药用植物资源的利用与中药材产业的可持续发展

一、河池中药材产业现状

（一）中药材种植呈现品种多、分布广的特征，经营主体分散

据河池市农业农村局统计，截至2021年末，河池中药材种植面积为48.7万亩，其中当年新种植11.9万亩，当年产量7.4×10^4 t，产值9.4亿元。2022年中药材春播面积10.48万亩，种植品种80余种，其中种植面积最大的为八角（*Illicium verum*），达26.57万亩。截至2022年7月末，河池已收获中药材1.87×10^4 t。河池种植的中药材品种中，种植面积1万亩以上的品种有8个，分别为青蒿（*Artemisia caruifolia*）、黧豆（*Mucuna pruriens* var. *utilis*）、火麻仁（大麻*Cannabis sativa*的干燥成熟果实）、通草（通脱木*Tetrapanax papyrifer*的干燥茎髓）、山豆根（越南槐*Sophora tonkinensis*的根和根茎）、十大功劳（*Mahonia fortunei*）、吴茱萸（*Evodia rutaecarpa*）、青花椒（*Zanthoxylum schinifolium*）；种植面积1000亩以上的品种有22个；种植面积100亩以上的品种有62个。具一定规模的种植基地有55个，分布在全市11个县区，其中规模较大的包括南丹县茂晨农业投资有限责任公司在南丹县城关、大厂、芒场、八圩等乡镇的山豆根基地8500亩，罗城仫佬族自治县全和中药材种植农民专业合作社在各乡镇的青蒿基地9490亩，东兰县丰承花椒合作社在大同乡的花椒基地2902亩。

（二）规模化生产基地逐年增多，品种种植区域逐渐集中

河池全市由企业、合作社、大户等组织种植形成的规模化中药材生产基地，从2016年的37个增加到2020年的56个，同比增长10.3%。凤山县核桃（*Juglans regia*）林下套种十大功劳种植模式示范基地、环江毛南族自治县山豆根种植示范基地列入“广西第一批中药材示范基地”名单；金城江区铁皮石斛（*Dendrobium officinale*）原生种野生抚育示范基地、凤山县道地药材八角种植示范基地列入“广西第二批中药材示范基地”名单；环江毛南族自治县山豆根种植示范基地通过广西首批“定制药园”评定；广西巴马寿乡旅游股份有限公司巴马赐福湖长寿岛景区获评广西首批中医药健康旅游示范基地创建项目；广西罗城棉花天坑旅游开发有限公司获评广西第二批中医药健康旅游示范基地创建项目；大化瑶族自治县大化民生幸福家园获评广西第二批中医药特色医养结合示范基地创建项目。

经过多年的发展，河池已形成罗城、天峨、凤山、东兰、环江、巴马、南丹等7个中药材主产县，主产县中药材种植面积占全市中药材种植面积的70%以上。品种区域布局逐渐集中，特色更加明显，其中罗城种植青蒿9692亩，凤山及巴马种植火麻仁3万亩，巴马种植肉桂（*Cinnamomum cassia*）0.6万亩，凤山种植十大功劳0.8万亩，宜州种植广佛手（*Citrus medica* ‘Fingered’）0.2万亩，金城江、罗城、南丹种植青花椒1.4万亩。同时已形成八角、火麻仁、青花椒、青蒿、肉桂、广佛手、生姜（姜*Zingiber officinale*的新鲜根茎）、山豆根等集聚的桂西多样特色道地中药材区和桂中传统道地中药材区。

（三）中药材种植产量和产值取得较好成效

据河池市农业农村局统计，2021年河池中药材产量达7.4×10^4 t，产值为9.4亿元，主要中药材品

种产销情况见表 5-1。根据实地调研和走访获悉，全市中药材产销大体上呈现供不应求的势头。有些种植基地形成中药材种植专业合作社及农业公司等新型主体，在带动中药材产业发展中发挥关键作用。如天峨县的橘红（*Citrus maxima* ‘*Tomentosa*’）种植基地，走内种外销的形式，新型主体对内与农户订立合同，提供技术服务与产品收购，对外连接市场，提供产品信息销路。东兰县则采取“企业 + 基地 + 农户”的种植经营模式，依托当地龙头药企广西河丰药业有限责任公司，实现中药材产业发展“种、产、研、销”一体化，产业链齐全，有技术依托，有市场需求，使整个中药材产业更健康可持续地发展。

表 5-1　2021 年广西河池主要中药材品种产销情况表

序号	品种	种植面积 /hm^2	年产量 /t	销售金额 / 万元
1	八角	17717.97	19052.70	19767.08
2	火麻仁	2348.10	411.85	665.25
3	黧豆	1786.68	2145.30	1856.78
4	山花椒	1743.32	377.76	2035.33
5	山豆根	1059.13	1579.77	5412.03

（四）产学研协作，产业发展初显成效

河池持续挖掘中药材产业的潜力，积极与广西区内外的科研单位、高等院校开展科技合作。广西河丰药业有限责任公司根据制药的用料需求建立相应的中药材种植基地，配套种苗培育基地，开发自研产品，如人工培育种植石生黄堇（*Corydalis saxicola*）、地不容（*Stephania epigaea*）、天门冬（*Asparagus cochinchinensis*）等，并与广西大学、广西中医药大学、壮瑶药协同创新中心、广西药用植物园、广西壮族自治区食品药品检验所（现广西壮族自治区药品检验研究院）形成战略合作，推进对公司产品的基础研究和科技攻关，从源头把控原料，提高产品的生产工艺和质量标准，与科研院所共同实施的科研项目“壮药基础及其关键技术研究与应用”获得 2020 年广西科学技术进步奖二等奖。广西凤山县佳弘种苗有限公司与广西大学、广西壮族自治区农业科学院、广西药用植物园、广西壮族自治区中国科学院广西植物研究所合作，采集野生十大功劳种子进行人工驯化育苗，在石漠化地区核桃林下套种并取得成功；2019 年 5 月，广西壮族自治区农业科学院农业资源与环境研究所等单位联合起草了广西地方行业标准《石漠化地区核桃套种十大功劳技术规程》，标准于 2019 年 6 月 30 日正式实施；由广西凤山县佳弘种苗有限公司独立实施的项目“桂西北核桃产业可持续发展技术模式创建与示范”获得 2021 年广西壮族自治区农业科学院科学技术进步奖三等奖。

（五）龙头企业带动作用日趋显现

据调研统计，河池目前具有规模以上医药企业 8 家，2021 年全市规模以上医药产业产值 4.96 亿元，同比增长 20.92%。主要重点企业有广西河丰药业有限责任公司、广西济民制药有限公司、广西五和博澳药业有限公司等。广西河丰药业有限责任公司具有国药准字号药品批文 69 个，其中全国独家产品 2 个、准全国独家产品 4 个，36 个品规进入全国医保目录，是广西唯一能生产麻精药品的企业。广西五和博澳药业有限公司是北京五和博澳药业股份有限公司全资子公司，其母公司产品桑枝总生物碱片是我国第一个自主创新的口服降糖药，于 2020 年 3 月 17 日获得国家批准取得新药证书和生产批件。各医药

企业已连续多年保持高速发展态势，它们将成为带动河池中药材产业发展的中坚力量。

二、河池中药材产业发展优势

（一）药用植物品种丰富，地方特色明显

根据第三次全国中药资源普查结果，广西有药用植物4094种，其中河池有2011种，占广西药用植物总数的49.12%，是广西药用植物资源第一大市。河池具有较多广西特有的药用植物及列入国家重点保护野生植物名录的珍稀濒危药用植物，如环江毛南族自治县内生长有长瓣蜘蛛抱蛋、地枫皮、基心叶冷水花、马山地不容、蝴蝶藤、柱果猕猴桃、多叶越南槐、广西姜花等12种广西特有的药用植物；列入国家重点保护野生植物名录的珍稀濒危药用植物有25科31属54种，如灰岩红豆杉（*Taxus calcicola*）、南方红豆杉（*Taxus wallichiana* var. *mairei*）、金毛狗（*Cibotium barometz*）、地枫皮、短萼黄连（*Coptis chinensis* var. *brevisepala*）、八角莲（*Dysosma versipellis*）等（刘静，2014）。此外，十大功劳、铁皮石斛、红豆杉科等河池主产道地药材占比90%以上，已具有明显的规模化优势（廖庆凌等，2020）。十大功劳、山豆根属于广西重点发展的传统道地药材品种，为中医临床用药，是河池具有保护和发展资质的本地药材品种。河池凤山县本地山豆根有效成分含量达国家药典规定量的3～4倍，市场认可度高，产品供不应求，潜力巨大，类似的还有十大功劳、莪术（*Curcuma phaeocaulis*）等。这些药材品种品质独特，种植技术成熟，群众基础好，具有明显的优势。目前，河池生产的山豆根、十大功劳、通草等药材已远销至北京、上海、深圳等城市。

（二）政策导向明显，产业发展基础逐步完善

河池以“传播中医药健康文化，提升民众健康素养”为主题，分别在金城江、宜州、南丹等县区举办“中医中药中国行”活动和《中华人民共和国中医药法》大型主题宣传活动10余场，同时开展爱心义诊活动，宣传普及《中华人民共和国中医药法》和中医药知识，以“进乡村、进社区、进家庭”的宣传方式，发放资料15万份，受益人数达200万人。依托市级中医医院，开展“中医药民族医药适宜技术大讲堂”巡讲活动，在全市举办适用技术培训班。全市加大中医医院建设力度，新建中医医院8家，已投入使用7家，在建1家；2020年用于中医药机构的经费投入为1000多万元，其中河池市中医医院获中央补助广西中医特色康复服务示范医院建设项目资金30万元，罗城仫佬族自治县中医医院获中央补助广西县域医共体试点建设项目资金100万元；2017～2021年，投入1940万元建设97个“中医馆”项目，进一步完善基层中医医疗服务体系。2021年5月，中共河池市委、河池市人民政府组织召开全市中医药大会，对全市中医药事业的传承创新发展作出全面部署，其中明确了中药材产业发展的指导思想，提出了具体目标和工作措施，并将工作责任及任务落实到具体部门。2022年6月，中共河池市委、河池市人民政府出台了《河池市促进中医药民族医药传承创新发展实施方案》，为河池中医药壮瑶医药事业的发展提供了强有力的支撑和保障。目前，河池已建成4个中药材种植示范基地和1个定制药园，建成1个投资规模大、创新带动性强、产业链长的“深圳巴马大健康合作特别试验区”，形成产业发展集聚态势。

（三）产学研融合产业模式创新，科研示范基地支撑能力加强

依托第三次全国中药资源普查，明确河池中药材重点发展品种目录，强化政策和项目支持，建立起以广西壮族自治区中国科学院广西植物研究所、广西药用植物园、广西壮族自治区林业科学研究院和广西壮族自治区农业科学院为技术后盾和科研支撑，各类种苗公司共同参与的特色中药材良种繁育推广体系。在创新中医药壮瑶医药传承发展服务机制理念的同时，积极引进优质中药材种植，并提供从科学育种到回收加工的产业“一条龙”服务，不断壮大中药材种植加工产业链。中药材产业种植规模由 2012 年全市零星种植的 3000 亩增加到 2019 年核心区的 5 万亩，其中环江毛南族自治县水源镇水源社区龙柱屯建成 2400 m^2 标准化温室大棚 4 个，水源镇里腊村大乐屯建成 4500 m^2 温室大棚及种子繁育基地 150 亩，年繁育山豆根种苗 500 万株以上；凤山县仿野生种植十大功劳（野生种苗培育）6700 亩、山豆根（野生种苗培育）1700 亩、莪术（野生种子培育）2200 亩。

（四）依托国内广阔市场，中药材产业发展韧性强

中医药是我国国粹之一，也是 21 世纪的朝阳产业，它产业链长、关联度大，对区域经济有很强的带动作用。当前人类疾病谱的改变以及“回归自然”潮流的兴起，给我国中医药产业带来了发展机遇，我国已将中医药现代化作为医药产业发展的重点予以支持，加之在抗击新型冠状病毒感染疫情的过程中，中医药疗效得到印证，中药材将会进一步受到市场欢迎。中药材产业是广西健康产业的支柱之一，发展中药材产业，是农业产业结构调整的重要举措，符合广大消费者养生保健的需求。国内广阔的中药材市场，让河池中药材产业发展拥有巨大潜力。

三、河池中药材产业发展存在的主要问题

（一）河池药用植物资源保护和可持续开发利用有待加强

近年来，各地大面积开展经济林种植及对林地的经济性开发，破坏了大量的原生植被及次生植被，造成大量原生植物资源的破坏甚至毁灭，一些野生物种资源多年来受工业化生产影响而被大量采挖，导致其蕴藏量急剧减少，再加上人们对合理开发资源的认识和管理都不到位，导致一些药用植物资源已经受到不同程度的破坏。如广西特产中药地枫皮年收购量曾达 50000 kg，现已不多见；提取“罗通定”的原料地不容，20 世纪 70 年代还可大批量收购，但如今已资源枯竭；越南槐（山豆根）、石生黄堇、地枫皮及兰科的铁皮石斛、白及（*Bletilla striata*）、金线莲（*Anoectochilus formosanus*）等因生态环境恶化及人类的过度采挖已逐渐消失；八角莲、美登木（*Gymnosporia acuminata*）、金果榄（*Tinospora sagittata*）、马兜铃（*Aristolochia debilis*）、穿钱草（*Canscora lucidissima*）等亦因结实更新率低、竞争能力差等而濒危。

（二）河池中药材种植零散，规模化种植种类较少

虽然河池中药材种类多、分布广，但是从生产形态上看，其中药材产业基本上仍处于零散而落后的小农经济状态，中药材生产尚以个体家庭为主要单位，规范化、集约化程度较低。中药材栽培技术

比较落后，仍在依靠日常积累的生产经验指导生产，此种状态下产出的中药材质量很难得到保证。生产中药材的企业规模小、质量参差不齐、药材种植及生产管理都缺乏严格的规范。

（三）产业吸引资本能力弱，发展潜力及优势发挥不充分

河池中药材良种保护繁育推广和标准化种植基地建设缺乏项目资金支持，产业链发展尚未成熟。行业各主管部门在中药材产业发展方面的统一规划指导不够充分，协同作战能力不足，整体推进力度不强。此外，从事中药材种植、加工、销售的普遍为专业合作社和中小企业，资金投入能力不足，产业特点对民间资本吸引力弱，经济体抗风险能力较差，影响产业发展深度；虽然种植的药材种类多，但是育种力量较薄弱，繁育体系与基地建设不够完善，品种推广服务力度不够，社会知名度不够，无品牌效应，对中药材采购加工企业而言缺乏吸引力，难以产生较好的经济效益。这些因素都在一定程度上制约了河池中药材产业的布局和发展，也导致河池中药材主导品种优势不明显，区域特色及优势发展不充分，没有形成中药材产品特色优势区。

（四）专业技术人才缺乏，产业创新驱动发展能力不足

马文杰等对广西区内 81 家中药材种植专业合作社专业技术人员数量的调研结果表明，专业技术人员不超过 2 人的合作社达到 57 家，占比 70.4%。中药材种植具有严格的技术要求和质量控制标准，需要有专业技术人员进行指导。河池全市各级中医药管理局均未设立独立机构和配备专职工作人员，河池市农业农村局虽然是指导全市中药材产业发展的部门，但是其职责职能中没有中药材种植方面的内容，机构内部也没有这方面的人才，全市缺乏中药材种植专业技术人员的现象较为普遍。许多中药材以农户散种为主，市场上哪些药用植物价格高、短期内收益大，农户就种植哪些，盲目跟风市场，没有因地制宜地选择适合的品种，种植过程中没有受到专业指导，管理不到位，导致中药材低产低质。

规范化、规模化、产业化的中药材生产基地较少，种质资源驯化培育良莠不齐，多数药材种子来源于自繁、自选、自留；提纯复壮不到位，品种退化、混杂严重，中药材特征特性、产量表现、抗性表现差异较大，品质得不到保障。人们长期以来对资源合理开发认识不足，缺乏对野生资源进行收集、整理及保护的意识，使野生资源如山豆根、白及、天门冬、华南忍冬（*Lonicera confusa*）、毛唇芋兰（*Nervilia fordii*）等被过度采集，很多名贵野生药材资源几近枯竭，良种扩繁、野生种子培育任重道远。对于现代中药材栽培理论与配套栽培技术等方面的研究积累不足，缺乏科学实用的配套栽培技术，肥水管理、病虫害防治等缺乏科学指导，粗放的栽培管理依然是中药材生产的普遍方式，新品种引进试验示范、中药材栽培技术的指导与培训等工作未充分开展，无法满足产业发展需要。此外，对河池民间壮瑶药传统技艺和经典名方没有进行充分挖掘和整理，不利于传统制药、鉴定、炮制技术及老药工传统技艺的活态传承，将错失产业传承创新发展的宝贵机遇。

（五）产品加工能力弱及水平低，市场风险对产业发展影响大

目前河池中药材龙头企业、中药制剂生产企业数量少、规模小、实力弱。天峨、罗城、环江等中药材生产大县均没有中药材企业，全市缺乏综合实力强的大型企业，发展后劲不足。大部分中药材企业生产经营水平与药品生产管理规范（GMP）、兽药经营质量管理规范（GSP）的要求存在明显差

距，缺少精深加工和“拳头”产品，规模效益难以形成，辐射带动能力弱。全市中药材质量标准、质量认证、监督检测等方面体系不够健全，目前还没有形成规范的标准认证体系。中药材产品简单、产业链短、产品附加值低，特别是大宗类优势药材品种，如金钱草（*Lysimachia christiniae*）、铁皮石斛、穿心莲（*Andrographis paniculata*）、山豆根、忍冬（*Lonicera japonica*）、莪术等的高效生产、产品开发和加工等技术严重不足，效益低。中药材可用于长期储存的仓库不足，绝大多数产品即收即卖或简单加工即卖，加工局限在对药材的简单清洗、烘干等初加工层次，上市产品完全依赖于外地企业和市场，抗短期价格大幅波动和市场风险的能力不足。中药材市场价格波动性大，直接影响到中药材产业发展的稳定，如吴茱萸从 2017 年的 300 元 /kg 左右急剧下降至 2020 年的 20 元 /kg 左右，给农民造成重大经济损失，影响了产业发展的可持续性。

（六）产业配套体系尚未健全，产业信息化支撑平台建设滞后

中药材产业对技术和标准要求高，产业链长，要求多部门协作和支持，健全完善配套体系。目前河池中药材产业发展所需的种质资源保护与种苗繁育、种质技术研究与新产品研发、技术指导与质量检验检测服务、人才引进与人才培育以及市场营销和信息服务等配套技术和体系尚未健全。虽然全市有 4 个自治区级和 10 个市级中药材种植示范基地，但能有效开展产学研融合发展的基地不多，依托基地的技术研究体系建设尚未形成。全市尚未建立有效运行的中药材产业信息平台，市场与农户之间的信息传递不畅，生产与需求脱节，市场的引导作用没有发挥，多数农户缺乏对中药材种植必需的市场、价格、供求等方面信息的了解，难以把握种植机遇，经常受市场价格波动冲击，生产积极性不高，可见产业信息化保障措施有待加强。

四、河池中药材产业高质量发展策略

（一）充分重视和利用资源优势，加强规划，科学引导资源开发利用

河池应站在全局的高度，在充分重视和利用资源优势的同时，通过立法保护中药材资源和生态环境，建立药用植物保护区、药用植物基因库，加强濒危药用植物种类的保护。同时加强与周边省、市的合作，发挥河池中药资源优势，努力争取核心地位。

（二）加强河池药用植物种质资源研究

建立河池喀斯特特有珍稀药用植物保育基地，开展药用植物繁育、高效生态栽培技术、野生抚育和人工回归引种技术研究，有效地挽救和保护河池药用植物种质资源。

（三）因地制宜，合理调整生产布局，建立良种繁育基地和高效生态种植基地

针对中药材种子、种苗来源混杂等问题，以当前制药企业所需的大宗原料药材为主，兼顾其他社会需求和受威胁的中药材种类，因地制宜，合理布局，建立良种繁育基地。选择培育出的高产优质品种进行高效生态种植示范。

（四）强化科技支撑，建立药用植物资源科学研究和人才培养平台

科技支撑是以资源保护和合理开发利用为基础，以科技项目为依托，聚集科技资源，并以长期、稳定的科技、人才、资金等关键要素的支持为保障的发展策略，其目的是大力发展高新技术、实用技术和推进技术创新，最终加快产业的成果转化，提高产业的综合竞争力。河池气候复杂多变，地质组成多样，分布着众多典型的喀斯特地貌，具有丰富的生物多样性。应充分利用植物资源禀赋，构建完善产业技术创新体系。以喀斯特地区药食同源植物为主要研究对象，建立喀斯特地区药用植物野外科学观测研究站、种质资源库和成果转化中试基地等科研平台，发挥创新平台的人才载体作用，引育创新团队和人才，开展生物多样性科学观测及药用植物种质资源调查、收集保存和遗传研究，加快中医药壮瑶医药成果转化和应用示范，为广西喀斯特生态脆弱区生物多样性保护及中药材产业高质量发展提供科学数据和技术支撑。

建设特有珍稀濒危品种保育基地，开展就地保护、迁地保护与人工驯化种植技术研究，利用高能物理诱变和杂交等技术进行目标物种遗传改良，扩大药用植物种群。建立“育—繁—推”良种繁育基地，开展中药材壮瑶药材和道地药材筛选驯化、提纯复壮、规范化种植和展示示范，培育一批抗性强、质量稳定的良种，推广中药材生态种植、野生抚育和仿生栽培，大力发展林下生态种植示范。促进产学研融合，整合科技力量，联合实施种植、加工、新产品开发等共性关键技术攻关，为中药材产业高质量发展提供有效技术支持。

（五）强化政府引导，建立多元投入机制，完善产业发展规划

2020 年，河池少数民族常住人口共有 286.85 万人，占全市人口数的 83.93%，其中壮族人口占比最大。又有巴马、都安、大化 3 个瑶族自治县，使河池成为壮瑶文化的历史汇集之地，有着厚实的壮瑶文化底蕴和壮瑶医药基础。广西已查清中药资源植物物种超过 1000 种的县城有 14 个，数量排名全国第一，其中有 3 个县归属于河池，分别是凤山县、环江毛南族自治县及罗城仫佬族自治县；已查清壮药超 2200 种、瑶药 1300 余种、仫佬药 464 种、毛南药 167 种（刘静，2014；胡仁传，2014）。建立稳定且具有本地特色的中医药发展多元投入机制，统筹安排中医药事业发展经费并加大支持力度，强化政府对产业的引导作用，吸引社会资本参与中医药壮瑶医药及其他少数民族传统医药等相关产业投资。加强政府各职能部门的统筹协作，推动实施壮瑶医药及其他少数民族传统医药振兴计划。大力发展专业交易市场、信息服务、仓储物流和电商平台，构建产业集群。实行工作专班和联席会议机制，统筹中药产业、医药制造业和健康服务业协调发展，促进产业融合，实现产业全要素共生发展。设立产业发展专项资金，引导、优化中药材产业空间布局和品种结构，重点发展郁金（*Curcuma aromatica*）、葛根（*Pueraria edulis*）、天麻（*Gastrodia elata*）、生姜、板蓝根（*Isatis tinctoria*）、青蒿、黧豆、火麻仁等河池独有优势名贵品种，支持发展石生黄堇、鸡血藤（*Spatholobus suberectus*）、鸡骨草（*Abrus pulchellus* subsp. *cantoniensis*）、莪术、山豆根、两面针（*Zanthoxylum nitidum*）、天门冬、金钱草等道地品种，鼓励开发牛大力（*Millettia speciosa*）、铁皮石斛、木鳖子（*Momordica cochinchinensis*）等新兴品种。创建特色产品优势区，推动优势品种向优势产区集中，辐射带动中药材产业发展壮大。

（六）强化企业市场主体地位，培育新型经营主体和产业融合新模式

发展现代农业、推进产业扶贫，需要进一步发挥龙头企业的引领带动作用。巩固和强化企业的产业发展主体地位，大力引进行业龙头企业，培育新型市场经营主体，健全行业社会组织。推行“公司＋基地＋合作社＋农户”的经营模式，重点扶持、培育产业龙头企业，引进规模大、实力强的中药饮片加工企业和中成药生产企业，带动产业由原材料生产向精深加工转变。延伸产业链，开发中药材功能性食品及保健品，提高产品附加值。大力提升中药材产地初加工水平，鼓励中药材企业在产地建设加工基地，加强采收、净选、切制、干燥、分级、保鲜、贮藏等设施建设，打造一批产地初加工示范基地。在开展中药材品种资源调查工作的基础上，以金城江、环江、罗城、南丹、都安、凤山、巴马等 7 个野生资源丰富、发展种植基础条件好的县区为核心，大力发展推广山豆根种植，做大山豆根中药材品牌。重视产业融合，促进中医药与西医药相互补充、协调发展，坚持中医药医疗、康养、研学、文化与旅游等产业协调发展。推动更多的中药材饮片、中成药品种列入医保目录；培育现代中药材生产企业，推动专业种植、家庭农场、合作社发展，实现中药材从分散生产向组织化生产转变，带动中药材种植、加工、流通及相关产业发展，构建全产业链发展模式，在实现资源集聚的基础上，形成规模强大的竞争优势。

（七）强化服务保障，建立产业信息化平台和社会化服务机制

构建河池优质道地药材全产业链生产技术规范与质量标准体系，提高中药材生产质量，形成品牌效应。云南省组建专家咨询队伍，通过网络信息平台，为农户在中药材种植、加工、销售等生产过程中出现的问题及时提供线上线下咨询服务与技术指导（黄蓓，2018）。2019 年，贵州省举办首届“互联网＋中医药产业创”新发展论坛，并启动了电子商务平台的建设，这一举措提升了黔药市场的竞争力以及品牌的影响力（张艳燕，2019）。河池可以通过利用京东、天猫等大型电商平台推销特色产品，同时构建河池中医药壮瑶医药产业网络公共信息平台，充分运用政府大数据平台，推动产业数字化。利用中药材资源、生产、价格等大数据信息，经过采集、统计、分析和发布形成生产指南。成立行业协会，宣传产业政策、产业动向、市场行情等信息，做好分析研判，及时向农户提供信息服务，增强市场风险防范能力。发展行业专业化社会化服务队伍，建立“市、县、乡”三级中药材技术培训和服务网络，及时解决中药材生产中的关键技术问题。稳定基层中医药人才队伍，加强高层次中医药人才队伍建设和中医药健康服务技术技能人才培养，提升中医药壮瑶医药服务水平，为产业发展提供人才保障。

（八）强化开放合作，构建面向东盟的国际合作和学术交流机制

广西中药材主要出口日本、越南、泰国等亚洲国家，也有少量远销欧洲大陆。河池应充分利用其“世界长寿之乡”的有利条件，突显本市民族医药特色，加强品牌建设，推动中医药与大健康产品品牌化、高端化，提升产品知名度。主动服务和融入高质量共建“一带一路”，主动融入中国—东盟博览会、中国—东盟商务与投资峰会、泛北部湾经济合作论坛等平台，推动面向东盟的中医药及医疗卫生国际合作与交流，打造中国—东盟传统医药健康与文旅融合发展新生态。积极申报国家地理标志保护产品等认证，争创道地品牌产品，提升河池中药材品牌价值。加快“深圳巴马大健康合作特别试验区”

建设发展，围绕试验区核心业态和大健康产业，深化与中国农业科学院深圳农业基因组研究所等高校、科研院所和企业的合作，将河池的资源优势、区位优势、市场优势等转化为产业发展新动能。以科技合作项目为载体，联合广西区内外高校、科研院所共同策划实施一批中医药产业共性关键技术攻关项目，强化中医药国内科技合作，促进学术交流，提高产业科技创新水平，推动科技成果转化。

五、结论

综上，河池中药材产业近年来发展势头虽好，但仍然面临产业优势发挥不充分、创新发展不足、产业配套体系尚未健全等问题。国家及广西、河池相继出台的一系列政策为中药材产业的发展带来良好的机会，在此背景下，应在创新中医药壮瑶医药传承发展服务机制理念的同时，积极引进优质中药材种植，并提供从科学育种到回收加工的产业“一条龙”服务，不断壮大中药材种植加工产业链，以此推进河池中药材产业高质量发展。

第二部分　各论

第一章　河池主要国家重点保护野生药用植物

福氏马尾杉 *Phlegmariurus fordii*

分类地位：石杉科。

保护等级：国家二级重点保护野生植物。

形态特征：附生草本。叶螺旋状排列。营养叶抱茎，叶片椭圆状披针形，先端渐尖，基部圆楔形，下延，叶缘全缘，中脉明显，无柄；孢子囊穗顶生，比不育部分细瘦。孢子叶叶片披针形或椭圆形，基部楔形，叶缘全缘，中脉明显；孢子囊肾形，2 瓣开裂，黄色，生于孢子叶腋。

有柄马尾杉 *Phlegmariurus petiolatus*

分类地位：石杉科。

保护等级：国家二级重点保护野生植物。

形态特征：中型附生蕨类。叶螺旋状排列。营养叶平展或斜向上开展，叶片椭圆状披针形。孢子叶叶片椭圆状披针形，排列稀疏，先端尖，基部楔形，叶缘全缘，中脉明显；孢子囊肾形，2 瓣开裂，黄色，生于孢子叶腋。

闽浙马尾杉 *Phlegmariurus mingcheensis*

分类地位：石杉科。

保护等级：国家二级重点保护野生植物。

形态特征：中型附生蕨类。叶螺旋状排列。营养叶疏生，叶片草质，披针形，基部楔形，下延，叶缘全缘，中脉不显，无柄。孢子叶叶片披针形，先端尖，基部楔形，叶缘全缘，中脉不显；孢子囊肾形，2瓣开裂，黄色，生于孢子叶腋。

福建观音座莲 *Angiopteris fokiensis*

分类地位：观音座莲科。

保护等级：国家二级重点保护野生植物。

形态特征：蕨类。叶片宽广，宽卵形，腹面绿色，背面淡绿色，两面光滑；羽片5～7对，奇数羽状，互生，狭长圆形，基部不变狭；小羽片35～40对，对生或互生。孢子囊群长圆形，棕色，由8～10个孢子囊组成。

云南观音座莲 *Angiopteris yunnanensis*

分类地位：观音座莲科。

保护等级：国家二级重点保护野生植物。

形态特征：蕨类。植株高达 2 m。二回羽状复叶；叶片宽广，纸质；羽片互生，长圆形，长约 60 cm，下部的较短，宽 20 ～ 24 cm，基部稍狭，羽轴向顶端有翅，羽柄粗壮，直径约 2 cm ；小羽片约 20 对。孢子囊群长圆形或线形，由 14 ～ 20 个孢子囊组成，近叶缘生。

金毛狗 *Cibotium barometz*

分类地位：蚌壳蕨科。

保护等级：国家二级重点保护野生植物。

形态特征：树形蕨类。叶三回羽状分裂，互生；叶片大，几为革质或厚纸质，广卵状三角形。孢子囊群着生于下部的小脉顶端；囊群盖坚硬，棕褐色；孢子为三角状的四面形，透明。

中华桫椤 *Alsophila costularis*

分类地位：桫椤科。

保护等级：国家二级重点保护野生植物。

形态特征：蕨类。茎干高达 5 m 或更高。叶三回羽状深裂；叶片长圆形，长 2 m，宽 1 m，叶轴下部红棕色，背面具星散小疣，上部棕黄色，背面粗糙；羽片约 15 对，披针形，先端渐尖；小羽片多达 30 对，平展，披针形，无柄。孢子囊群着生于侧脉分叉处，靠近主脉，每枚裂片 3 ～ 6 对；囊群盖膜质。

大叶黑桫椤 *Alsophila gigantea*

分类地位：桫椤科。

保护等级：国家二级重点保护野生植物。

形态特征：蕨类。植株高 2 ～ 5 m。叶三回羽裂；叶片大，长达 3 m，乌木色，粗糙，疏被头垢状的暗棕色短毛，基部、腹面密被棕黑色鳞片，叶轴下部乌木色；羽片平展，长圆形，有短柄；小羽片约 25 对。孢子囊群着生于主脉与叶缘之间，排列成 V 形，无囊群盖，隔丝与孢子囊等长。

黑桫椤 *Alsophila podophylla*

分类地位：桫椤科

保护等级：国家二级重点保护野生植物。

形态特征：蕨类。植株高 1 ～ 3 m，有短主干，顶部生出几片大叶。叶片大，长 2 ～ 3 m，叶脉两面均隆起，主脉斜疣；叶柄红棕色；羽片互生，斜展；小羽片约 20 对，互生。孢子囊群圆形，着生于小脉背面近基部处，无囊群盖，隔丝短。

桫椤 *Alsophila spinulosa*

分类地位：桫椤科。

保护等级：国家二级重点保护野生植物。

形态特征：蕨类。茎干较高，上部有残存的叶柄。叶片大，纸质，长矩圆形，干后绿色；羽片互生，长矩圆形；叶脉在裂片上羽状分裂，基部下侧小脉出自中脉的基部。

水蕨 *Ceratopteris thalictroides*

分类地位：水蕨科。

保护等级：国家二级重点保护野生植物。

形态特征：蕨类。植株幼嫩时绿色，多汁，柔软，高可达 70 cm。叶簇生；叶片直立或幼时漂浮，狭长圆形，先端渐尖，基部圆楔形；叶柄绿色，圆柱形，肉质，不膨胀，光滑无毛；下部羽片较大，卵形或长圆形；裂片互生，斜展，彼此远离。孢子囊稀疏，棕色，幼时被反卷叶缘覆盖，熟后叶缘多少张开，露出孢子囊；孢子四面体形，外壁很厚。

华南五针松 *Pinus kwangtungensis*

分类地位：松科。

保护等级：国家二级重点保护野生植物。

形态特征：常绿乔木。幼树树皮平滑，老树树皮厚，褐色，裂成不规则的鳞状块片。冬芽茶褐色，微被树脂。针叶边缘有细齿。球果圆柱状长球形，熟时淡红褐色，微被树脂。种子椭球形，连同种翅与种鳞近等长。花期 4～5 月；果期翌年 10 月。

福建柏 *Fokienia hodginsii*

分类地位：柏科。

保护等级：国家二级重点保护野生植物。

形态特征：常绿乔木。树皮紫褐色。小枝扁平，排成一平面。鳞叶对生，生于幼树或萌芽枝上的中央之叶叶片楔状倒披针形。雄球花近球形。球果近球形，熟时褐色。花期 3 ～ 4 月；种子翌年 10 ～ 11 月成熟。

小叶罗汉松 *Podocarpus wangii*

分类地位：罗汉松科。

保护等级：国家二级重点保护野生植物。

形态特征：乔木。叶片革质或薄革质，先端微尖或钝，基部渐窄，腹面绿色，中脉隆起，背面色淡，叶缘微向下卷曲。雄球花穗状，单生或 2 ～ 3 个簇生于叶腋，花药卵球形；雌球花单生于叶腋。种子卵球形或椭球形，种托肉质。花期 4 ～ 5 月；果期 10 ～ 11 月。

百日青 *Podocarpus neriifolius*

分类地位：罗汉松科。

保护等级：国家二级重点保护野生植物。

形态特征：乔木。叶螺旋状着生；叶片厚革质，披针形，常微弯，长 7～15 cm，宽 9～13 mm，上部渐窄，先端有渐尖的长尖头，萌生枝上的叶稍宽、有短尖头，基部渐窄，楔形，有短柄。雄球花穗状，总梗较短，基部有多数螺旋状排列的苞片。种子卵球形，熟时肉质；假种皮紫红色；种托肉质，橙红色。花期 5 月；种子 10～11 月成熟。

海南粗榧 *Cephalotaxus hainanensis*

分类地位：三尖杉科。

保护等级：国家二级重点保护野生植物。

形态特征：乔木。叶排成两列；叶片通常质地较薄，条形，向上微弯或直。雄球花总梗长约 4 mm。种子通常微扁，倒卵状椭球形或倒卵状球形，顶端有突起的小尖头；假种皮成熟前绿色，熟后常红色。

篦子三尖杉 *Cephalotaxus oliveri*

分类地位：三尖杉科。

保护等级：国家二级重点保护野生植物。

形态特征：灌木。叶平展成2列，排列紧密；叶片质硬，条形，通常中部以上向上方微弯。雄球花基部有苞片；雌球花的胚珠发育成种子。种子倒卵状球形、卵球形或近球形。花期 3 ～ 4 月；种子 8 ～ 10 月成熟。

穗花杉 *Amentotaxus argotaenia*

分类地位：红豆杉科。

保护等级：国家二级重点保护野生植物。

形态特征：灌木或小乔木。叶基部扭转排成2列；叶片条状披针形，直或微弯镰状。雄球花具1～3枚花穗。种子椭球形，熟时假种皮鲜红色。花期 4 月；种子 10 月成熟。

灰岩红豆杉 *Taxus calcicola*

分类地位：红豆杉科。

保护等级：国家一级重点保护野生植物。

形态特征：乔木。叶螺旋状着生。雄球花腋生，单生，沿可育枝两侧形成行，卵球形，黄绿色到浅棕色；雌球花腋生，单生，无梗，具小三角形鳞片，覆盖一个非常小的芽和单顶生胚珠，珠孔外露。种子卵球形；种脐椭圆形。

南方红豆杉 *Taxus wallichiana* var. *Mairei*

分类地位：红豆杉科。

保护等级：国家一级重点保护野生植物。

形态特征：乔木。叶片常较宽长，多呈弯镰状，上部常渐窄，先端渐尖。种子通常较大，微扁，多呈倒卵状球形，上部较宽，稀柱状矩球形；种脐常呈椭圆形。

鹅掌楸 *Liriodendron chinense*

分类地位：木兰科。

保护等级：国家二级重点保护野生植物。

形态特征：乔木。叶片马褂状，长 4 ～ 12 cm，先端具 2 浅裂，近基部每边具 1 侧裂片，叶背面苍白色。花杯状，花被片 9 片，外轮 3 片绿色，萼片状，向外弯垂，内两轮 6 片。聚合果，为具翅的小坚果，顶端钝或钝尖，具种子 1 ～ 2 粒。花期 5 月；果期 9 ～ 10 月。

地枫皮 *Illicium difengpi*

分类地位：八角科。

保护等级：国家二级重点保护野生植物。

形态特征：灌木。叶常 3 ～ 5 片聚生或在枝的近顶端簇生；叶片革质或厚革质，倒披针形或长椭圆形，先端短尖或近圆形。花腋生或近顶生，单朵或 2 ～ 4 朵簇生，紫红色或红色；雄蕊 20 ～ 23 枚。聚合果，蓇葖果 9 ～ 11 枚。花期 4 ～ 5 月；果期 8 ～ 10 月。

短萼黄连 *Coptis chinensis* var. *brevisepala*

分类地位：毛茛科。

保护等级：国家二级重点保护野生植物。

形态特征：多年生草本。叶片稍带革质，宽达 10 cm，具长柄。顶生聚伞花序有花 3 ～ 8 朵；花葶 1 ～ 2 枚，高 12 ～ 25 cm；萼片黄绿色。种子 7 ～ 8 粒，褐色。花期 2 ～ 3 月；果期 4 ～ 5 月。

石生黄堇 *Corydalis saxicola*

分类地位：紫堇科。

保护等级：国家二级重点保护野生植物。

形态特征：多年生草本。基生叶二回至一回羽状全裂；叶片长 10 ～ 15 cm，具长柄；末回羽片楔形至倒卵形。总状花序，多花密集；苞片椭圆形或披针形，上部渐窄小；萼片近三角形。蒴果圆锥状镰形。花期 5 ～ 6 月；果期 6 ～ 7 月。

小八角莲 *Dysosma difformis*

分类地位：小檗科。

保护等级：国家二级重点保护野生植物。

形态特征：多年生草本。叶常 2 片，互生；叶片较小，形状多样，常为不明显的 4 ～ 8 浅裂；叶柄生于叶的中部。伞形花序有花 2 ～ 5 朵。6 ～ 7 月开淡赭红色花；8 ～ 9 月结球形小果。

六角莲 *Dysosma pleiantha*

分类地位：小檗科。

保护等级：国家二级重点保护野生植物。

形态特征：多年生草本。叶对生；叶片近纸质，盾状。花梗长 2 ～ 4 cm，常下弯，无毛。浆果倒卵状长球形或椭球形，熟时紫黑色。花期 3 ～ 6 月；果期 7 ～ 9 月。

八角莲 *Dysosma versipellis*

分类地位：小檗科。

保护等级：国家二级重点保护野生植物。

形态特征：多年生草本。茎生叶 2 片，互生；叶片薄纸质，盾状，近圆形，4 ～ 9 掌状浅裂，裂片阔三角形、卵形或卵状长圆形。花深红色，下垂，萼片 6 枚，长圆状椭圆形，花瓣 6 片，勺状倒卵形；雄蕊 6 枚，花丝短于花药，药隔顶端急尖，无毛；子房椭球形，无毛，花柱短，柱头盾状。浆果椭球形。种子多数。花期 3 ～ 6 月；果期 5 ～ 9 月。

金荞麦 *Fagopyrum dibotrys*

分类地位：蓼科。

保护等级：国家二级重点保护野生植物。

形态特征：多年生草本。叶片三角形，先端渐尖，两面具乳头状突起或被柔毛。花序伞房状，顶生或腋生；花白色。瘦果宽卵形，黑褐色，无光泽。花期 7 ～ 9 月；果期 8 ～ 10 月。

茶 *Camellia sinensis*

分类地位：山茶科。

保护等级：国家二级重点保护野生植物。

形态特征：灌木或小乔木。叶片革质，长圆形或椭圆形，长 4 ~ 12 cm，宽 2 ~ 5 cm，先端钝或尖锐，基部楔形，侧脉 5 ~ 7 对，叶缘有锯齿。花 1 ~ 3 朵腋生，白色；苞片 2 枚；萼片 5 枚，阔卵形至圆形；花瓣 5 ~ 6 片，阔卵形。蒴果 1 ~ 3 个，球形。花期 10 月至翌年 2 月。

贵州金花茶 *Camellia huana*

分类地位：山茶科。

保护等级：国家二级重点保护野生植物。

形态特征：灌木。叶片膜质，椭圆形，长 8.5 ~ 11.5 cm，宽 3.5 ~ 5.3 cm。花 1 ~ 2 朵顶生，淡黄色或白色。蒴果扁球形。种子密被黄褐色长茸毛或丝毛。

金丝李 *Garcinia paucinervis*

分类地位：藤黄科。

保护等级：国家二级重点保护野生植物。

形态特征：乔木。叶片嫩时膜质，紫红色，老时近革质，长椭圆形，稀长椭圆状卵形或倒卵状长椭圆形，先端稍钝渐尖，基部阔楔形；中脉在叶背面突起，侧脉每边 5 ～ 7 条，两面隆起。花杂性，同株；雄花聚伞花序腋生和顶生，具花 4 ～ 10 朵；雌花通常单生于叶腋，比雄花稍大，子房圆球形。果熟时椭球形或卵珠状椭球形。花期 6 ～ 7 月；果期 11 ～ 12 月。

条叶猕猴桃 *Actinidia fortunatii*

分类地位：猕猴桃科。

保护等级：国家二级重点保护野生植物。

形态特征：小型半常绿藤本。叶片坚纸质，长条形或条状披针形，先端渐尖，中脉两面稍显著，侧脉细弱；叶柄圆柱形。聚伞花序腋生，花序梗极短，被红褐色茸毛；小苞片钻形；花粉红色，花瓣倒卵形；子房密被黄褐色茸毛，圆柱状近球形，雄花退化子房圆锥形。

肥荚红豆 *Ormosia fordiana*

分类地位：蝶形花科。

保护等级：国家二级重点保护野生植物。

形态特征：乔木。奇数羽状复叶。圆锥花序生于新枝梢；萼齿 5 枚，深裂，长椭圆状披针形，微钝头；花淡褐绿色。荚果半球形或长球形，压扁，顶端有斜歪的喙；具种子 1 ～ 4 粒。种子长椭球形，两端钝圆形；长种皮薄肉质，鲜红色。花期 6 ～ 7 月；果期 11 月。

小叶红豆 *Ormosia microphylla*

分类地位：蝶形花科。

保护等级：国家一级重点保护野生植物。

形态特征：灌木或乔木。奇数羽状复叶，近对生。花序顶生。荚果近菱形或长椭球形，压扁，顶端有小尖头，果瓣厚革质或木质，黑褐色或黑色，有光泽，内壁有横隔膜；有梗。种子 3 ～ 4 粒；种皮红色，坚硬，微有光泽；种脐位于短轴一端。

海南红豆 *Ormosia pinnata*

分类地位： 蝶形花科。

保护等级： 国家二级重点保护野生植物。

形态特征： 常绿乔木或灌木状草本。叶片薄革质。圆锥花序顶生，花冠粉红色带黄白色。荚果圆柱形或稍扁，果瓣厚木质，熟时橙红色，干时褐色，有淡色斑点，无毛。种子椭球形，红色。花期 7 ～ 8 月；果期 9 ～ 12 月。

木荚红豆 *Ormosia xylocarpa*

分类地位： 蝶形花科。

保护等级： 国家二级重点保护野生植物。

形态特征： 常绿乔木。奇数羽状复叶；小叶叶片厚革质。圆锥花序顶生，被短柔毛；花大，有芳香，外面密被褐黄色短绢毛，花冠白色或粉红色，各花瓣近等长；子房密被褐黄色短绢毛。荚果倒卵形至长椭球形或菱形；果瓣厚木质。种子椭球形或近球形，微扁；种皮红色，有光泽；种脐小。花期 6 ～ 7 月；果期 10 ～ 11 月。

越南槐 *Sophora tonkinensis*

分类地位：蝶形花科。

保护等级：国家二级重点保护野生植物。

形态特征：灌木。羽状复叶；基部稍膨大。总状花序或基部分枝近圆锥状，顶生；总花梗和花序轴被短而紧贴的丝质柔毛；花冠黄色，旗瓣近圆形，先端凹缺，基部圆形或微凹，具短柄。荚果串珠状，具种子 1 ～ 3 粒。种子卵形，黑色。花期 5 ～ 7 月；果期 8 ～ 12 月。

荔枝 *Litchi chinensis*

分类地位：无患子科。

保护等级：国家二级重点保护野生植物。

形态特征：常绿乔木。偶数羽状复叶；无毛；侧脉纤细；具柄。无花瓣。果卵球形至近球形。种子全部被肉质假种皮包裹。花期 3 ～ 4 月；果期 5 ～ 8 月。

海菜花 *Ottelia acuminata*

分类地位：水鳖科。

保护等级：国家二级重点保护野生植物。

形态特征：多年生草本。叶基生，沉水；叶片形态大小差异很大，呈披针形、线状长圆形、卵形或广心形，基部心形或垂耳形，叶缘全缘，波状或具微锯齿。花单性，雌雄异株，花梗长短随水深浅而异，三棱状纺锤形，棱上或棱间有肉刺或疣突。种子多数。花期 5 ～ 10 月。

凌云重楼 *Paris cronquistii*

分类地位：延龄草科。

保护等级：国家二级重点保护野生植物。

形态特征：多年生草本。根茎长 2 ～ 10 cm。茎干粗。叶 4 ～ 6 枚；叶片卵形。花序梗长 12 ～ 60 cm；外轮花被片 5 ～ 6 片，披针形或卵状披针形，长 3.5 ～ 9 cm，绿色；内轮花被片狭线形，黄绿色。蒴果熟时红色，开裂。种子近球形，全被红色假种皮。花期 5 ～ 6 月；果期 10 ～ 11 月。

球药隔重楼 *Paris fargesii*

分类地位：延龄草科。

保护等级：国家二级重点保护野生植物。

形态特征：多年生草本。叶 4 ～ 6 片；叶片宽卵圆形，先端短尖，基部略呈心形。外轮花被片通常 5 片；内轮花被片通常长 1 ～ 1.5 cm；雄蕊 8 枚，花药短条形，药隔突出部分圆头状，肉质，呈紫褐色。花期 5 月。

金线兰 *Anoectochilus roxburghii*

分类地位：兰科。

保护等级：国家二级重点保护野生植物。

形态特征：草本。根茎匍匐，伸长，肉质，具节，节上生根。茎直立，肉质，圆柱形，具叶 2 ～ 4 片。总状花序具花 2 ～ 6 朵；花序梗具鞘苞片 2 ～ 3 枚；花苞片淡红色，披针形或卵状披针形；萼片背面被柔毛，侧萼片张开，偏斜的近长圆形或长圆状椭圆形；花白色或淡红色，花瓣质地薄，近镰刀状。花期 8 ～ 12 月。

白及 *Bletilla striata*

分类地位：兰科。

保护等级：国家二级重点保护野生植物。

形态特征：草本。假鳞茎扁球形，上面具荸荠似的环带，富黏性。茎粗壮，劲直。叶 4 ～ 6 片；叶片狭长圆形或披针形，先端渐尖。花序具花 3 ～ 10 朵；花苞片长圆状披针形；花大，紫红色或粉红色，萼片与花瓣近等长，狭长圆形，花瓣较萼片稍宽。花期 4 ～ 5 月。

蕙兰 *Cymbidium faberi*

分类地位：兰科。

保护等级：国家二级重点保护野生植物。

形态特征：草本。叶直立性强，叶缘常有粗锯齿，基部常对折呈 V 形，叶脉透亮。花萼片近披针状长圆形，花瓣与萼片相似，短而宽；唇瓣卵状长圆形，有紫红色斑点。蒴果椭球形。花期 4 月；果期 8 ～ 9 月。

流苏石斛 *Dendrobium fimbriatum*

分类地位：兰科。

保护等级：国家二级重点保护野生植物。

形态特征：草本。茎粗壮，斜立或下垂，质地硬，圆柱形或有时基部上方稍呈纺锤形，不分枝，具多数节。叶二列；叶片革质，长圆形或长圆状披针形，先端急尖。总状花序疏生花 6 ～ 12 朵，花序轴较细，多少弯曲，基部被数枚套叠的鞘；花金黄色，稍具香气，花瓣长圆状椭圆形，先端钝，边缘微啮蚀状，具 5 条脉。花期 4 ～ 6 月。

曲轴石斛 *Dendrobium gibsonii*

分类地位：兰科。

保护等级：国家二级重点保护野生植物。

形态特征：附生草本。叶片革质，长圆形或近披针形。总状花序出自落了叶的老茎上部，花序轴暗紫色，常折曲；花苞片披针形，凹呈舟状；中萼片椭圆形，侧萼片长圆形，萼囊近球形；花橘黄色，花瓣近椭圆形，唇瓣近肾形；药帽近半球形，淡黄色。花期 6 ～ 7 月。

疏花石斛 *Dendrobium henryi*

分类地位：兰科。

保护等级：国家二级重点保护野生植物。

形态特征：草本。茎质地硬，纺锤形，不分枝，具3～9节。叶斜立，常2～3片互生于茎的上部；叶片革质，长圆形或狭卵状长圆形，先端急尖。总状花序，纤细，下垂，疏生少数花；花序梗具3～4枚卵形的鞘；中萼片披针形，先端稍钝，具脉5～6条，边缘全缘，侧萼片卵状披针形，先端稍钝；花金黄色，质地薄，开展。花期3～4月。

美花石斛 *Dendrobium loddigesii*

分类地位：兰科。

保护等级：国家二级重点保护野生植物。

形态特征：草本。叶2列，互生于整个茎上；叶片纸质，舌形、长圆状披针形或稍斜长圆形，先端锐尖而稍钩转，基部具鞘。花白色或紫红色，花瓣椭圆形，与中萼片等长，先端稍钝，边缘全缘，唇瓣近圆形，上面中央金黄色，周边淡紫红色。花期4～5月。

铁皮石斛 *Dendrobium officinale*

分类地位：兰科。

保护等级：国家二级重点保护野生植物。

形态特征：草本。叶二列；叶片纸质，长圆状披针形，先端钝且多少钩转，基部下延为抱茎的鞘，叶缘和中肋常带淡紫色。总状花序，具花 2 ～ 3 朵，花序轴回折状弯曲；花苞片干膜质，卵形，浅白色；萼片和花瓣黄绿色，近相似，具脉 5 条。花期 3 ～ 6 月。

小叶兜兰 *Paphiopedilum barbigerum*

分类地位：兰科。

保护等级：国家一级重点保护野生植物。

形态特征：地生或半附生草本。叶基生，5 ～ 6 片；叶片革质，带形。花葶从叶丛中长出；花苞片非叶状；花大而艳丽；子房顶端常收狭成喙状，柱头肥厚，柱头面有乳突。蒴果。花期 10 ～ 12 月。

稻 *Oryza sativa*

分类地位：禾本科。

保护等级：国家二级重点保护野生植物。

形态特征：一年生水生草本。秆直立。叶片线状披针形，无毛，粗糙；叶鞘无毛、松弛；叶舌披针形。圆锥花序大型疏松，棱粗糙；小穗含1朵成熟花；颖极小，仅在小穗柄先端留下半月形的痕迹，锥刺状。颖果。

第二章　河池常见药用植物

松叶蕨 *Psilotum nudum*

分类地位：松叶蕨科。

形态特征：小型蕨类。叶为小型叶，二型，散生；叶片草质。不育叶鳞片状三角形，先端尖，无脉。孢子叶二叉形；孢子囊球形，2瓣纵裂，黄褐色，单生于孢子叶腋，常3个融合为三角形的聚囊；孢子肾形。

蛇足石杉 *Huperzia serrata*

分类地位：石杉科。

形态特征：多年生土生蕨类。叶螺旋状排列，疏生，平伸；叶片薄革质，狭椭圆形，向基部明显变狭，通直，先端急尖或渐尖，基部楔形，下延有柄，中脉突出明显。孢子叶与不育叶同形；孢子囊肾形，黄色，生于孢子叶腋，两端露出。

藤石松 *Lycopodiastrum casuarinoides*

分类地位：石松科。

形态特征：大型土生蕨类。叶螺旋状排列，稀疏，贴生；叶片卵状披针形至钻形，先端渐尖，具芒，叶缘全缘。孢子囊穗红棕色，每 6 ～ 26 个一组生于多回二叉分枝的孢子枝顶端，排列成圆锥形。苞片形同主茎，仅略小。

石松 *Lycopodium japonicum*

分类地位：石松科。

形态特征：多年生土生蕨类。叶螺旋状排列，密集，上斜。孢子囊穗圆柱形，4 ～ 8 个集生于长达 30 cm 的总柄上，不等位着生，直立。孢子叶叶片阔卵形，先端急尖，具芒状长尖头；孢子囊圆肾形，黄色，生于孢子叶腋，略外露。总柄上苞片螺旋状稀疏着生。

垂穗石松 *Palhinhaea cernua*

分类地位：石松科。

形态特征：中型至大型土生蕨类。主茎上的叶螺旋状排列，稀疏；叶片钻形至线形。孢子囊穗短圆柱形，淡黄色，单生于小枝顶端，熟时通常下垂。孢子叶覆瓦状排列，叶片卵状菱形，先端急尖，尾状；孢子囊圆肾形，黄色，生于孢子叶腋，内藏。

薄叶卷柏 *Selaginella delicatula*

分类地位：卷柏科。

形态特征：蕨类。主茎自中下部羽状分枝，不呈“之”字形，无关节，禾秆色。叶二型，交互排列；叶片草质。孢子叶穗紧密，四棱柱形，单生于小枝末端；孢子叶一型，叶片宽卵形，先端渐尖，叶缘全缘，具白边；大孢子叶分布于孢子叶穗中部的下侧；大孢子白色或褐色；小孢子橘红色或淡黄色。

深绿卷柏 *Selaginella doederleinii*

分类地位：卷柏科。

形态特征：蕨类。叶二型，全部交互排列；叶片纸质，表面光滑。孢子叶穗紧密，四棱柱形，单个或成对生于小枝末端；孢子叶一型，叶片卵状三角形，叶缘有细齿；孢子叶穗上大、小孢子叶相间排列，或大孢子叶分布于基部的下侧；大孢子白色；小孢子橘黄色。

江南卷柏 *Selaginella moellendorffii*

分类地位：卷柏科。

形态特征：土生或石生蕨类。叶二型，交互排列；叶片草质或纸质，表面光滑，叶缘不为全缘，具白边。孢子叶穗紧密，四棱柱形，单生于小枝末端；孢子叶一型，叶片卵状三角形，先端渐尖，龙骨状，叶缘有细齿，具白边；大孢子浅黄色；小孢子橘黄色。

伏地卷柏 *Selaginella nipponica*

分类地位：卷柏科。

形态特征：土生蕨类。营养枝匍匐，能育枝直立，无游走茎。孢子叶穗疏松，通常背腹压扁，单生于小枝末端，或1～3次分叉；孢子叶二型或略二型，正置，和营养叶近似，排列一致；大孢子叶分布于孢子叶穗下部的下侧；大孢子橘黄色；小孢子橘红色。

翠云草 *Selaginella uncinata*

分类地位：卷柏科。

形态特征：土生蕨类。叶二型，全部交互排列；叶片草质，表面光滑，具虹彩，叶缘全缘，明显具白边。孢子叶穗紧密，四棱柱形；孢子叶一型，卵状三角形，叶缘全缘，具白边；大孢子叶分布于孢子叶穗下部的下侧或中部的下侧；大孢子灰白色或暗褐色；小孢子淡黄色。

节节草 *Equisetum ramosissimum*

分类地位：木贼科。

形态特征：中小型蕨类。叶呈鳞片状，紧贴茎部生长，叶片披针形或在分枝下部的为长圆形，先端通常渐尖。蝎尾状聚伞花序通常单生于分枝上部叶腋。蒴果三棱状矩球形，3 室，其中腹面 2 室每室具 2 粒种子，开裂，背面 1 室仅含 1 粒种子，不裂。种子卵状长球形，黑色。花果期 5 ～ 11 月。

瓶尔小草 *Ophioglossum vulgatum*

分类地位：瓶尔小草科。

形态特征：蕨类。叶通常单生；营养叶叶片为微肉质到草质，卵状长圆形或狭卵形，先端钝圆形或急尖，叶缘全缘，网状脉明显；孢子囊穗先端尖，高度远超出营养叶。孢子叶较粗健，自营养叶基部生出。总叶柄深埋土中，下半部为灰白色，较粗大。

福建观音座莲 *Angiopteris fokiensis*

分类地位：观音座莲科。

形态特征：蕨类。叶片宽广，宽卵形，腹面绿色，背面淡绿色，两面光滑；羽片 5 ～ 7 对，奇数羽状，互生，狭长圆形，基部不变狭；小羽片 35 ～ 40 对，对生或互生。孢子囊群长圆形，棕色，由 8 ～ 10 个孢子囊组成。

桂皮紫萁 *Osmunda cinnamomea*

分类地位：紫萁科。

形态特征：蕨类。叶二型，二回羽状深裂；叶片薄纸质，长圆形或狭长圆形，先端渐尖；羽片 20 对或更多，下部的对生、平展，上部的互生；裂片 15 对。孢子叶比营养叶短且瘦弱，叶片紧缩，遍体密被灰棕色茸毛，羽片裂片均缩成线形，背面满布暗棕色的孢子囊。

紫萁 *Osmunda japonica*

分类地位：紫萁科。

形态特征：蕨类。顶部叶一回羽状，下部叶二回羽状；叶片纸质，三角状广卵形，成长后光滑无毛；羽片 3 ～ 5 对，对生，长圆形；小羽片 5 ～ 9 对，对生或近对生。孢子叶同营养叶等高或经常稍高，羽片和小羽片均短缩，小羽片变成线形，沿中肋两侧背面密生孢子囊。

华南紫萁 *Osmunda vachellii*

分类地位：紫萁科。

形态特征：蕨类。叶一型，簇生于顶部，一回羽状；叶片厚纸质，长圆形，两面光滑，略有光泽，干后绿色或黄绿色；羽片 15 ～ 20 对，二型，近对生。下部数对羽片能育，生孢子囊，羽片紧缩为线形；中肋两侧密生圆形、分开的孢子囊穗，孢子囊深棕色。

芒萁 *Dicranopteris pedata*

分类地位：里白科。

形态特征：蕨类。叶远生；叶片纸质，腹面黄绿色或绿色，沿叶轴被锈色毛，后变无毛；叶轴一回至三回二叉分枝，一回羽轴被暗锈色毛，渐变光滑，有时顶芽萌发，生出一回羽轴；叶柄棕禾秆色，光滑，基部以上无毛。孢子囊群圆形，由 5～8 个孢子囊组成，1 列，着生于基部上侧或上下两侧小脉的弯弓处。

中华里白 *Diplopterygium chinense*

分类地位：里白科。

形态特征：蕨类。叶二回羽状；叶片巨大，坚质，腹面绿色，沿小羽轴被分叉的毛；叶轴褐棕色；羽片长圆形；小羽片互生，多数，披针形，先端渐尖，具极短柄。孢子囊群圆形，被夹毛，由 3～4 个孢子囊组成，1 列，位于中脉和叶缘之间，稍近中脉，着生于基部上侧小脉上。

海南海金沙 *Lygodium circinnatum*

分类地位：海金沙科。

形态特征：蕨类。叶片厚，近革质；羽片多数，二型，对生于叶轴的短距上，向两侧平展，距顶端有一丛红棕色短柔毛；不育羽片生于叶轴下部，先端两侧稍有狭边，掌状深裂几达基部；能育羽片常为二叉掌状深裂。孢子囊穗排列较紧密，线形，无毛，褐棕色或绿褐色。

曲轴海金沙 *Lygodium flexuosum*

分类地位：海金沙科。

形态特征：蕨类。叶三回羽状；叶片草质，干后暗绿褐色，背面光滑，腹面沿中脉及小脉略被刚毛；羽片多数，对生于叶轴的短距上，向两侧平展，长圆三角形，距顶端有一丛淡棕色柔毛；小羽轴两侧有狭翅和棕色短毛；小羽片先端通常不育。孢子囊穗线形，棕褐色，无毛。

海金沙 *Lygodium japonicum*

分类地位：海金沙科。

形态特征：蕨类。植株高攀至1～4 m。叶片纸质，干后绿褐色，两面沿中肋及脉上略有短毛；叶轴上部有2条狭边；羽片多数，对生于叶轴上的短距两侧，平展；不育羽片尖三角形，长宽几相等；能育羽片二回羽状，卵状三角形；一回小羽片4～5对，互生。孢子囊穗长往往远超过小羽片的中央不育部分，暗褐色，无毛，排列稀疏。

小叶海金沙 *Lygodium microphyllum*

分类地位：海金沙科。

形态特征：蕨类。叶二回羽状；叶片薄草质，干后暗黄绿色，两面光滑；羽片多数，对生于叶轴的距上，先端密生红棕色毛；叶轴纤细如铜丝；不育羽片生于叶轴下部，长圆形，奇数羽状，或顶生小羽片有时二叉，小羽片4对，互生；能育羽片长圆形。孢子囊穗线形，黄褐色，排列于叶缘，达羽片先端，5～8对。

瓶蕨 *Vandenboschia auriculata*

分类地位：膜蕨科。

形态特征：蕨类。叶略为二型，能育叶与不育叶相似，远生，相距 3 ～ 5 cm，沿根茎在同一平面上排成两行，互生，平展或稍斜出，一回羽状；叶片披针形；羽片 18 ～ 25 对，互生，无柄。孢子囊群顶生于向轴的短裂片上，每枚羽片具 10 ～ 14 个；囊苞狭管状，口部截形，不膨大并有浅钝齿，基部以下裂片不变狭或略变狭；囊群托突出。

碗蕨 *Dennstaedtia scabra*

分类地位：碗蕨科。

形态特征：蕨类。叶疏生，下部三回至四回羽状深裂，中部以上三回羽状深裂；叶片坚草质，三角状披针形或长圆形，两面沿各羽轴及叶脉被灰色透明的节状长毛；羽片 10 ～ 20 对，长圆形或长圆状披针形。孢子囊群圆形，着生于裂片的小脉顶端；囊群盖碗形，灰绿色。

华南鳞盖蕨 *Microlepia hancei*

分类地位：碗蕨科。

形态特征：蕨类。叶远生，三回羽状深裂；叶片草质，卵状长圆形，干后绿色或黄绿色，先端渐尖，两面沿叶脉有刚毛疏生；羽片 10 ～ 16 对，互生；叶轴、羽轴和叶柄同色，粗糙，略有灰色细毛。孢子囊群圆形，着生于小裂片基部上侧近缺刻处；囊群盖膜质，近肾形，灰棕色，偶有毛。

团叶鳞始蕨 *Lindsaea orbiculata*

分类地位：鳞始蕨科。

形态特征：蕨类。叶近生，一回羽状，下部往往二回羽状，具羽片 20 ～ 28 对；叶片草质，线状披针形，干后灰绿色；叶脉二叉分枝，小脉 20 条左右；叶轴禾秆色至棕栗色，有四棱。孢子囊群连续不断成长线形，或偶为缺刻所中断；囊群盖膜质，狭线形，棕色。

乌蕨 *Sphenomeris chinensis*

分类地位： 鳞始蕨科。

形态特征： 蕨类。叶近生，四回羽状；叶片坚草质，通体光滑，披针形，干后棕褐色，先端渐尖，基部不变狭；羽片 15 ～ 20 对，互生，密接。孢子囊群着生于叶缘，每枚裂片具 1 ～ 2 个，顶生 1 ～ 2 条细脉；囊群盖革质，灰棕色，半杯形，宿存。

姬蕨 *Hypolepis punctata*

分类地位： 姬蕨科。

形态特征： 蕨类。叶疏生，三回至四回羽状深裂，顶部为一回羽状；叶片坚草质或纸质，长卵状三角形；羽片 8 ～ 16 对，下部 1 ～ 2 对。孢子囊群圆形，着生于小裂片基部两侧或上侧近缺刻处，中脉两侧 1 ～ 4 对；囊群盖由锯齿反卷而成，棕绿色或灰绿色，无毛。

蕨 ***Pteridium aquilinum* var. *latiusculum***

分类地位：蕨科。

形态特征：蕨类。叶远生，三回羽状；叶片阔三角形或长圆三角形，干后近革质或革质，暗绿色，先端渐尖，基部圆楔形；羽片 4 ～ 6 对，对生或近对生；叶轴及羽轴均光滑，小羽轴腹面光滑，背面被疏毛。

刺齿半边旗 ***Pteris dispar***

分类地位：凤尾蕨科。

形态特征：蕨类。叶近二型，簇生，二回深裂或二回半边深羽裂；叶片卵状长圆形，干后草质，绿色或暗绿色，无毛；羽轴背面隆起，基部栗色，上部禾秆色，腹面有浅栗色的纵沟，侧脉明显，斜向上，二叉，小脉直达锯齿的软骨质刺尖头。

剑叶凤尾蕨 *Pteris ensiformis*

分类地位：凤尾蕨科。

形态特征：蕨类。叶二型，密生，羽状；叶片长圆状卵形；羽片 3 ～ 6 对，对生；不育叶的下部羽片常为羽状，三角形，先端尖，小羽片 2 ～ 3 对，对生，密接，无柄；能育叶的羽片疏离，通常为二叉或三叉，中央的分叉最长，顶生羽片基部不下延，下部 2 对羽片有时为羽状，小羽片 2 ～ 3 对。

傅氏凤尾蕨 *Pteris fauriei*

分类地位：凤尾蕨科。

形态特征：蕨类。叶簇生，二回深羽裂；叶片卵形至卵状三角形，干后纸质，浅绿色至暗绿色，无毛；侧生羽片 3 ～ 9 对，下部的对生；羽轴背面隆起，禾秆色，光滑，侧脉两面均明显，斜展。孢子囊群线形，沿裂片边缘延伸，仅裂片先端不育；囊群盖膜质，线形，灰棕色。

全缘凤尾蕨 *Pteris insignis*

分类地位： 凤尾蕨科。

形态特征： 蕨类。叶簇生，一回羽状；叶片卵状长圆形；叶脉明显，主脉背面隆起，深禾秆色，侧脉斜展，两面均隆起；羽片 6～14 对，对生或有时近互生。孢子囊群线形，着生于能育羽片的中上部，羽片的下部及先端不育；囊群盖线形，灰白色或灰棕色，边缘全缘。

井栏凤尾蕨 *Pteris multifida*

分类地位： 凤尾蕨科。

形态特征： 蕨类。叶多数，明显二型，密而簇生，一回羽状；叶片卵状长圆形，干后草质，暗绿色，遍体无毛；主脉两面均隆起，禾秆色，侧脉明显，稀疏，单一或分叉；叶轴禾秆色，稍有光泽；羽片通常 3 对，对生。

半边旗 *Pteris semipinnata*

分类地位：凤尾蕨科。

形态特征：蕨类。植株高 35 ～ 120 cm。根茎长而横走，粗 1 ～ 1.5 cm，顶端及叶柄基部被褐色鳞片。叶近一型，簇生，二回半边深裂；叶片长圆状披针形，长 15 ～ 60 cm，宽 6 ～ 18 cm，干后草质，灰绿色，无毛；叶柄长 15 ～ 55 cm，粗 1.5 ～ 3 mm，连同叶轴均为栗红色，有光泽，光滑；羽轴背面隆起，下部栗色，上部禾秆色，腹面有纵沟，纵沟两旁有啮蚀状的浅灰色狭翅状的边；侧脉明显斜上，二叉或二回二叉，小脉通常伸达锯齿的基部。

蜈蚣草 *Pteris vittata*

分类地位：凤尾蕨科。

形态特征：蕨类。叶鞘压扁，互相跨生，鞘口具纤毛；叶舌膜质，极短，截平；叶常直立，先端渐尖。总状花序单生，常弓曲，花序总梗及其轴节间被微柔毛。颖果长球形。花果期夏秋季。

毛轴碎米蕨 *Cheilosoria chusana*

分类地位：中国蕨科。

形态特征：蕨类。叶簇生，二回羽状全裂；叶片披针形，干后草质，绿色或棕绿色，两面无毛；羽片 10 ～ 20 对，斜展，几无柄；羽轴背面下半部栗色，上半部绿色。孢子囊群圆形，着生于小脉顶端；囊群盖椭圆肾形或圆肾形，黄绿色，宿存，彼此分离。

野雉尾金粉蕨 *Onychium japonicum*

分类地位：中国蕨科。

形态特征：蕨类。叶散生，四回羽状细裂；叶片卵状三角形或卵状披针形，几与叶柄等长，干后坚草质或纸质，灰绿色或绿色，先端渐尖，遍体无毛；羽片 12 ～ 15 对，互生。孢子囊群盖膜质，线形或短长圆形，灰白色，边缘全缘。

铁线蕨 *Adiantum capillus-veneris*

分类地位：铁线蕨科。

形态特征：蕨类。叶远生或近生；叶片卵状三角形，干后薄草质，草绿色或褐绿色，先端尖，基部楔形，两面均无毛；叶脉多回二歧分叉；羽片 3 ～ 5 对，互生，斜向上，有柄。孢子囊群横生于能育的末回小羽片的上缘，每枚羽片 3 ～ 10 个；囊群盖膜质，长形、长肾形或圆肾形，上缘平直，边缘全缘，宿存。

扇叶铁线蕨 *Adiantum flabellulatum*

分类地位：铁线蕨科。

形态特征：蕨类。叶簇生，二回至三回不对称的二叉分枝；叶片扇形，干后近革质，绿色或褐色，两面均无毛。孢子囊群每枚羽片 2 ～ 5 个，横生于裂片上缘和外缘；囊群盖革质，半圆形或长圆形，上缘平直，黑褐色，边缘全缘，宿存；孢子具不明显的颗粒状纹饰。

白垩铁线蕨 *Adiantum gravesii*

分类地位：铁线蕨科。

形态特征：蕨类。叶簇生，奇数一回羽状；叶片长圆形或卵状披针形，干后厚纸质，腹面淡灰绿色，背面灰白色，两面均无毛；羽片 2 ～ 4 对，互生，阔倒卵形或阔卵状三角形。孢子囊群每枚羽片 1 个；囊群盖革质，肾形或新月形，上缘弯凹，棕色，宿存。

假鞭叶铁线蕨 *Adiantum malesianum*

分类地位：铁线蕨科。

形态特征：蕨类。叶簇生，一回羽状；叶片线状披针形，中部宽约 3 cm，向先端渐变小，基部不变狭；叶脉多回二歧分叉；羽轴与叶柄同色，密被同样的长硬毛。孢子囊群每枚羽片 5 ～ 12 个；囊群盖纸质，圆肾形，被密毛，棕色，边缘全缘，宿存。

凤丫蕨 *Coniogramme japonica*

分类地位：裸子蕨科。

形态特征：蕨类。叶二回羽状；叶片长圆三角形，与叶柄等长或稍长，干后纸质，腹面暗绿色，背面淡绿色，两面无毛；叶脉网状，在羽轴两侧形成 2 ～ 3 行狭长网眼，网眼外的小脉分离。孢子囊群沿叶脉分布，几达叶缘。

书带蕨 *Haplopteris flexuosa*

分类地位：书带蕨科。

形态特征：蕨类。叶近生，常密集成丛；叶片薄草质，线形，叶缘反卷；叶柄短，纤细，基部被纤细的小鳞片。孢子囊群线形，着生于叶缘内侧，位于浅沟槽中，叶片下部和先端的不育；隔丝多数；孢子长椭球形，无色透明，单裂缝，表面具模糊的颗粒状纹饰。

厚叶双盖蕨 *Diplazium crassiusculum*

分类地位：蹄盖蕨科。

形态特征：蕨类。叶簇生，奇数一回羽状；叶片椭圆形，一回羽状的能育叶长 1 m 以上；侧生羽片通常 2 ～ 4 对。孢子囊群与囊群盖长线形，通常单生于小脉上侧，斜向上，自中脉向外行。

渐尖毛蕨 *Cyclosorus acuminatus*

分类地位：金星蕨科。

形态特征：蕨类。叶 2 列，远生，二回羽裂；叶片坚纸质，长圆状披针形，干后灰绿色，先端尾状渐尖并羽裂，基部不变狭；羽片 13 ～ 18 对，腹面被极短的糙毛；羽轴背面疏被针状毛。孢子囊群圆形，着生于侧脉中部以上，每枚裂片 5 ～ 8 对；囊群盖大，深棕色或棕色，宿存。

华南毛蕨 *Cyclosorus parasiticus*

分类地位：金星蕨科。

形态特征：蕨类。叶近生，二回羽裂；叶片草质，长圆状披针形，先端羽裂、尾状渐尖，基部不变狭；羽片 12 ～ 16 对，无柄。孢子囊群圆形，着生于侧脉中部以上；囊群盖小，膜质，棕色，密生柔毛，宿存。

戟叶圣蕨 *Dictyocline sagittifolia*

分类地位：金星蕨科。

形态特征：蕨类。叶簇生；叶片粗纸质，戟形，干后褐色，先端短渐尖，基部深心形，叶缘全缘或有时为波状；主脉两面均隆起，侧脉明显，斜展，侧脉间有 5 ～ 7 条明显的纵隔脉。孢子囊沿网脉散生。

针毛蕨 *Macrothelypteris oligophlebia*

分类地位：金星蕨科。

形态特征：蕨类。叶簇生，三回羽裂；叶片草质，三角状卵形，干后黄绿色；羽片约 14 对，斜向上，互生。孢子囊群小，圆形，着生于侧脉的近顶部，每枚裂片 3 ～ 6 对；囊群盖小，圆肾形，灰绿色；孢子圆肾形。

普通针毛蕨 *Macrothelypteris torresiana*

分类地位：金星蕨科。

形态特征：蕨类。叶簇生，三回羽状；叶片草质，三角状卵形，干后褐绿色；羽片约 15 对，近对生。孢子囊群小，圆形，着生于侧脉的近顶部，每枚裂片 2 ～ 6 对；囊群盖小，圆肾形，淡绿色；孢子囊顶部具 2 ～ 3 根头状短毛；孢子圆肾形，周壁表面具稀疏的小刺状及小穴状纹饰。

金星蕨 *Parathelypteris glanduligera*

分类地位：金星蕨科。

形态特征：蕨类。叶近生，二回羽状深裂；叶片草质，披针形或阔披针形，干后草绿色或有时褐色，先端渐尖并羽裂；羽片约 15 对。孢子囊群小，圆形，背生于侧脉的近顶部，靠近叶缘，每枚裂片 4 ～ 5 对；囊群盖中等大小，圆肾形，棕色，宿存；孢子两面型，圆肾形。

红色新月蕨 *Pronephrium lakhimpurense*

分类地位：金星蕨科。

形态特征：蕨类。叶远生，奇数一回羽状，侧生羽片 8 ～ 12 对，互生；叶片长圆状披针形或卵状长圆形，干后薄纸质或草质，褐色，先端渐尖，两面无毛。孢子囊群圆形，着生于小脉中部或稍上处，在侧脉间排成 2 行。

披针新月蕨 *Pronephrium penangianum*

分类地位：金星蕨科。

形态特征：蕨类。叶远生，奇数一回羽状；叶片长圆状披针形，长 40 ～ 80 cm，宽 25 ～ 40 cm。孢子囊群圆形，着生于小脉中部或中部稍下处，在侧脉间排成 2 列，每行 6 ～ 7 个，无囊群盖。

剑叶铁角蕨 *Asplenium ensiforme*

分类地位：铁角蕨科。

形态特征：蕨类。单叶，簇生；叶片革质，披针形，干后黄绿色或淡棕色，腹面光滑，背面疏被棕色的星芒状小鳞片，先端长渐尖，基部缓下延呈狭翅，叶缘全缘。孢子囊群线形，棕色；囊群盖纸质，线形，淡黄棕色或淡棕绿色，后变褐色，边缘全缘，宿存。

倒挂铁角蕨 *Asplenium normale*

分类地位：铁角蕨科。

形态特征：蕨类。叶簇生，一回羽状；叶片草质至薄纸质，披针形，干后棕绿色或灰绿色，两面均无毛。孢子囊群椭圆形，棕色，极斜向上；囊群盖膜质，椭圆形，淡棕色或灰棕色，边缘全缘，开向主脉。

北京铁角蕨 *Asplenium pekinense*

分类地位：铁角蕨科。

形态特征：蕨类。叶簇生，二回羽状或三回羽裂；叶片坚草质，披针形，先端渐尖，基部略变狭。孢子囊群近椭圆形，斜向上，熟后为深棕色，着生于小羽片中部，每枚小羽片 1 ～ 2 个；囊群盖膜质，形同孢子囊群，灰白色，边缘全缘，开向羽轴或主脉，宿存。

岭南铁角蕨 *Asplenium sampsoni*

分类地位：铁角蕨科。

形态特征：蕨类。叶簇生，二回羽状；叶片近肉质，纺锤状披针形，两端渐狭，先端渐尖；羽片17～28对，互生或仅基部的对生，几平展，近无柄。孢子囊群线形，棕色，着生于小脉中部的上侧，每枚小羽片1个；囊群盖膜质，阔线形，灰绿色，后变灰棕色，边缘全缘，开向叶缘，宿存。

石生铁角蕨 *Asplenium saxicola*

分类地位：铁角蕨科。

形态特征：蕨类。叶近簇生；叶片革质，阔披针形，干后腹面暗棕色，背面棕色，两面均呈沟脊状，先端渐尖并为羽状。孢子囊群狭线形，深棕色，斜向上，单生于小脉上侧或下侧，彼此密接；囊群盖厚膜质，狭线形，棕色，边缘全缘。

乌毛蕨 *Blechnum orientale*

分类地位：乌毛蕨科。

形态特征：蕨类。叶簇生于根茎顶端，一回羽状；叶片近革质，卵状披针形，干后棕色，无毛；叶轴粗壮，棕禾秆色，无毛；羽片多数，二型，互生，无柄。孢子囊群线形，连续，紧靠主脉两侧，与主脉平行，仅线形或线状披针形的羽片能育；囊群盖线形，开向主脉，宿存。

刺头复叶耳蕨 *Arachniodes exilis*

分类地位：鳞毛蕨科。

形态特征：蕨类。三回羽状；叶片五角形或卵状五角形，叶干后纸质，棕色，先端有 1 片具柄的羽状羽片，与其下侧生羽片同形，基部近截形；叶轴和羽轴下面密被棕色线状钻形小鳞片。孢子囊群着生于中脉与叶缘中间，每枚小羽片 5 ～ 8 对；囊群盖膜质，棕色，脱落。

斜方复叶耳蕨 *Arachniodes rhomboidea*

分类地位: 鳞毛蕨科。

形态特征: 蕨类。叶二回羽状，往往基部三回羽状；叶片长卵形，顶生羽状羽片长尾状。孢子囊群着生于小脉顶端，近叶缘，通常上侧边 1 行，下侧边上部 3 行，耳片有时 3 ～ 6 枚；囊群盖膜质，棕色，脱落。

美丽复叶耳蕨 *Arachniodes speciosa*

分类地位: 鳞毛蕨科。

形态特征: 蕨类。叶三回羽状；叶片阔卵状五角形，先端略狭缩呈长三角形、渐尖；羽状羽片约 6 对，基部 1 ～ 2 对对生，向上的互生，有柄，斜展。孢子囊群着生于中脉与叶边中间，每枚末回小羽片上 3 ～ 5 对；囊群盖膜质，棕色，脱落。

镰羽贯众 *Cyrtomium balansae*

分类地位：鳞毛蕨科。

形态特征：蕨类。叶簇生，一回羽状；叶片纸质，披针形或宽披针形，腹面光滑，背面疏生披针形棕色小鳞片或秃净；羽片12～18对，互生。孢子囊群于中脉两侧各成2行；囊群盖圆形，盾状，边缘全缘。

阔鳞鳞毛蕨 *Dryopteris championii*

分类地位：鳞毛蕨科。

形态特征：蕨类。叶簇生，二回羽状；叶片草质，卵状披针形，干后褐绿色；小羽片羽状浅裂或深裂，羽片10～15对，基部的近对生，上部的互生。孢子囊群大，于小羽片中脉两侧或裂片两侧各成1行，着生于中脉与边缘之间或略靠近边缘；囊群盖圆肾形，边缘全缘。

变异鳞毛蕨 *Dryopteris varia*

分类地位：鳞毛蕨科。

形态特征：蕨类。叶簇生，二回羽状或三回羽状，基部小羽片羽状深裂；叶片近革质，五角状卵形，干后绿色；羽片 10 ～ 12 对；小羽片 6 ～ 10 对。孢子囊群较大，靠近小羽片或裂片边缘着生；囊群盖圆肾形，棕色，边缘全缘。

三叉蕨 *Tectaria subtriphylla*

分类地位：叉蕨科。

形态特征：蕨类。叶二型，近生，一回羽状；不育叶叶片三角状五角形，先端长渐尖，基部近心形；能育叶与不育叶叶片形状相似但各部均缩狭。孢子囊群圆形，着生于小脉连接处，在侧脉间有不整齐的 2 行至多行；囊群盖坚膜质，圆肾形，棕色，脱落。

长叶实蕨 *Bolbitis heteroclita*

分类地位：实蕨科。

形态特征：蕨类。叶二型，近生，相距约 1 cm；叶片薄草质，干后黑色；不育叶多样，或为披针形的单叶，或为三出复叶或一回羽状复叶；顶生羽片披针形，特别长且大，先端常有一延长能生根的鞭状长尾；侧生羽片 1 ～ 5 对，近无柄。孢子囊群初沿网脉分布，后满布于能育叶背面。

肾蕨 *Nephrolepis cordifolia*

分类地位：肾蕨科。

形态特征：蕨类。叶一回羽状；叶片线状披针形或狭披针形，先端短尖，叶轴两侧被纤维状鳞片；羽片多数，互生，常密集呈覆瓦状排列，披针形。孢子囊群肾形，着生于每组侧脉的上侧小脉顶端，于主脉两侧各成 1 行；囊群盖肾形，褐棕色，边缘色较淡，无毛。

圆盖阴石蕨 *Humata tyermanii*

分类地位：骨碎补科。

形态特征：蕨类。叶远生，三回至四回羽状深裂；叶片长三角状卵形，长宽几相等，先端渐尖，基部心形；羽片约 10 对，近互生至互生，有短柄。孢子囊群着生于小脉顶端；囊群盖近圆形，浅棕色，边缘全缘，仅基部一小部分附着，其余部分均分离。

矩圆线蕨 *Colysis henryi*

分类地位：水龙骨科。

形态特征：蕨类。叶一型，远生；叶片草质或薄草质，光滑无毛。孢子囊群线形，着生于网脉上，在每对侧脉间排列成 1 行，从中脉斜出，多数伸达叶边，无囊群盖；孢子极面观为椭圆形，赤道面观为肾形。

抱石莲 *Lepidogrammitis drymoglossoides*

分类地位：水龙骨科。

形态特征：蕨类。叶二型，远生；叶片肉质，干后革质；不育叶长圆形至卵形，先端圆形或钝圆形，叶缘全缘，几无柄；能育叶舌状或倒披针形，基部狭缩，几无柄或具短柄。孢子囊群圆形，沿主脉两侧各成 1 行，着生于主脉与叶缘之间。

骨牌蕨 *Lepidogrammitis rostrata*

分类地位：水龙骨科。

形态特征：蕨类。叶一型，远生；叶片肉质，干后革质，淡棕色，两面近光滑；不育叶阔披针形或椭圆形，先端钝圆形，基部楔形，下延，叶缘全缘。孢子囊群圆形，在主脉两侧各成 1 行，略靠近主脉，幼时被盾状隔丝覆盖。

阔叶瓦韦 *Lepisorus tosaensis*

分类地位：水龙骨科。

形态特征：蕨类。叶簇生或近生；叶片革质，披针形，向两端渐变狭，干后淡棕色或灰绿色，两面光滑无毛，先端渐尖，基部渐狭并下延。孢子囊群圆形，聚生于叶片上半部，位于主脉与叶缘之间，幼时被淡棕色、圆形的隔丝覆盖。

江南星蕨 *Microsorum fortunei*

分类地位：水龙骨科。

形态特征：附生蕨类。叶远生；叶片厚纸质，线状披针形至披针形，先端长渐尖，基部渐狭，下延于叶柄并形成狭翅，叶缘全缘，背面淡绿色或灰绿色，两面无毛。孢子囊群大，圆形，沿中脉两侧排列成较整齐的 1 行或有时为不规则的 2 行，靠近中脉。

光亮瘤蕨 *Phymatosorus cuspidatus*

分类地位：水龙骨科。

形态特征：石上附生蕨类。叶远生，一回羽状；叶柄禾秆色；羽片 8 ～ 15 对，先端渐尖，基部具柄，边缘全缘。孢子囊群于羽片中脉两侧各成1行，着生于中脉与边缘之间；孢子表面具很小的颗粒状纹饰。

光石韦 *Pyrrosia calvata*

分类地位：水龙骨科。

形态特征：蕨类。叶片狭长披针形，向两端渐变狭，干后硬革质，先端长尾状渐尖，基部狭楔形并长下延，叶缘全缘，腹面棕色，有黑色点状斑，背面淡棕色。孢子囊群近圆形，聚生于叶片上半部，熟时扩张并略汇合，无盖，幼时略被星状毛覆盖。

石韦 *Pyrrosia lingua*

分类地位：水龙骨科。

形态特征：蕨类。叶近二型，远生；不育叶近长圆形或长圆状披针形，下部 1/3 处为最宽，向上渐狭，先端短渐尖，基部楔形；能育叶约较不育叶长 1/3，而较不育叶狭 1/3 ～ 2/3。孢子囊群近椭圆形，在侧脉间整齐排列成多行，幼时为星状毛覆盖而呈淡棕色，熟后孢子囊开裂外露而呈砖红色。

团叶槲蕨 *Drynaria bonii*

分类地位：槲蕨科。

形态特征：蕨类。基生不育叶心形、圆形、肾形至卵形，先端钝或圆形，基部浅心形且有互相覆盖的耳，叶缘全缘或有圆形的浅裂；无柄。孢子囊上无腺毛，表面光滑。

槲蕨 *Drynaria roosii*

分类地位：槲蕨科。

形态特征：蕨类。叶二型；基生不育叶圆形，浅裂至叶宽度的 1/3，黄绿色或枯棕色，基部心形，叶缘全缘；正常能育叶裂片 7 ～ 13 对，互生，披针形。孢子囊群圆形或椭圆形，于叶背面沿裂片中脉两侧各排列成 2 ～ 4 行。

槐叶蘋 *Salvinia natans*

分类地位：槐叶蘋科。

形态特征：小型漂浮蕨类。三叶轮生；叶片草质；上部二叶漂浮于水面，形如槐叶，长圆形或椭圆形，先端钝圆形，叶缘全缘；下部一叶悬垂于水中，形如须根。孢子果 4 ～ 8 个簇生于沉水叶的基部，小孢子果表面淡黄色，大孢子果表面淡棕色。4 ～ 5 月孢子体萌发，10 月孢子萎成熟，11 月后植物体枯萎。

银杏 *Ginkgo biloba*

分类地位：银杏科。

形态特征：乔木。叶在一年生长枝上螺旋状散生，在短枝上 3 ～ 8 片呈簇生状；叶片扇形，淡绿色，在短枝上的常具波状缺刻，在长枝上的常 2 裂，幼树及萌生枝上的叶常较大而深裂，有时裂片再分裂，基部宽楔形，无毛；有多数叉状并列细脉；有长柄。花期 3 ～ 4 月；果期 9 ～ 10 月。

马尾松 *Pinus massoniana*

分类地位：松科。

形态特征：乔木。针叶 2 针一束，稀 3 针一束。雄球花聚生于新枝下部苞腋，穗状，淡红褐色，圆柱形，弯垂；雌球花单生或 2 ～ 4 个聚生于新枝近顶端，淡紫红色。球果卵球形或圆锥状卵球形，下垂，有短梗。种子长卵球形。花期 4 ～ 5 月；球果翌年 10 ～ 12 月成熟。

日本柳杉 *Cryptomeria japonica*

分类地位：杉科。

形态特征：乔木。叶片钻形，直伸，先端通常不内曲，锐尖或尖。雄球花长椭球形或圆柱形，雄蕊有花药 4 ～ 5 枚；雌球花圆球形。球果近球形，稀微扁。种鳞 20 ～ 30 枚；种子棕褐色。花期 4 月；球果 10 月成熟。

水杉 *Metasequoia glyptostroboides*

分类地位：杉科。

形态特征：乔木。叶在侧生小枝上排成 2 列，羽状；叶片条形，腹面淡绿色，背面色较淡。球果下垂，近四棱状球形或矩圆状球形。种鳞木质，盾形；种子扁平，周围有翅，顶部有凹缺。花期 2 月下旬；球果 11 月成熟。

侧柏 *Platycladus orientalis*

分类地位： 柏科。

形态特征： 乔木。幼树树冠卵状尖塔形，老树树冠广圆形。枝条向上伸展或斜展。雄球花卵球形，黄色；雌球花近球形，蓝绿色，被白粉。球果近卵球形。种子卵球形或近椭球形，顶端微尖。花期 3～4 月；球果 10 月成熟。

三尖杉 *Cephalotaxus fortunei*

分类地位： 三尖杉科。

形态特征： 乔木。叶排成两列；叶片披针状条形。雄球花 8～10 朵聚生成头状，基部及总花梗上部有苞片 18～24 枚，每朵雄球花有雄蕊 6～16 枚；雌球花的胚珠 3～8 枚发育成种子。种子椭圆状卵形或近圆球形，假种皮熟时紫色或红紫色。花期 4 月；种子 8～10 月成熟。

小叶买麻藤 *Gnetum parvifolium*

分类地位：买麻藤科。

形态特征：缠绕藤本。叶片革质，椭圆形、窄长椭圆形或长倒卵形，先端急尖或渐尖而钝。雄球花序不分枝或一次分枝，分枝三出或成两对，总梗细弱；雌球花序多生于老枝上，一次三出分枝，雌球花穗细长，每轮总苞内有雌花 5 ～ 8 朵。成熟种子假种皮红色。

厚朴 *Houpoea officinalis*

分类地位：木兰科。

形态特征：落叶乔木。叶集中在树枝顶部，7 ～ 9 片聚生于枝顶端；叶片大，近革质，长圆状倒卵形，先端短急尖或圆钝。花梗粗短，被长柔毛；花白色，花被片 9 ～ 12 片，厚肉质；雄蕊约 72 枚，向内开裂，花丝红色；雌蕊群椭圆状卵球形。聚合果长圆状卵球形；蓇葖果具喙。种子三角状倒卵形。花期 5 ～ 6 月；果期 8 ～ 10 月。

香港木兰 *Lirianthe championii*

分类地位：木兰科。

形态特征：常绿灌木或小乔木。叶片革质，椭圆形或狭长圆状椭圆形，先端渐尖或尾状渐尖。花梗被淡黄色长毛，结果时近直立；花极芳香。聚合果，蓇葖果具长喙。种子狭长球形或不规则卵球形。花期 5 ～ 6 月；果期 9 ～ 10 月。

白兰 *Michelia × alba*

分类地位：木兰科。

形态特征：常绿乔木。叶片薄革质，长椭圆形或披针状椭圆形，先端长渐尖或尾状渐尖，基部楔形。花白色，极香；花被片 10 片，披针形；雄蕊的药隔伸出长尖头；雌蕊群被微柔毛，心皮多数；蓇葖果熟时鲜红色。花期 4 ～ 9 月。

黑老虎 *Kadsura coccinea*

分类地位：五味子科。

形态特征：藤本。叶片革质，长圆形至卵状披针形，先端钝或短渐尖，基部宽楔形或近圆形，叶缘全缘；侧脉每边 6 ～ 7 条。花单生于叶腋，稀成对，雌雄同株。聚合果近球形，红色或暗紫色；小浆果倒卵形，外果皮革质，不露出种子。种子心形或卵状心形。花期 4 ～ 7 月；果期 7 ～ 11 月。

翼梗五味子 *Schisandra henryi*

分类地位：五味子科。

形态特征：落叶木质藤本。叶片宽卵形或长圆状卵形，先端短渐尖或短急尖。雄花花被片黄色，8 ～ 10 片；花托圆柱形；雄蕊群倒卵圆形，具雄蕊 30 ～ 40 枚。雌花花被片与雄花的相似；雌蕊群长圆状卵球形，具雌蕊约 50 枚。小浆果红色，球形。种子褐黄色。花期 5 ～ 7 月；果期 8 ～ 9 月。

假鹰爪 *Desmos chinensis*

分类地位： 番荔枝科。

形态特征： 直立或攀缘灌木。叶片薄纸质或膜质，长圆形或椭圆形，先端钝或急尖。花黄白色；萼片卵圆形，外面被微柔毛；雄蕊长圆形，药隔顶端截形；心皮长圆形，被长柔毛。果念珠状，内具种子1～7粒，有柄。种子球状。花期夏季至冬季；果期6月至翌年春季。

瓜馥木 *Fissistigma oldhamii*

分类地位： 番荔枝科。

形态特征： 攀缘灌木。叶互生；叶片革质，倒卵状椭圆形或长圆形，先端圆形或微凹。花1～3朵集成密伞花序；雄蕊长圆形，药隔稍偏斜呈三角形；心皮被长绢质柔毛，花柱稍弯，无毛，柱头顶端2裂。果圆球状，密被黄棕色茸毛。种子球形。花期4～9月；果期7月至翌年2月。

中华野独活 *Miliusa sinensis*

分类地位：番荔枝科。

形态特征：灌木。叶片膜质，椭圆形或椭圆状长圆形，先端渐尖或短渐尖，基部宽楔形或圆形。花红色，单生于叶腋内；花梗细长，丝状，无毛。果圆球状，内具种子 1 ～ 3 粒；总果柄下部细，向顶部变粗，被微柔毛，有小瘤体。花期 4 ～ 9 月；果期 7 月至翌年春季。

紫玉盘 *Uvaria macrophylla*

分类地位：番荔枝科。

形态特征：多年生攀缘灌木。叶片革质，长倒卵形或长椭圆形，先端急尖或钝，基部近圆形或浅心形，在腹面凹下；侧脉每边约 13 条，背面凸起。花 1 ～ 2 朵，与叶对生，暗紫红色或淡红褐色。果球形或卵球形，暗紫褐色，顶端具短尖头。种子圆球形。花期 3 ～ 8 月；果期 7 月至翌年 3 月。

无根藤 *Cassytha filiformis*

分类地位：樟科。

形态特征：寄生缠绕草本，借盘状吸根攀附于寄主植物上。叶退化为微小的鳞片。穗状花序，密被锈色短柔毛；花小，白色，无梗。果小，卵球形，包藏于花后增大的肉质果托内，但彼此分离，顶端有宿存的花被片。花果期 5 ～ 12 月。

阴香 *Cinnamomum burmanni*

分类地位：樟科。

形态特征：乔木。叶互生或近对生，稀对生；叶片革质，卵圆形、长圆形至披针形，先端短渐尖，基部宽楔形。圆锥花序腋生或近顶生；花梗纤细，被灰白微柔毛；花绿白色。果卵球形；果托具齿裂，齿顶端截平。花期主要在秋季、冬季；果期主要为冬末至翌年春季。

樟 *Cinnamomum camphora*

分类地位：樟科。

形态特征：常绿大乔木。叶互生；叶片卵状椭圆形，先端急尖；具离基三出脉。圆锥花序腋生；花梗无毛；花绿白色或带黄色。果卵球形或近球形，紫黑色；果托杯状，顶端截平，具纵向沟纹。花期4～5月；果期8～11月。

肉桂 *Cinnamomum cassia*

分类地位：樟科。

形态特征：乔木。叶互生或近对生；叶片革质，长椭圆形至近披针形，先端稍急尖，基部急尖；具离基三出脉，侧脉近对生。圆锥花序腋生或近顶生，三级分枝，分枝末端为由3朵花组成的聚伞花序；花白色。果椭球形，熟时黑紫色。花期6～8月；果期10～12月。

香叶树 *Lindera communis*

分类地位：樟科。

形态特征：常绿灌木或小乔木。叶互生；叶片革质，通常披针形、卵形或椭圆形，先端渐尖；羽状脉，侧脉每边5～7条。伞形花序具花5～8朵，单生或2个同生于叶腋，总梗极短；总苞片4枚，早落；雄花黄色。果卵形，无毛，熟时红色；果梗被黄褐色微柔毛。花期3～4月；果期9～10月。

木姜子 *Litsea pungens*

分类地位：樟科。

形态特征：落叶小乔木。叶簇聚于枝顶端；叶片纸质，披针形或倒披针形，长5～10 cm；叶柄有毛。伞形花序，由8～12朵花组成，具短梗；花单性，雌雄异株；花先于叶开放。核果球形，蓝黑色。花期3～4月；果期8～9月。

红花青藤 *Illigera rhodantha*

分类地位：青藤科。

形态特征：藤本。小叶叶片纸质，卵形至倒卵状椭圆形或卵状椭圆形，先端钝，基部圆形或近心形，叶缘全缘，密被金黄褐色茸毛；侧脉约 4 对。聚伞花序组成的圆锥花序腋生，狭长。果具 4 翅，翅为较大的舌形或近圆形。花期 9 ～ 11 月；果期 12 月至翌年 4 ～ 5 月。

打破碗花花 *Anemone hupehensis*

分类地位：毛茛科。

形态特征：多年生草本。基生叶约 4 片；叶片心状卵形或心形，长 3.8 ～ 7.3 cm，宽 5.6 ～ 8 cm，先端渐尖或尾状渐尖，3 浅裂，叶缘有浅齿，两面疏被短糙伏毛；有长柄。花期 7 ～ 10 月。

钝齿铁线莲 *Clematis apiifolia* var. *argentilucida*

分类地位：毛茛科。

形态特征：木质藤本。枝密被贴伏短柔毛。叶为三出复叶；小叶叶片纸质，卵形、菱状卵形或狭卵形，长 5 ～ 11.5 cm，宽 2.5 ～ 7 cm，先端渐尖或急尖，基部截状心形或圆形，常 3 浅裂。聚伞花序腋生和顶生，通常具多数花。瘦果长卵形，被短柔毛。花期 7 月。

威灵仙 *Clematis chinensis*

分类地位：毛茛科。

形态特征：多年生木质藤本。一回羽状复叶具小叶 5 片，有时 3 片或 7 片；小叶叶片纸质，卵形至卵状披针形，或为线状披针形、卵圆形，长 1.5 ～ 10 cm，宽 1 ～ 7 cm，先端锐尖至渐尖，偶有微凹，基部圆形、宽楔形至浅心形，叶缘全缘。圆锥状聚伞花序，多花，腋生或顶生；花直径 1 ～ 2 cm。瘦果扁，3 ～ 7 个，卵球形至宽椭球形，被柔毛，宿存花柱长 2 ～ 5 cm。花期 6 ～ 9 月；果期 8 ～ 11 月。

山木通 *Clematis finetiana*

分类地位：毛茛科。

形态特征：木质藤本。三出复叶，基部有时为单叶；小叶叶片薄革质或革质，卵状披针形、狭卵形至卵形，长 3 ～ 13 cm，宽 1.5 ～ 5.5 cm，先端锐尖至渐尖，基部圆形、浅心形或斜肾形，叶缘全缘，两面无毛；在叶腋分枝处常有多数长三角形至三角形宿存芽鳞。花常单生，或为聚伞花序、总状聚伞花序，腋生或顶生，具花 1 ～ 7 朵。花期 4 ～ 6 月；果期 7 ～ 11 月。

毛柱铁线莲 *Clematis meyeniana*

分类地位：毛茛科。

形态特征：多年生木质藤本。三出复叶；小叶叶片近革质，卵形或卵状长圆形，先端锐尖、渐尖或钝急尖，基部圆形、浅心形或宽楔形，叶缘全缘，两面无毛。圆锥状聚伞花序多花，腋生或顶生，常比叶长或近等长。瘦果镰刀状狭卵形或狭倒卵形，有柔毛。花期 6 ～ 8 月；果期 8 ～ 10 月。

柱果铁线莲 *Clematis uncinata*

分类地位：毛茛科。

形态特征：藤本。一回至二回羽状复叶，具小叶 5 ～ 15 片，基部两对常为 2 ～ 3 片小叶，茎基部为单叶或三出复叶；小叶叶片纸质或薄革质，宽卵形、卵形、长圆状卵形至卵状披针形。圆锥状聚伞花序腋生或顶生，多花；萼片 4 枚，白色。瘦果圆柱状钻形，干后变黑。花期 6 ～ 7 月；果期 7 ～ 9 月。

石龙芮 *Ranunculus sceleratus*

分类地位：毛茛科。

形态特征：一年生草本。基生叶多数；叶片肾状圆形，3 深裂不达基部，裂片倒卵状楔形，2 ～ 3 裂，先端钝圆形，有粗圆齿，基部心形，无毛。聚合果长球形；瘦果极多数。花果期 5 ～ 8 月。

猫爪草 *Ranunculus ternatus*

分类地位：毛茛科。

形态特征：一年生草本。簇生多数肉质小块根，块根卵球形或纺锤形，顶端质硬，形似猫爪。茎铺散，多分枝。单叶或三出复叶；叶片形状多变，宽卵形至圆肾形。花单生于茎顶端和分枝顶端。聚合果近球形；瘦果卵球形。花期 3 月；果期 4 ～ 7 月。

三枝九叶草 *Epimedium sagittatum*

分类地位：小檗科。

形态特征：多年生草本。一回三出复叶基生和茎生，小叶 3 片；小叶叶片革质，卵形至卵状披针形。圆锥花序，通常无毛，偶被少数腺毛；花梗无毛；花较小，白色。蒴果。花期 4 ～ 5 月；果期 5 ～ 7 月。

阔叶十大功劳 *Mahonia bealei*

分类地位：小檗科。

形态特征：常绿灌木或小乔木。叶片狭倒卵形至长圆形，具小叶 4 ～ 10 对；小叶叶片厚革质，硬直。总状花序直立，通常 3 ～ 9 个簇生；芽鳞卵形至卵状披针形。浆果卵形，深蓝色，被白粉。花期 9 月至翌年 1 月；果期 3 ～ 5 月。

短序十大功劳 *Mahonia breviracema*

分类地位：小檗科。

形态特征：常绿灌木。叶片卵形或卵状椭圆形，具小叶 3 ～ 4 对；小叶叶片革质，椭圆形至近菱形，先端急尖至渐尖，基部楔形，叶缘每边具刺锯齿 2 ～ 4 枚。总状花序 5 ～ 8 个簇生；芽鳞披针形。花期 10 ～ 11 月。

长柱十大功劳 *Mahonia duclouxiana*

分类地位：小檗科。

形态特征：常绿灌木。叶片薄纸质至薄革质，长圆形至长圆状椭圆形，具小叶 4 ～ 9 对；小叶叶片狭卵形、长圆状卵形至狭长圆状卵形或椭圆状披针形，从基部向顶端叶长渐增，无柄。总状花序 4 ～ 15 个簇生。浆果球形或近球形，深紫色，被白粉。花期 11 月至翌年 4 月；果期 3 ～ 6 月。

南天竹 *Nandina domestica*

分类地位：小檗科。

形态特征：常绿小灌木。叶互生，集生于茎的上部，三回羽状复叶；二回至三回羽片对生；小叶叶片薄革质，椭圆形或椭圆状披针形，先端渐尖，基部楔形，边缘全缘。圆锥花序直立；花小，白色，具芳香。浆果球形，熟时鲜红色，稀橙红色。种子扁球形。花期 3 ～ 6 月；果期 5 ～ 11 月。

三叶木通 *Akebia trifoliata*

分类地位：木通科。

形态特征：落叶木质藤本。掌状复叶互生或在短枝上的簇生；小叶 3 片，叶片纸质或薄革质，卵形至阔卵形，侧脉每边 5 ～ 6 条。总状花序，下部有雌花 1 ～ 2 朵，上部有雄花 15 ～ 30 朵。果长球形，直或稍弯；种子极多数。花期 4 ～ 5 月；果期 7 ～ 8 月。

尾叶那藤 *Stauntonia obovatifoliola* subsp. *urophylla*

分类地位：木通科。

形态特征：木质藤本。掌状复叶，具小叶 5 ～ 7 片；小叶叶片革质，倒卵形或阔匙形，基部狭圆形或阔楔形，下部 1 ～ 2 片小叶较小。总状花序数个簇生于叶腋，每个花序有 3 ～ 5 朵淡黄绿色的花。果长球形或椭球形。种子三角形，压扁；种皮深褐色。花期 4 月；果期 6 ～ 7 月。

粉叶轮环藤 *Cyclea hypoglauca*

分类地位：防己科。

形态特征：藤本。叶片纸质，阔卵状三角形至卵形，先端渐尖；掌状脉 5 ～ 7 条；叶柄纤细，通常明显盾状着生。花序腋生，雄花花序为间断的穗状花序，雌花花序为总状花序；苞片小，披针形。核果红色且无毛。花期 5 ～ 7 月；果期 7 ～ 9 月。

苍白秤钩风 *Diploclisia glaucescens*

分类地位：防己科。

形态特征：木质大藤本。叶片厚革质，背面常有白霜。圆锥花序狭而长，常几个至多个簇生于老茎和老枝上，多少下垂；花淡黄色，微香。核果黄红色，长圆状狭倒卵球形，下部微弯。花期 4 月；果期 8 月。

细圆藤 *Pericampylus glaucus*

分类地位：防己科。

形态特征：木质藤本。叶片纸质至薄革质，三角状卵形至三角状近圆形，先端钝或圆形；掌状脉5条，网状小脉稍明显。聚伞花序伞房状，被茸毛。核果红色或紫色。花期4～6月；果期9～10月。

金线吊乌龟 *Stephania cephalantha*

分类地位：防己科。

形态特征：藤本。叶片纸质，三角状扁圆形至近圆形，先端具小突尖，基部圆形或近截平，叶缘全缘或多少浅波状；掌状脉7～9条。雌雄花花序同形，均为头状花序，具盘状花托。核果阔倒卵球形，熟时红色。花期4～5月；果期6～7月。

粪箕笃 *Stephania longa*

分类地位：防己科。

形态特征：多年生缠绕草本。叶片纸质或膜质，三角状卵形，先端极钝或稍凹入而剖、突尖，基部浑圆或截形，主脉约 10 条。花小，雌雄异株，为假伞形花序；雄花的伞形花序不分枝，生于短而蜿蜒状的小枝上。核果红色，干后扁平，马蹄形。花期 6 ～ 8 月。

青牛胆 *Tinospora sagittata*

分类地位：防己科。

形态特征：草质藤本。叶片纸质至薄革质，披针状箭形或披针状戟形，先端渐尖，有时尾状；掌状脉 5 条，连同网脉均在叶背面突起。聚伞花序或分枝成疏花的圆锥花序腋生，常数个或多个簇生。核果红色，近球形；果核近半球形。花期 4 月；果期秋季。

尾花细辛 *Asarum caudigerum*

分类地位：马兜铃科。

形态特征：多年生草本。全株被散生柔毛。芽苞叶卵形或卵状披针形，背面和边缘密生柔毛。叶片阔卵形、三角状卵形或卵状心形，先端急尖至长渐尖，基部耳状或心形；叶柄长 5 ～ 20 cm，有毛。蒴果近球形，具宿存花被。花期 4 ～ 5 月。

地花细辛 *Asarum geophilum*

分类地位：马兜铃科。

形态特征：多年生草本。全株被散生柔毛。芽苞叶卵形或长卵形，密生柔毛。叶片圆心形、卵状心形或宽卵形，先端钝或急尖，基部心形。花梗常向下弯垂，有毛；花紫色。果卵状，棕黄色。花期4～6月。

苎叶蒟 *Piper boehmeriifolium*

分类地位：胡椒科。

形态特征：直立半灌木。叶片薄纸质，有密细腺点，形状多变异，长椭圆形、长圆形或长圆状披针形，先端渐尖至长渐尖。花单性，雌雄异株，聚集成与叶对生的穗状花序；雄花花序短于叶；总花梗远长于叶柄。浆果近球形，离生。花期 4 ～ 6 月。

毛蒟 *Piper hongkongense*

分类地位：胡椒科。

形态特征：攀缘藤本。叶片硬纸质，卵状披针形或卵形，先端短尖或渐尖，基部浅心形或半心形，两侧常不对称，两面被柔软的短毛；叶脉 5 ～ 7 条。花聚集成与叶对生的穗状花序，单性，雌雄异株。浆果球形。花期 3 ～ 5 月。

假蒟 *Piper sarmentosum*

分类地位：胡椒科。

形态特征：多年生匍匐、逐节生根草本。叶片近膜质，有细腺点，先端短尖，下部叶叶片阔卵形或近圆形；叶脉 7 条。花聚集成与叶对生的穗状花序，单性，雌雄异株。浆果近球形，具 4 角棱，无毛，基部嵌生于花序轴中并与其合生。花期 4 ～ 11 月。

裸蒴 *Gymnotheca chinensis*

分类地位：三白草科。

形态特征：草本。全株光滑无毛，有腥味。叶互生；叶片纸质，宽卵形，先端阔短尖或圆形，基部肾状心形，叶缘全缘；掌状网脉，主脉 5 条。穗状花序单生；花小，两性，白色。花期 4 ～ 11 月。

蕺菜 *Houttuynia cordata*

分类地位：三白草科。

形态特征：草本。全株有异味。叶片心形；托叶下部与叶柄合生成鞘状。穗状花序在枝顶端与叶互生；总苞片 4 枚，白色。蒴果卵球形，顶端开裂。花期 5 ～ 7 月；果期 7 ～ 10 月。

三白草 *Saururus chinensis*

分类地位：三白草科。

形态特征：草本。叶片纸质，密生腺点，阔卵形至卵状披针形，先端短尖或渐尖，基部心形或斜心形，两面均无毛；上部的叶较小，茎顶端的 2 ～ 3 片叶于花期常为白色，呈花瓣状；叶脉 5 ～ 7 条。花白色。花期 4 ～ 6 月。

及已 *Chloranthus serratus*

分类地位：金粟兰科。

形态特征：多年生草本。叶对生，4～6片，生于茎上部；叶片椭圆形、卵形或卵状披针形，先端渐尖，基部楔形或阔楔形，叶缘有圆锯齿，齿尖有1个腺体。穗状花序单生或具2～3个分枝，顶生，稀腋生；子房卵形。核果近球形或梨形。花期4～6月；果期6～8月。

草珊瑚 *Sarcandra glabra*

分类地位：金粟兰科。

形态特征：常绿半灌木。单叶，对生；叶片革质，椭圆形、卵形至卵状披针形，先端渐尖，基部尖或楔形。穗状花序顶生，通常分枝，多少成圆锥花序状；两性；苞片三角形；花黄绿色。核果球形，熟时亮红色。花期6月；果期8～10月。

博落回 *Macleaya cordata*

分类地位：罂粟科。

形态特征：多年生直立草本。叶片宽卵形或近圆形，通常 7 或 9 深裂或浅裂，先端急尖、渐尖、钝或圆形；基出脉通常 5 条，侧脉 2 对，细脉网状，常呈淡红色。大型圆锥花序。蒴果狭倒卵形或倒披针形，顶端圆或钝。种子 4 ～ 8 粒，卵珠形。花果期 6 ～ 11 月。

地锦苗 *Corydalis sheareri* f. *sheareri*

分类地位：紫堇科。

形态特征：多年生草本。二回羽状复叶；小叶叶片卵形或椭圆形，3 ～ 5 浅裂。总状花序；花紫红色，花瓣 4 片，前部唇形，后部有距；雄蕊 6 枚；花柱纤细。蒴果线状长球形。花期 2 ～ 4 月；果期 5 ～ 6 月。

台湾鱼木 *Crateva formosensis*

分类地位：白花菜科。

形态特征：灌木或乔木。小叶质地薄而坚实，不易破碎，干后淡灰绿色至淡褐绿色，两面稍异色；侧生小叶基部两侧很不对称，营养枝上的小叶略大。花序顶生，有花 10 ～ 15 朵。果球形至椭球形，红色。花期 6 ～ 7 月；果期 10 ～ 11 月。

荠 *Capsella bursa-pastoris*

分类地位：十字花科。

形态特征：一年生或二年生草本。基生叶丛生呈莲座状，大头羽状分裂。总状花序顶生及腋生。果倒三角形或倒心状三角形，扁平，无毛，顶端微凹，裂瓣具网脉。种子 2 行，长椭球形，浅褐色。花果期 4 ～ 6 月。

弯曲碎米荠 *Cardamine flexuosa*

分类地位：十字花科。

形态特征：一年生或二年生草本。基生叶有叶柄，具小叶 3 ～ 7 对；顶生小叶叶片卵形、倒卵形或长圆形。总状花序生于枝顶端；花小，多数；花梗纤细。果序轴左右弯曲；长角果线形，扁平；果梗直立开展。种子长球形而扁，黄绿色。花期 3 ～ 5 月；果期 4 ～ 6 月。

蔊菜 *Rorippa indica*

分类地位：十字花科。

形态特征：一年生或二年生直立草本。叶互生，通常大头羽状分裂；叶形多变化；顶端裂片大，卵状披针形，边缘具不整齐齿，侧裂片 1 ～ 5 对。总状花序顶生或侧生；花小，多数；具细花梗。长角果线状圆柱形，熟时果瓣隆起。种子每室 2 行，多数，细小。花期 4 ～ 6 月；果期 6 ～ 8 月。

紫花地丁 *Viola philippica*

分类地位：堇菜科。

形态特征：多年生草本。叶多数，基生，莲座状；下部叶通常较小，上部叶较长。花中等大，紫堇色或淡紫色。蒴果长球形，无毛。种子卵球形，淡黄色。花果期 4 月中下旬至 9 月。

三角叶堇菜 *Viola triangulifolia*

分类地位：堇菜科。

形态特征：多年生草本。基生叶 2 ～ 5 片，通常早枯，叶片宽卵形或卵形，先端尖，基部心形；茎生叶叶片卵状三角形至狭三角形。花梗细弱，上部有 2 枚对生的线形小苞片；花小，白色带紫色条纹，单生于茎生叶的叶腋。蒴果较小，椭球形，无毛。花果期 4 ～ 6 月。

华南远志 *Polygala chinensis*

分类地位：远志科。

形态特征：一年生直立草本。叶互生；叶片纸质，倒卵形、椭圆形或披针形，先端钝，叶缘全缘。总状花序腋上生，稀腋生，较叶短，长约 1 cm；花少而密集。蒴果球形，具狭翅及缘毛，顶端微凹。种子卵形，黑色，密被白色柔毛；种阜盔状，白色。花期 4 ～ 10 月；果期 5 ～ 11 月。

黄花倒水莲 *Polygala crotalarioides*

分类地位：远志科。

形态特征：灌木。单叶互生；叶片膜质，披针形至椭圆状披针形，叶缘全缘，侧脉 8 ～ 9 对。总状花序顶生或腋生，直立；萼片 5 枚，早落，具缘毛；花瓣正黄色。蒴果阔倒心形至球形，绿黄色。种子球形，棕黑色至黑色。花期 5 ～ 8 月；果期 8 ～ 10 月。

落地生根 *Bryophyllum pinnatum*

分类地位: 景天科。

形态特征: 多年生草本。羽状复叶；小叶叶片长圆形至椭圆形，先端钝，叶缘有圆齿。圆锥花序顶生；花下垂，花萼圆柱形；花冠高脚碟形，基部稍膨大，向上成管状，裂片 4 片，卵状披针形，淡红色或紫红色。蓇葖果包在花萼及花冠内。种子小，具条纹。花期 1 ～ 3 月。

凹叶景天 *Sedum emarginatum*

分类地位: 景天科。

形态特征: 多年生草本。叶对生；叶片匙状倒卵形至宽卵形，先端圆形，有微缺，基部渐窄，有短距。花序聚伞状，顶生，多花，常有 3 个分枝。蓇葖果略叉开，腹面有浅囊状隆起。种子细小，褐色。花期 5 ～ 6 月；果期 7 月。

垂盆草 *Sedum sarmentosum*

分类地位：景天科。

形态特征：多年生草本。叶 3 片轮生；叶片倒披针形至长圆形，先端近急尖，基部急狭，有距。聚伞花序，具 3 ～ 5 个分枝，花少；无梗；萼片 5 枚；花瓣 5 片，黄色；雄蕊 10 枚，较花瓣短。种子卵形。花期 5 ～ 7 月；果期 8 月。

落新妇 *Astilbe chinensis*

分类地位：虎耳草科。

形态特征：多年生草本。基生叶为二回至三回三出羽状复叶；顶生小叶叶片菱状椭圆形；侧生小叶叶片卵形至椭圆形，先端短渐尖至急尖；茎生叶 2 ～ 3 片，较小。圆锥花序，花密集；苞片卵形；萼片 5 枚，卵形；花瓣 5 片，淡紫色至紫红色；雄蕊 10 枚。蒴果。种子褐色。花果期 6 ～ 9 月。

虎耳草 *Saxifraga stolonifera*

分类地位：虎耳草科。

形态特征：多年生草本。基生叶叶片近心形、肾形至扁圆形，先端钝或急尖，基部近截形、圆形至心形，具长柄。聚伞花序圆锥状；花序分枝被腺毛，具花 2 ～ 5 朵；花梗细弱，被腺毛；花两侧对称。花果期 4 ～ 11 月。

茅膏菜 *Drosera peltata*

分类地位：茅膏菜科。

形态特征：多年生草本。基生叶密集成近一轮或最上部几片着生于节间伸长的茎上，退化、脱落或最下部数片不退化、宿存；茎生叶互生，稀疏，盾状；叶片半月形或半圆形。螺状聚伞花序生于枝顶端和茎顶端；花序下部的苞片楔形或倒披针形。蒴果。种子椭球形、卵形或球形。花果期 6 ～ 9 月。

荷莲豆草 *Drymaria cordata*

分类地位：石竹科。

形态特征：一年生草本。叶片卵状心形，先端突尖；基出脉 3 ～ 5 条。聚伞花序顶生；苞片针状披针形；萼片草质，披针状卵形；雄蕊稍短于萼片，花药球形，2 室，黄色；子房卵球形，花柱 3 枚，基部合生。蒴果卵形，3 瓣裂。种子近球形，表面具小疣。花期 4 ～ 10 月；果期 6 ～ 12 月。

鹅肠菜 *Myosoton aquaticum*

分类地位：石竹科。

形态特征：二年生或多年生草本。具须根。叶片卵形或宽卵形，先端急尖，基部稍心形。顶生二歧聚伞花序；苞片叶状，边缘具腺毛；花梗细，开花后伸长并向下弯，密被腺毛。蒴果卵球形，稍长于宿存萼。种子近肾形。花期 5 ～ 8 月；果期 6 ～ 9 月。

雀舌草 *Stellaria alsine*

分类地位：石竹科。

形态特征：二年生草本。叶对生；叶片披针形至长圆状披针形，先端渐尖，基部楔形，半抱茎，叶缘软骨质呈微波状；叶脉显著；无柄。聚伞花序顶生或单生于叶腋；花较少，通常3朵或单朵腋生。短蒴果椭球形。种子多数，肾形，褐色。花期5～6月；果期7～8月。

马齿苋 *Portulaca oleracea*

分类地位：马齿苋科。

形态特征：一年生草本。全株无毛。茎紫红色。叶互生，有时近对生；叶片扁平，肥厚，倒卵形，似马齿状，叶缘全缘。花常3～5朵簇生于枝顶端；苞片2～6枚；无梗；萼片2枚。蒴果卵球形。种子细小，多数偏斜球形，黑褐色，有光泽。花期5～8月；果期6～9月。

土人参 *Talinum paniculatum*

分类地位：马齿苋科。

形态特征：一年生或多年生草本。叶互生或近对生；叶片稍肉质，倒卵形或倒卵状长椭圆形，先端急尖，基部狭楔形，叶缘全缘；具短柄或近无柄。圆锥花序顶生或腋生，常二叉状分枝；具长花序梗；总苞绿色或近红色；苞片 2 枚；花小。蒴果近球形。种子多数，扁球形，黑褐色或黑色。

金线草 *Antenoron filiforme* var. *filiforme*

分类地位：蓼科。

形态特征：多年生直立草本。叶片椭圆形或长圆形，先端短渐尖或急尖，基部楔形，叶缘全缘。穗状花序顶生或腋生；苞片有睫毛；花小，红色；花被 4 裂；雄蕊 5 枚；柱头 2 歧，顶端钩状。瘦果卵球形，棕色。花期秋季；果期冬季。

荞麦 *Fagopyrum esculentum*

分类地位：蓼科。

形态特征：一年生草本。叶片三角形或卵状三角形，先端渐尖，基部心形。花序总状或伞房状，顶生或腋生；花序梗一侧具小突起；苞片卵形，绿色；花梗比苞片长，无关节；花被5深裂。花期5～9月；果期6～10月。

何首乌 *Fallopia multiflora*

分类地位：蓼科。

形态特征：多年生草本。块根肥厚，长椭球形，黑褐色。叶片卵形或长卵形，先端渐尖，基部心形或近心形，叶缘全缘。花序圆锥状，顶生或腋生，分枝开展，具细纵棱；苞片三角状卵形，具小突起，先端尖。瘦果卵形，具3棱，黑褐色，有光泽。花期8～9月；果期9～10月。

竹节蓼 *Homalocladium platycladum*

分类地位：蓼科。

形态特征：多年生直立草本。叶多生于新枝上，互生；叶片菱状卵形，先端渐尖，基部楔形；无柄。花簇生于节上；苞片膜质，淡黄棕色；花小，两性；具纤细梗；花被5深裂，淡绿色，后变红色。瘦果三角形，平滑，呈浆果状。花期9～10月；果期10～11月。

头花蓼 *Polygonum capitatum*

分类地位：蓼科。

形态特征：多年生草本。茎匍匐，丛生。叶片卵形或椭圆形，先端尖，基部楔形，叶缘全缘；托叶膜质，鞘筒状，松散，具腺毛，先端截形，有缘毛。花序头状，单生或成对，顶生；花序梗具腺毛；苞片膜质，长卵形；花梗极短。花期6～9月；果期8～10月。

火炭母 *Polygonum chinense* var. *chinense*

分类地位：蓼科。

形态特征：多年生草本。根茎粗壮。茎直立。叶片卵形或长卵形，先端短渐尖，基部截形或宽心形，叶缘全缘；托叶鞘膜质，无毛，具脉纹，先端偏斜，无缘毛。花序头状，通常数个排成圆锥状，顶生或腋生；花序梗被腺毛；苞片宽卵形。花期 7 ～ 9 月；果期 8 ～ 10 月。

杠板归 *Polygonum perfoliatum*

分类地位：蓼科。

形态特征：一年生攀缘草本。茎略呈方柱形，有棱角，棱角上有倒生钩刺；节略膨大，黄白色。叶互生，盾状着生；叶片多皱缩，展平后呈近等边三角形，灰绿色至红棕色；有长柄；叶背面叶脉和叶柄均有倒生钩刺。短穗状花序顶生或生于上部叶腋；苞片圆形；花小，多萎缩或脱落。

虎杖 *Reynoutria japonica*

分类地位：蓼科。

形态特征：多年生草本。茎直立，空心，散生红色或紫红色斑点。叶片近革质，宽卵形或卵状椭圆形，先端渐尖，基部宽楔形、截形或近圆形，叶缘全缘；托叶鞘膜质。花序圆锥状，腋生；花单性，雌雄异株。瘦果卵形，具3棱，黑褐色。花期8～9月；果期9～10月。

商陆 *Phytolacca acinosa*

分类地位：商陆科。

形态特征：多年生草本。全株无毛。叶片薄纸质，椭圆形、长椭圆形或披针状椭圆形，先端急尖或渐尖，基部楔形，渐狭，两面散生细小白色斑点。总状花序顶生或与叶对生，圆柱状，密生多花；花两性。果序直立；浆果扁球形，熟时黑色。种子肾形，黑色，具3棱。

垂序商陆 *Phytolacca americana*

分类地位：商陆科。

形态特征：多年生草本。茎直立，圆柱形，有时带紫红色。叶片椭圆状卵形或卵状披针形，先端急尖，基部楔形。总状花序顶生或侧生；花白色，微带红晕。果序下垂；浆果扁球形，熟时紫黑色。种子肾球形。花期 6 ～ 8 月；果期 8 ～ 10 月。

土荆芥 *Dysphania ambrosioides*

分类地位：藜科。

形态特征：一年生或多年生草本。叶片矩圆状披针形至披针形，先端急尖或渐尖，基部渐狭，叶缘具稀疏不整齐的大锯齿；具短柄。花两性及雌性，通常 3 ～ 5 朵团集，生于上部叶腋。胞果扁球形，完全包于花被内。种子横生或斜生，黑色或暗红色。

土牛膝 *Achyranthes aspera*

分类地位：苋科。

形态特征：多年生草本。茎有棱角或四方形，绿色或带紫色，具白色贴生或开展柔毛，或近无毛；分枝对生。叶片椭圆形或椭圆状披针形，先端尾尖。穗状花序顶生及腋生；总花梗具白色柔毛；花多数，密生。胞果矩球形，黄褐色，光滑。种子矩球形，黄褐色。花期 7 ～ 9 月；果期 9 ～ 10 月。

牛膝 *Achyranthes bidentata*

分类地位：苋科。

形态特征：多年生草本。叶片椭圆形或椭圆状披针形，先端尾尖，基部楔形或宽楔形。穗状花序顶生及腋生；总花梗具白色柔毛；花多数，密生，花期后反折贴近总花梗。胞果矩球形，黄褐色，光滑。种子黄褐色。花期 7 ～ 9 月；果期 9 ～ 10 月。

喜旱莲子草 *Alternanthera philoxeroides*

分类地位：苋科。

形态特征：多年生草本。茎中空，基部匍匐。叶对生；叶片矩圆形、矩圆状倒卵形或倒卵状披针形，先端急尖或圆钝，基部渐狭，叶缘全缘。花密生成具总花梗的头状花序，单生于茎上部的叶腋，球形；苞片及小苞片白色，先端渐尖。花期 5 ～ 7 月；果期 8 ～ 10 月。

青葙 *Celosia argentea*

分类地位：苋科。

形态特征：一年生草本。单叶互生；叶片纸质，披针形或长圆状披针形，先端尖或长尖，基部渐狭且稍下延，叶缘全缘。花着生甚密，成穗状花序单生于茎顶端或分枝顶端；花初为淡红色，后变为银白色。胞果卵状椭球形，盖裂。种子扁球形，黑色。花期 5 ～ 8 月；果期 6 ～ 10 月。

落葵薯 *Anredera cordifolia*

分类地位：落葵科。

形态特征：缠绕藤本。根茎粗壮。叶片稍肉质，卵形至近圆形，先端急尖，基部圆形或心形；具短柄；腋生小块茎（珠芽）。总状花序具多花；花序轴纤细，下垂，长 7 ～ 25 cm。花期 6 ～ 10 月。

米念芭 *Tirpitzia ovoidea*

分类地位：亚麻科。

形态特征：灌木。叶片革质或厚纸质，卵形、椭圆形或倒卵状椭圆形，先端钝圆形或急尖，基部宽楔形或近圆形，叶缘全缘，革质叶的叶缘稍背卷。聚伞花序在茎和分枝上部腋生；苞片小，宽卵形。蒴果卵状椭球形，室间开裂成 5 瓣，每室具种子 2 粒，有时 1 粒。种子褐色。花期 5 ～ 10 月；果期 10 ～ 11 月。

野老鹳草 *Geranium carolinianum*

分类地位：牻牛儿苗科。

形态特征：一年生草本。基生叶早枯；茎生叶互生或顶部的对生；叶片圆肾形，基部心形，近基部掌状 5 ～ 7 裂；托叶披针形或三角状披针形。花序腋生和顶生；每条总花梗具花 2 朵。蒴果被短糙毛，果瓣由喙上部先裂向下卷曲。花期 4 ～ 7 月；果期 5 ～ 9 月。

红花酢浆草 *Oxalis corymbosa*

分类地位：酢浆草科。

形态特征：多年生直立草本。叶基生；小叶 3 片，扁圆状倒心形；托叶长圆形，先端狭尖，与叶柄基部合生。二歧聚伞花序；总花梗基生；花梗、苞片、萼片均被毛。花果期 3 ～ 12 月。

凤仙花 *Impatiens balsamina*

分类地位：凤仙花科。

形态特征：一年生草本。茎粗壮，呈肉质，直立。叶互生；叶片披针形、狭椭圆形或倒披针形，先端尖或渐尖，基部楔形；侧脉 4 ～ 7 对。花单生或 2 ～ 3 朵簇生于叶腋；无总花梗；花苞片线形，位于花梗基部。种子多数，圆球形，黑褐色。花期 7 ～ 10 月。

绿萼凤仙花 *Impatiens chlorosepala*

分类地位：凤仙花科。

形态特征：一年生草本。茎肉质，直立，不分枝或稀分枝，无毛。叶常密集生于茎上部，互生；叶片膜质，长圆状卵形或披针形，先端渐尖；具柄。总花梗生于上部叶腋，具花 1 ～ 2 朵；花大，淡红色，长 3.5 ～ 4 cm。蒴果披针形，顶端喙尖。花期 10 ～ 12 月。

黄金凤 *Impatiens siculifer*

分类地位：凤仙花科。

形态特征：一年生草本。叶通常密集生于茎或分枝的上部，互生；叶片卵状披针形或椭圆状披针形，先端急尖或渐尖，基部楔形。花 5 ～ 8 朵排成总状花序；总花梗生于上部叶腋；花黄色。蒴果棒状。

紫薇 *Lagerstroemia indica*

分类地位：千屈菜科。

形态特征：落叶灌木或小乔木。叶互生或有时对生；叶片纸质，椭圆形、阔矩圆形或倒卵形，先端短尖或钝，基部阔楔形或近圆形。顶生圆锥花序，花淡红色、紫色或白色。蒴果椭圆状球形或阔椭球形。种子有翅。花期 6 ～ 9 月；果期 9 ～ 12 月。

水龙 *Ludwigia adscendens*

分类地位：柳叶菜科。

形态特征：多年生浮水或上升草本。叶互生；叶片长圆状倒披针形至倒卵形，先端钝或稍尖，基部狭窄成柄，叶缘全缘；两侧具有小而似托叶的腺体。花单生于上部叶腋。蒴果圆柱状，淡褐色。种子在每室单列纵向排列，淡褐色。花期 5 ～ 8 月；果期 8 ～ 11 月。

了哥王 *Wikstroemia indica*

分类地位：瑞香科。

形态特征：灌木。小枝红褐色，无毛。叶对生；叶片纸质至近革质，倒卵形、椭圆状长圆形或披针形，先端钝或急尖，基部阔楔形或窄楔形，无毛；侧脉细密。花数朵组成顶生头状总状花序；花黄绿色，无毛。果椭球形，熟时红色至暗紫色。花果期夏秋季。

紫茉莉 *Mirabilis jalapa*

分类地位：紫茉莉科。

形态特征：一年生草本。叶片卵形或卵状三角形，先端渐尖，基部截形或心形，叶缘全缘。花常数朵簇生于枝顶端；总苞钟形，5裂；裂片三角状卵形，先端渐尖，无毛；花被紫红色、黄色、白色或杂色。瘦果球形。种子胚乳白粉质。花期6～10月；果期8～11月。

网脉山龙眼 *Helicia reticulata*

分类地位：山龙眼科。

形态特征：乔木或灌木。叶片革质或近革质，长圆形、卵状长圆形、倒卵形或倒披针形，先端短渐尖、急尖或钝，基部楔形，叶缘具疏生锯齿或细齿。总状花序腋生或生于小枝已落叶腋部；苞片披针形。果椭球形，顶端具短尖；果皮干后革质，黑色。花期5～7月；果期10～12月。

马桑 *Coriaria nepalensis*

分类地位：马桑科。

形态特征：灌木。叶对生；叶片纸质至薄革质，椭圆形或阔椭圆形，先端急尖，基部圆形，叶缘全缘；基出脉 3 条。总状花序生于二年生枝上；雄花花序先叶开放，多花密集；雌花花序与叶同出，花序轴被腺状微柔毛。果球形，熟时由红色变紫黑色。种子卵状长球形。

海桐 *Pittosporum tobira*

分类地位：海桐花科。

形态特征：常绿灌木或小乔木。叶聚生于枝顶端，二年生；叶片革质，倒卵形或倒卵状披针形，嫩时两面有柔毛，以后变秃净；侧脉 6 ～ 8 对。伞形花序或伞房状伞形花序顶生或近顶生；花白色，有芳香，后变黄色。蒴果圆球形。种子多数，多角形，红色。花期 3 ～ 5 月；果期 9 ～ 10 月。

山桂花 *Bennettiodendron leprosipes*

分类地位：大风子科。

形态特征：常绿小乔木。叶片近革质，倒卵状长圆形或长圆状椭圆形，先端短渐尖，基部渐狭；侧脉 5 ～ 10 对。圆锥花序顶生，多分枝；苞片小，锥状或披针形，早落；花浅灰色或黄绿色，有芳香。浆果熟时红色至黄红色，球形。种子 1 ～ 2 粒，扁球形或球形。花期 2 ～ 6 月；果期 4 ～ 11 月。

杯叶西番莲 *Passiflora cupiformis*

分类地位：西番莲科。

形态特征：藤本。叶片坚纸质，先端截形至 2 裂，基部圆形至心形，腹面无毛，背面被稀疏粗伏毛并具腺体 6 ～ 25 个。花序有花 5 朵至多朵，被棕色毛，近无梗；萼片 5 枚；花白色。浆果球形，熟时紫色。种子多数，深棕色。花期 4 月；果期 9 月。

蝴蝶藤 *Passiflora papilio*

分类地位：西番莲科。

形态特征：草质藤本。叶片革质，先端叉状 2 裂，基部截形或近圆形，腹面橄榄绿色，光滑，背面微被白粉并密被细短柔毛，具腺体 6 ～ 8 个；侧脉 2 ～ 3 对。花序成对生于卷须两侧，具花 5 ～ 8 朵，被棕色柔毛，近无梗；花黄绿色。浆果球形。种子多数。花期 4 ～ 5 月；果期 6 ～ 7 月。

绞股蓝 *Gynostemma pentaphyllum*

分类地位：葫芦科。

形态特征：草质攀缘藤本。叶片膜质或纸质，鸟足状，具小叶 3 ～ 9 片，通常 5 ～ 7 片；小叶叶片卵状长圆形或披针形。花雌雄异株；雄花圆锥花序；雌花圆锥花序远较雄花的短小，花萼及花冠似雄花。果肉质不裂，球形，熟后黑色。种子 2 粒，卵状心形。花期 3 ～ 11 月；果期 4 ～ 12 月。

中华栝楼 *Trichosanthes rosthornii*

分类地位：葫芦科。

形态特征：攀缘藤本。叶片纸质，阔卵形至近圆形，3～7深裂，几达基部；裂片线状披针形、披针形至倒披针形，先端渐尖，边缘具短尖头状细齿。花雌雄异株；雄花或单生，或为总状花序；小苞片菱状倒卵形，中部以上具不规则的钝齿；雌花单生，花萼筒圆筒形。果球形或椭球形。花期6～8月；果期8～10月。

昌感秋海棠 *Begonia cavaleriei*

分类地位：秋海棠科。

形态特征：多年生草本。叶全部基生；叶片厚纸质，盾形，先端渐尖至长渐尖，基部略偏圆形，叶缘全缘常带浅波状；具长柄。聚伞花序；花葶高约20 cm，有棱，无毛；花淡粉红色；雄花花梗无毛，小苞片倒卵形，无毛，花被片4枚；雌花花被片3枚。蒴果下垂。种子多数，小。花期5～7月；果期7月开始。

食用秋海棠 *Begonia edulis*

分类地位：秋海棠科。

形态特征：多年生草本。叶片左右两部分略不对称，轮廓近圆形或扁圆形，先端渐尖，基部略不对称，呈心形至深心形，叶缘有浅而疏的三角形齿。蒴果下垂，果 4 ～ 6 个，呈二回至三回二歧聚伞状；果葶高 16 ～ 26 cm，有纵棱，近无毛或无毛。种子极多数，小，长球形，淡褐色，光滑。花期 6 ～ 9 月；果期 8 月开始。

紫背天葵 *Begonia fimbristipula*

分类地位：秋海棠科。

形态特征：多年生无茎草本。叶均基生；叶片左右两部分略不对称，宽卵形；具长柄。二回至三回二歧聚伞花序，花数朵；花葶高 6 ～ 18 cm，无毛；花粉红色。蒴果下垂，倒卵长球形，无毛。种子极多数，小，淡褐色，光滑。花期 5 月；果期 6 月开始。

仙人掌 *Opuntia dillenii*

分类地位：仙人掌科。

形态特征：丛生肉质灌木。茎粗大肥厚，肉质，多浆。小窠疏生，明显突出，每小窠具刺 1 ～ 20 根，密生短绵毛和倒刺刚毛，成长后刺常增粗并增多。叶片钻形，绿色，早落。花辐状或碗状。种子多数，扁球形，淡黄褐色，边缘稍不规则，无毛。果期 6 ～ 10 月。

岗柃 *Eurya groffii*

分类地位：山茶科。

形态特征：灌木或小乔木。叶片革质或薄革质，披针形或披针状长圆形，先端渐尖或长渐尖，基部钝或近楔形，叶缘密生细锯齿；侧脉 10 ～ 14 对。花 1 ～ 9 朵簇生于叶腋；雄花小苞片 2 枚，卵圆形，萼片 5 枚；雌花小苞片和萼片数与雄花同。果圆球形。种子稍扁，圆肾形，深褐色。花期 9 ～ 11 月；果期翌年 4 ～ 6 月。

厚皮香 *Ternstroemia gymnanthera*

分类地位：山茶科。

形态特征：灌木或小乔木。叶通常聚生于枝顶端，呈假轮生状；叶片革质或薄革质，椭圆形、椭圆状倒卵形至长圆状倒卵形，基部楔形，叶缘全缘。花两性或单性；两性花小苞片 2 枚。果圆球形。种子肾形，熟时肉质假种皮红色。花期 5 ～ 7 月；果期 8 ～ 10 月。

柱果猕猴桃 *Actinidia cylindrica*

分类地位：猕猴桃科。

形态特征：小中型半常绿藤本。叶片厚膜质，隔年老叶叶片革质，椭圆形至矩圆形或倒卵形至倒卵披针形，先端骤短尖至钝圆形，基部钝至圆形，叶缘有脉出的硬尖头短小锯齿。花序通常具花 1 ～ 2 朵；花序梗和花梗均略被微茸毛。果绿色变黄绿色，圆柱形。种子小。

水东哥 *Saurauia tristyla*

分类地位：水东哥科。

形态特征：灌木或小乔木。叶片纸质或薄革质，倒卵状椭圆形、倒卵形或长卵形，稀阔椭圆形，先端短渐尖至尾状渐尖，基部楔形，稀钝，叶缘具刺状锯齿；侧脉 8 ～ 20 对。花序聚伞式，1 ～ 4 个簇生于叶腋或老枝落叶叶腋，被毛和鳞片；苞片卵形；小苞片披针形或卵形。果球形。

桃金娘 *Rhodomyrtus tomentosa*

分类地位：桃金娘科。

形态特征：灌木。叶对生；叶片革质，椭圆形或倒卵形，先端圆形或钝，常微凹入，有时稍尖，基部阔楔形，离基三出脉，直达先端并相结合。花常单生；有长梗；花紫红色。浆果卵状壶形，熟时紫黑色。种子每室 2 列。花期 4 ～ 5 月。

赤楠 *Syzygium buxifolium*

分类地位：桃金娘科。

形态特征：灌木或小乔木。叶片革质，阔椭圆形至椭圆形，有时阔倒卵形，先端圆形或钝，基部阔楔形或钝，腹面干后暗褐色，无光泽，背面稍浅色，有腺点。聚伞花序顶生，有花数朵。果球形。花期 6 ～ 8 月。

柏拉木 *Blastus cochinchinensis*

分类地位：野牡丹科。

形态特征：灌木。叶片纸质或近坚纸质，披针形、狭椭圆形至椭圆状披针形，先端渐尖，基部楔形，叶缘全缘或具极不明显的小浅波状齿，腹面被疏小腺点；基出脉 3 条。伞状聚伞花序，腋生。蒴果椭球形，4 裂。花期 6 ～ 8 月；果期 10 ～ 12 月。

地菍 *Melastoma dodecandrum*

分类地位：野牡丹科。

形态特征：小灌木。叶片坚纸质，卵形或椭圆形，先端急尖，基部广楔形，叶缘全缘或具密浅细锯齿；基出脉 3 ～ 5 条。聚伞花序，顶生；基部有叶状总苞 2 枚，通常较叶小。果肉质，坛状球形，平截，近顶端略缢缩。花期 5 ～ 7 月；果期 7 ～ 9 月。

锦香草 *Phyllagathis cavaleriei*

分类地位：野牡丹科。

形态特征：草本。叶片纸质或近膜质，广卵形、广椭圆形或圆形，基部心形；基出脉 7 ～ 9 条。伞形花序，顶生；苞片倒卵形或近倒披针形，被粗毛。蒴果杯形，顶端冠4裂。花期6～8月；果期7～9月。

使君子 *Combretum indicum*

分类地位：使君子科。

形态特征：攀缘灌木。叶对生或近对生；叶片膜质，卵形或椭圆形，先端短渐尖，基部钝圆形，腹面无毛，背面有时疏被棕色柔毛；侧脉 7 ～ 8 对。顶生穗状花序，组成伞房花序；苞片卵形至线状披针形，被毛。果卵形。种子 1 粒，白色。花期初夏；果期秋末。

地耳草 *Hypericum japonicum*

分类地位：金丝桃科。

形态特征：一年生或多年生草本。叶片通常卵形或卵状三角形至长圆形或椭圆形，先端近锐尖至圆形，无柄。花序具花 1 ～ 30 朵；花平展；花蕾圆柱状椭球形；萼片狭长圆形或披针形至椭圆形；花瓣白色、淡黄色至橙黄色。蒴果短圆柱形至圆球形。种子淡黄色。花期 3 ～ 8 月；果期 6 ～ 10 月。

元宝草 *Hypericum sampsonii*

分类地位：金丝桃科。

形态特征：多年生草本。叶对生；叶片为或宽或狭的披针形至长圆形或倒披针形，先端钝或圆形，基部较宽，叶缘全缘；无柄。伞房状圆锥花序顶生，多花；花近扁平，基部为杯状。蒴果宽卵珠形至或宽或狭的卵珠状圆锥形。种子长卵柱形，黄褐色。花期 5 ～ 6 月；果期 7 ～ 8 月。

金丝李 *Garcinia paucinervis*

分类地位：藤黄科。

形态特征：乔木。叶片嫩时膜质，紫红色，老时近革质，长椭圆形，稀长椭圆状卵形或倒卵状长椭圆形，先端稍钝渐尖，基部阔楔形；中脉在叶背面突起，侧脉每边 5 ～ 7 条，两面隆起。花杂性，同株；雄花聚伞花序腋生和顶生，具花 4 ～ 10 朵；雌花通常单生于叶腋，比雄花稍大，子房圆球形。果熟时椭球形或卵珠状椭球形。花期 6 ～ 7 月；果期 11 ～ 12 月。

甜麻 *Corchorus aestuans*

分类地位：椴树科。

形态特征：一年生草本。叶片卵形或阔卵形，先端短渐尖或急尖，基部圆形；基出脉 5 ～ 7 条。花单独或数朵组成聚伞花序生于叶腋或腋外。蒴果长筒形，具 6 条纵棱，其中 3 ～ 4 条呈翅状突起，顶端有 3 ～ 4 个向外延伸的角，角二叉。种子多数。花期夏季。

猴欢喜 *Sloanea sinensis*

分类地位：杜英科。

形态特征：乔木。叶片薄革质，形状及大小多变，通常长圆形或狭窄倒卵形，先端短急尖；叶柄无毛。花多朵簇生于枝顶部叶腋；花梗被灰色毛；萼片阔卵形；花瓣白色；雄蕊与花瓣等长；子房卵形，花柱连合。蒴果。种子黑色。花期 9 ～ 11 月；果期翌年 6 ～ 7 月。

梧桐 *Firmiana simplex*

分类地位: 梧桐科。

形态特征: 落叶乔木。叶片心形，掌状 3 ～ 5 裂，裂片三角形，先端渐尖，基部心形；基生脉 7 条。圆锥花序顶生；花梗与花几等长；花淡黄绿色。蓇葖果膜质，成熟前开裂成叶状，有梗；每蓇葖果具种子 2 ～ 4 粒。种子圆球形，表面有皱纹。花期 6 月。

假苹婆 *Sterculia lanceolata*

分类地位: 梧桐科。

形态特征: 乔木。叶片椭圆形、披针形或椭圆状披针形，先端骤尖，基部钝或近圆形；侧脉 7 ～ 9 对。圆锥花序腋生，密集多分枝；花淡红色。蓇葖果鲜红色，长卵球形或长椭球形，顶端有喙，基部渐窄，密被柔毛；每果具种子 2 ～ 4 粒。种子椭圆状卵球形，黑褐色。花期 4 ～ 6 月。

木棉 *Bombax ceiba*

分类地位：木棉科。

形态特征：落叶大乔木。掌状复叶，具小叶 5 ～ 7 片；小叶叶片长圆形至长圆状披针形，先端渐尖，基部阔或渐狭，叶缘全缘，两面均无毛；羽状侧脉 15 ～ 17 对。花单生于枝顶部叶腋。种子多数，倒卵形，光滑。花期 3 ～ 4 月；果夏季成熟。

白背黄花棯 *Sida rhombifolia*

分类地位：锦葵科。

形态特征：直立半灌木。叶片菱形或长圆状披针形，先端浑圆至短尖，基部宽楔形。花单生于叶腋；花梗密被星状柔毛，中部以上有节。果半球形，分果瓣 8 ～ 10 个，被星状柔毛，顶端具 2 短芒。花期秋冬季。

地桃花 *Urena lobata* var. *lobata*

分类地位：锦葵科。

形态特征：半灌木。叶片形状、大小差异较大，卵状三角形、卵形或圆形。花单生或近簇生于叶腋；花冠倒卵形，淡红色。果扁球形。种子肾形，无毛。花期 7 ～ 10 月；果期翌年 1 ～ 2 月。

铁苋菜 *Acalypha australis*

分类地位：大戟科。

形态特征：一年生草本。单叶互生；叶片膜质，长卵形、近菱状卵形或阔披针形，先端短渐尖，基部楔形；基出脉 3 条，侧脉 3 对。雌雄花同序，花序腋生，稀顶生，长 1.5 ～ 5 cm。蒴果具 3 个分果瓣；果皮具疏生毛和毛基变厚的小瘤体。种子近卵状。花果期 4 ～ 12 月。

红背山麻秆 *Alchornea trewioides* var. *trewioides*

分类地位：大戟科。

形态特征：小灌木。叶片卵形，先端骤尖或渐尖，基部近截平或浅心形，具 4 个斑状腺体；基出脉 3 条，小托叶 2 枚，披针形。雌雄异株；雄花花序穗状；苞片三角形；雄花 3 ～ 15 朵簇生于苞腋。蒴果近球形。种子具瘤体。花期 3 ～ 5 月；果期 6 ～ 8 月。

日本五月茶 *Antidesma japonicum*

分类地位：大戟科。

形态特征：乔木或灌木。叶片纸质至近革质，椭圆形、长椭圆形至长圆状披针形；托叶线形，早落。总状花序顶生；雄花被疏微毛至无毛，基部具披针形小苞片；花萼钟状。核果椭球形。花期 4 ～ 6 月；果期 7 ～ 9 月。

黑面神 *Breynia fruticosa*

分类地位：大戟科。

形态特征：灌木。叶片革质，卵形、阔卵形或菱状卵形。花小，单生或 2 ～ 4 朵簇生于叶腋内。蒴果圆球状；具宿存花萼。花期 4 ～ 9 月；果期 5 ～ 12 月。

大叶土蜜树 *Bridelia retusa*

分类地位：大戟科。

形态特征：乔木。叶片纸质，倒卵形，先端圆形或截形，具小短尖，稀微凹，基部钝、圆形或浅心形。穗状花序腋生或 3 ～ 9 个在小枝顶端组成圆锥花序状。核果卵形，黑色。花期 4 ～ 9 月；果期 8 月至翌年 1 月。

石山巴豆 *Croton euryphyllus*

分类地位：大戟科。

形态特征：灌木。叶片纸质，近圆形至阔卵形，先端短尖或钝。花序总状，长达 15 cm，有时基部有分枝；苞片线状三角形。蒴果近圆球形，密被短星状毛。种子椭球形，暗灰褐色。花期 4 ～ 5 月。

乳浆大戟 *Euphorbia esula*

分类地位：大戟科。

形态特征：多年生草本。叶片线形或卵形，先端尖或钝尖，基部楔形或平截。花单生于二歧分枝顶端，无梗；总苞钟状；裂片半圆形至三角形，边缘及内面被毛；腺体新月形，两端具角，褐色。蒴果三棱状球形。种子卵球形，黄褐色；种阜盾状，无梗。花果期 4 ～ 10 月。

飞扬草 *Euphorbia hirta*

分类地位：大戟科。

形态特征：一年生草本。叶对生；叶片披针状长圆形、长椭圆状卵形或卵状披针形。花序多数，于叶腋处密集成头状。蒴果三棱状，被短柔毛。种子近球形，棱面具数个纵槽。花果期 6 ～ 12 月。

毛果算盘子 *Glochidion eriocarpum*

分类地位：大戟科。

形态特征：灌木。叶片纸质，卵形、狭卵形或宽卵形，先端渐尖或急尖，基部钝、截形或圆形，两面均被长柔毛，背面毛较密。花单生或 2 ～ 4 朵簇生于叶腋内；雌花生于小枝上部，雄花则生于下部。蒴果扁球状。

粗糠柴 *Mallotus philippensis*

分类地位：大戟科。

形态特征：乔木。叶互生或有时小枝顶部的对生；叶片长圆形或卵状披针形，先端渐尖，基部圆形或楔形，背面被灰黄色星状短茸毛；叶脉上具长柔毛，散生红色颗粒状腺体。花序总状，顶生或腋生。蒴果扁球形。种子卵形或球形，黑色，具光泽。花期 4 ～ 5 月；果期 5 ～ 8 月。

叶下珠 *Phyllanthus urinaria*

分类地位：大戟科。

形态特征：一年生草本。叶片纸质，长圆形或倒卵形，先端圆形、钝或急尖而具小尖头；侧脉每边 4 ～ 5 条，明显；叶柄极短。花雌雄同株。蒴果圆球状，红色，表面具小突刺，有宿存的花柱和萼片，开裂后轴柱宿存。种子橙黄色。花期 4 ～ 6 月；果期 7 ～ 11 月。

牛耳枫 *Daphniphyllum calycinum*

分类地位: 虎皮楠科。

形态特征: 常绿灌木。单叶互生；叶片宽椭圆形至倒卵形，先端钝或近圆形，有时急尖，基部宽楔形或近圆形，叶缘全缘；侧脉明显。总状花序腋生；花小，单性，雌雄异株；无花瓣，花被萼状，宿存。核果卵球形，具种子 1 粒。花期 4 ～ 6 月；果期 6 ～ 10 月。

四川溲疏 *Deutzia setchuenensis*

分类地位: 绣球科。

形态特征: 灌木。叶片纸质或膜质，卵形、卵状长圆形或卵状披针形，先端渐尖或尾状，基部圆形或阔楔形。聚伞花序，具花 6 ～ 20 朵。蒴果球形。花期 4 ～ 7 月；果期 6 ～ 9 月。

常山 *Dichroa febrifuga*

分类地位：绣球科。

形态特征：灌木。叶片形状、大小差异大，常椭圆形、倒卵形、椭圆状长圆形或披针形，先端渐尖，基部楔形，叶缘具锯齿或粗齿，稀波状；侧脉每边 8 ～ 10 条，网脉稀疏。伞房状圆锥花序顶生；花蓝色或白色。浆果。种子具网纹。花期 2 ～ 4 月；果期 5 ～ 8 月。

蛇莓 *Duchesnea indica*

分类地位：蔷薇科。

形态特征：多年生草本。小叶叶片倒卵形至菱状长圆形，长 2 ～ 5 cm，宽 1 ～ 3 cm，先端圆钝，叶缘有钝锯齿，两面皆被柔毛。花单生于叶腋。瘦果卵形。花期 6 ～ 8 月；果期 8 ～ 10 月。

枇杷 *Eriobotrya japonica*

分类地位：蔷薇科。

形态特征：常绿乔木。叶片革质，披针形、倒披针形、倒卵形或椭圆状长圆形，先端急尖或渐尖，基部楔形或渐狭成叶柄；侧脉 11 ～ 21 对。圆锥花序顶生，具多花；总花梗与花梗密生锈色茸毛；苞片钻形。果卵形或近球形；每果具种子 1 ～ 5 粒。种子球形或扁球形，褐色。花期 10 ～ 12 月；果期翌年 5 ～ 6 月。

翻白草 *Potentilla discolor*

分类地位：蔷薇科。

形态特征：多年生草本。根粗壮，下部常肥厚呈纺锤形。茎直立，上升或微铺散，高 10 ～ 45 cm，密被白色绵毛。基生叶具小叶 2 ～ 4 对。聚伞花序具花数朵至多朵，疏散。瘦果近肾形，光滑。花果期 5 ～ 9 月。

全缘火棘 *Pyracantha atalantioides*

分类地位：蔷薇科。

形态特征：常绿灌木或小乔木。叶片椭圆形或长圆形，稀长圆倒卵形，先端微尖或圆钝，有时具刺尖头，基部宽楔形或圆形；叶脉明显。复伞房花序。梨果扁球形，亮红色。花期 4 ～ 5 月；果期 9 ～ 11 月。

火棘 *Pyracantha fortuneana*

分类地位：蔷薇科。

形态特征：常绿灌木。叶片倒卵形或倒卵状长圆形，先端圆钝或微凹，有时具短尖头，基部楔形。花集成复伞房花序，直径 3 ～ 4 cm；花梗和总花梗近无毛。果近球形，橘红色或深红色。花期 3 ～ 5 月；果期 8 ～ 11 月。

金樱子 *Rosa laevigata*

分类地位：蔷薇科。

形态特征：常绿攀缘灌木。小叶通常 3 片，稀 5 片；叶片革质，椭圆状卵形、倒卵形或披针状卵形，叶缘有锐锯齿，腹面亮绿色，无毛，背面黄绿色。花单生于叶腋，直径 5 ～ 7 cm；花瓣白色，宽倒卵形，先端微凹。果梨形或倒卵形，紫褐色，外面密被刺毛。花期 4 ～ 6 月；果期 7 ～ 11 月。

粗叶悬钩子 *Rubus alceifolius*

分类地位：蔷薇科。

形态特征：灌木。叶互生；叶缘具锯齿；有叶柄；托叶与叶柄合生，不分裂，宿存，离生。聚伞花序；花两性；萼片直立或反折，果时宿存；花瓣稀缺，白色或红色；雄蕊多数。果为由小核果集生于花托上而成的聚合果。种子下垂；种皮膜质。花期 7 ～ 9 月；果期 10 ～ 11 月。

茅莓 *Rubus parvifolius*

分类地位：蔷薇科。

形态特征：灌木。小叶叶片菱状圆形或倒卵形，基部圆形或宽楔形，叶缘有不整齐粗锯齿或缺刻状粗重锯齿，常具浅裂片。伞房花序顶生或腋生；花瓣卵圆形或长圆形，粉红色至紫红色。果卵球形，红色。花期 5 ～ 6 月；果期 7 ～ 8 月。

红毛悬钩子 *Rubus wallichianus*

分类地位：蔷薇科。

形态特征：灌木。小叶叶片椭圆形或卵形，稀倒卵形，先端尾尖或急尖，稀钝圆形，具不整齐细锐锯齿。花数朵在叶腋团聚成束，稀单生；花瓣长倒卵形，白色。果球形，熟时金黄色或红黄色，无毛。花期 3 ～ 4 月；果期 5 ～ 6 月。

围涎树 *Abarema clypearia*

分类地位： 含羞草科。

形态特征： 乔木。二回羽状复叶；羽片 3 ～ 8 对，通常 4 ～ 5 对；总叶柄具四棱，密被黄褐色柔毛；叶轴上及叶柄近基部处有腺体。花数朵聚成小头状花序，再排成顶生和腋生的圆锥花序；具短梗。荚果旋卷。种子 4 ～ 10 粒，椭球形或阔椭球形。花期 2 ～ 6 月；果期 4 ～ 8 月。

海红豆 *Adenanthera pavonina* var. *pavonina*

分类地位： 含羞草科。

形态特征： 落叶乔木。二回羽状复叶；羽片 3 ～ 5 对；小叶 4 ～ 7 对，互生；具短柄；小叶叶片长圆形或卵形，两端圆钝，两面均被微柔毛。总状花序单生于叶腋或在枝顶端排成圆锥花序，被短柔毛；花小，白色或黄色，有香味；具短梗。荚果狭长球形。种子近球形至椭球形，鲜红色。花期 4 ～ 7 月；果期 7 ～ 10 月。

含羞草 *Mimosa pudica*

分类地位：含羞草科。

形态特征：草本。羽片通常 2 对，指状排列于总叶柄的顶端；小叶 10 ～ 20 对；羽片和小叶触之即闭合而下垂；托叶披针形，有刚毛。头状花序圆球形，单生或 2 ～ 3 个生于叶腋，花多数；具长总花梗；苞片线形；花小，淡红色。荚果长球形，扁平，稍弯曲；荚缘波状，具刺毛。种子卵形。花期 3 ～ 10 月；果期 5 ～ 11 月。

龙须藤 *Bauhinia championii*

分类地位：苏木科。

形态特征：藤本。有卷须。叶片纸质，卵形或心形，先端锐渐尖、圆钝、微凹或2裂；基出脉5～7条。总状花序狭长，腋生，有时与叶对生或数个聚生于枝顶端而成复总状花序；苞片与小苞片小，锥尖。荚果倒卵状长球形，扁平。种子 2 ～ 5 粒。花期 6 ～ 10 月；果期 7 ～ 12 月。

云实 *Caesalpinia decapetala*

分类地位：苏木科。

形态特征：藤本。二回羽状复叶；羽片 3 ～ 10 对，对生；基部有刺 1 对；具柄；小叶 8 ～ 12 对。总状花序顶生，直立，长 15 ～ 30 cm，具多花；总花梗多刺。荚果脆革质，长圆状舌形，栗褐色，无毛。种子 6 ～ 9 粒，椭球形；种皮棕色。花果期 4 ～ 10 月。

老虎刺 *Pterolobium punctatum*

分类地位：苏木科。

形态特征：藤本。二回羽状复叶；羽片 9 ～ 14 对，长 15 ～ 20 cm；总叶柄短，有刺；小叶密集，叶片线形，先端钝，两面被黄色毛。总状花序长 8 ～ 13 cm，腋生或于枝顶端排列成圆锥状。荚果长球形，极扁。种子单一，长圆状菱球形，灰色，扁平。花期 6 ～ 8 月；果期 9 月至翌年 1 月。

望江南 *Senna occidentalis*

分类地位：苏木科。

形态特征：直立、少分枝的半灌木或灌木。叶长约 20 cm；小叶 4 ～ 5 对，叶片膜质，卵形至卵状披针形，先端渐尖，有小缘毛。花数朵组成伞房状总状花序，腋生和顶生；花长约 2 cm；萼片不等大，外生的近圆形。荚果带状镰形，褐色。种子 30 ～ 40 粒。花期 4 ～ 8 月；果期 6 ～ 10 月。

决明 *Senna tora*

分类地位：苏木科。

形态特征：一年生半灌木状草本。植株直立，粗壮。叶长 4 ～ 8 cm；叶柄上无腺体；小叶 3 对，叶片膜质，倒卵形或倒卵状长椭圆形，先端圆钝而有小尖头，基部渐狭。花腋生，通常 2 朵聚生。荚果纤细，膜质，近四棱形，两端渐尖。种子约 25 粒。花果期 8 ～ 11 月。

铺地蝙蝠草 *Christia obcordata*

分类地位：蝶形花科。

形态特征：多年生平卧草本。茎与枝极纤细，被灰色短柔毛。叶通常为三出复叶。总状花序多为顶生，长 3 ～ 18 cm，每节具花 1 朵；花小。荚果具荚节 4 ～ 5 个，完全藏于萼内；荚节圆形，无毛。花期 5 ～ 8 月。

舞草 *Codoriocalyx motorius*

分类地位：蝶形花科。

形态特征：直立小灌木。叶为三出复叶；顶生小叶叶片长椭圆形或披针形；侧生小叶很小，叶片长椭圆形或线形或有时缺。圆锥花序或总状花序顶生或腋生；花冠紫红色；子房被微毛。荚果镰刀形或直，腹缝线直，具荚节 5 ～ 9 个。种子细小。花期 7 ～ 9 月；果期 10 ～ 11 月。

猪屎豆 *Crotalaria pallida* var. *pallida*

分类地位：蝶形花科。

形态特征：多年生草本，或呈灌木状。叶为三出复叶；柄长 2 ～ 4 cm ；小叶叶片长圆形或椭圆形，长 3 ～ 6 cm，宽 1.5 ～ 3 cm，先端钝圆形或微凹，基部阔楔形；托叶极细小，刚毛状，通常早落。总状花序顶生，具花 10 ～ 40 朵；苞片线形。荚果长球形。种子 20 ～ 30 粒。花果期 9 ～ 12 月。

藤黄檀 *Dalbergia hancei*

分类地位：蝶形花科。

形态特征：藤本。羽状复叶长 5 ～ 8 cm ；小叶 3 ～ 6 对，较小，叶片狭长圆形或倒卵状长圆形；托叶膜质，披针形，早落。总状花序远较复叶短，幼时包藏于舟状或覆瓦状排列、早落的苞片内，数个总状花序常再集成腋生短圆锥花序。荚果扁平，长球形或带状，通常具种子 1 粒。

中南鱼藤 *Derris fordii*

分类地位：蝶形花科。

形态特征：攀缘灌木。羽状复叶长 15 ～ 28 cm；小叶 2 ～ 3 对，叶片厚纸质或薄革质，先端渐尖，略钝，侧脉 6 ～ 7 对。圆锥花序腋生，稍短于复叶；花数朵生于短小枝上。荚果薄革质，长椭球形至舌状长椭球形，具种子 1 ～ 4 粒。种子褐红色。花期 4 ～ 5 月；果期 10 ～ 11 月。

大叶千斤拔 *Flemingia macrophylla*

分类地位：蝶形花科。

形态特征：直立灌木。叶具指状小叶 3 片；小叶叶片纸质或薄革质，披针形；托叶大。总状花序，聚生于叶腋，花多而密集；花梗极短。荚果椭球形。种子球形，黑色，有光泽。花期 6 ～ 9 月；果期 10 ～ 12 月。

千斤拔 *Flemingia prostrata*

分类地位：蝶形花科。

形态特征：直立或披散半灌木。叶具指状小叶 3 片；小叶叶片厚纸质，长椭圆形或卵状披针形；基出脉 3 条。总状花序腋生，通常长 2 ～ 2.5 cm，各部密被灰褐色至灰白色柔毛；苞片狭卵状披针形；花密生；具短梗。荚果椭球形，被短柔毛。种子 2 粒，近圆球形，黑色。花果期夏秋季。

鸡眼草 *Kummerowia striata*

分类地位：蝶形花科。

形态特征：一年生草本。叶为三出羽状复叶；小叶叶片纸质，倒卵形、长倒卵形或长圆形。花小，单生或 2 ～ 3 朵簇生于叶腋；花梗下端具 2 枚大小不等的苞片，萼基部具 4 枚小苞片。荚果球形或倒卵形，稍侧扁。花期 7 ～ 9 月；果期 8 ～ 10 月。

葛 *Pueraria montana* var. *lobata*

分类地位：蝶形花科。

形态特征：粗壮藤本。羽状复叶具小叶 3 片；小叶三裂，叶缘偶尔全缘；顶生小叶叶片宽卵形或斜卵形；托叶背着，卵状长圆形，具线条；小托叶线状披针形，与小叶柄等长或较长。总状花序，中部以上有颇密集的花。荚果长椭球形。花期 9 ～ 10 月；果期 11 ～ 12 月。

葫芦茶 *Tadehagi triquetrum*

分类地位：蝶形花科。

形态特征：灌木或半灌木。叶仅具单小叶；小叶叶片纸质，狭披针形至卵状披针形。总状花序顶生和腋生，花 2 ～ 3 朵簇生于每节上；苞片钻形或狭三角形。荚果全部密被黄色或白色糙伏毛。种子宽椭球形或椭球形。花期 6 ～ 10 月；果期 10 ～ 12 月。

中国旌节花 *Stachyurus chinensis*

分类地位：旌节花科。

形态特征：落叶灌木。叶互生；叶片纸质至膜质，卵形，长圆状卵形至长圆状椭圆形，长 5 ～ 12 cm，宽 3 ～ 7 cm，先端渐尖至短尾状渐尖，基部钝圆形至近心形，叶缘为圆齿状锯齿；侧脉 5 ～ 6 对。穗状花序腋生；苞片 1 枚，三角状卵形，先端急尖；花先于叶开放，黄色，无梗。花期 3 ～ 4 月；果期 5 ～ 7 月。

杨梅叶蚊母树 *Distylium myricoides*

分类地位：金缕梅科。

形态特征：常绿灌木或小乔木。叶片革质，矩圆形或倒披针形，先端锐尖；侧脉约 6 对。总状花序腋生，长 1 ～ 3 cm，雄花与两性花同在 1 个花序上，两性花位于花序顶端；花序轴有鳞垢；苞片披针形。蒴果卵球形。种子褐色，有光泽。

枫香树 *Liquidambar formosana*

分类地位: 金缕梅科。

形态特征: 落叶乔木。叶片薄革质，阔卵形，掌状 3 裂，中央裂片较长，先端尾状渐尖；掌状脉 3 ～ 5 条。雄花的短穗状花序常多个排成总状。头状果序圆球形；蒴果下半部藏于花序轴内；有宿存花柱及针刺状萼齿。种子多数，褐色，多角形或有窄翅。

檵木 *Loropetalum chinense*

分类地位: 金缕梅科。

形态特征: 灌木。叶片革质，卵形，长 2 ～ 5 cm，宽 1.5 ～ 2.5 cm，先端尖锐，基部钝，不等侧，腹面略有粗毛或秃净，干后暗绿色，无光泽，背面被星毛，稍带灰白色；侧脉约 5 对。花 3 ～ 8 朵簇生；花序梗长约 1 cm，被毛；苞片线形；具短花梗，白色。种子卵球形，黑色，有光泽。花期 3 ～ 4 月。

半枫荷 *Semiliquidambar cathayensis*

分类地位：金缕梅科。

形态特征：常绿乔木。叶二型，簇生于枝顶端；叶片革质；不分裂的叶叶片卵状椭圆形，长 8 ～ 13 cm，宽 3.5 ～ 6 cm；或为掌状 3 裂，中央裂片长 3 ～ 5 cm，两侧裂片卵状三角形，长 2 ～ 2.5 cm。雄花的短穗状花序常数个排成总状；花被全缺。头状果序，具蒴果 22 ～ 28 个；宿存萼齿比花柱短。

杜仲 *Eucommia ulmoides*

分类地位：杜仲科。

形态特征：落叶乔木。叶片薄革质，椭圆形、卵形或矩圆形，长 6 ～ 15 cm，宽 3.5 ～ 6.5 cm，先端渐尖，基部圆形或阔楔形；侧脉 6 ～ 9 对。花生于当年枝基部；雄花无花被。翅果扁平，长椭圆形。种子扁平，线形。早春开花，秋后果成熟。

野扇花 *Sarcococca ruscifolia*

分类地位：黄杨科。

形态特征：灌木。叶片阔椭圆状卵形、卵形、椭圆状披针形、披针形或狭披针形。花序短总状；花序轴被微细毛；苞片披针形或卵状披针形；花白色，芳香。果球形，熟时猩红色至暗红色。花果期 10 月至翌年 2 月。

锥栗 *Castanea henryi*

分类地位：壳斗科。

形态特征：大乔木。叶片长圆形或披针形，长 10 ~ 23 cm，宽 3 ~ 7 cm，先端长渐尖至尾状长尖。雄花花序长 5 ~ 16 cm，具花 1 ~ 5 朵。成熟壳斗近圆球形；坚果顶部有伏毛。花期 5 ~ 7 月；果期 9 ~ 10 月。

栗 *Castanea mollissima*

分类地位：壳斗科。

形态特征：乔木。叶片椭圆形至长圆形，先端短至渐尖，基部近截平或圆形。雄花花序长 10 ～ 20 cm；花序轴被毛；雄花 3 ～ 5 朵聚生成簇；雌花 1 ～ 5 朵发育结实，花柱下部被毛。成熟壳斗的锐刺有长有短，有疏有密，密时全遮蔽壳斗外壁，疏时则外壁可见。花期 4 ～ 6 月；果期 8 ～ 10 月。

木姜叶柯 *Lithocarpus litseifolius*

分类地位：壳斗科。

形态特征：乔木。叶片纸质至近革质，椭圆形、倒卵状椭圆形或卵形，先端渐尖或短突尖。雄花的穗状花序多穗排成圆锥花序；雌花花序长达 35 cm；有时雌雄同序，通常 2 ～ 6 穗聚生于枝顶部；雌花每 3 ～ 5 朵一簇。壳斗为浅碟状或上宽下窄的短漏斗状。坚果栗褐色或红褐色。花期 5 ～ 9 月；果期翌年 6 ～ 10 月。

紫弹树 *Celtis biondii*

分类地位：榆科。

形态特征：落叶乔木。叶片宽卵形、卵形至卵状椭圆形，长 2.5 ～ 7 cm，宽 2 ～ 3.5 cm，先端渐尖至尾状渐尖，基部钝至近圆形，稍偏斜。果序单生于叶腋；果近球形，幼时被疏或密的柔毛，后毛逐渐脱净，黄色至橘红色。花期 4 ～ 5 月；果期 9 ～ 10 月。

藤构 *Broussonetia kaempferi* var. *australis*

分类地位：桑科。

形态特征：蔓生藤状灌木。叶互生，螺旋状排列；叶片近对称卵状椭圆形，长 3.5 ～ 8 cm，宽 2 ～ 3 cm，先端渐尖至尾尖，基部心形或截形。花雌雄异株；雄花花序短穗状；雌花集生为球形头状花序。聚花果。花期 4 ～ 6 月；果期 5 ～ 7 月。

构树 *Broussonetia papyrifera*

分类地位：桑科。

形态特征：乔木。叶螺旋状排列；叶片广卵形至长椭圆状卵形，先端渐尖，基部心形；基出脉 3 条，侧脉 6 ～ 7 对。花雌雄异株；雄花花序为柔荑花序，粗壮；苞片披针形，被毛。聚花果肉质，熟时橙红色；瘦果具等长的柄，表面有小瘤。花期 4 ～ 5 月；果期 6 ～ 7 月。

矮小天仙果 *Ficus erecta*

分类地位：桑科。

形态特征：落叶小乔木或灌木。叶片厚纸质，倒卵状椭圆形，先端短渐尖，基部圆形至浅心形；侧脉 5 ～ 7 对。榕果单生于叶腋，球形或梨形，幼时被柔毛和短粗毛，熟时黄红色至紫黑色，顶生苞片脐状，基生苞片 3 枚，具总梗。花果期 5 ～ 6 月。

薜荔 *Ficus pumila*

分类地位：桑科。

形态特征：攀缘或匍匐灌木。叶两型；营养枝节上生不定根，叶片卵状心形；结果枝上无不定根，叶片革质，卵状椭圆形。榕果单生于叶腋，瘿花果梨形，雌花果近球形；瘦果近球形，有黏液。花果期 5 ～ 8 月。

苎麻 *Boehmeria nivea* var. *nivea*

分类地位：荨麻科。

形态特征：半灌木或灌木。叶互生；叶片草质，通常圆卵形或宽卵形，长 6 ～ 15 cm，宽 4 ～ 11 cm，先端骤尖，基部近截形或宽楔形，叶缘在基部之上有齿；侧脉约 3 对。圆锥花序腋生，或植株上部的为雌性，下部的为雄性，或同一植株的全为雌性。瘦果近球形，光滑，基部突缩成细柄。花期 8 ～ 10 月。

锐齿楼梯草 *Elatostema cyrtandrifolium*

分类地位：荨麻科。

形态特征：多年生草本。叶片草质或膜质，斜椭圆形或斜狭椭圆形，长 5 ～ 12 cm，宽 2.2 ～ 4.7 cm，先端长渐尖或渐尖，基部在狭侧楔形；具半离基三出脉或三出脉，侧脉每边 3 ～ 4 条。花序雌雄异株；雄花花序单生于叶腋，有梗；雌花花序近无梗或有短梗。瘦果卵球形，褐色。花期 4 ～ 9 月。

糯米团 *Gonostegia hirta*

分类地位：荨麻科。

形态特征：多年生草本。叶对生；叶片草质或纸质，宽披针形至狭披针形、狭卵形、稀卵形或椭圆形，先端长渐尖至短渐尖，基部浅心形或圆形，叶缘全缘；基出脉 3 ～ 5 条。团伞花序腋生，通常两性，有时单性，雌雄异株；苞片三角形。瘦果卵球形，白色或黑色，有光泽。花期 5 ～ 9 月。

广西紫麻 *Oreocnide kwangsiensis*

分类地位：荨麻科。

形态特征：灌木。叶片坚纸质，狭椭圆形至椭圆状披针形，先端钝渐尖至短尾状渐尖，基部宽楔形或近圆形，叶缘全缘或在上部有极不明显的数枚圆齿；基出脉 3 条。雌花花序常三回二歧分枝，团伞花簇常由 3 ～ 5 朵花组成；雌花圆锥状，基部膨大，上部渐狭。果干时变黑色，核果状，圆锥形。花期 10 月至翌年 3 月；果期 5 ～ 10 月。

赤车 *Pellionia radicans*

分类地位：荨麻科。

形态特征：多年生草本。叶片草质，斜狭菱状卵形或披针形，先端短渐尖至长渐尖，基部在狭侧钝；半离基三出脉，侧脉在狭侧 2 ～ 3 条，在宽侧 3 ～ 4 条；具极短柄或无柄。花序雌雄异株。瘦果近椭球形，有小瘤状突起。花期 5 ～ 10 月。

基心叶冷水花 *Pilea basicordata*

分类地位：荨麻科。

形态特征：矮小灌木或半灌木。叶生于茎的上部；叶片肉质，干时厚纸质，长圆状卵形，先端渐尖或短尾状渐尖，基部心形或深心形，叶缘自中部以上啮蚀状波状或近全缘；基出脉 3 条。花序单生于茎上部叶腋，聚伞圆锥状；雌雄同株。瘦果长圆状卵形，熟时变橙色。花期 3 ～ 4 月；果期 4 ～ 5 月。

大麻 *Cannabis sativa*

分类地位：大麻科。

形态特征：一年生直立草本。叶片掌状全裂，裂片披针形或线状披针形，长 7 ～ 15 cm，中裂片最长，宽 0.5 ～ 2 cm，先端渐尖，基部狭楔形；托叶线形。雄花花序长达 25 cm；花黄绿色。瘦果为宿存黄褐色苞片所包；果皮坚脆。花期 5 ～ 6 月；果期 7 月。

铁冬青 *Ilex rotunda*

分类地位：冬青科。

形态特征：常绿灌木或乔木。叶仅见于当年生枝上；叶片薄革质或纸质，卵形、倒卵形或椭圆形，长 4～9 cm，宽 1.8～4 cm，先端短渐尖，基部楔形或钝，叶缘全缘。聚伞花序或伞形花序单生于当年生枝的叶腋内。果近球形或稀椭球形，熟时红色。花期 4 月；果期 8～12 月。

疏花卫矛 *Euonymus laxiflorus*

分类地位：卫矛科。

形态特征：灌木。叶片纸质或近革质，卵状椭圆形、长方状椭圆形或窄椭圆形，长 5～12 cm，宽 2～6 cm，先端钝渐尖，基部阔楔形或稍圆，叶缘全缘或具不明显的锯齿。聚伞花序分枝疏松，具花 5～9 朵；花紫色。蒴果紫红色，倒圆锥状。种子长球形；种皮枣红色；假种皮橙红色，呈浅杯状包围种子基部。花期 3～6 月；果期 7～11 月。

小果微花藤 *Iodes vitiginea*

分类地位：茶茱萸科。

形态特征：木质藤本。叶片薄纸质，长卵形至卵形，先端通常长渐尖或有时急尖，基部圆形或微心形；侧脉 4 ～ 6 对。伞房圆锥花序腋生，密被黄褐色至锈色茸毛。核果卵形或阔卵形，熟时红色。花期 12 月至翌年 6 月；果期 5 ～ 8 月。

离瓣寄生 *Helixanthera parasitica*

分类地位：桑寄生科。

形态特征：灌木。叶对生；叶片纸质或薄革质，卵形至卵状披针形，先端急尖至渐尖，基部阔楔形至近圆形；侧脉两面明显。总状花序 1 ～ 2 个腋生或生于小枝已落叶腋部，具花 40 ～ 60 朵；苞片卵圆形或近三角形。果椭球形，红色。花期 1 ～ 7 月；果期 5 ～ 8 月。

双花鞘花 *Macrosolen bibracteolatus*

分类地位： 桑寄生科。

形态特征： 灌木。叶片革质，卵形、卵状长圆形或披针形，长 8 ～ 12 cm，宽 2 ～ 5 cm，先端渐尖或长渐尖，稀略钝，基部楔形；中脉两面均突起。伞形花序 1 ～ 4 个腋生或生于小枝已落叶腋部，具花 2 朵。果长椭球形，红色；果皮平滑；宿存花柱基喙状。花期 11 ～ 12 月；果期 12 月至翌年 4 月。

沙针 *Osyris lanceolata*

分类地位： 檀香科。

形态特征： 灌木或小乔木。叶片薄革质，椭圆状披针形或椭圆状倒卵形，长 2.5 ～ 6 cm，宽 0.6 ～ 2 cm，灰绿色。花小；雄花 2 ～ 4 朵集成小聚伞花序。核果近球形，顶端有圆形花盘残痕，熟时橙黄色至红色。花期 4 ～ 6 月；果期 10 月。

多叶勾儿茶 *Berchemia polyphylla*

分类地位：鼠李科。

形态特征：藤状灌木。叶片纸质，卵状椭圆形、卵状矩圆形或椭圆形，先端圆形或钝，基部圆形，稀宽楔形，两面无毛；侧脉每边 7 ～ 9 条。花通常 2 ～ 10 朵簇生排成具短总梗的聚伞总状花序，或稀下部具短分枝的窄聚伞圆锥花序，花序顶生；花浅绿色或白色，无毛。核果圆柱形，顶端尖，熟时红色，后变黑色。花期 5 ～ 9 月；果期 7 ～ 11 月。

枳椇 *Hovenia acerba*

分类地位：鼠李科。

形态特征：高大乔木。叶互生；叶片厚纸质至纸质，宽卵形、椭圆状卵形或心形，先端长渐尖或短渐尖，基部截形或心形。二歧式聚伞圆锥花序，顶生和腋生，被棕色短柔毛；花两性。浆果状核果近球形，无毛，熟时黄褐色或棕褐色；果序轴明显膨大。种子暗褐色或黑紫色。花期 5 ～ 7 月；果期 8 ～ 10 月。

长叶冻绿 *Rhamnus crenata*

分类地位：鼠李科。

形态特征：落叶灌木或小乔木。叶片纸质，倒卵状椭圆形、椭圆形或倒卵形，稀倒披针状椭圆形或长圆形。花数朵或 10 余朵密集成腋生聚伞花序。核果球形或倒卵状球形，绿色或红色。种子无沟。花期 5 ～ 8 月；果期 8 ～ 10 月。

翼核果 *Ventilago leiocarpa* var. *leiocarpa*

分类地位：鼠李科。

形态特征：藤状灌木。叶片薄革质，卵状矩圆形或卵状椭圆形，稀卵形，先端渐尖或短渐尖，稀锐尖，基部圆形或近圆形，叶缘近全缘。花单生或 2 朵至数朵簇生于叶腋，少有排成顶生聚伞总状或聚伞圆锥花序，无毛或有疏短柔毛；花小，两性；花瓣 5 片。核果，具种子 1 粒。花期 3 ～ 5 月；果期 4 ～ 7 月。

蔓胡颓子 *Elaeagnus glabra*

分类地位：胡颓子科。

形态特征：常绿蔓生或攀缘灌木。叶片革质或薄革质，卵形或卵状椭圆形，稀长椭圆形，长 4 ～ 12 cm，宽 2.5 ～ 5 cm，先端渐尖或长渐尖，基部圆形；侧脉 6 ～ 8 对。常 3 ～ 7 朵花密生于叶腋短小枝上成伞形总状花序；花淡白色，下垂，密被银白色和散生少数褐色鳞片。果矩球形，稍有汁，被锈色鳞片，熟时红色。花期 9 ～ 11 月；果期翌年 4 ～ 5 月。

蛇葡萄 *Ampelopsis glandulosa* var. *glandulosa*

分类地位：葡萄科。

形态特征：木质藤本。叶为单叶；叶片心形或卵形，3 ～ 5 中裂，常混生有不分裂者，先端急尖，基部心形，基缺近呈钝角，稀圆形，叶缘有急尖锯齿；基出脉 5 条，中央脉有侧脉 4 ～ 5 对。果近球形，具种子 2 ～ 4 粒。种子长椭球形，顶端近圆形，基部有短喙。花期 7 ～ 8 月；果期 9 ～ 10 月。

乌蔹莓 *Cayratia japonica*

分类地位：葡萄科。

形态特征：草质藤本。叶为鸟足状复叶，具小叶 5 片；中央小叶叶片长椭圆形或椭圆披针形，长 2.5 ～ 4.5 cm，宽 1.5 ～ 4.5 cm，先端急尖或渐尖，基部楔形；侧生小叶叶片椭圆形或长椭圆形。复二歧聚伞花序腋生。果近球形，具种子 2 ～ 4 粒。种子三角状倒卵形。花期 3 ～ 8 月；果期 8 ～ 11 月。

翼茎白粉藤 *Cissus pteroclada*

分类地位：葡萄科。

形态特征：草质藤本。叶片卵圆形或长卵圆形，长 5 ～ 12 cm，宽 4 ～ 9 cm，先端短尾尖或急尖，基部心形；基出脉 5 条，中脉具侧脉 3 ～ 4 对。花序顶生或与叶对生，集生成伞形花序。果倒卵椭球形，具种子 1 ～ 2 粒。种子倒卵长椭球形。花期 6 ～ 8 月；果期 8 ～ 12 月。

扁担藤 *Tetrastigma planicaule*

分类地位：葡萄科。

形态特征：木质大藤本。茎扁压。叶为掌状复叶，具小叶 5 片；小叶叶片长圆状披针形、披针形或卵状披针形，先端渐尖或急尖，基部楔形；侧脉 5 ～ 6 对，网脉突出。花序腋生，长 15 ～ 17 cm，比叶柄长 1 ～ 1.5 倍，下部有节，节上有褐色苞片，稀与叶对生而基部无节和苞片。果近球形，多肉质，具种子 1 ～ 3 粒。种子长椭球形，顶端圆形，基部急尖。花期 4 ～ 6 月；果期 8 ～ 12 月。

毛葡萄 *Vitis heyneana*

分类地位：葡萄科。

形态特征：木质藤本。叶片卵圆形、长卵状椭圆形或卵状五角形，长 4 ～ 12 cm，宽 3 ～ 8 cm，先端急尖或渐尖，基部心形或微心形；基生脉 3 ～ 5 条，中脉具侧脉 4 ～ 6 对。圆锥花序疏散；花杂性异株。果圆球形，熟时紫黑色。种子倒卵形，顶端圆形，基部有短喙。花期 4 ～ 6 月；果期 6 ～ 10 月。

齿叶黄皮 *Clausena dunniana* var. *dunniana*

分类地位： 芸香科。

形态特征： 落叶小乔木。叶具小叶 5 ～ 15 片；小叶叶片卵形至披针形，长 4 ～ 10 cm，宽 2 ～ 5 cm，先端急尖或渐尖。花序顶生兼有生于小枝的近顶部叶腋间；花蕾圆球形；花梗无毛。果近圆球形，初时暗黄色，后变红色，熟时蓝黑色；具种子 1 ～ 2 粒，结果稀少时更多。

小芸木 *Micromelum integerrimum*

分类地位： 芸香科。

形态特征： 小乔木。叶具小叶 7 ～ 15 片；叶柄基部增粗；小叶互生或近对生；叶片平展，斜卵状椭圆形或斜披针形，两面均为深绿色。花蕾长椭圆形，淡绿色，花开放时花瓣淡黄白色。果椭球形或倒卵形，熟时由橙黄色转朱红色；具种子 1 ～ 2 粒。花期 2 ～ 4 月；果期 7 ～ 9 月。

飞龙掌血 *Toddalia asiatica*

分类地位：芸香科。

形态特征：叶为复叶，具小叶 3 片；小叶叶片卵形、倒卵形、椭圆形或倒卵状椭圆形，长 5 ～ 9 cm，宽 2 ～ 4 cm，先端尾状长尖或急尖而钝，对光透视可见密生的透明油点，揉之有类似柑橘叶的香气，无柄。花梗甚短，基部有极小的鳞片状苞片；花淡黄白色。花期几全年，多于夏季开花；果期多在秋冬季。

竹叶花椒 *Zanthoxylum armatum* var. *armatum*

分类地位：芸香科。

形态特征：小乔木或灌木状。奇数羽状复叶，具小叶 3 ～ 11 片；叶轴、叶柄具翅；小叶对生，叶片纸质，披针形、椭圆形或卵形，长 3 ～ 12 cm，宽 1 ～ 4.5 cm，先端渐尖，背面有时具皮刺，无毛。聚伞状圆锥花序腋生或兼生于侧枝顶端，长 2 ～ 5 cm，具花约 30 朵；花梗无毛。果紫红色，疏生微突油腺点。花期 4 ～ 5 月；果期 8 ～ 10 月。

两面针 *Zanthoxylum nitidum*

分类地位：芸香科。

形态特征：幼龄植株为直立灌木，成龄植株为攀缘于其他树上的木质藤本。叶具小叶 5 ～ 11 片；小叶对生；萌生枝或苗期的小叶叶片长 16 ～ 27 cm，宽 5 ～ 9 cm；成长叶叶片硬革质，阔卵形、近圆形或狭长椭圆形，先端长或短尾状，有明显凹口，凹口处有油点。花序腋生。果皮红褐色。种子圆珠状，腹面稍平坦。花期 3 ～ 5 月；果期 9 ～ 11 月。

灰毛浆果楝 *Cipadessa baccifera*

分类地位：楝科。

形态特征：灌木或小乔木。植株高 1 ～ 10 m。叶连柄长 8 ～ 25 cm，具小叶 4 ～ 6 对；叶轴被疏柔毛至无毛；小叶对生，叶片膜质，长卵圆形至椭圆形。圆锥花序长 8 ～ 13 cm，近无毛。花白色或淡黄色。果紫红色。花期 4 ～ 6 月；果期 12 月至翌年 2 月。

香椿 *Toona sinensis*

分类地位：楝科。

形态特征：乔木。叶具长柄，偶数羽状复叶，长 30 ～ 50 cm 或更长，具小叶 16 ～ 20 片；小叶对生或互生，叶片纸质，卵状披针形或卵状长椭圆形，长 9 ～ 15 cm，宽 2.5 ～ 4 cm，先端尾尖。圆锥花序与叶等长或更长，小聚伞花序生于短的小枝上，多花。蒴果狭椭球形，深褐色，有小而苍白色的皮孔；果瓣薄。种子基部通常钝，顶端有膜质的长翅。花期 6 ～ 8 月；果期 10 ～ 12 月。

倒地铃 *Cardiospermum halicacabum*

分类地位：无患子科。

形态特征：草质攀缘藤本。植株长 1 ～ 5 m。二回三出复叶；叶片三角形。圆锥花序少花，与叶近等长或稍长；总花梗直，长 4 ～ 8 cm，卷须螺旋状。蒴果梨形、陀螺状倒三角形或有时近长球形，褐色。种子黑色，有光泽；种脐心形，鲜时绿色，干时白色。花期夏秋季；果期秋季至初冬。

飞蛾槭 *Acer oblongum*

分类地位：槭树科。

形态特征：常绿乔木。叶片革质，长圆状卵形，长 5 ～ 7 cm，宽 3 ～ 4 cm，先端渐尖或钝尖，基部钝或近圆形，叶缘全缘；主脉在腹面显著，在背面突起，侧脉 6 ～ 7 对。花杂性，绿色或黄绿色；雄花与两性花同株，常成被短毛的伞房花序，顶生于具叶的小枝。翅果嫩时绿色，熟时淡黄褐色；小坚果突起成四棱形。花期 4 月；果期 9 月。

柠檬清风藤 *Sabia limoniacea*

分类地位：清风藤科。

形态特征：常绿攀缘木质藤本。叶片革质，椭圆形、长圆状椭圆形或卵状椭圆形，长 7 ～ 15 cm，宽 4 ～ 6 cm，先端短渐尖或急尖，基部阔楔形或圆形；侧脉每边 6 ～ 7 条。聚伞花序具花 2 ～ 4 朵，再排成狭长的圆锥花序；花淡绿色、黄绿色或淡红色。分果瓣近圆形或近肾形，红色。花期 8 ～ 11 月；果期翌年 1 ～ 5 月。

野鸦椿 *Euscaphis japonica*

分类地位：省沽油科。

形态特征：落叶小乔木或灌木。奇数羽状复叶对生，长 8 ～ 32 cm；叶轴淡绿色；小叶叶片厚纸质，长卵形或椭圆形，长 5 ～ 9 cm；主脉在腹面明显，在背面突出，侧脉 8 ～ 11 条。圆锥花序顶生，花多，较密集；花梗长达 21 cm ；花黄白色。蓇葖果；果皮软革质，紫红色。种子近球形；假种皮肉质，黑色。花期 5 ～ 6 月；果期 8 ～ 9 月。

南酸枣 *Choerospondias axillaris* var. *axillaris*

分类地位：漆树科。

形态特征：落叶乔木。奇数羽状复叶，长 25 ～ 40 cm，具小叶 3 ～ 6 对；叶轴无毛；叶柄纤细，基部略膨大；小叶叶片膜质至纸质，卵形或卵状披针形或卵状长圆形，长 4 ～ 12 cm，宽 2 ～ 4.5 cm，先端长渐尖，侧脉 8 ～ 10 对。雄花花序长 4 ～ 10 cm，被微柔毛或近无毛；苞片小。核果椭球形或倒卵状椭球形，熟时黄色。花期 4 月；果期 8 ～ 10 月。

利黄藤 *Pegia sarmentosa*

分类地位：漆树科。

形态特征：攀缘木质藤本。奇数羽状复叶互生，具小叶 5 ～ 7 对，稀较少，长 15 ～ 30 cm；叶轴和叶柄圆柱形；小叶腹面略具槽，被卷曲的黄色微柔毛，侧脉 6 ～ 8 对。圆锥花序腋生或顶生；小苞片小，钻形。核果椭球形或卵球形。种子 1 粒，长球形。

盐肤木 *Rhus chinensis* var. *chinensis*

分类地位：漆树科。

形态特征：落叶小乔木。叶片多形，基部圆形，腹面暗绿色，背面粉绿色；无柄。圆锥花序宽大，多分枝，雌花花序较短，密被柔毛；苞片花白色；花瓣长圆形，开花时外卷。核果球形，熟时红色。花期 8 ～ 9 月；果期 10 月。

小叶红叶藤 *Rourea microphylla*

分类地位：牛栓藤科。

形态特征：攀缘灌木。奇数羽状复叶，小叶通常 7 ～ 17 片，有时多至 27 片。圆锥花序，丛生于叶腋内，通常长 2.5 ～ 5 cm；总梗和花梗均纤细。蓇葖果椭球形或斜卵形。种子椭球形，橙黄色，为膜质假种皮所包裹。花期 3 ～ 9 月；果期 5 月至翌年 3 月。

黄杞 *Engelhardia roxburghiana*

分类地位：胡桃科。

形态特征：半常绿乔木。偶数羽状复叶近对生；叶片革质，长椭圆状披针形至长椭圆形，叶缘全缘，两面具光泽。花雌雄同株或稀异株，常形成顶生的圆锥花序束，生疏散的花。果坚果状球形；外果皮膜质，内果皮骨质。花期 5 ～ 6 月；果期 8 ～ 9 月。

马尾树 *Rhoiptelea chiliantha*

分类地位：马尾树科。

形态特征：落叶乔木。奇数羽状复叶，互生。团伞花序由 1 ～ 7 朵花组成；无柄；花倒圆锥状球形。小坚果倒梨形，略扁，后带紫红色，干后淡黄褐色。种子卵形。花期 10 ～ 12 月；果期翌年 7 ～ 8 月。

灯台树 *Cornus controversa*

分类地位：山茱萸科。

形态特征：落叶乔木。叶互生；叶片纸质，阔卵形或阔椭圆状卵形，长 6 ～ 13 cm，宽 3.5 ～ 9 cm，先端突尖，基部圆形或急尖，叶缘全缘；侧脉 6 ～ 7 对；叶柄紫红绿色，长 2 ～ 6.5 cm。伞房状聚伞花序，顶生，宽 7 ～ 13 cm；花小，白色。核果球形，熟时紫红色至蓝黑色；核骨质，球形。花期 5 ～ 6 月；果期 7 ～ 8 月。

角叶鞘柄木 *Torricellia angulata*

分类地位：鞘柄木科。

形态特征：落叶灌木或小乔木。叶互生；叶片五角状圆形，长5～13 cm，宽6～16 cm，掌状5～7浅裂，裂片钝形，叶缘全缘。圆锥花序顶生；花小，雌雄异株；花梗基部具膜质披针形小苞片。果核果状球形或卵状球形。花期4月；果期6月。

八角枫 *Alangium chinense*

分类地位：八角枫科。

形态特征：落叶乔木或灌木。叶片近圆形，先端渐尖或急尖，基部两侧常不对称。聚伞花序腋生；花序梗及花序分枝均无毛，白色或黄色；花丝被短柔毛；花柱无毛或疏生短柔毛，花盘近球形。核果卵球形，顶端宿存萼齿及花盘。花期6～7月；果期10月。

喜树 *Camptotheca acuminata*

分类地位：珙桐科。

形态特征：落叶乔木。叶互生；叶片纸质，矩圆状卵形或矩圆状椭圆形，长 12 ～ 28 cm，宽 6 ～ 12 cm，先端短锐尖，基部近圆形或阔楔形，叶缘全缘；侧脉 11 ～ 15 对。头状花序近球形。翅果矩球形。花期 5 ～ 7 月；果期 9 月。

罗伞 *Brassaiopsis glomerulata*

分类地位：五加科。

形态特征：灌木或乔木。叶具小叶 5 ～ 9 片；小叶叶片纸质或薄革质，椭圆形至阔披针形，或卵状长圆形，长 15 ～ 35 cm，宽 6 ～ 15 cm，先端渐尖，基部通常楔形。伞形花序直径 2 ～ 3 cm，具花 20 ～ 40 朵；苞片三角形、卵形或披针形。果阔扁球形或球形，紫黑色。花期 6 ～ 8 月；果期翌年 1 ～ 2 月。

白簕 *Eleutherococcus trifoliatus*

分类地位：五加科。

形态特征：灌木。叶具小叶 3 片，稀 4 ～ 5 片；叶柄长 2 ～ 6 cm；小叶叶片纸质，稀膜质，椭圆状卵形至椭圆状长圆形，稀倒卵形，长 4 ～ 10 cm，宽 3 ～ 6.5 cm，先端尖至渐尖。伞形花序 3 ～ 10 个，稀多至 20 个组成顶生复伞形花序或圆锥花序；花黄绿色。果扁球形，黑色。花期 8 ～ 11 月；果期 9 ～ 12 月。

通脱木 *Tetrapanax papyrifer*

分类地位：五加科。

形态特征：常绿灌木或小乔木。植株高 1 ～ 3.5 m。叶集生于茎顶端；叶片纸质或薄革质，长 50 ～ 75 cm，宽 50 ～ 70 cm，掌状 5 ～ 11 裂。圆锥花序长 50 cm 或更长，分枝多，长 15 ～ 25 cm；苞片披针形。果球形，紫黑色。花期 10 ～ 12 月；果期翌年 1 ～ 2 月。

紫花前胡 *Angelica decursiva*

分类地位：伞形科。

形态特征：多年生草本。叶片坚纸质，三角形至卵圆形，长 10 ～ 25 cm，一回三全裂或一回至二回羽状分裂。复伞形花序顶生和侧生，伞幅 10 ～ 22 枝，长 2 ～ 4 cm；总苞片 1 ～ 3 枚，卵圆形，紫色；小总苞片 3 ～ 8 枚，线形至披针形，绿色或紫色，无毛。果长球形至卵状球形。花期 8 ～ 9 月；果期 9 ～ 11 月。

鸭儿芹 *Cryptotaenia japonica*

分类地位：伞形科。

形态特征：多年生草本。三出复叶；小叶叶片三角形至广卵形，长 2 ～ 14 cm，宽 3 ～ 17 cm；基生叶或上部叶有柄，叶柄长 5 ～ 20 cm；叶鞘边缘膜质。复伞形花序呈圆锥状；总苞片 1 枚，呈线形或钻形。分生果线状长球形。花期 4 ～ 5 月；果期 6 ～ 10 月。

茴香 *Foeniculum vulgare*

分类地位：伞形科。

形态特征：草本。叶片阔三角形，长 4 ～ 30 cm，宽 5 ～ 40 cm，四回至五回羽状全裂，末回裂片线形。复伞形花序顶生与侧生，伞幅 6 ～ 29 枝，不等长，长 1.5 ～ 10 cm；小伞形花序具花 14 ～ 39 朵；花梗纤细，不等长。果长球形。花期 5 ～ 6 月；果期 7 ～ 9 月。

薄片变豆菜 *Sanicula lamelligera*

分类地位：伞形科。

形态特征：多年生草本。基生叶叶片圆心形或近五角形，中间裂片楔状倒卵形或椭圆状倒卵形至菱形。分叉间的小伞形花序短缩，线状披针形；花瓣倒卵形，白色、粉红色或淡蓝紫色。果长卵形或卵形，幼果表面有啮蚀状或微波状的薄层，熟后成短而直的皮刺。花果期 4 ～ 11 月。

窃衣 *Torilis scabra*

分类地位：伞形科。

形态特征：一年生或多年生草本。全株具贴生短硬毛。叶一回至二回羽状分裂，叶片卵形；小叶叶片披针状卵形，羽状深裂，末回裂片披针形至长圆形。复伞形花序顶生和腋生；总苞片通常无，很少1枚，钻形或线形；小总苞片 5 ～ 8 枚，钻形或线形。果长球形。花果期 4 ～ 10 月。

滇白珠 *Gaultheria leucocarpa* var. *yunnanensis*

分类地位：杜鹃花科。

形态特征：常绿灌木。植株高 1 ～ 3 m。叶片革质，卵状长圆形，稀卵形或长卵形，有香味，长 7 ～ 12 cm，宽 2.5 ～ 5 cm，先端尾状渐尖，尖尾长达 2 cm，基部钝圆形或心形；侧脉 4 ～ 5 对。总状花序腋生，具花 10 ～ 15 朵，疏生；花序轴基部为鳞片状苞片所包；花梗长约 1 cm，无毛。浆果状蒴果球形，黑色，5 裂。种子多数。花期 5 ～ 6 月；果期 7 ～ 11 月。

羊踯躅 *Rhododendron molle*

分类地位：杜鹃花科。

形态特征：落叶灌木。叶片纸质，长圆形至长圆状披针形，幼时腹面被微柔毛，背面密被灰白色柔毛。总状伞形花序顶生，花多达 13 朵，先花后叶或花与叶同时出现；花冠阔漏斗形，黄色或金黄色，内有深红色斑点。蒴果圆锥状长球形，具纵肋 5 条，被微柔毛和疏刚毛。花期 3 ～ 5 月；果期 9 ～ 10 月。

罗伞树 *Ardisia affinis*

分类地位：紫金牛科。

形态特征：常绿灌木。叶互生；叶片坚纸质，长圆状披针形、圆状披针形至倒披针形，背面附有稀少鳞片。聚伞花序或接近伞形花序。果似扁球形，稀棱不明显。花期 5 ～ 7 月；果期 12 月至翌年 4 月。

九管血 *Ardisia brevicaulis*

分类地位： 紫金牛科。

形态特征： 矮小灌木。叶片坚纸质，狭卵形或卵状披针形，或椭圆形至近长圆形，先端急尖且钝，叶缘近全缘；侧脉 7 ～ 13 对；叶柄长 1 ～ 2 cm。伞形花序，着生于侧生特殊花枝顶端。果球形，鲜红色，具腺点；宿存萼与果梗通常为紫红色。花期 6 ～ 7 月；果期 10 ～ 12 月。

小紫金牛 *Ardisia chinensis*

分类地位： 紫金牛科。

形态特征： 半灌木状矮灌木。具蔓生走茎，直立茎常丛生。叶片坚纸质，倒卵形或椭圆形，长 3 ～ 7.5 cm，宽 1.5 ～ 3 cm，基部楔形，叶缘全缘或中部以上具疏波状齿。花小；萼片三角状卵形；花瓣白色或粉红色，两面无毛，无腺点。果红色至黑色，无毛，无腺点。

朱砂根 *Ardisia crenata*

分类地位：紫金牛科。

形态特征：灌木。叶片革质或坚纸质，椭圆形、椭圆状披针形至倒披针形，先端急尖或渐尖，基部楔形，叶缘具皱波状或波状齿，两面无毛；叶柄长约 1 cm。伞形花序或聚伞花序，着生于花枝顶端。果球形，鲜红色。花期 5 ～ 6 月；果期 10 ～ 12 月。

虎舌红 *Ardisia mamillata*

分类地位：紫金牛科。

形态特征：矮小灌木。叶互生或簇生于茎顶端；叶片倒卵形至长圆状倒披针形，先端急尖或钝，叶缘具不明显的疏圆齿，两面绿色或暗紫红色，被锈色或有时为紫红色糙伏毛。伞形花序，单着生于侧生特殊花枝顶端；花萼基部连合，萼片披针形或狭长圆状披针形；花瓣粉红色，稀白色，卵形；花药披针形；子房球形。花期 6 ～ 7 月；果期 11 月至翌年 1 月。

当归藤 *Embelia parviflora*

分类地位：紫金牛科。

形态特征：攀缘灌木或藤本。叶2列，互生；叶片坚纸质，卵形，先端钝或圆形，基部近圆形，稀截形，叶缘全缘。亚伞形花序或聚伞花序，腋生，被锈色长柔毛，具花2～4朵或略多；小苞片披针形至钻形；花瓣白色或粉红色。果球形，暗红色，无毛；宿存萼反卷。花期12月至翌年5月；果期5～7月。

针齿铁仔 *Myrsine semiserrata*

分类地位：紫金牛科。

形态特征：大灌木或小乔木。叶片坚纸质至近革质，椭圆形至披针形，有的呈菱形。伞形花序或花簇生于叶腋，具花3～7朵，每朵花基部具苞片1枚；苞片卵形，具缘毛和腺点。果球形，红色变紫黑色，具密腺点。花期2～4月；果期10～12月。

赛山梅 *Styrax confusus*

分类地位：安息香科。

形态特征：小乔木。叶片革质或近革质，椭圆形、长圆状椭圆形或倒卵状椭圆形。总状花序顶生，具花 3 ～ 8 朵，下部常有 2 ～ 3 朵聚生于叶腋；花序梗、花梗和小苞片均密被灰黄色星状柔毛；小苞片线形，生于花梗近基部；花白色。果近球形或倒卵形；果皮常具皱纹。种子倒卵形，褐色。花期 4 ～ 6 月；果期 9 ～ 11 月。

野茉莉 *Styrax japonicus*

分类地位：安息香科。

形态特征：灌木或小乔木。叶互生；叶片纸质或近革质，椭圆形或长圆状椭圆形至卵状椭圆形，腹面除叶脉疏被星状毛外无毛，背面除主脉和侧脉汇合处有白色长髯毛外无毛。总状花序顶生，具花 5 ～ 8 朵；花序梗无毛；花梗纤细；小苞片线形或线状披针形；花白色。果卵形。种子褐色，有深皱纹。花期 4 ～ 7 月；果期 9 ～ 11 月。

光叶山矾 *Symplocos lancifolia*

分类地位：山矾科。

形态特征：乔木。叶片纸质，椭圆形、倒卵状椭圆形或狭椭圆形，先端急尖或渐尖；中脉在腹面凹下，侧脉每边 7 ～ 13 条。穗状花序长 1 ～ 4 cm，近基部 3 ～ 5 分枝；花序轴、苞片、萼均被红褐色茸毛；苞片卵形；花冠白色或淡黄色，有芳香。核果圆球形。花期 8 ～ 9 月；果期 10 ～ 11 月。

巴东醉鱼草 *Buddleja albiflora*

分类地位：马钱科。

形态特征：灌木。叶对生；叶片纸质，披针形、长圆状披针形或长椭圆形，先端渐尖或长渐尖。圆锥状聚伞花序顶生；花冠淡紫色，后变白色，冠喉橙黄色，芳香。蒴果长球状。种子褐色，条状梭形，两端具长翅。花期 2 ～ 9 月；果期 8 ～ 12 月。

白背枫 *Buddleja asiatica*

分类地位：马钱科。

形态特征：常绿小灌木。叶对生；叶片狭椭圆形或披针形，绿色，无毛。总状花序窄而长；花冠芳香，白色或淡绿色。蒴果椭球形。种子灰褐色。花期 1 ～ 10 月；果期 3 ～ 12 月。

醉鱼草 *Buddleja lindleyana*

分类地位：马钱科。

形态特征：灌木。叶对生，萌芽枝上的叶为互生或近轮生；叶片膜质，卵形、椭圆形至长圆状披针形，先端渐尖，基部宽楔形至圆形。穗状聚伞花序顶生；花紫色，芳香。果序穗状；蒴果长球形或椭球形，无毛，有鳞片。种子淡褐色，小，无翅。花期 4 ～ 10 月；果期 8 月至翌年 4 月。

密蒙花 *Buddleja officinalis*

分类地位：马钱科。

形态特征：灌木。叶片窄椭圆形、长卵形或卵状披针形，先端渐尖，基部楔形，稀疏生锯齿。花密集成圆锥状聚伞花序；花萼及花冠密被星状毛；花冠白色或淡紫色。蒴果椭球形，被星状毛。种子多粒，两端具翅。花期 3 ～ 4 月；果期 5 ～ 8 月。

白蜡树 *Fraxinus chinensis*

分类地位：木犀科。

形态特征：乔木。奇数羽状复叶，对生，连叶柄长 15 ～ 20 cm；总叶轴中间具沟槽，无毛或于小叶柄之间有锈色簇毛；小叶通常 7 ～ 9 片，叶片近革质，椭圆形或椭圆状卵形，长 3.5 ～ 10 cm，宽 1.7 ～ 5 cm，先端渐尖或钝。圆锥花序侧生或顶生于当年生枝上，长 10 ～ 15 cm，疏松；总花梗无毛。翅果倒披针形，先端尖、钝或微凹，具种子 1 粒。花期 4 月；果期 8 ～ 9 月。

扭肚藤 *Jasminum elongatum*

分类地位：木犀科。

形态特征：攀缘灌木。植株高 1 ～ 7 m。单叶对生；叶片纸质，卵形、狭卵形或卵状披针形，长 3 ～ 11 cm，宽 2 ～ 5.5 cm，先端短尖或锐尖。聚伞花序密集，通常着生于侧枝顶端，具花多朵；苞片线形或卵状披针形；花冠白色。果长球形或卵球形，长 1 ～ 1.2 cm，黑色。花期 4 ～ 12 月；果期 8 月至翌年 3 月。

清香藤 *Jasminum lanceolaria*

分类地位：木犀科。

形态特征：大型攀缘灌木。叶对生或近对生；小叶叶片卵形至披针形，先端钝至或尾尖，基部圆形或楔形。复聚伞花序常排列成圆锥状，顶生或腋生；花萼筒状；花冠白色。果球形或椭球形，干时橘黄色。花期 4 ～ 10 月；果期 6 月至翌年 3 月。

女贞 *Ligustrum lucidum*

分类地位：木犀科。

形态特征：常绿乔木。叶片革质，卵形、长卵形或椭圆形至宽椭圆形，长 6 ～ 17 cm，宽 3 ～ 8 cm，先端锐尖至渐尖或钝。圆锥花序顶生；花序梗长 0 ～ 3 cm ；花序轴及分枝轴无毛，紫色或黄棕色。果肾形或近肾形，深蓝黑色，熟时红黑色，被白粉。花期 5 ～ 7 月；果期 7 月至翌年 5 月。

长春花 *Catharanthus roseus*

分类地位：夹竹桃科。

形态特征：半灌木。叶片膜质，倒卵状长圆形，长 3 ～ 4 cm，宽 1.5 ～ 2.5 cm，先端浑圆，有短尖。聚伞花序腋生或顶生，具花 2 ～ 3 朵；花冠红色，高脚碟状，花冠筒圆筒状。蓇葖果双生；外果皮厚纸质，有条纹，被柔毛。种子长圆状圆筒形，黑色，两端截形，具颗粒状小瘤。花果期几全年。

尖山橙 *Melodinus fusiformis*

分类地位：夹竹桃科。

形态特征：粗壮藤本。植株长达 10 m。叶片近革质，椭圆形或长圆形，稀窄椭圆形，长 4.5 ～ 12 cm，先端渐尖。聚伞花序顶生，长 3 ～ 5 cm，具花 6 ～ 12 朵。浆果纺锤形。花期 4 ～ 9 月；果期 6 月至翌年 3 月。

夹竹桃 *Nerium oleander*

分类地位：夹竹桃科。

形态特征：常绿直立大灌木。叶 3 ～ 4 片轮生，下枝为对生；叶片窄披针形，先端急尖。聚伞花序顶生，着花数朵；总花梗长约 3 cm，被微毛。蓇葖果。种子长球形，基部较窄，顶端钝，褐色；种皮被锈色短柔毛。花期几全年，夏秋季为最盛；果期一般在冬春季。

萝芙木 *Rauvolfia verticillata*

分类地位：夹竹桃科。

形态特征：灌木。植株高达 3 m。叶 3 ～ 4 片轮生，稀对生；叶片膜质，椭圆形、长圆形或稀披针形，干时淡绿色，先端渐尖或急尖；叶柄长 0.5 ～ 1 cm。伞形聚伞花序生于上部小枝的腋间；总花梗长 2 ～ 6 cm；花小，白色。核果卵球形或椭球形。种子具皱纹。花期 2 ～ 10 月；果期 4 月至翌年春季。

羊角拗 *Strophanthus divaricatus*

分类地位：夹竹桃科。

形态特征：灌木。叶片薄纸质，椭圆状长圆形或椭圆形，先端短渐尖或急尖。聚伞花序顶生，通常着花 3 朵，无毛；苞片和小苞片线状披针形；花黄色。蓇葖果广叉开，木质，椭圆状长球形，顶端渐尖，基部膨大。种子纺锤形，扁平，中部略宽，上部渐狭而延长成喙。花期 3 ～ 7 月；果期 6 月至翌年 2 月。

络石 *Trachelospermum jasminoides*

分类地位：夹竹桃科。

形态特征：常绿木质藤本。具乳汁。叶片革质或近革质，椭圆形至卵状椭圆形或宽倒卵形，长 2 ～ 10 cm，宽 1 ～ 4.5 cm，先端锐尖至渐尖或钝。二歧聚伞花序腋生或顶生，花多朵组成圆锥状；苞片及小苞片狭披针形；花白色，芳香。蓇葖果双生，叉开，无毛，线状披针形，向顶端渐尖。种子多粒，褐色。花期 3 ～ 7 月；果期 7 ～ 12 月。

马利筋 *Asclepias curassavica*

分类地位：萝藦科。

形态特征：多年生草本。植株高达 1 m。茎淡灰色，被微柔毛或无毛。叶对生；叶片膜质，披针形或长圆状披针形，两面无毛或背面脉被微毛。聚伞花序顶生或腋生，着花 10 ～ 20 朵；花萼裂片披针形，被柔毛；花冠紫红色。蓇葖果纺锤形。种子卵球形。花期几全年；果期 8 ～ 12 月。

刺瓜 *Cynanchum corymbosum*

分类地位：萝藦科。

形态特征：多年生草质藤本。叶片薄纸质，卵形或卵状长圆形，腹面深绿色，背面苍白色，除脉上被毛外无毛。伞房状或总状聚伞花序腋外生；花萼被柔毛；花冠绿白色。蓇葖果大形，纺锤状。种子卵形；种毛白色绢质。花期 5 ～ 10 月；果期 8 月至翌年 1 月。

匙羹藤 *Gymnema sylvestre*

分类地位：萝藦科。

形态特征：木质藤本。具乳汁。叶片倒卵形或卵状长圆形，仅叶脉上被微毛；侧脉每边 4 ～ 5 条，弯拱上升。聚伞花序伞形状，腋生，比叶短；花冠绿白色，钟状。蓇葖果卵状披针形，无毛。种子卵球形。

球兰 *Hoya carnosa*

分类地位：萝藦科。

形态特征：攀缘灌木，附生于树上或石上。茎节上生气根。叶对生；叶片肉质，卵圆形至卵圆状长圆形，长 3.5 ～ 12 cm，宽 3 ～ 4.5 cm。聚伞花序伞形状，腋生，着花约 30 朵；花白色，花冠辐状，花冠筒短；裂片外面无毛，内面多乳头状突起。蓇葖果线形，光滑。种子顶端具白色绢质种毛。花期 4 ～ 6 月；果期 7 ～ 8 月。

鲫鱼藤 *Secamone elliptica*

分类地位：萝藦科。

形态特征：藤状灌木。具乳汁。叶片纸质，有透明腺点，椭圆形，长 4 ～ 7 cm，宽 1.5 ～ 2.5 cm，先端尾状渐尖。聚伞花序腋生，着花多朵；花序梗曲折，二叉，长 6 cm，被柔毛。蓇葖果广歧，披针形，基部膨大，无毛。种子褐色，顶端截平，具白色绢质种毛。花期 7 ～ 8 月；果期 10 月至翌年 1 月。

弓果藤 *Toxocarpus wightianus*

分类地位：萝藦科。

形态特征：攀缘灌木。叶对生；叶片近革质，椭圆形或椭圆状矩圆形，长 3.5 ～ 5 cm，宽 1.5 ～ 3 cm，先端具细尖头。两歧聚伞花序腋生；花冠淡黄色，辐状，无毛；裂片狭披针形；副花冠 5 枚。蓇葖果叉开成直线狭披针状。种子有边缘，顶端具白绢质种毛。花期 6 ～ 8 月；果期 10 月至翌年 1 月。

通天连 *Tylophora koi*

分类地位：萝藦科。

形态特征：攀缘灌木。叶片薄纸质，长圆形或长圆状披针形，大小不一，小的长 4 ～ 5 cm、宽 1 cm，大的长 8 ～ 11 cm、宽 2 ～ 4 cm，通常长 8 cm、宽 2.5 cm，先端渐尖。聚伞花序近伞房状，腋生或腋外生；花梗纤细；花黄绿色。蓇葖果通常单生，线状披针形，无毛。种子卵球形。花期 6 ～ 9 月；果期 7 ～ 12 月。

水团花 *Adina pilulifera*

分类地位：茜草科。

形态特征：常绿灌木或小乔木。叶对生；叶片厚纸质，椭圆状披针形、倒卵状长圆形或倒卵状披针形，先端短尖或渐尖，基部楔形，腹面无毛，背面无毛或被疏柔毛。头状花序腋生；花序轴单生；萼裂片线状长圆形或匙形。种子长球形。花期 6 ～ 7 月。

鱼骨木 *Canthium dicoccum*

分类地位：茜草科。

形态特征：灌木至中等乔木。叶片革质，卵形，椭圆形至卵状披针形，长 4 ～ 10 cm，宽 1.5 ～ 4 cm，先端长渐尖或钝或钝急尖；侧脉每边 3 ～ 5 条。聚伞花序具短总花梗，比叶短，偶被微柔毛；苞片极小或无；萼管倒圆锥形。核果倒卵形或倒卵状椭球形；小核具皱纹。花期 1 ～ 8 月。

栀子 *Gardenia jasminoides* var. *jasminoides*

分类地位：茜草科。

形态特征：灌木。叶对生，或为 3 片轮生；叶片革质，稀纸质，叶形多样，通常长圆状披针形、倒卵状长圆形、倒卵形或椭圆形，长 3 ～ 25 cm，宽 1.5 ～ 8 cm，先端渐尖、骤然长渐尖或短尖而钝。花芳香，通常单朵生于枝顶端；花冠白色或乳黄色。果卵形、近球形、椭球形或长球形，黄色或橙红色。种子多数。花期 3 ～ 7 月；果期 5 月至翌年 2 月。

耳草 *Hedyotis auricularia* var. *auricularia*

分类地位：茜草科。

形态特征：多年生近直立或平卧粗壮草本。叶对生；叶片近革质，披针形或椭圆形，长 3 ～ 8 cm，宽 1 ～ 2.5 cm，先端短尖或渐尖；侧脉每边 4 ～ 6 条。聚伞花序腋生，密集成头状；无总花梗；苞片披针形，微小。果球形，疏被短硬毛或近无毛。种子每室 2 ～ 6 粒；种皮干后黑色。花期 3 ～ 8 月。

白花蛇舌草 *Hedyotis diffusa*

分类地位：茜草科。

形态特征：一年生无毛纤细披散草本。叶对生；叶片膜质，线形，长 1 ～ 3 cm，宽 1 ～ 3 mm，先端短尖；无柄。花 4 朵，单生或双生于叶腋。蒴果膜质，扁球形。种子每室约 10 粒，具棱。花期春季。

牛白藤 *Hedyotis hedyotidea*

分类地位：茜草科。

形态特征：粗壮藤状灌木。叶对生；叶片卵形或卵状披针形，长 4 ～ 10 cm，宽 2.5 ～ 4 cm，先端渐尖。花序球形，腋生或顶生；具短梗；花细小，白色。蒴果近球形。花期秋季。

玉叶金花 *Mussaenda pubescens*

分类地位：茜草科。

形态特征：攀缘灌木。叶对生或轮生；叶片膜质或薄纸质，卵状长圆形或卵状披针形，长 5 ～ 8 cm，宽 2 ～ 2.5 cm，先端渐尖。聚伞花序顶生，密花；苞片线形。浆果近球形。花期 6 ～ 7 月。

广州蛇根草 *Ophiorrhiza cantonensis*

分类地位：茜草科。

形态特征：草本或半灌木。叶片纸质，长圆状椭圆形，先端渐尖或骤然渐尖。花序顶生，圆锥状或伞房状，通常极多花，疏松，总花梗长 2 ～ 7 cm，和多个螺状的分枝均被极短的锈色或带红色的柔毛；小苞片钻形或线形；花冠白色或微红色。蒴果僧帽状。种子多数，细小而有棱角。花期冬春季；果期春夏季。

鸡矢藤 *Paederia scandens* var. *scandens*

分类地位：茜草科。

形态特征：藤本。叶对生；叶片纸质或近革质，形状变化很大，卵形、卵状长圆形至披针形，长5～15 cm，宽1～6 cm，先端急尖或渐尖；侧脉每边4～6条。圆锥花序式聚伞花序腋生和顶生，扩展，分枝对生，末次分枝上着生的花常呈蝎尾状排列；小苞片披针形。果球形，熟时近黄色；小坚果无翅，浅黑色。花期5～7月。

九节 *Psychotria rubra* var. *rubra*

分类地位：茜草科。

形态特征：灌木或小乔木。植株高0.5～5 m。叶对生；叶片纸质或革质，长圆形、椭圆状长圆形或倒披针状长圆形，稀长圆状倒卵形，有的稍歪斜，先端渐尖、急渐尖或短尖而常钝。聚伞花序通常顶生，常呈伞房状或圆锥状，无毛或极稀被极短的柔毛，多花；总花梗常极短，近基部三分歧。核果球形或宽椭球形，红色；小核背面突起，具纵棱，腹面平而光滑。花果期全年。

茜草 *Rubia cordifolia*

分类地位：茜草科。

形态特征：草质攀缘藤本。叶通常 4 片轮生；叶片纸质，披针形或长圆状披针形，长 0.7 ～ 3.5 cm，先端渐尖；基出脉 3 条。聚伞花序腋生和顶生，多回分枝，有花 10 余朵至数十朵；花序和分枝均细瘦，有微小皮刺；花冠淡黄色。果球形，熟时橘黄色。花期 8 ～ 9 月；果期 10 ～ 11 月。

六月雪 *Serissa japonica*

分类地位：茜草科。

形态特征：小灌木。叶对生或簇生；叶片革质，卵形至倒披针形，黄绿色，卷缩或脱落。花单生或数朵簇生，花冠淡红色或白色。花期 5 ～ 7 月。

毛钩藤 *Uncaria hirsuta*

分类地位：茜草科。

形态特征：藤本。叶片革质，卵形或椭圆形，长 8 ～ 12 cm，宽 5 ～ 7 cm，先端渐尖；侧脉 7 ～ 10 对。头状花序，单生于叶腋。小蒴果纺锤形，有短柔毛。花果期 1 ～ 12 月。

华南忍冬 *Lonicera confusa*

分类地位：忍冬科。

形态特征：半常绿藤本。叶片纸质，卵形至卵状矩圆形，长 3 ～ 6 cm，先端尖或稍钝而具小短尖。双花腋生或于小枝或侧生短枝顶端集合成具 2 ～ 4 节的短总状花序；有明显的总苞叶；花有香味。果黑色，椭球形或近球形。花期 4 ～ 5 月，有时 9 ～ 10 月开第二次花；果期 10 月。

荚蒾 *Viburnum dilatatum*

分类地位：忍冬科。

形态特征：落叶灌木。叶片纸质，宽倒卵形、倒卵形或宽卵形，长 3 ～ 13 cm，先端急尖；侧脉 6 ～ 8 对。复伞形聚伞花序稠密，生于具 1 对叶的短枝之顶；花冠白色。果红色，椭圆状卵球形；核扁，卵形。花期 5 ～ 6 月；果期 9 ～ 11 月。

南方荚蒾 *Viburnum fordiae*

分类地位：忍冬科。

形态特征：灌木或小乔木。叶对生；叶片膜状纸质至厚纸质，宽卵形或菱状卵形，先端尖至渐尖。复伞形聚伞花序顶生或生于具 1 对叶的侧生小枝之顶；花着生于第三至第四级辐射枝上。核果卵状球形。花期 4 ～ 5 月；果期 10 ～ 11 月。

少蕊败酱 *Patrinia monandra*

分类地位：败酱科。

形态特征：二年生或多年生草本。单叶对生；叶片长圆形。聚伞圆锥花序顶生及腋生，常聚生于枝顶端成宽大的伞房状；花序梗密被长糙毛；总苞叶线状披针形或披针形。瘦果卵球形或倒卵状长球形。花期 8 ～ 9 月；果期 9 ～ 10 月。

川续断 *Dipsacus asper*

分类地位：川续断科。

形态特征：多年生草本。基生叶稀疏丛生，叶片卵形，琴状羽裂，先端裂片大，腹面被白色刺毛或乳头状刺毛，背面沿脉密被刺毛；茎生叶在茎中下部为羽状深裂，中裂片披针形。头状花序球形；总花梗长；总苞片叶状，披针形或线形。瘦果长倒卵柱状。花期 7 ～ 9 月；果期 9 ～ 11 月。

下田菊 *Adenostemma lavenia*

分类地位：菊科。

形态特征：一年生草本。叶片长椭圆状披针形，长 4 ～ 12 cm，宽 2 ～ 5 cm，先端急尖或钝。头状花序小，少数稀多数在假轴分枝顶端排列成松散伞房花序或伞房圆锥花序，分枝粗壮。瘦果倒披针形，被腺点，熟时黑褐色。花果期 8 ～ 10 月。

藿香蓟 *Ageratum conyzoides*

分类地位：菊科。

形态特征：一年生草本。叶对生，有的上部互生，常有腋生的不发育的叶芽；中部茎生叶叶片卵形、椭圆形或长圆形，长 3 ～ 8 cm，宽 2 ～ 5 cm。头状花序 4 ～ 18 个在茎顶端排成紧密的伞房花序。瘦果黑褐色，5 棱，被白色稀疏细柔毛。花果期全年。

杏香兔儿风 *Ainsliaea fragrans*

分类地位：菊科。

形态特征：多年生草本。叶片厚纸质，卵形、狭卵形或卵状长圆形，长 2 ～ 11 cm，宽 1.5 ～ 5 cm，先端钝或中脉延伸具一小的突尖；基出脉 5 条。头状花序通常具小花 3 朵，于花葶之顶排成间断的总状花序；具被短柔毛的短梗或无梗。瘦果棒状圆柱形或近纺锤形，栗褐色。花期 11 ～ 12 月。

艾 *Artemisia argyi*

分类地位：菊科。

形态特征：多年生草本或略呈半灌木状。植株具浓烈香气。叶片厚纸质，腹面被灰白色短柔毛，并有白色腺点与小凹点。头状花序椭圆形。瘦果长卵形或长球形。花果期 7 ～ 10 月。

五月艾 *Artemisia indica*

分类地位：菊科。

形态特征：半灌木状草本。植株具浓烈香气。叶片腹面初时被灰白色或淡灰黄色茸毛，后渐稀疏或无毛，背面密被灰白色蛛丝状茸毛。头状花序卵形、长卵形或宽卵形，直立，花多数；具短梗及小苞叶。瘦果长球形或倒卵形。花果期 8 ～ 10 月。

鬼针草 *Bidens pilosa* var. *pilosa*

分类地位：菊科。

形态特征：一年生草本。羽状复叶具小叶 3 片，很少具 5 ～ 7 片；小叶叶片椭圆形或卵状椭圆形，长 2 ～ 4.5 cm，宽 1.5 ～ 2.5 cm，先端锐尖。头状花序。瘦果条形，黑色，略扁，上部具稀疏瘤状突起及刚毛，顶端具芒刺。花期 8 ～ 9 月；果期 9 ～ 11 月。

艾纳香 *Blumea balsamifera*

分类地位：菊科。

形态特征：草本。下部叶叶片宽椭圆形或长圆状披针形，具柄，柄两侧有 3 ～ 5 对狭线形的附属物；上部叶叶片长圆状披针形或卵状披针形。头状花序多数；总苞钟形，花托蜂窝状，无毛；花黄色；雌花多数，花冠细管状；两性花较少数，花冠管状。瘦果圆柱形，被密柔毛；冠毛红褐色，糙毛状。花期几全年。

野菊 *Chrysanthemum indicum*

分类地位：菊科。

形态特征：多年生草本。基生叶和下部叶花期脱落；中部茎生叶叶片卵形、长卵形或椭圆状卵形，羽状半裂、浅裂或分裂不明显而叶缘有浅锯齿；基部截形、稍心形或宽楔形。头状花序，多数在茎顶端和枝顶端排成疏松的伞房圆锥花序或少数在茎顶端排成伞房花序；总苞片约 5 层；舌状花黄色。瘦果。花期 6 ～ 11 月。

野茼蒿 *Crassocephalum crepidioides*

分类地位：菊科。

形态特征：直立草本。叶片膜质，椭圆形或长圆状椭圆形，长 7 ～ 12 cm，宽 4 ～ 5 cm，先端渐尖。头状花序数个在茎顶端排成伞房状；总苞钟状，基部截形，有数枚不等长的线形小苞片。瘦果窄圆柱形，红色。花期 7 ～ 12 月。

一点红 *Emilia sonchifolia*

分类地位：菊科。

形态特征：一年生或多年生草本。下部叶密集；叶片较厚，大头羽状分裂，长 5 ～ 10 cm，宽 2.5 ～ 6.5 cm，顶生裂片大，宽卵状三角形，先端钝或近圆形，具不规则的齿。头状花序；小花粉红色或紫色。瘦果圆柱形。花果期 7 ～ 10 月。

一年蓬 *Erigeron annuus*

分类地位：菊科。

形态特征：一年生或二年生草本。基部叶花期枯萎；叶片长圆形或宽卵形，少有近圆形。头状花序数个或多数，排列成疏圆锥花序；总苞半球形，具 3 层苞片；苞片草质，披针形。瘦果长球形，边缘翅状。花期 6 ～ 9 月。

鼠麴草 *Gnaphalium affine*

分类地位：菊科。

形态特征：一年生草本。叶片匙状倒披针形或倒卵状匙形，长 5 ～ 7 cm，宽 11 ～ 14 mm，上部叶长 15 ～ 20 mm，宽 2 ～ 5 mm，先端圆形，具刺尖，基部渐狭，稍下延；无柄。头状花序较多数或较少数，在枝顶端密集成伞房花序；花黄色至淡黄色。瘦果倒卵形或倒卵状圆柱形，有乳头状突起。花期 1 ～ 4 月；果期 8 ～ 11 月。

红凤菜 *Gynura bicolor*

分类地位：菊科。

形态特征：多年生草本。上部是伞房状分枝；中部叶叶片倒卵形或倒披针形；具短柄或近无柄。头状花序多数，呈疏伞房状；花序梗具丝状苞片 1 ～ 3 枚。瘦果圆柱形，淡褐色，无毛。花果期 5 ～ 10 月。

白子菜 *Gynura divaricata*

分类地位：菊科。

形态特征：多年生草本。叶常常集生于茎的下部；叶片较厚，卵形、椭圆形或倒披针形，腹面绿色，背面带紫色；几无柄。花全为管状，金黄色，小花橙黄色，有香气。瘦果圆柱形，熟时褐色。花果期 8 ～ 10 月。

羊耳菊 *Inula cappa*

分类地位：菊科。

形态特征：半灌木。叶片长圆形或长圆状披针形。头状花序倒卵圆形，多数密集于茎顶端和枝顶端成聚伞圆锥花序，被绢状密茸毛。瘦果长圆柱形，被白色长绢毛。花期 6 ～ 10 月；果期 8 ～ 12 月。

苦荬菜 *Ixeris polycephala*

分类地位：菊科。

形态特征：一年生草本。叶片两面无毛，叶缘全缘；基生叶花期生存，叶片线形或线状披针形；中下部茎生叶叶片披针形或线形，长 5 ～ 15 cm，宽 1.5 ～ 2 cm，先端急尖。头状花序多数，在茎顶端和枝顶端排成伞房花序；花序梗细；总苞圆柱状。瘦果压扁，长椭圆形，褐色，无毛，具 10 条高起的尖翅肋。花果期 3 ～ 6 月。

千里光 *Senecio scandens*

分类地位: 菊科。

形态特征: 多年生攀缘草本。叶片长三角形，有细小的裂缝或羽毛状浅裂。整朵花类伞形；花瓣长椭圆形，黄色，有柔毛。果圆柱形，有柔毛。花期 9 ～ 10 月；果期 10 ～ 11 月。

金纽扣 *Spilanthes paniculata*

分类地位: 菊科。

形态特征: 一年生草本。单叶对生；叶片广卵形或椭圆形，长 4 ～ 7 cm，先端尖；具叶柄。头状花序；总苞具 2 层苞片；苞片长卵形，绿色；花小，深黄色。瘦果三棱形或背向压扁，黑色。花期夏季。

金腰箭 *Synedrella nodiflora*

分类地位：菊科。

形态特征：一年生草本。叶片阔卵形至卵状披针形，连叶柄长 7 ～ 12 cm，宽 3.5 ～ 6.5 cm；下部叶和上部叶具柄。头状花序，常 2 ～ 6 个簇生于叶腋；总苞卵形或长圆形；苞片数个；小花黄色。瘦果倒卵状长球形，扁平，深黑色。花期 6 ～ 10 月。

蒲公英 *Taraxacum mongolicum*

分类地位：菊科。

形态特征：多年生草本。叶片倒卵状披针形、倒披针形或长圆状披针形；叶柄及主脉常带红紫色。苞片基部淡绿色，上部紫红色；花黄色。瘦果倒卵状披针形，暗褐色。花期 4 ～ 9 月；果期 5 ～ 10 月。

苍耳 *Xanthium sibiricum*

分类地位：菊科。

形态特征：一年生草本。叶片三角状卵形或心形，长 4 ～ 9 cm，宽 5 ～ 10 cm，或有 3 ～ 5 不明显浅裂，先端尖或钝，叶缘近全缘。雄性的头状花序球形；总苞片长圆状披针形。瘦果。花期 7 ～ 8 月；果期 9 ～ 10 月。

黄鹌菜 *Youngia japonica*

分类地位：菊科。

形态特征：一年生草本。基生叶叶片倒披针形、椭圆形、长椭圆形或宽线形，长 2.5 ～ 13 cm，宽 1 ～ 4.5 cm，大头羽状深裂或全裂。头状花序含 10 ～ 20 朵舌状小花，少数或多数在茎顶端和枝顶端排成伞房花序；花序梗细。瘦果纺锤形，压扁，褐色或红褐色。花果期 4 ～ 10 月。

穿心草 *Canscora lucidissima*

分类地位：龙胆科。

形态特征：一年生草本。基生叶对生，叶片卵形，具短柄；中上部茎生叶为贯穿叶，叶片圆形，具突出的网状脉纹。复聚伞花序呈假二叉状分枝，具多花；苞片叶状。蒴果内藏，宽矩圆形，无柄。种子多数，扁平，近球形，黄褐色。

点地梅 *Androsace umbellata*

分类地位：报春花科。

形态特征：一年生或二年生草本。叶全部基生；叶片近圆形或卵圆形，先端钝圆形；叶柄长 1 ～ 4 cm，被开展的柔毛。伞形花序具花 4 ～ 15 朵；苞片卵形至披针形。蒴果近球形；果皮白色。花期 2 ～ 4 月；果期 5 ～ 6 月。

广西过路黄 *Lysimachia alfredii*

分类地位：报春花科。

形态特征：多年生草本。叶对生，生于茎顶端的 2 对叶间距很短，密聚成轮生状；叶片卵形至卵状披针形，茎下部的叶片较小，常呈圆形，上部茎生叶叶片较大，长 3.5 ～ 11 cm，宽 1 ～ 5.5 cm，先端锐尖或钝。总状花序顶生，缩短成近头状；苞片阔椭圆形或阔倒卵形。蒴果近球形，褐色。花期 4 ～ 5 月；果期 6 ～ 8 月。

临时救 *Lysimachia congestiflora*

分类地位：报春花科。

形态特征：多年生草本。叶对生，生于茎顶端的 2 对叶间距短，近密聚；叶片卵形、阔卵形至近圆形。花 2 ～ 4 朵集生于茎顶端和枝顶端成近头状的总状花序，花序下方的 1 对叶腋有时具单生的花。蒴果球形。花期 5 ～ 6 月；果期 7 ～ 10 月。

狭叶落地梅 *Lysimachia paridiformis* var. *stenophylla*

分类地位：报春花科。

形态特征：多年生草本。叶聚生于茎顶端成轮生状；叶片狭披针形。花集生于茎顶端成伞形花序。蒴果近球形。花期 5 ～ 6 月；果期 7 ～ 9 月。

白花丹 *Plumbago zeylanica*

分类地位：白花丹科。

形态特征：常绿半灌木。叶片质薄，通常长卵形，长 3 ～ 13 cm，宽 2 ～ 7 cm，先端渐尖。穗状花序通常具花 25 ～ 70 朵。蒴果长椭球形，淡黄褐色。种子红褐色。花期 10 月至翌年 3 月；果期 12 月至翌年 4 月。

大车前 *Plantago major*

分类地位：车前科。

形态特征：多年生草本。基生叶直立；叶片卵形或宽卵形，先端圆滑，叶缘波状或具不整齐锯齿。花茎直立，穗状花序占花茎的 1/3 ～ 1/2，花密生；苞片卵形，较萼裂片短，二者均有绿色龙骨状突起；花萼无柄，裂片椭圆形。蒴果椭球形。种子 8 ～ 15 粒，棕色或棕褐色。花期 6 ～ 8 月；果期 7 ～ 9 月。

金钱豹 *Campanumoea javanica* subsp. *japonica*

分类地位：桔梗科。

形态特征：草质缠绕藤本。具乳汁。根胡萝卜状。叶对生，极少互生；叶片心形或心状卵形，长 3 ～ 11 cm，宽 2 ～ 9 cm，叶缘有浅锯齿，极少全缘；具长柄。花单生于叶腋，各部无毛。浆果球状，黑紫色或紫红色。

桔梗 *Platycodon grandiflorus*

分类地位：桔梗科。

形态特征：草本。叶全部轮生、部分轮生至全部互生；叶片卵形、卵状椭圆形至披针形，长 2 ～ 7 cm，宽 0.5 ～ 3.5 cm；无柄或有极短的柄。花单朵顶生，或数朵集成假总状花序，或有花序分枝而集成圆锥花序；花冠大，蓝色或紫色。蒴果球状、球状倒圆锥形或倒卵状。花期 7 ～ 9 月。

铜锤玉带草 *Lobelia angulata*

分类地位：半边莲科。

形态特征：多年生草本。具白色乳汁。茎平卧。叶互生；叶片圆卵形、心形或卵形，长 0.8 ～ 1.6 cm，宽 0.6 ～ 1.8 cm。花单生于叶腋。浆果椭圆状球形，长 1 ～ 1.3 cm，紫红色。种子多数，近圆球状，稍压扁，表面有小疣突。

半边莲 *Lobelia chinensis*

分类地位：半边莲科。

形态特征：多年生草本。叶互生；叶片椭圆状披针形至条形；无柄或近无柄。花通常 1 朵，生于分枝的上部叶腋；花梗细；小苞片无毛；花萼筒倒长锥状；花冠粉红色或白色。蒴果倒锥状。种子椭球状，稍扁压，近肉色。花果期 5 ～ 10 月。

西南山梗菜 *Lobelia seguinii*

分类地位：半边莲科。

形态特征：半灌木状草本。叶螺旋状排列；叶片纸质，下部的长矩圆形，长达 25 cm，中部以上的披针形，先端长渐尖，基部渐狭，叶缘有重锯齿或锯齿，两面无毛；下部叶具长柄，中部叶和上部叶具短柄或无柄。总状花序生于主茎顶端和分枝顶端，花较密集，偏向花序轴一侧。蒴果矩球状，无毛，因果梗向后弓曲而倒垂。花果期 8 ～ 10 月。

小花琉璃草 *Cynoglossum lanceolatum*

分类地位：紫草科。

形态特征：多年生草本。基生叶及茎下部叶叶片长圆状披针形，先端尖，基部渐狭，腹面被具基盘的硬毛及稠密的伏毛，背面密生短柔毛，具柄；茎中部叶叶片披针形，无柄或具短柄。花序顶生及腋生，分枝呈钝角叉状分开，果期时延长呈总状；无苞片。小坚果卵球形。花果期 4 ～ 9 月。

厚壳树 *Ehretia acuminata*

分类地位：紫草科。

形态特征：落叶乔木。叶片椭圆形、倒卵形或长圆状倒卵形，长 5 ～ 13 cm，宽 4 ～ 6 cm，先端尖，基部宽楔形，稀圆形，叶缘有整齐的锯齿。聚伞花序圆锥状，被短毛或近无毛；花多数，密集，小形，芳香。核果黄色或橘黄色。花果期 4 ～ 9 月。

盾果草 *Thyrocarpus sampsonii*

分类地位：紫草科。

形态特征：一年生草本。基生叶丛生，叶片匙形，叶缘常全缘或有细齿，有短柄；茎生叶较小，叶片狭长圆形或倒披针形，无柄。花序狭长；苞片狭卵形至披针形；花生于苞腋或腋外；花萼 5 深裂且有长硬毛；小花淡蓝色或白色。小坚果黑褐色。花期 3 ～ 4 月；果期 5 ～ 7 月。

附地菜 *Trigonotis peduncularis*

分类地位：紫草科。

形态特征：二年生草本。基生叶叶片卵状椭圆形或匙形，先端钝圆形，基部渐窄成叶柄，两面被糙伏毛；茎生叶叶片长圆形或椭圆形，具短柄或无柄。花序顶生；无苞片或花序基部具少量苞片；花萼裂至中下部，裂片卵形，先端渐尖或尖；花冠淡蓝色或淡紫红色，裂片倒卵形，开展。小坚果斜三棱锥状四面体形。花果期 4 ～ 7 月。

曼陀罗 *Datura stramonium*

分类地位：茄科。

形态特征：草本或半灌木状。叶片广卵形，长 8 ～ 17 cm，宽 4 ～ 12 cm，先端渐尖，基部不对称楔形，叶缘有不规则波状浅裂，裂片先端急尖，有时亦有波状齿；侧脉每边 3 ～ 5 条，直达裂片先端。花单生于枝杈间或叶腋，直立；花冠漏斗状，下半部带绿色，上部白色或淡紫色。蒴果直立生，熟后淡黄色。种子卵球形，黑色。花期 6 ～ 10 月；果期 7 ～ 11 月。

红丝线 *Lycianthes biflora*

分类地位：茄科。

形态特征：灌木或半灌木。上部叶常假双生，大小不相等；大叶叶片椭圆状卵形，偏斜，长 9 ～ 15 cm，宽 3.5 ～ 7 cm，先端渐尖，基部楔形渐窄至叶柄而成窄翅；小叶叶片宽卵形，先端短渐尖。花序无梗，通常具花 2 ～ 3 朵（少 4 ～ 5 朵）着生于叶腋内；花梗短。浆果球形，熟时绯红色。种子多数，淡黄色。花期 5 ～ 8 月；果期 7 ～ 11 月。

枸杞 *Lycium chinense*

分类地位：茄科。

形态特征：灌木。叶片卵形。花在长枝上单生或双生于叶腋。浆果卵状，红色。花期 6 ～ 7 月；果期 8 ～ 10 月。

苦蘵 *Physalis angulata*

分类地位：茄科。

形态特征：一年生草本。叶片卵形至卵状椭圆形，稍偏斜，先端渐尖或急尖，基部阔楔形或楔形，叶缘全缘至有不规则的齿或粗齿，近无毛或有疏柔毛。花单生，纤细，被柔毛。果萼卵球状或近球状，淡黄色；浆果球状。种子扁平，圆盘形。花果期 5 ～ 12 月。

少花龙葵 *Solanum americanum*

分类地位：茄科。

形态特征：草本。叶片薄，卵形至卵状长圆形，长 4 ～ 8 cm，宽 2 ～ 4 cm，先端渐尖，基部楔形下延至叶柄而成翅，叶缘近全缘，波状或有不规则的粗齿。花序近伞形，腋外生，纤细，具微柔毛，着生 1 ～ 6 朵花；总花梗长 1 ～ 2 cm；花小。浆果球状，幼时绿色，熟后黑色。种子近卵形，两侧压扁。花果期几全年。

白英 *Solanum lyratum*

分类地位：茄科。

形态特征：草质藤本。叶互生；叶片多数琴形，长 3.5 ～ 5.5 cm，宽 2.5 ～ 4.8 cm，基部常 3 ～ 5 深裂，裂片全缘，侧裂片越近基部的越小，先端钝，中裂片较大，通常卵形，先端渐尖。聚伞花序顶生或腋外生，疏花。浆果球状，熟时红黑色。种子近盘状，扁平。花期夏秋季；果期秋末。

龙葵 *Solanum nigrum*

分类地位：茄科。

形态特征：一年生直立草本。叶片卵形，长 2.5 ～ 10 cm，宽 1.5 ～ 5.5 cm，先端短尖，基部楔形至阔楔形而下延至叶柄；叶脉每边 5 ～ 6 条；叶柄长 1 ～ 2 cm。蝎尾状花序腋外生，由 3 ～ 10 朵花组成。浆果球形，熟时黑色。种子多数，近卵形，两侧压扁。

刺天茄 *Solanum violaceum*

分类地位：茄科。

形态特征：多枝灌木。叶片卵形，长 5 ～ 11 cm，宽 2.5 ～ 8.5 cm，先端钝，基部心形、截形或不相等，叶缘 5 ～ 7 深裂或成波状浅圆裂，裂片边缘有时又作波状浅裂。蝎尾状花序腋外生。浆果球形，有光泽，熟时橙红色。种子淡黄色。全年开花结果。

南方菟丝子 *Cuscuta australis*

分类地位：旋花科。

形态特征：一年生寄生草本。茎缠绕，金黄色，纤细。无叶。花序侧生，少花或多花簇生成小伞形花序或小团伞花序；苞片及小苞片均小；花萼杯状，长圆形或近圆形；花冠乳白色或淡黄色；雄蕊着生于花冠裂片弯缺处，边缘短流苏状。蒴果扁球形，下半部为宿存花冠所包，熟时不规则开裂。种子淡褐色，卵形。花果期 6 ～ 8 月。

金灯藤 *Cuscuta japonica*

分类地位：旋花科。

形态特征：一年生寄生缠绕草本。茎较粗壮，肉质，多分枝。无叶。穗状花序；苞片及小苞片鳞片状；花萼肉质，碗状；花冠钟状，淡红色或绿白色；子房球状。蒴果卵球形，近基部周裂。种子 1 ～ 2 粒，光滑，褐色。花期 8 月；果期 9 月。

马蹄金 *Dichondra micrantha*

分类地位：旋花科。

形态特征：多年生草本。叶片肾形至圆形，贴生短柔毛，叶缘全缘；具长柄。花单生于叶腋，倒卵状长圆形至匙形，被毛；花冠钟状，黄色。果膜质，小球形。花期 4 月；果期 7 ～ 8 月。

牵牛 *Ipomoea nil*

分类地位：旋花科。

形态特征：一年生草本。叶片宽卵形或近圆形，先端渐尖，基部心形。花序腋生；花冠蓝紫色或紫红色，无毛。蒴果近球形。种子卵状三棱形，黑褐色或米黄色。花期 6 ～ 9 月；果期 9 ～ 10 月。

来江藤 *Brandisia hancei*

分类地位：玄参科。

形态特征：灌木。植株高 2 ～ 3 m，全体密被锈黄色星状茸毛。叶片卵状披针形，长 3 ～ 10 cm，宽达 3.5 cm，先端锐尖，基部近心形，稀圆形，叶缘全缘，很少具锯齿。蒴果卵球形，有短喙，具星状毛。花期 11 月至翌年 2 月；果期 3 ～ 4 月。

母草 *Lindernia crustacea*

分类地位：玄参科。

形态特征：草本。叶片三角状卵形或宽卵形，先端钝或短尖，基部宽楔形或近圆形，叶缘有浅钝锯齿。花单生于叶腋或在茎顶端和枝顶端成极短的总状花序；花萼坛状，萼齿三角状卵形；花冠紫色，上唇直立，卵形，顶端钝。蒴果椭球形。种子近球形，浅黄褐色。花果期全年。

通泉草 *Mazus pumilus* var. *pumilus*

分类地位：玄参科。

形态特征：一年生草本。叶对生或互生；叶片倒卵形或匙形，叶缘具不规则粗齿。总状花序顶生，长于带叶茎段；上部的花梗较短；萼裂片与筒部几相等；花冠淡紫色。蒴果球形。种子小而多数，黄色。花果期4～10月。

阴行草 *Siphonostegia chinensis*

分类地位：玄参科。

形态特征：一年生草本。叶一回羽状全裂，对生；叶片厚纸质，无柄或有短柄；裂片线形。花对生于茎枝上部；苞片叶状；花梗短；花冠上唇红紫色，背部被长纤毛，下唇黄色，褶襞瓣状。蒴果黑褐色。花期7～9月；果期8～10月。

黄花蝴蝶草 *Torenia flava*

分类地位：玄参科。

形态特征：直立草本。叶片卵形或椭圆形，长 3 ～ 5 cm，宽 1 ～ 2 cm，先端钝，基部楔形。总状花序顶生；花冠裂片 4 枚，黄色，后方 1 枚稍大，边缘全缘或微凹，其余 3 枚多少圆形，彼此近相等。蒴果狭长椭球形。花果期 6 ～ 11 月。

四方麻 *Veronicastrum caulopterum*

分类地位：玄参科。

形态特征：直立草本。叶互生；叶片矩圆形、卵形至披针形，长 3 ～ 10 cm，宽 1.2 ～ 4 cm；从几无柄至有长达 4 mm 的柄。花序顶生于主茎及侧枝上，长尾状；花梗长不超过 1 mm；花萼裂片钻状披针形；花冠血红色、紫红色或暗紫色。蒴果卵形或卵球形。花期 8 ～ 11 月。

野菰 *Aeginetia indica*

分类地位：列当科。

形态特征：一年生寄生草本。叶片卵状披针形或披针形，两面光滑无毛，肉红色。花冠带黏液，常与花萼同色，或有的下部白色，上部带紫色。蒴果圆锥形或长卵状球形。

芒毛苣苔 *Aeschynanthus acuminatus*

分类地位：苦苣苔科。

形态特征：附生小灌木。叶对生，无毛；叶片薄纸质或肉质，长圆形、椭圆形或狭倒披针形。花序生于茎顶部叶腋，具花 1 ～ 3 朵；花冠红色，外面无毛，内面在口部及下唇基部有短柔毛。蒴果线形，无毛。花期 10 ～ 12 月。

朱红苣苔 *Calcareoboea coccinea*

分类地位： 苦苣苔科。

形态特征： 多年生草本。叶 10 ～ 20 片，均基生；叶片革质或坚纸质，椭圆状狭卵形或长圆形，两侧稍不相等，长 4.5 ～ 9.5 cm，宽 2 ～ 4.2 cm，先端微尖。花序具花 9 ～ 11 朵；苞片约 6 枚，密集；花冠朱红色。蒴果线形。

牛耳朵 *Chirita eburnea*

分类地位： 苦苣苔科。

形态特征： 多年生草本。具粗根茎。叶均基生；叶片肉质，卵形或狭卵形，长 3.5 ～ 17 cm，宽 2 ～ 9.5 cm。聚伞花序 2 ～ 6 个，不分枝或一回分枝。蒴果。花期 4 ～ 7 月。

蚂蟥七 *Chirita fimbrisepala*

分类地位：苦苣苔科。

形态特征：多年生草本。根茎粗长，扁圆柱状，具横纹，似蚂蟥状，长 3 ～ 12 cm，绿色，下侧生须根多数。叶均基生；叶片肉质，阔卵形，先端短尖，基部心形歪斜，叶缘有钝齿，腹面深绿色，背面淡绿色。聚伞花序，具花 1 ～ 5 朵，密被节状毛；花冠淡紫色或紫色。蒴果线形，熟时 2 瓣裂。

吊石苣苔 *Lysionotus pauciflorus*

分类地位：苦苣苔科。

形态特征：小灌木。叶片革质，形状变化大，两面无毛；中脉腹面下陷，侧脉不明显。花序具花 1 ～ 5 朵；花序梗纤细，无毛；苞片披针状线形；花梗无毛；花冠白色带淡紫色条纹或淡紫色；雄蕊无毛，花丝狭线形，退化雄蕊无毛，花盘杯状。蒴果线形。种子纺锤形。

蛛毛苣苔 *Paraboea sinensis*

分类地位：苦苣苔科。

形态特征：小灌木。叶对生；叶片长圆形、长圆状倒披针形或披针形，长 5.5 ～ 25 cm，宽 2.4 ～ 9 cm，先端短尖，基部楔形或宽楔形，叶缘生小钝齿或近全缘；具叶柄。聚伞花序伞状，成对腋生，具花 10 余朵；苞片 2 枚；花冠紫蓝色。蒴果线形。种子狭长球形。花期 6 ～ 7 月；果期 8 月。

梓 *Catalpa ovata*

分类地位：紫葳科。

形态特征：乔木。叶对生或近对生，有时轮生；叶片阔卵形。花淡黄色，有紫色斑点。蒴果线形，下垂。种子椭球形，两端具长毛。花期 5 ～ 6 月；果期 10 ～ 11 月。

菜豆树 *Radermachera sinica*

分类地位：紫葳科。

形态特征：落叶乔木。枝叶聚生于树干顶端。小叶叶片卵形至卵状披针形。圆锥花序顶生；苞片线状披针形；花萼蕾时锥形，内有白色乳汁，萼齿卵状披针形；花冠钟状漏斗形。蒴果细长且下垂。花期5～9月；果期10～12月。

白接骨 *Asystasiella neesiana*

分类地位：爵床科。

形态特征：草本。具白色黏液。叶片纸质；侧脉6～7条，两面突起，疏被微毛。花序总状或基部有分枝，顶生，长6～12 cm；花单生或对生；苞片2枚；花冠淡紫红色。蒴果，上部具种子4粒，下部实心细长似柄。

狗肝菜 *Dicliptera chinensis*

分类地位：爵床科。

形态特征：草本。叶片纸质，卵状椭圆形，长 2 ～ 7 cm，宽 1.5 ～ 3.5 cm，先端短渐尖，基部阔楔形或稍下延。花序腋生或顶生，由 3 ～ 4 个聚伞花序组成，每个聚伞花序具花 1 朵至数朵；花冠淡紫红色。蒴果，具种子 4 粒。花期 10 ～ 11 月。

小驳骨 *Justicia gendarussa*

分类地位：爵床科。

形态特征：多年生草本或半灌木。叶片纸质，狭披针形至披针状线形，先端渐尖。穗状花序顶生，下部间断，上部密花；苞片对生，在花序下部的 1 ～ 2 对叶状，上部的披针状线形，内含花 2 朵至数朵。蒴果无毛。花期春季。

九头狮子草 *Peristrophe japonica*

分类地位：爵床科。

形态特征：草本。叶片卵状矩圆形，长 5 ～ 12 cm，宽 2.5 ～ 4 cm，先端渐尖或尾尖，基部钝或急尖。花序顶生或腋生于上部叶腋，由 2 ～ 8 个聚伞花序组成，每个聚伞花序下托以 2 枚总苞状苞片；苞片一大一小，卵形，几倒卵形。蒴果。种子具小疣状突起。花期 5 ～ 9 月。

板蓝 *Strobilanthes cusia*

分类地位：爵床科。

形态特征：草本。叶片纸质，椭圆形或卵形，长 10 ～ 20 cm，宽 4 ～ 9 cm，先端短渐尖，基部楔形，叶缘有稍粗的锯齿，两面无毛，干时黑色。穗状花序直立，长 10 ～ 30 cm；苞片对生。蒴果长 2 ～ 2.2 cm，无毛。种子卵形。花期 11 月。

大叶紫珠 *Callicarpa macrophylla*

分类地位：马鞭草科。

形态特征：灌木。叶片长椭圆形、椭圆状披针形或卵状椭圆形，长 10 ～ 24 cm，宽 5 ～ 10 cm，先端短渐尖。聚伞花序腋生，具分枝 5 ～ 7 个，密生灰白色茸毛；苞片线形；花萼杯状；花冠紫红色，疏被星状毛。果球形，紫红色。花期 4 ～ 7 月；果期 7 ～ 12 月。

臭牡丹 *Clerodendrum bungei*

分类地位：马鞭草科。

形态特征：落叶灌木。叶对生；叶片广卵形，长 10 ～ 20 cm，宽 8 ～ 18 cm，先端尖，基部心形或近截形。密集的头状聚伞花序顶生，直径约 10 cm；花蔷薇红色，有芳香。核果。花期 7 ～ 8 月；果期 9 ～ 10 月。

臭茉莉 *Clerodendrum chinense* var. *simplex*

分类地位：马鞭草科。

形态特征：灌木。植株密被毛。伞房状聚伞花序较密集，花较多；苞片较多；花单瓣，较大；花萼长 1.3 ～ 2.5 cm，萼裂片披针形，长 1 ～ 1.6 cm；花冠白色或淡红色。核果近球形，熟时蓝黑色。花果期 5 ～ 11 月。

赪桐 *Clerodendrum japonicum*

分类地位：马鞭草科。

形态特征：灌木。叶片圆心形，长 8 ～ 35 cm，宽 6 ～ 27 cm，先端尖或渐尖，基部心形。二歧聚伞花序组成顶生、大而开展的圆锥花序，花序的最后侧枝呈总状花序，长可达 16 cm；苞片宽卵形；小苞片线形；花冠红色，稀白色。果椭圆状球形，绿色或蓝黑色。花果期 5 ～ 11 月。

尖齿臭茉莉 *Clerodendrum lindleyi*

分类地位：马鞭草科。

形态特征：灌木。叶片纸质，宽卵形或心形；叶柄长 2 ～ 11 cm，被短柔毛。伞房状聚伞花序密集，顶生；花序梗被短柔毛；苞片多，披针形；花冠紫红色或淡红色。核果近球形，熟时蓝黑色。花果期 6 ～ 11 月。

三对节 *Clerodendrum serratum* var. *serratum*

分类地位：马鞭草科。

形态特征：灌木。叶对生或三叶轮生；叶片厚纸质，倒卵状长圆形或长椭圆形，长 6 ～ 30 cm，宽 2.5 ～ 11 cm，先端渐尖或锐尖；侧脉 10 ～ 11 对，背面明显隆起。聚伞花序组成直立、开展的圆锥花序，顶生，长 10 ～ 30 cm，宽 9 ～ 12 cm，密被黄褐色柔毛；苞片叶状宿存；花冠淡紫色、蓝色或白色。核果近球形。花果期 6 ～ 12 月。

马缨丹 *Lantana camara*

分类地位：马鞭草科。

形态特征：直立或蔓性灌木。植株有臭味。单叶对生；叶片卵形至卵状长圆形，长 3 ～ 8.5 cm，宽 1.5 ～ 5 cm，先端急尖或渐尖；叶揉烂后有强烈的气味。头状花序腋生；苞片披针形；花冠黄色或橙黄色，开花后不久转为深红色。果圆球形，熟时紫黑色。全年开花。

马鞭草 *Verbena officinalis*

分类地位：马鞭草科。

形态特征：多年生草本。叶片卵圆形至倒卵形或长圆状披针形，长 2 ～ 8 cm，宽 1 ～ 5 cm，绿色，基部樱形。穗状花序顶生和腋生；苞片稍短于花萼，具硬毛；花冠淡紫色至蓝色。果长球形；外果皮薄，熟时会裂开，4 瓣裂。花期 7 月；果期 9 月。

金疮小草 *Ajuga decumbens*

分类地位：唇形科。

形态特征：草本。基生叶较多，叶片匙形或倒卵状披针形，先端钝圆形，基部渐窄下延成翅。轮伞花序多花，下部疏生，上部密集；苞叶披针形；花萼漏斗形，三角形萼齿及边缘疏被柔毛；花冠淡蓝色或淡红紫色，筒状。小坚果合生。花期 3 ～ 7 月；果期 5 ～ 11 月。

风轮菜 *Clinopodium chinense*

分类地位：唇形科。

形态特征：多年生草本。叶片坚纸质，卵圆形，不偏斜，长 2 ～ 4 cm，宽 1.3 ～ 2.6 cm，先端急尖或钝，基部圆形呈阔楔形，叶缘具大小均匀的圆齿状锯齿；侧脉 5 ～ 7 对。轮伞花序多花密集，半球状；苞叶叶状，向上渐小至苞片状，苞片针状，极细。小坚果倒卵形，黄褐色。花期 5 ～ 8 月；果期 8 ～ 10 月。

活血丹 *Glechoma longituba*

分类地位：唇形科。

形态特征：多年生草本。叶片草质；下部叶较小，叶片心形或近肾形，叶柄长为叶的 1 ～ 2 倍；上部叶较大，叶片心形，长 1.8 ～ 2.7 cm，宽 2 ～ 3 cm，先端急尖或钝三角形，基部心形。轮伞花序通常具花 2 朵，稀具 4 ～ 6 朵；苞片及小苞片线形。花冠淡蓝色、蓝色至紫色。成熟小坚果深褐色。花期 4 ～ 5 月；果期 5 ～ 6 月。

香茶菜 *Isodon amethystoides*

分类地位：唇形科。

形态特征：多年生直立草本。叶片卵状圆形、卵形至披针形，大小不一，生于主茎中部、下部的较大，生于侧枝及主茎上部的较小，长 0.8 ～ 11 cm，宽 0.7 ～ 3.5 cm，先端渐尖、急尖或钝。花序为由聚伞花序组成的顶生圆锥花序，疏散，聚伞花序多花；苞叶与茎生叶同形，通常卵形，较小；花冠白色、蓝白色或紫色，上唇带紫蓝色。成熟小坚果卵形，黄栗色。花期 6 ～ 10 月；果期 9 ～ 11 月。

益母草 *Leonurus japonicus*

分类地位：唇形科。

形态特征：一年生或二年生草本。叶形变化很大，茎下部叶叶片卵形，基部宽楔形，掌状 3 裂。轮伞花序腋生，具花 8 ～ 15 朵，圆球形；小苞片刺状；花冠粉红色至淡紫红色，长 1 ～ 1.2 cm。小坚果长圆状三棱形，淡褐色，光滑。花期通常 6 ～ 9 月；果期 9 ～ 10 月。

夏枯草 *Prunella vulgaris*

分类地位：唇形科。

形态特征：草本。叶对生；叶片卵形或椭圆状披针形。轮伞花序集成穗状；苞片肾形，先端骤尖或尾状尖，外面和边缘有毛；花萼二唇形；花冠紫色。小坚果棕色。花期 4 ～ 6 月；果期 7 ～ 10 月。

半枝莲 *Scutellaria barbata*

分类地位：唇形科。

形态特征：多年生草本。叶片三角状卵圆形或卵圆状披针形，先端急尖，基部宽楔形或近截形；侧脉 2 ～ 3 对。花单生于茎或分枝上部叶腋内；花梗被微柔毛。小坚果扁球形，褐色，具小疣状突起。花果期 4 ～ 7 月。

穿鞘花 *Amischotolype hispida*

分类地位：鸭跖草科。

形态特征：多年生大草本。叶片椭圆形，先端尾状，基部楔状渐窄成翅状柄。头状花序大，常具花数十朵。蒴果卵球状三棱形，顶端钝，近顶端疏被细硬毛。花期 7 ～ 8 月；果期 9 月以后。

鸭跖草 *Commelina communis*

分类地位：鸭跖草科。

形态特征：一年生披散草本。叶片披针形或卵状披针形。萼片膜质；花瓣深蓝色。蒴果椭球形。种子一端平截，腹面平，有不规则窝孔，棕黄色。花期 7 ～ 9 月；果期 8 ～ 10 月。

野蕉 *Musa balbisiana*

分类地位：芭蕉科。

形态特征：多年生粗壮草本。单叶 7 ～ 9 片，螺旋状排列；叶片长椭圆形，长 1 ～ 2 m，宽 20 ～ 40 cm，先端急尖；叶柄具深槽；下部具叶鞘。穗状花序下垂；花单性；苞片大，佛焰花苞紫红色，卵状披针形，长 10 ～ 20 cm。浆果肉质，熟时浅黄色。种子扁球形，黑色。花期 3 ～ 8 月；果期 7 ～ 12 月。

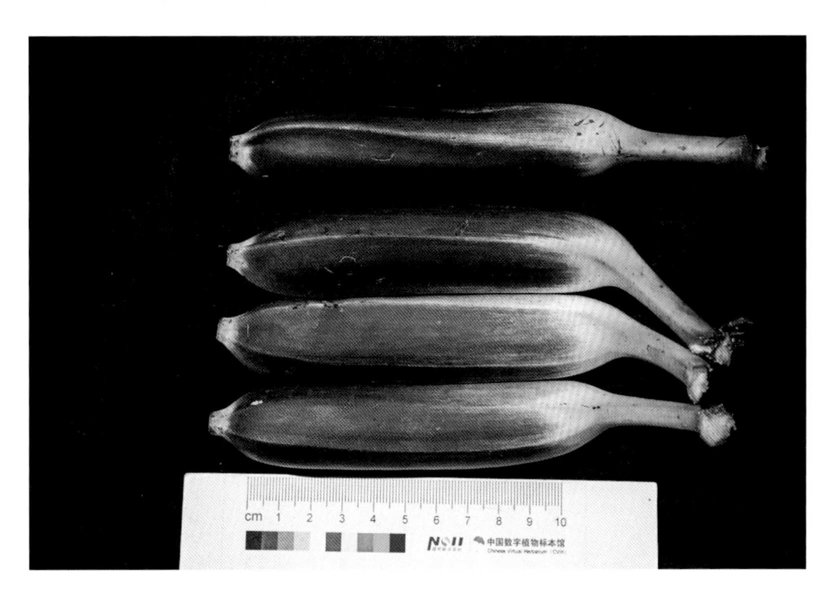

山姜 *Alpinia japonica*

分类地位：姜科。

形态特征：多年生草本。叶片披针形、倒披针形或窄长椭圆形。总苞片披针形，开花时脱落，唇瓣卵形，白色，具红色脉纹。蒴果球形或椭球形，熟时橙红色。种子多角形，有樟脑味。花期 4 ～ 8 月；果期 7 ～ 12 月。

姜黄 *Curcuma longa*

分类地位：姜科。

形态特征：多年生草本。植株高 1 ～ 1.5 m。根粗壮，末端膨大呈块根。根茎很发达，成丛，分枝很多，椭圆形或圆柱状，橙黄色，极香。叶每株 5 ～ 7 片；叶片长圆形或椭圆形。穗状花序圆柱状；花葶由叶鞘内抽出，总花梗长 12 ～ 20 cm；苞片卵形或长圆形，淡绿色，先端钝；花冠淡黄色。花期 8 月。

美人蕉 *Canna indica*

分类地位：美人蕉科。

形态特征：多年生草本。全株绿色无毛，被蜡质白粉。根为块状。地上的枝丛生。叶片卵状长圆形。花单生或对生；萼片绿白色，先端带红色；花冠红色；雄蕊鲜红色；唇瓣弯曲披针形。果长卵形，绿色。花果期 3 ～ 12 月。

柊叶 *Phrynium rheedei*

分类地位：竹芋科。

形态特征：多年生草本。叶基生；叶片长圆形或长圆状披针形。头状花序无梗，自叶鞘内生出；苞片长圆状披针形，紫红色，先端初急尖，后呈纤维状；萼片线形，被绢毛；花冠管较萼短，紫堇色。果梨形。花期 5 ～ 7 月。

天门冬 *Asparagus cochinchinensis*

分类地位：百合科。

形态特征：草本。茎长可达 2 m，基部木质化有短刺，上部披散簇生。根茎表面黄白色或黄棕色，半透明，有深浅不等的纵沟及细皱纹。叶退化成鳞片状，肉眼不易看到；看到的“叶”是枝变成的。花腋生，淡绿色。花期 5 ～ 6 月；果期 8 ～ 10 月。

野百合 *Lilium brownii*

分类地位：百合科。

形态特征：多年生宿根草本。鳞茎球形，鳞片披针形，白色。叶散生；叶片披针形、窄披针形或条形，两面无毛。花单生或几朵排成近伞形；花喇叭形，有香气，乳白色带紫色，无斑点。蒴果矩圆形，具种子。花期 5 ～ 6 月；果期 9 ～ 10 月。

多花黄精 *Polygonatum cyrtonema*

分类地位：百合科。

形态特征：多年生宿根草本。叶互生；叶片椭圆形、卵状披针形或长圆状披针形，稍镰状弯曲，先端尖或渐尖。花序伞形；苞片微小生于花梗中部以下或无；花被黄绿色；花丝两侧扁或稍扁，具乳头状突起或短绵毛，顶端稍膨大或囊状突起。浆果熟时黑色。花期 5 ～ 6 月；果期 8 ～ 10 月。

滇黄精 *Polygonatum kingianum*

分类地位：百合科。

形态特征：多年生宿根草本。叶轮生，每轮 3 ～ 10 片；叶片条形、条状披针形或披针形，先端拳卷。花序具花 1 ～ 6 朵；总花梗下垂；苞片膜质，微小，通常位于花梗下部；花被粉红色。浆果红色，具种子 7 ～ 12 粒。花期 3 ～ 5 月；果期 9 ～ 10 月。

菝葜 *Smilax china*

分类地位：菝葜科。

形态特征：攀缘灌木或半灌木。叶片较大，椭圆形，深绿色，腹面光滑无毛；叶柄较长。花较小，绿黄色，花瓣数较少，呈多边形分布。果较小，圆球形，表皮较软，红褐色。花期4～6月；果期7～10月。

磨芋 *Amorphophallus konjac*

分类地位：天南星科。

形态特征：草本。叶片绿色，3裂。佛焰苞漏斗形，长20～30 cm，基部席卷；肉穗花序比佛焰苞长1倍。浆果球形或扁球形，熟时黄绿色。花期4～6月；果期8～9月。

半夏 *Pinellia ternata*

分类地位：天南星科。

形态特征：草本。叶 2 ～ 5 片，有的 1 片；叶柄长 15 ～ 20 cm；幼苗叶为单叶，叶片卵状心形至戟形，叶缘全缘；老株叶叶片长圆状椭圆形或披针形，3 全裂，裂片绿色，背面淡。佛焰苞绿色或绿白色，管部狭圆柱形；肉穗花序具细长柱状附属体；雌雄同株。浆果小，卵球形，黄绿色，熟时红色，顶端渐狭为明显的花柱。花期 5 ～ 7 月；果期 8 月。

石柑子 *Pothos chinensis*

分类地位：天南星科。

形态特征：藤本。叶片纸质，长 6 ～ 13 cm，宽 1.5 ～ 5.6 cm；中脉在腹面稍下陷，背面隆起，侧脉 4 对；叶柄倒卵状长圆形或楔形，长 1 ～ 4 cm，宽 0.5 ～ 1.2 cm。花序腋生，基部具苞片 4 ～ 5 枚；苞片卵形。浆果卵形或长球形，黄绿色至红色。花果期全年。

忽地笑 *Lycoris aurea*

分类地位：石蒜科。

形态特征：多年生草本。鳞茎卵形。叶片剑形，先端渐尖，向基部渐狭，中间淡色带明显。伞形花序；苞片披针形；花黄色；花被裂片背面具淡绿色中脉，倒披针形；雄蕊略伸出于花被外，花丝黄色；花柱上部玫瑰红色。蒴果具三棱，室背开裂。种子球形，近黑色。花期 8 ～ 9 月；果期 10 月。

石蒜 *Lycoris radiata*

分类地位：石蒜科。

形态特征：多年生草本。鳞茎近球形，直径 1 ～ 3 cm。秋季出叶；叶片狭带状，长约 15 cm，宽约 0.5 cm，先端钝，深绿色，中间有粉绿色带。花茎高约 30 cm ；伞形花序具花 4 ～ 7 朵；总苞片 2 枚，披针形；花鲜红色；花被裂片狭倒披针形，强度皱缩和反卷。花期 8 ～ 9 月；果期 10 月。

蝴蝶花 *Iris japonica*

分类地位：鸢尾科。

形态特征：多年生草本。根茎横生，竹鞭状。叶基生；叶片剑形，先端渐尖。花茎高出于叶；花多排成疏散的总状聚伞花序；花淡紫色或蓝紫色。蒴果椭球形。种子为不规则的多面体，黑褐色。花期3～4月；果期5～6月。

大百部 *Stemona tuberosa*

分类地位：百部科。

形态特征：草本。叶对生或轮生，极少兼有互生；叶片卵状披针形、卵形或宽卵形。花单生或2～3朵排成总状花序，生于叶腋或偶尔贴生于叶柄上。蒴果光滑，具种子多数。花期4～7月；果期5～8月。

黄独 *Dioscorea bulbifera*

分类地位：薯蓣科。

形态特征：藤本。叶片宽卵状心形或卵状心形，两面无毛。花序穗状，下垂。蒴果熟时草黄色，无毛。种子扁卵形，深褐色。花期 7 ～ 10 月；果期 8 ～ 11 月。

露兜草 *Pandanus austrosinensis*

分类地位：露兜树科。

形态特征：地下茎横卧，有分枝，生有许多不定根；地上茎短，不分枝。叶片近革质，带状，具细齿的鞭状尾尖，叶缘具向上的钩状锐刺。花单性，雌雄异株。聚花果椭圆状圆柱形或近圆球形；核果倒圆锥形；宿存柱头刺状，向上斜钩。花期 4 ～ 5 月；果期 9 月。

大叶仙茅 *Curculigo capitulata*

分类地位：仙茅科。

形态特征：多年生草本。叶片纸质，长圆状披针形，先端长渐尖，基部略下延；有显著折扇状脉，似折叠状；叶柄密被短柔毛。花茎被褐色长柔毛；总状花序极短缩成头状，俯垂；花密集，黄色。浆果近球形。花期 5 ～ 6 月；果期 8 ～ 9 月。

仙茅 *Curculigo orchioides*

分类地位：仙茅科。

形态特征：多年生草本。根茎圆柱状，直生。叶片线形或披针形，两面有柔毛或无毛。花茎长 6 ～ 7 cm，被柔毛；花黄色，花被片长圆状披针形；子房窄长，附着有疏毛。浆果近纺锤状。花果期 4 ～ 9 月。

裂果薯 *Schizocapsa plantaginea*

分类地位：蒟蒻薯科。

形态特征：多年生草本。叶片窄椭圆形或窄椭圆状披针形。花葶卵形或三角状卵形；花丝极短，顶端兜状，两侧向下呈耳状。蒴果近倒卵球形，具种子多数。花期 5 ～ 6 月；果期 7 ～ 8 月。

多花脆兰 *Acampe rigida*

分类地位：兰科。

形态特征：大型附生草本。叶片近肉质，带状，斜立。花黄色带紫褐色横纹，不甚开展，具香气；萼片和花瓣近直立，花瓣狭倒卵形，唇瓣白色，厚肉质，3 裂。蒴果近直立，圆柱形或长纺锤形。花期 8 ～ 9 月；果期 10 ～ 11 月。

橙黄玉凤花 *Habenaria rhodocheila*

分类地位：兰科。

形态特征：块茎长球形，茎具叶。叶片线状披针形或近长圆形。花茎无毛；苞片卵状披针形；萼片和花瓣绿色，唇瓣红色、橙红色或橙黄色，花瓣直立，匙状线形。蒴果纺锤形，有喙。花期 7 ～ 8 月；果期 10 ～ 11 月。

浆果薹草 *Carex baccans*

分类地位：莎草科。

形态特征：草本。叶基生和秆生；叶片基部具红褐色叶鞘，背面光滑，腹面粗糙。圆锥花序复出，长圆形；小苞片鳞片状，披针形。果囊倒卵状球形或近球形，熟时鲜红色或紫红色；小坚果椭球形，熟时褐色。花果期 8 ～ 12 月。

薏苡 *Coix lacryma-jobi*

分类地位：禾本科。

形态特征：一年生粗壮草本。叶片扁平宽大，开展，长 10 ～ 40 cm，宽 1.5 ～ 3 cm，基部圆形或近心形；叶鞘短于其节间，无毛。总状花序腋生成束，直立或下垂，具长梗；雌小穗位于花序下部，外面包以骨质念珠状总苞；总苞卵圆形。花果期 6 ～ 12 月。

淡竹叶 *Lophatherum gracile*

分类地位：禾本科。

形态特征：多年生草本。叶片披针形，具横脉，有的被柔毛或疣基小刺毛；叶鞘平滑或外侧边缘具纤毛；叶舌质硬，褐色。圆锥花序，分枝斜生或开展；小穗线状披针形，具极短梗。颖果长椭球形。花果期 6 ～ 10 月。

附录

河池药用植物名录

松叶蕨科 Psilotaceae

松叶蕨属 *Psilotum*

松叶蕨 *Psilotum nudum* (L.) Beauv.

药用部位及功效：全株味甘、辛，性温，有小毒，具有解毒消炎、利尿止血、收敛、活血通经、祛风除湿、逐血破瘀的功效，可用于治疗风湿麻痹、坐骨神经痛、痛风、麻木、肺结核、胆囊炎、痢疾、水肿、小儿高热、咳嗽、反胃呕吐、闭经、吐血、内伤出血、外伤出血、跌打损伤、烧烫伤、毒蛇咬伤。

分布：金城江、宜州、南丹、天峨、凤山、东兰、罗城、环江、巴马、都安、大化。

石杉科 Huperziaceae

石杉属 *Huperzia*

蛇足石杉 *Huperzia serrata* (Thunb. ex Murray) Trevis.

药用部位及功效：全株味苦、辛、微甘，性平，有小毒，具有散瘀消肿、解毒止痛、止血生肌、除虱杀虫的功效，可用于治疗跌打损伤、瘀血肿痛、坐骨神经痛、神经性头痛、内伤吐血，外用可治疗痈疖肿毒、毒蛇咬伤、烧烫伤。

分布：南丹、罗城、环江。

马尾杉属 *Phlegmariurus*

福氏马尾杉 *Phlegmariurus fordii* (Baker) Ching

药用部位及功效：全株具有消肿止痛、祛风止咳、清热解毒、止血生肌的功效，可用于治疗关节肿痛、跌打损伤、四肢麻木、气管炎、哮喘、尿路感染、淋证、毒蛇咬伤、刀伤、外伤出血。

分布：罗城。

有柄马尾杉 *Phlegmariurus petiolatus* (C. B. Clarke) C. Y. Yang

药用部位及功效：全株味甘、淡，性微寒，具有渗湿利尿、通经活络的功效，可用于治疗水肿、腰痛、跌打损伤。

分布：环江。

闽浙马尾杉 *Phlegmariurus mingcheensis* (Ching) Li Bing Zhang

药用部位及功效：全株味苦，性寒，归肺、大肠二经，具有清热消肿、止痛、止泻、除虱的功效，可用于治疗高热、咳嗽、泄泻、头痛、无名肿毒、头虱病，外用可治疗跌打损伤、毒蛇咬伤。

分布：罗城。

石松科 Lycopodiaceae

藤石松属 *Lycopodiastrum*

藤石松 *Lycopodiastrum casuarinoides* (Spring) Holub ex R. D. Dixit

药用部位及功效：全株味微甘，性温，具有祛风除湿、舒筋活络、活血止血、清肝止汗的功效，可用于治疗风湿骨痛、类风湿性关节炎、腰痛、脚转筋、跌打损伤、月经不调、夜盲症、小儿盗汗、小儿感冒、哮喘。

分布：南丹、罗城、环江、都安。

石松属 *Lycopodium*

石松 *Lycopodium japonicum* Thunb.

药用部位及功效：全株味微苦、辛，性温，具有祛风活络、镇痛消肿、活血调经、利尿的功效，可用于治疗风寒湿痹、四肢麻木、跌打损伤、月经不调、外伤出血、带状疱疹。

分布：环江。

垂穗石松属 *Palhinhaea*

垂穗石松 *Palhinhaea cernua* (L.) Vasc. et Franco

药用部位及功效：全株味苦、辛，性平，具有祛风除湿、舒筋活络、活血止血的功效，可用于治疗风寒湿痹、关节酸痛、皮肤麻木、四肢软弱、黄疸、咳嗽、跌打损伤、疮疡、疱疹、烫伤。孢子味苦，性温，具有收湿、敛疮、止咳的功效，可用于治疗皮肤湿烂、小儿夏季汗疹、咳嗽。

分布：南丹、凤山、罗城、环江、都安。

毛枝垂穗石松 *Palhinhaea cernua* (L.) Vasc. et Franco f. *sikimensis* (Muell.) H. S. Kung

药用部位及功效：全株具有舒筋活络、消肿解毒、收敛止血的功效，可用于治疗风湿骨痛、四肢麻木、跌打损伤、小儿麻痹后遗症、吐血、血崩、瘘痂、痈肿疮毒。

分布：罗城。

卷柏科 Selaginellaceae

卷柏属 *Selaginella*

大叶卷柏 *Selaginella bodinieri* Hieron.

药用部位及功效：全株具有清热利湿、舒筋活络、活血散瘀、抗癌的功效，可用于治疗黄疸性肝炎、肺炎、肾炎、跌打损伤、恶性肿瘤。

分布：凤山、环江。

澜沧卷柏 *Selaginella davidii* subsp. *gebaueriana* (Hand.-Mazz.) X. C. Zhang

药用部位及功效：全株味苦、涩，性温，具有清热解毒、舒筋活络的功效，可用于治疗肺热咳嗽、外伤出血。

分布：环江。

薄叶卷柏 *Selaginella delicatula* (Desv.) Alston

药用部位及功效： 全株味苦、辛，性寒，具有清热解毒、祛风退热、活血调经、抗癌、止血的功效，可用于治疗小儿惊风、麻疹、跌打损伤、月经不调、烧烫伤、肺炎、急性扁桃体炎、结膜炎、乳腺炎、绒毛膜上皮癌、肺癌、咽喉癌、消化道癌症。

分布： 金城江、罗城、环江。

深绿卷柏 *Selaginella doederleinii* Hieron.

药用部位及功效： 全株味甘，性凉，具有祛风、散寒、消肿、止咳的功效，可用于接骨及治疗风寒咳嗽、风湿病、手指肿。

分布： 罗城。

兖州卷柏 *Selaginella involvens* (Sw.) Spring

药用部位及功效： 全株味淡、苦，性寒，具有凉血、止血、化痰、定喘、利尿、消肿的功效，可用于治疗吐血、脱肛便血、咳嗽、哮喘、黄疸、水肿、淋证、带下病、烫伤、劳累过度、癫痫、外伤出血、瘰疬。

分布： 罗城。

细叶卷柏 *Selaginella labordei* Hieron. ex Christ

药用部位及功效： 全株味微苦，性凉，具有清热利湿、消肿退热、止血、止喘的功效，可用于治疗伤风鼻塞、肝炎、胆囊炎、小儿高热惊厥、哮喘、水肿、小儿疳积、口腔炎、月经过多、外伤出血、毒蛇咬伤、烧烫伤。

分布： 罗城。

江南卷柏 *Selaginella moellendorffii* Hieron.

药用部位及功效： 全株味微甘，性平，具有止血、清热、利湿的功效，可用于治疗吐血、痔血、便血、血崩、外伤出血、黄疸、淋证、小儿惊风。

分布： 宜州、天峨、凤山、东兰、罗城、环江、巴马。

伏地卷柏 *Selaginella nipponica* Franch. et Sav.

药用部位及功效： 全株味淡，性平，具有清热解毒、润肺止咳、舒筋活血、止血生肌的功效，可用于治疗痰喘咳嗽、淋证、吐血、痔疮出血、外伤出血、扭伤、烧烫伤。

分布： 环江。

黑顶卷柏 *Selaginella picta* A. Braun ex Baker

药用部位及功效： 全株味淡、涩，性平，具有凉血解毒、消炎止痛、舒筋活络、收敛止血、涩肠止泻的功效，可用于治疗麻疹、胃痛、腹部冷痛、泄泻、舌淡脉细、痢疾、跌打损伤、咯血、吐血、外伤出血。

分布： 凤山、环江。

翠云草 *Selaginella uncinata* (Desv.) Spring

药用部位及功效： 全株味甘、淡，性凉，具有清热利湿、解毒、止血、消瘀的功效，可用于治疗黄疸、痢疾、水肿、风湿麻痹、咳嗽吐血、喉痈、刀伤、烫伤。

分布： 金城江、宜州、南丹、凤山、罗城、环江。

木贼科 Equisetaceae

木贼属 *Equisetum*

披散木贼 *Equisetum diffusum* D. Don

药用部位及功效：全株味甘、微苦，性平，归肝、肾经，具有清热利尿、解表散寒、舒筋活络、明目退翳的功效，可用于接骨及治疗小儿疳积、感冒发热、尿路结石、石淋、疝气、月经过多、目翳、跌打骨折、关节痛、风湿骨痛。

分布：天峨、凤山、罗城。

节节草 *Equisetum ramosissimum* Desf.

药用部位及功效：全株味甘、微苦，性平，具有清热明目、祛风除湿、祛痰止咳、平喘、利尿、退翳的功效，可用于治疗目赤肿痛、角膜云翳、感冒咳喘、支气管炎、肝炎、水肿、淋证、跌打骨折、泌尿系统感染。

分布：环江。

笔管草 *Equisetum ramosissimum* (Desf.) Boerner subsp. *debile* (Roxb. ex Vauch.) Hauke

药用部位及功效：全株味甘、微苦，性凉，具有明目、清热、利尿通淋、退翳的功效，可用于治疗感冒、目翳、尿血、便血、石淋、痢疾、水肿。

分布：南丹、凤山、罗城、环江。

阴地蕨科 Botrychiaceae

阴地蕨属 *Botrychium*

云南阴地蕨 *Botrychium yunnanense* Ching

药用部位及功效：全株具有清热解毒、止咳平喘的功效，可用于治疗狂犬咬伤、毒蛇咬伤、乳痈、肺痈、咽痛、咳嗽、痨嗽、肺结核。

分布：罗城。

瓶尔小草科 Ophioglossaceae

瓶尔小草属 *Ophioglossum*

瓶尔小草 *Ophioglossum vulgatum* L.

药用部位及功效：全株味微甘、苦，性凉，具有清热解毒、消肿止痛、活血散瘀的功效，可用于治疗疮疖痈肿、跌打损伤、蛇虫咬伤、肺热咳嗽痰喘、小儿肺炎、脘腹胀满、黄疸、目赤、淋证、风湿骨痛。

分布：凤山、罗城、环江、巴马、都安。

观音座莲科 Angiopteridaceae

观音座莲属 *Angiopteris*

福建观音座莲 *Angiopteris fokiensis* Hieron.

药用部位及功效：根茎味微苦，性凉，具有清热解毒、疏风散瘀、凉血止血、安神的功效，可用于治疗跌打损伤、风湿痹痛、风热咳嗽、流行性腮腺炎、崩漏、毒蛇咬伤、外伤出血。

分布：天峨、环江、都安、大化。

云南观音座莲 *Angiopteris yunnanensis* Hieron.

药用部位及功效：根茎味苦，性凉，具有清热消炎、止血消肿、止咳的功效，可用于治疗肺结核、咳嗽、咯血、流行性腮腺炎、骨折、疮疖、痈肿、毒蛇咬伤。

分布：罗城。

紫萁科 Osmundaceae

紫萁属 *Osmunda*

桂皮紫萁 *Osmunda cinnamomea* L.

药用部位及功效：根茎味苦、涩，性微寒，具有清热解毒、止血的功效，可用于治疗腮腺炎、感冒、鼻出血。

分布：环江。

紫萁 *Osmunda japonica* Thunb.

药用部位及功效：根茎、叶柄残基味苦、微涩，性凉，具有清热解毒、利湿散瘀、止血、杀虫的功效，可用于预防感冒，治疗头晕、流行性腮腺炎、痘疹、风湿骨痛、跌打损伤、便血、血崩、肠道寄生虫病、痢疾。

分布：天峨、罗城、环江。

宽叶紫萁 *Osmunda javanica* Blume

药用部位及功效：根茎味苦，性寒，具有清热解毒、止血、杀虫的功效，可用于治疗漆疮、流行性腮腺炎、痈肿疮毒、肠道寄生虫病、风湿骨痛。嫩苗用于治疗外伤出血。

分布：环江。

华南紫萁 *Osmunda vachellii* Hook.

药用部位及功效：根茎、叶柄髓部味微苦、涩，性平，具有消炎解毒、舒筋活络、健脾利湿、止血生肌、杀虫的功效，可用于治疗感冒、胃病、尿血、白带异常、淋证、外伤出血、流行性腮腺炎、痈疖、烧烫伤。

分布：罗城、环江。

瘤足蕨科 Plagiogyriaceae

瘤足蕨属 *Plagiogyria*

华东瘤足蕨 *Plagiogyria japonica* Nakai

药用部位及功效：根茎具有清热解毒、消肿止痛、燥湿凉血的功效，可用于治疗外感风热、流行性感冒、头痛、咳嗽、跌打损伤、扭伤。

分布：罗城。

里白科 Gleicheniaceae

芒萁属 *Dicranopteris*

大芒萁 *Dicranopteris ampla* Ching et P. S. Chiu

药用部位及功效：嫩苗、髓心具有解毒止血、祛瘀、利尿的功效，可用于治疗尿道炎、蜈蚣咬伤、外伤出血。

分布：罗城。

芒萁 *Dicranopteris pedata* (Houtt.) Nakaike

药用部位及功效：全株味微苦、涩，性凉，具有清热利尿、散瘀止血、活血的功效，可用于治疗膀胱炎、尿路感染、血崩、血带。茎心味微苦、涩，性凉，可用于治疗跌打损伤。嫩苗味微苦、涩，性凉，可用于治疗外伤出血。根茎味微苦、涩，性凉，具有清热利尿、化瘀的功效，可用于治疗湿热臌胀、小便淋漓不畅、跌打损伤、毒蛇咬伤、狂犬病。

分布：罗城、环江。

里白属 *Diplopterygium*

中华里白 *Diplopterygium chinense* (Rosenst.) De Vol

药用部位及功效：根茎味微苦、微涩，性凉，可用于治疗骨折。

分布：罗城、环江。

海金沙科 Lygodiaceae

海金沙属 *Lygodium*

海南海金沙 *Lygodium circinnatum* (Burm. f.) Sw.

药用部位及功效：全株具有清热利尿的功效，可用于治疗淋证、尿路结石、尿路感染、尿血、痢疾。

分布：罗城。

曲轴海金沙 *Lygodium flexuosum* (L.) Sw.

药用部位及功效：全株味甘、微苦，性寒，具有舒筋活络、清热利尿、止血消肿的功效，外用可治疗风湿麻木、淋证、水肿、痢疾、跌打损伤、外伤出血、疮疡肿毒。

分布：天峨、罗城。

海金沙 *Lygodium japonicum* (Thunb.) Sw.

药用部位及功效：全株、藤叶具有清热解毒、利尿通淋的功效，可用于治疗尿路感染、尿路结石、带下白浊、小便不利、肾炎性水肿、湿热型黄疸、感冒发热、咳嗽、咽喉肿痛、肠炎痢疾、丹毒、烧烫伤。根及根茎具有清热解毒、利湿消肿的功效。孢子味甘，性凉，具有清热利湿、通淋止痛的功效，可用于治疗热淋、石淋、血淋、膏淋、尿道涩痛。

分布：天峨、凤山、环江、都安。

小叶海金沙 *Lygodium microphyllum* (Cav.) R. Br.

药用部位及功效：全株、孢子味甘、微苦，性寒，具有利尿渗湿、通淋、清热、止血、止痢的功效，可用于治疗肾炎、淋证、尿路感染、肝炎、痢疾、便血。

分布：罗城、环江。

膜蕨科 Hymenophyllaceae

膜蕨属 *Hymenophyllum*

华东膜蕨 *Hymenophyllum barbatum* (Bosch) Baker

药用部位及功效：全株味涩，性凉，具有活血化瘀、止血的功效，可用于治疗外伤出血、瘀血。

分布：环江。

蕗蕨属 *Mecodium*

蕗蕨 *Mecodium badium* (Hook. et Grev.) Copel.

药用部位及功效：全株味苦、涩，性凉，具有消肿解毒、消炎生肌、收敛伤口的功效，可用于治疗烧烫伤、痈疖、疥疮恶癣、金疮、外伤出血、局部肿痛、硬结成块。

分布：罗城、环江。

瓶蕨属 *Vandenboschia*

瓶蕨 *Vandenboschia auriculata* (Blume) Copel.

药用部位及功效：全株味微苦，性平，具有生肌止血的功效，可用于治疗跌打肿痛。

分布：环江。

蚌壳蕨科 Dicksoniaceae

金毛狗属 *Cibotium*

金毛狗 *Cibotium barometz* (L.) J. Sm.

药用部位及功效：根茎味甘、苦，性温，具有补肝肾、强腰脊、祛风除湿、利尿通淋的功效，可用于治疗腰肌酸软、下肢无力、风湿痹痛、风湿性关节炎、半身不遂、骨折、腰肌劳损、小便不禁、肾虚遗精、白带异常、外伤出血。茸毛具有止血的功效，可用于治疗外伤出血。

分布：天峨、凤山、罗城、环江、巴马。

桫椤科 Cyatheaceae

桫椤属 *Alsophila*

中华桫椤 *Alsophila costularis* Baker

药用部位及功效： 茎味微苦，性平，具有祛风除湿、活血通络、止咳平喘、清热解毒、杀虫的功效，可用于治疗风湿痹痛、肾虚腰痛、跌打损伤、小肠气痛、风火牙痛、咳嗽、哮喘、疥癣、蛔虫病。

分布： 罗城、环江。

粗齿桫椤 *Alsophila denticulata* Baker

药用部位及功效： 髓部具有祛风除湿、强筋骨、清热止咳的功效，可用于预防流行性感冒，治疗跌打损伤、风湿痹痛、肺热咳嗽、流行性脑脊髓膜炎、肾炎、水肿、肾虚、腰痛、崩漏、中心积腹痛、蛔虫病、牛瘟等。

分布： 罗城。

大叶黑桫椤 *Alsophila gigantea* Wall. ex Hook.

药用部位及功效： 全株味涩，性平，具有祛风强筋的功效，可用于治疗风湿骨痛、跌打损伤。

分布： 环江。

小黑桫椤 *Alsophila metteniana* Hance

药用部位及功效： 根茎可用于治疗风湿骨痛、跌打损伤。

分布： 罗城。

黑桫椤 *Alsophila podophylla* Hook.

药用部位及功效： 根茎具有清热解毒的功效，可用于治疗风湿骨痛、跌打损伤。

分布： 罗城。

桫椤 *Alsophila spinulosa* (Wall. ex Hook.) R. M. Tryon

药用部位及功效： 髓部味苦、涩，性平，具有祛风除湿、强筋骨、活血化瘀、清热止咳的功效，可用于预防流行性感冒，治疗风湿关节肿痛、跌打损伤、肾炎性水肿、慢性支气管炎。

分布： 金城江、罗城。

稀子蕨科 Monachosoraceae

稀子蕨属 *Monachosorum*

华中稀子蕨 *Monachosorum flagellare* var. *nipponicum* (Makino) Tagawa

药用部位及功效： 全株味微苦，性平，可用于治疗痛风。

分布： 环江。

碗蕨科 Dennstaedtiaceae

碗蕨属 *Dennstaedtia*

碗蕨 *Dennstaedtia scabra* (Wall.) Moore

药用部位及功效： 全株味辛，性凉，具有清热解表的功效，可用于治疗感冒头痛、发热、咳嗽咳痰、咽喉肿痛、声音嘶哑。

分布：环江。

鳞盖蕨属 *Microlepia*

华南鳞盖蕨 *Microlepia hancei* Prantl

药用部位及功效：全株具有清热除湿的功效，可用于治疗肝胆湿热、风湿骨痛、流行性感冒、黄疸性肝炎、全身皮肤发黄。

分布：罗城。

二回边缘鳞盖蕨 *Microlepia marginata* var. *bipinnata* Makino

药用部位及功效：全株味苦，性寒，具有清热解毒、祛风除湿的功效，可用于治疗跌打损伤、闪挫扭伤、金疮、瘀血肿胀、疥疮痈疽。嫩枝具有解毒消肿的功效。

分布：环江。

边缘鳞盖蕨 *Microlepia marginata* (Houtt.) C. Chr.

药用部位及功效：全株味苦，性寒，具有清热解毒、祛风除湿的功效，可用于治疗跌打损伤、闪挫扭伤、金疮、瘀血肿胀、疥疮痈疽。嫩枝具有解毒消肿的功效。

分布：南丹、东兰、罗城、环江。

鳞始蕨科 Lindsaeaceae

鳞始蕨属 *Lindsaea*

鳞始蕨 *Lindsaea cultrata* (Willd.) Sw.

药用部位及功效：全株味淡，性凉，具有止血利尿的功效，可用于治疗尿闭、吐血。

分布：罗城、环江。

团叶鳞始蕨 *Lindsaea orbiculata* (Lam.) Mett. ex Kuhn

药用部位及功效：全株可用于治疗痢疾。茎叶具有抗菌收敛、止血镇痛的功效，可用于治疗痢疾、疮疖、枪弹伤。

分布：宜州、罗城。

乌蕨属 *Sphenomeris*

乌蕨 *Sphenomeris chinensis* (L.) Maxon

药用部位及功效：全株、根茎味微苦，性寒，具有清热解毒、利湿、止血的功效，外用可治疗烧伤、外伤出血。叶可用于治疗痢疾、风热感冒、咳嗽、胎衣不下。

分布：环江。

姬蕨科 Hypolepidaceae

姬蕨属 *Hypolepis*

姬蕨 *Hypolepis punctata* (Thunb.) Mett.

药用部位及功效：全株味苦、辛，性凉，具有清热解毒、收敛止血、凉血、止痛的功效，可用于治疗烧烫伤、外伤出血。

分布：环江。

蕨科 Pteridiaceae

蕨属 *Pteridium*

蕨 *Pteridium aquilinum* var. *latiusculum* (Desv.) Underw. ex A. Heller

药用部位及功效：全株味甘，性寒。嫩叶具有清热、滑肠、通便、降气、化痰的功效，可用于治疗消化不良、嗝食、嗝气、肠风热毒、大便干燥、湿疹、痰饮、小便不利、灼热疼痛。根茎具有清热、利湿的功效，可用于治疗黄疸、白带异常、下痢腹痛、湿疹。

分布：罗城、环江。

食蕨 *Pteridium esculentum* (G. Forst.) Cockayne

药用部位及功效：根茎具有清热解毒的功效，可用于治疗烧烫伤、疮毒。

分布：东兰、罗城。

毛轴蕨 *Pteridium revolutum* (Blume) Nakai

药用部位及功效：根茎味涩，性凉，具有清热解毒、祛风除湿、利尿、收敛止血、驱虫的功效，可用于治疗风湿性关节炎、关节红肿、尿路感染、小便不利、疮毒、外伤出血、各种虫证。

分布：罗城、环江。

凤尾蕨科 Pteridaceae

栗蕨属 *Histiopteris*

栗蕨 *Histiopteris incisa* (Thunb.) J. Sm.

药用部位及功效：全株具有消肿止血、止痢的功效，可用于治疗跌打损伤、痢疾、外伤出血。

分布：罗城。

凤尾蕨属 *Pteris*

狭眼凤尾蕨 *Pteris biaurita* L.

药用部位及功效：全株具有清热解毒、祛痰、收敛止血、止痢的功效，可用于治疗肿毒、乳痈、痢疾、肠炎、外伤出血、跌打损伤、毒蛇咬伤。

分布：罗城。

条纹凤尾蕨 *Pteris cadieri* Christ

药用部位及功效：全株具有清热解毒的功效，可用于治疗湿热泄泻、痢疾、小便不利。

分布：环江。

欧洲凤尾蕨 *Pteris cretica* L.

药用部位及功效：全株味淡、微苦，性寒，具有清热利湿、凉血解毒、强筋活络的功效，可用于治疗痢疾、腹泻。

分布：环江。

指叶凤尾蕨 *Pteris dactylina* Hook.

药用部位及功效：全株味淡、涩，性平。全株或根茎具有解热、利尿、消肿、敛肠止泻、养心安神的功效，可用于治疗小儿急惊风、小儿惊哭夜啼、惊痫抽搐、狂犬咬伤、肠炎、痢疾、腹泻、足肿身肿、大腹水肿、腮腺炎、白带异常。

分布：环江。

岩凤尾蕨 *Pteris deltodon* Baker

药用部位及功效：全株味甘、苦，性凉，具有清肺胃热、消炎、生肌、止血、止痢止泻的功效，可用于治疗外伤出血、痢疾、腹泻、久咳不止、淋证、疟疾。

分布：凤山、环江、巴马。

刺齿半边旗 *Pteris dispar* Kunze

药用部位及功效：全株味苦、涩，性凉，具有清热解毒、涩肠止痢、活血、止血、散瘀、生肌的功效，可用于治疗泄泻、痢疾、肠炎、风湿痛、疮痈肿毒、外伤出血、跌打损伤、毒蛇咬伤。

分布：罗城、环江。

疏羽半边旗 *Pteris dissitifolia* Baker

药用部位及功效：全株味辛，性凉，具有清热解毒、止痢止泻、消炎、止血、生肌、燥湿的功效，可用于治疗腹泻、痢疾、久咳不止、外伤出血、疮疖、烧烫伤、毒蛇咬伤。

分布：环江。

剑叶凤尾蕨 *Pteris ensiformis* Burm.

药用部位及功效：全株味淡、涩，性凉，具有清热利尿、凉血、解毒的功效，可用于治疗痢疾、疟疾、黄疸、淋证、便血、血崩、跌打损伤、扁桃体炎、腮腺炎、疮毒、湿疹。

分布：罗城、环江。

溪边凤尾蕨 *Pteris excelsa* Gaud.

药用部位及功效：全株具有清热解毒的功效，可用于治疗烧烫伤、狂犬咬伤。

分布：罗城。

百越凤尾蕨 *Pteris fauriei* var. *chinensis* Ching et S. H. Wu

药用部位及功效：叶味苦，性凉，具有清热利湿、祛风定惊、敛疮止血的功效，可用于治疗痢疾、泄泻、黄疸、小儿惊风、外伤出血、烧烫伤。

分布：环江。

傅氏凤尾蕨 *Pteris fauriei* Hieron.

药用部位及功效：叶味苦，性凉，具有清热利湿、祛风定惊、敛疮止血的功效，可用于治疗痢疾、黄疸、烧烫伤。

分布：宜州、罗城、环江、都安。

狭叶凤尾蕨 *Pteris henryi* Christ

药用部位及功效：全株味苦、涩，性凉，具有清热解毒、利尿、生肌的功效，可用于治疗狂犬咬伤、烧烫伤、刀伤、跌打损伤、尿路感染。

分布：宜州、天峨、罗城、环江。

全缘凤尾蕨 *Pteris insignis* Mett. ex Kuhn

药用部位及功效：全株味微苦，性凉，具有清热解毒、活血祛瘀、利尿的功效，可用于治疗风湿病、黄疸、痢疾、跌打损伤、咽喉肿痛、瘰疬、暑热血淋、尿血、热淋。

分布：环江。

井栏凤尾蕨 *Pteris multifida* Poir.

药用部位及功效：全株味淡、微苦，性寒，具有清热解毒、利湿、凉血、止血、消肿的功效，可用于治疗黄疸性肝炎、肠炎、细菌性痢疾、淋浊、带下病、吐血、衄血、便血、尿血、扁桃体炎、腮腺炎、痈肿疮毒、湿疹、毒蛇咬伤、刀伤。

分布：罗城、环江。

栗柄凤尾蕨 *Pteris plumbea* Christ

药用部位及功效：全株味甘，性凉，具有清热解毒的功效，可用于治疗痢疾、跌打损伤、外伤出血。

分布：环江。

半边旗 *Pteris semipinnata* L.

药用部位及功效：全株味苦、辛，性凉，具有清热解毒、祛风止痢、祛瘀消肿、止血、生肌的功效，可用于治疗吐血、外伤出血、发背、疔疮疖肿、跌打损伤、目赤肿痛、痢疾、黄疸性肝炎、龋齿痛、毒蛇咬伤。

分布：罗城、环江。

蜈蚣草 *Pteris vittata* L.

药用部位及功效：全株味淡，性平，具有清热解毒、消肿消炎、燥湿止痢、疔疮避疫的功效，可用于治疗腹痛、痢疾、肠鸣、泄泻、蜈蚣咬伤、无名肿毒、疔疮、疥癣顽癞、流行性感冒、风湿痛、跌打损伤。

分布：金城江、宜州、南丹、天峨、凤山、东兰、罗城、环江、巴马、都安、大化。

中国蕨科 Sinopteridaceae

粉背蕨属 *Aleuritopteris*

粉背蕨 *Aleuritopteris anceps* (Blanford) Panigrahi

药用部位及功效：全株味淡，性温，具有祛痰止咳、健脾利湿、活血止血的功效，可用于治疗肠炎、痢疾，外用可治疗瘰疬。

分布：罗城、环江。

西畴粉背蕨 *Aleuritopteris sichouensis* Ching et S. K. Wu

药用部位及功效：全株味淡、微涩，性温，具有活血调经、补虚止咳的功效，可用于治疗月经不调、闭经腹痛、肺结核咳嗽、咯血。

分布：环江。

碎米蕨属 *Cheilosoria*

毛轴碎米蕨 *Cheilosoria chusana* (Hook.) Ching et K. H. Shing

药用部位及功效：全株味微苦，性寒，具有清热解毒、止血散瘀、止泻、利尿、补肾的功效，可用于治疗肝炎、痢疾、泄泻、月经不调、小便不利、尿道疼痛、咽痛、脚软无力、跌打损伤、毒蛇咬伤、外伤出血、痈疖肿疡。

分布：宜州、天峨、东兰、罗城、环江、巴马。

金粉蕨属 *Onychium*

野雉尾金粉蕨 *Onychium japonicum* (Thunb.) Kunze

药用部位及功效：全株味苦，性寒。叶具有清热解毒、止血利湿的功效，可用于治疗跌打损伤、烧烫伤、肠炎、泄泻、痢疾、黄疸性肝炎、咯血、狂犬咬伤、农药中毒、砷中毒、药物中毒、沙门氏菌所致食物中毒、野菰或木薯中毒。根茎具有清热、凉血、止血的功效，可用于治疗外感风热、咽痛、吐血、便血、尿血。

分布：天峨、罗城、环江、巴马。

铁线蕨科 Adiantaceae

铁线蕨属 *Adiantum*

团羽铁线蕨 *Adiantum capillus-junonis* Rupr.

药用部位及功效：全株味微苦，性凉，具有清热解毒、补肾止咳的功效，可用于治疗痢疾、咳嗽、淋证、乳痈、毒蛇咬伤、烧烫伤。

分布：宜州、凤山、环江。

铁线蕨 *Adiantum capillus-veneris* L.

药用部位及功效：全株具有清热解毒、利湿消肿、利尿通淋的功效，可用于治疗痢疾、瘰疬、肺热、咳嗽、肺炎、淋证、毒蛇咬伤。

分布：宜州、凤山、罗城。

条裂铁线蕨 *Adiantum capillus-veneris* L. var. *dissectum* (Mart. et Galeot.) Ching

药用部位及功效：全株味淡、苦，性凉，具有解热、利尿的功效，可用于治疗咳嗽、淋浊、淋巴结结核。

分布：宜州、罗城、环江。

鞭叶铁线蕨 *Adiantum caudatum* L.

药用部位及功效：全株味苦、微甘，性平，具有清热解毒、利尿消肿、凉血、止咳的功效，可用于治疗痢疾、乳痈、淋证、小便涩痛、尿血、毒蛇咬伤、外伤出血、烧烫伤、黄水疮。

分布：环江。

蜀铁线蕨 *Adiantum edentulum* Christ f. *refractum* (Christ) Y. X. Lin

药用部位及功效：全株具有止血的功效，可用于治疗鼻出血。

分布：宜州、凤山、罗城、环江。

扇叶铁线蕨 *Adiantum flabellulatum* L.

药用部位及功效：全株味淡、涩，性凉，具有清热利湿、祛瘀消肿、止血散结、止咳平喘的功效，可用于治疗痢疾、泄泻、传染性肝炎、肺热咳嗽、小儿高热抽搐、淋证、吐血、便血、跌打损伤、毒蛇咬伤、烫伤。

分布：罗城、环江。

白垩铁线蕨 *Adiantum gravesii* Hance

药用部位及功效：全株味甘，性凉，具有清热解毒、利尿通淋的功效，可用于治疗尿血、乳腺炎、睾丸炎、乳糜尿、膀胱炎、吐血。

分布：宜州、罗城、环江。

假鞭叶铁线蕨 *Adiantum malesianum* Ghatak

药用部位及功效：全株可用于治疗口腔溃疡、痢疾、烧烫伤、蛇虫咬伤、跌打损伤。

分布：宜州、罗城、环江、巴马。

水蕨科 Parkeriaceae

水蕨属 *Ceratopteris*

水蕨 *Ceratopteris thalictroides* (L.) Brongn.

药用部位及功效：茎叶具有清热解毒、活血祛瘀、利尿、止血、止痛、止痢的功效，可用于治疗咳嗽、痰积、跌打损伤、淋浊、外伤出血。

分布：罗城。

裸子蕨科 Hemionitidaceae

凤丫蕨属 *Coniogramme*

无毛凤丫蕨 *Coniogramme intermedia* var. *glabra* Ching

药用部位及功效：根茎味甘、涩，性温，具有祛风除湿、理气止痛的功效，可用于治疗风湿关节肿痛、腰痛、跌打损伤、痢疾、淋浊、疮毒。

分布：环江。

凤丫蕨 *Coniogramme japonica* (Thunb.) Diels

药用部位及功效：全株味苦，性凉，具有祛风除湿、清热解毒、活血止痛、化痰止咳的功效，可用于治疗风湿骨痛、跌打损伤、咳嗽、哮喘、闭经、瘀血腹痛、目赤肿痛、乳痈、肿毒初起。

分布：环江。

书带蕨科 Vittariaceae

书带蕨属 *Haplopteris*

书带蕨 *Haplopteris flexuosa* (Fée) E. H. Crane

药用部位及功效：全株味苦、涩，性凉，具有疏风清热、舒筋止痛、健脾消疳、止血的功效，可用于治疗小儿惊风、淋证、跌打损伤、风湿痹痛、小儿疳积、咯血、吐血。

分布：金城江、宜州、南丹、天峨、凤山、东兰、罗城、环江、巴马、都安、大化。

蹄盖蕨科 Athyriaceae

短肠蕨属 *Allantodia*

中华短肠蕨 *Allantodia chinensis* (Baker) Ching

药用部位及功效：根茎味微苦、涩，性凉，具有清热除湿的功效，可用于治疗黄疸、流行性感冒。

分布：环江。

毛柄短肠蕨 *Allantodia dilatata* (Blume) Ching

药用部位及功效：根茎味微苦，性凉，具有清热解毒、除湿、驱虫杀虫的功效，可用于治疗肝炎、流行性感冒、痈肿、肠道寄生虫病。

分布：罗城、环江、巴马、都安。

假蹄盖蕨属 *Athyriopsis*

假蹄盖蕨 *Athyriopsis japonica* (Thunb.) Ching

药用部位及功效：全株味微苦、涩，性凉，具有清热消肿的功效，可用于治疗肿毒、乳痈、目赤肿痛。

分布：环江。

蹄盖蕨属 *Athyrium*

长江蹄盖蕨 *Athyrium iseanum* Rosenst.

药用部位及功效：全株味苦，性凉，具有解毒、止血的功效，可用于治疗疮毒、衄血、痢疾、外伤出血。

分布：环江。

双盖蕨属 *Diplazium*

厚叶双盖蕨 *Diplazium crassiusculum* Ching

药用部位及功效：全株具有清热凉血、利尿、通淋的功效。

分布：东兰、罗城、环江。

单叶双盖蕨 *Diplazium subsinuatum* (Wall. ex Hook. et Grev.) Tagawa

药用部位及功效：全株具有清热凉血、止血、利尿通淋的功效，可用于治疗肺结核、咳嗽带血、热淋尿血、目赤肿痛、烧烫伤、毒蛇咬伤。

分布：罗城、环江。

介蕨属 *Dryoathyrium*

华中介蕨 *Dryoathyrium okuboanum* (Makino) Ching

药用部位及功效：根茎味淡、涩，性凉，具有清热消肿的功效，可用于治疗疮疖肿毒。

分布：环江。

肿足蕨科 Hypodematiaceae

肿足蕨属 *Hypodematium*

肿足蕨 *Hypodematium crenatum* (Forssk.) Kuhn

药用部位及功效： 全株味微苦、涩，性平，具有清热解毒、祛风利湿、止血生肌的功效，可用于治疗乳痈、疮疖、淋浊、赤白痢疾、风湿关节肿痛、外伤出血。

分布： 宜州、罗城、环江、巴马。

金星蕨科 Thelypteridaceae

星毛蕨属 *Ampelopteris*

星毛蕨 *Ampelopteris prolifera* (Retz.) Copel.

药用部位及功效： 全株味辛，性凉，具有清热止痢的功效，可用于治疗胃炎、痢疾。

分布： 环江。

毛蕨属 *Cyclosorus*

渐尖毛蕨 *Cyclosorus acuminatus* (Houtt.) Nakai

药用部位及功效： 根茎味苦，性平，具有清热解毒、消炎、健脾、镇惊的功效，可用于治疗消化不良、小儿疳积、痢疾、烧烫伤、狂犬咬伤。

分布： 天峨、凤山、东兰、罗城、环江。

干旱毛蕨 *Cyclosorus aridus* (Don) Tagawa

药用部位及功效： 全株具有清热解毒、止痢的功效，可用于治疗乳蛾、细菌性痢疾、扁桃体炎、咽喉肿痛、狂犬咬伤、枪弹伤。

分布： 罗城。

齿牙毛蕨 *Cyclosorus dentatus* (Forssk.) Ching

药用部位及功效： 全株味微苦，性平，具有舒筋活络、祛风散寒、祛瘀活血的功效，可用于治疗风湿筋骨痛、手足麻木、淋巴结结核、痞块、痢疾、跌打损伤。

分布： 罗城、环江。

华南毛蕨 *Cyclosorus parasiticus* (L.) Farw.

药用部位及功效： 全株味辛、微苦，性平，具有祛风除湿、清热、止痢的功效，可用于治疗风湿筋骨痛、发热、感冒、痢疾。

分布： 天峨、东兰、罗城、环江、巴马、大化、都安。

圣蕨属 *Dictyocline*

戟叶圣蕨 *Dictyocline sagittifolia* Ching

药用部位及功效： 根茎可用于治疗小儿惊风。

分布： 环江。

针毛蕨属 ***Macrothelypteris***

针毛蕨 *Macrothelypteris oligophlebia* (Baker) Ching

药用部位及功效： 根茎味苦，性寒，具有清热解毒、止血、利尿消肿、敛疮生肌、杀虫的功效，可用于治疗烧烫伤、外伤出血、水湿浸渍证、寒湿肿痛、疮疖肿毒、溃烂流汁、皮肤瘙痒、溃疡久不收口、蛔虫病。

分布： 环江。

普通针毛蕨 *Macrothelypteris torresiana* (Gaud.) Ching

药用部位及功效： 全株可用于治疗水肿、痈毒。

分布： 罗城、环江。

金星蕨属 ***Parathelypteris***

金星蕨 *Parathelypteris glanduligera* (Kunze) Ching

药用部位及功效： 全株味苦，性寒，具有清热解毒、利尿、止血的功效，可用于治疗痢疾、烫伤、吐血、小便不利、外伤出血。

分布： 环江。

卵果蕨属 ***Phegopteris***

延羽卵果蕨 *Phegopteris decursive-pinnata* (H. C. Hall) Fée

药用部位及功效： 根茎味微苦，性平，具有清热解毒、利湿消肿、收敛、疗疮生肌的功效，可用于治疗水湿胀满、疮肿、溃烂流汁、皮肤瘙痒。

分布： 罗城、环江。

新月蕨属 ***Pronephrium***

红色新月蕨 *Pronephrium lakhimpurense* (Rosenst.) Holttum

药用部位及功效： 根茎味苦，性寒，具有清热消炎、止血的功效，可用于治疗跌打损伤、疮疡肿毒、外伤出血。

分布： 罗城、环江。

披针新月蕨 *Pronephrium penangianum* (Hook.) Holttum

药用部位及功效： 根茎味苦、涩，性凉，具有散瘀、除湿的功效，可用于治疗跌打腰痛、血凝气滞、劳伤、痢疾。

分布： 凤山、罗城、环江。

铁角蕨科 Aspleniaceae

铁角蕨属 ***Asplenium***

线裂铁角蕨 *Asplenium coenobiale* Hance

药用部位及功效： 全株可用于治疗风湿痹痛、小儿麻痹、月经不调。

分布： 宜州、罗城、环江、巴马。

剑叶铁角蕨 *Asplenium ensiforme* Wall. ex Hook. et Grev.

药用部位及功效：全株味甘，性温，具有活血祛瘀、舒筋止痛的功效，可用于治疗胃脘痛、闭经、跌打损伤、腰痛。

分布：环江。

厚叶铁角蕨 *Asplenium griffithianum* Hook.

药用部位及功效：根茎味苦，性凉，具有清热解毒、利尿通淋的功效，可用于治疗高热、烧烫伤、淋证、黄疸。

分布：罗城、环江。

倒挂铁角蕨 *Asplenium normale* Don

药用部位及功效：全株味苦，性平，具有清热解毒、活血散瘀、镇痛止血的功效，可用于治疗肝炎、痢疾、外伤出血、蜈蚣咬伤。

分布：天峨、罗城、环江。

北京铁角蕨 *Asplenium pekinense* Hance

药用部位及功效：全株味微辛，性温，具有止咳、化瘀、止血、止泻的功效，可用于治疗感冒咳嗽、肺结核、腹泻、痢疾、外伤出血。

分布：宜州、东兰、罗城、环江。

长叶铁角蕨 *Asplenium prolongatum* Hook.

药用部位及功效：全株味辛、微苦，性平，具有清热解毒、消炎止血、止咳化痰的功效，可用于治疗咳嗽痰多、肺结核吐血、痢疾、淋证、肝炎、小便涩痛、乳痈、咽痛、崩漏、衄血、跌打骨折、烧烫伤、外伤出血、毒蛇咬伤。

分布：金城江、宜州、南丹、天峨、凤山、东兰、罗城、环江、巴马、都安、大化。

两广铁角蕨 *Asplenium pseudowrightii* Ching

药用部位及功效：全株具有祛风除湿、强腰膝的功效，可用于治疗风湿关节肿痛、腰腿痛。

分布：罗城。

岭南铁角蕨 *Asplenium sampsoni* Hance

药用部位及功效：全株具有清热化痰、止咳、止血的功效，可用于治疗痢疾、感冒咳嗽、小儿疳积、外伤出血、蜈蚣咬伤。

分布：天峨、罗城、巴马。

石生铁角蕨 *Asplenium saxicola* Rosenst.

药用部位及功效：全株味淡、涩，性平，具有清热润肺、消炎利湿的功效，可用于治疗肺结核、小便涩痛、跌打损伤、疮痈。

分布：金城江、宜州、天峨、罗城、环江、巴马。

都匀铁角蕨 *Asplenium toramanum* Makino

药用部位及功效：全株外用可治疗跌打损伤。

分布：罗城。

变异铁角蕨 *Asplenium varians* Wall. ex Hook. et Grev.

药用部位及功效：全株味微涩，性凉，具有清热、止血、散瘀消肿的功效，可用于治疗刀伤、骨折、小儿疳积、小儿惊风、烧烫伤、疮疡溃烂。

分布：环江。

狭翅铁角蕨 *Asplenium wrightii* Eaton ex Hook.

药用部位及功效：根茎味微苦，性平，可用于治疗疮疡肿毒。

分布：天峨、罗城、环江。

巢蕨属 *Neottopteris*

狭翅巢蕨 *Neottopteris antrophyoides* (Christ) Ching

药用部位及功效：全株味苦，性凉，具有清热解毒、利尿通淋、活络消肿的功效，可用于治疗水肿、淋证、尿路感染、急慢性肾炎、小儿惊风、风湿痛、疮疖痈肿、跌打损伤、毒蛇咬伤。

分布：宜州、罗城、环江、巴马。

乌毛蕨科 Blechnaceae

乌毛蕨属 *Blechnum*

乌毛蕨 *Blechnum orientale* L.

药用部位及功效：根茎味苦，性凉，具有清热解毒、杀虫、收敛、止血、活血散瘀的功效，可用于预防麻疹，治疗流行性感冒、乙型脑炎、流行性腮腺炎、斑疹伤寒、肠道寄生虫病、衄血、吐血、血崩。叶具有拔毒、生肌的功效，可用于治疗疮疖痈肿。

分布：罗城、环江、都安、巴马。

狗脊属 *Woodwardia*

狗脊 *Woodwardia japonica* (L. f.) Sm.

药用部位及功效：根茎味苦，性凉，具有杀虫、清热、解毒、凉血、止血的功效，可用于治疗风热感冒、湿热斑疹、吐血、衄血、肠风便血、血痢、血崩、带下病。

分布：金城江、宜州、南丹、天峨、凤山、东兰、罗城、环江、巴马、都安、大化。

鳞毛蕨科 Dryopteridaceae

复叶耳蕨属 *Arachniodes*

刺头复叶耳蕨 *Arachniodes exilis* (Hance) Ching

药用部位及功效：根茎具有清热消炎、收敛、止痢的功效，可用于治疗烧烫伤、痢疾。

分布：罗城。

斜方复叶耳蕨 *Arachniodes rhomboidea* (Schott) Ching

药用部位及功效：根茎味微苦，性温，具有祛风散寒的功效，可用于治疗关节痛。

分布：罗城、环江。

美丽复叶耳蕨 *Arachniodes speciosa* (D. Don) Ching

药用部位及功效：根茎味涩，性凉，具有清热解毒、祛风止痒、散瘀活血的功效，可用于治疗热泻、风疹、跌打瘀肿。

分布：环江。

贯众属 *Cyrtomium*

镰羽贯众 *Cyrtomium balansae* (Christ) C. Chr.

药用部位及功效：根茎味苦，性寒，具有清热解毒、驱虫杀虫、散积的功效，可用于治疗流行性感冒、恶寒发热、头身疼痛、蛔虫及其他肠道寄生虫病、小儿虫证疳积、面黄肌瘦、脘腹胀满。

分布：罗城、环江。

贯众 *Cyrtomium fortunei* J. Sm.

药用部位及功效：根茎、叶柄残基味苦、涩，性微寒，有小毒，具有清热解毒、凉血、平肝熄风、止血、消炎、驱虫、杀虫的功效，可用于治疗流行性感冒、热病斑疹、痧秽中毒、疟疾、痢疾、吐血、便血、鼻出血、尿路感染、肝炎、血崩、带下病、乳痈、瘰疬、跌打损伤、刀伤出血、蛔虫病、蛲虫病、绦虫病、毒菌中毒。

分布：南丹、天峨、东兰、罗城、环江。

贵州贯众 *Cyrtomium guizhouense* H. S. Kung et P. S. Wang

药用部位及功效：根茎味苦，性凉，具有清热解毒、凉血止血的功效，可用于治疗风热感冒、温热斑疹、吐血、衄血、肠风便血、血痢、血崩、带下病。

分布：环江。

厚叶贯众 *Cyrtomium pachyphyllum* (Rosenst.) C. Chr.

药用部位及功效：根茎味苦，性寒，具有清热凉血的功效，可用于预防流行性感冒，治疗蛔虫病、小儿高热。

分布：环江。

鳞毛蕨属 *Dryopteris*

阔鳞鳞毛蕨 *Dryopteris championii* (Benth.) C. Chr.

药用部位及功效：茎具有清热解毒、止咳平喘、驱虫的功效，可用于治疗感冒、气喘、便血、痛经、功能性子宫出血、钩虫病、虫积腹痛、烧烫伤、毒疮溃烂久不收口、目赤肿痛。

分布：罗城。

变异鳞毛蕨 *Dryopteris varia* (L.) Kuntze

药用部位及功效：根茎味微涩，性凉，具有清热解毒、止痛的功效，可用于治疗内热腹痛、肺结核。

分布：罗城、环江。

耳蕨属 *Polystichum*

对生耳蕨 *Polystichum deltodon* (Baker) Diels

药用部位及功效：全株味酸、涩，性微寒，具有活血止血、止痛消肿、利尿、固表的功效，可用于预防普通感冒、流行性感冒，治疗外伤出血、跌打损伤、蛇虫咬伤、小便不利、水肿。

分布：凤山、环江。

钝齿耳蕨 *Polystichum deltodon* var. *henryi* Christ

药用部位及功效：全株具有清热泻火、利尿的功效，可用于治疗小便短赤、便秘、疮疖不收口。

分布：天峨、罗城、环江。

尖顶耳蕨 *Polystichum excellens* Ching

药用部位及功效：根茎味甘，性温，具有调中止痛的功效，可用于治疗脾胃虚寒、脘腹冷痛、食少不化。

分布：环江。

对马耳蕨 *Polystichum tsus-simense* (Hook.) J. Sm.

药用部位及功效：根茎味苦，性寒，具有清热解毒的功效，可用于治疗各种肿毒初起、乳痈、胃痛、湿热腹痛、痢疾、下肢疖肿、疮毒肿痈。根可用于治疗目赤肿痛。

分布：环江。

叉蕨科 Aspidiaceae

肋毛蕨属 *Ctenitis*

虹鳞肋毛蕨 *Ctenitis membranifolia* Ching et C. H. Wang

药用部位及功效：根茎味辛，性温，具有祛风除湿的功效，可用于治疗风寒湿痹、关节疼痛、四肢麻木、筋骨拘挛。

分布：凤山、环江。

三叉蕨属 *Tectaria*

掌状叉蕨 *Tectaria subpedata* auct. non (Harr.) Ching

药用部位及功效：全株味微苦，性凉，归肺经，具有清热解毒的功效，可用于治疗感冒发热。

分布：宜州、环江、巴马。

三叉蕨 *Tectaria subtriphylla* (Hook. et Arn.) Copel.

药用部位及功效：全株味涩，性平。叶具有祛风除湿、止血、解毒的功效，可用于治疗风湿痛、痢疾、刀伤出血、毒蛇咬伤。

分布：金城江、环江。

实蕨科 Bolbitidaceae

实蕨属 *Bolbitis*

长叶实蕨 *Bolbitis heteroclita* (C. Presl) Ching

药用部位及功效：全株味淡，性凉，具有清热解毒、止咳、止血、凉血、收敛的功效，可用于治疗咳嗽、吐血、痢疾、烧烫伤、跌打损伤、毒蛇咬伤。

分布：罗城、环江。

舌蕨科 Elaphoglossaceae

舌蕨属 *Elaphoglossum*

华南舌蕨 *Elaphoglossum yoshinagae* (Yatabe) Makino

药用部位及功效：全株味苦、辛，性凉，具有利尿的功效，可用于治疗淋浊。

分布：罗城、环江。

肾蕨科 Nephrolepidaceae

肾蕨属 *Nephrolepis*

肾蕨 *Nephrolepis cordifolia* (L.) C. Presl

药用部位及功效：全株、根茎、叶味甘、淡、微涩，性凉，具有清热利湿、生津止渴、止咳润肺的功效，可用于治疗感冒发热、肺热咳嗽、久咳、黄疸性肝炎、气管炎、肺结核、肠炎、小儿疳积，外用可治疗淋巴结结核、中耳炎、蜈蚣咬伤、烧烫伤。

分布：金城江、罗城、环江。

骨碎补科 Davalliaceae

骨碎补属 *Davallia*

阔叶骨碎补 *Davallia solida* (G. Forst.) Sw.

药用部位及功效：根茎可用于治疗骨折、跌打损伤、风湿痹痛。

分布：环江。

阴石蕨属 *Humata*

阴石蕨 *Humata repens* (L. f.) Small ex Diels

药用部位及功效：根茎味甘、淡，性凉，具有清热利湿、散瘀活血的功效，可用于治疗风湿痹痛、腰肌劳损、便血、淋证、跌打损伤、痈疮肿毒。

分布：罗城、环江。

圆盖阴石蕨 *Humata tyermanii* T. Moore

药用部位及功效：根茎味微苦、甘，性凉，具有清热解毒、祛风除湿的功效，可用于治疗湿热型黄疸、风湿痹痛、腰肌劳损、跌打损伤、肺痈、咳嗽、牙龈肿痛、毒蛇咬伤。

分布：罗城、环江。

双扇蕨科 Dipteridaceae

双扇蕨属 *Dipteris*

中华双扇蕨 *Dipteris chinensis* Christ

药用部位及功效：根茎味甘，性平，具有消炎镇痛的功效，可用于治疗水肿、小便涩痛、腰痛。

分布：罗城、环江。

水龙骨科 Polypodiaceae

节肢蕨属 *Arthromeris*

节肢蕨 *Arthromeris lehmannii* (Mett.) Ching

药用部位及功效：全株味辛，性平，有大毒，具有活血散瘀、解毒的功效，可用于治疗狂犬咬伤。

分布：环江。

线蕨属 *Colysis*

掌叶线蕨 *Colysis digitata* (Baker) Ching

药用部位及功效：全株具有活血散瘀、解毒、止痛的功效，可用于治疗跌打损伤、局部疼痛、关节痛、蛇虫咬伤。

分布：罗城。

罗城线蕨 *Colysis elliptica* (Thunb.) Ching

药用部位及功效：全株味微苦、涩，性凉，具有清热利尿、散瘀消肿的功效，可用于治疗跌打损伤、热淋、肺结核久咳。

分布：凤山、罗城、环江。

曲边线蕨 *Colysis elliptica* var. *flexiloba* (Christ) L. Shi et X. C. Zhang

药用部位及功效：叶味微苦、涩，性凉，具有清热利尿、散瘀消肿的功效，可用于治疗淋证、跌打损伤。

分布：罗城、环江。

宽羽线蕨 *Colysis elliptica* var. *pothifolia* (Buch.-Ham. ex D. Don) Ching

药用部位及功效：全株味淡、涩，性温，具有补虚损、强筋骨、活血祛瘀、祛风止痛的功效，可用于治疗跌打损伤、风湿腰痛。

分布：天峨、罗城、环江。

断线蕨 *Colysis hemionitidea* (C. Presl) C. Presl

药用部位及功效：全株味淡、涩，性凉，具有清热解毒、利尿的功效，可用于治疗小便短赤、尿路感染、尿道炎、淋证、斑疹、毒蛇咬伤。

分布：罗城、环江。

矩圆线蕨 *Colysis henryi* (Baker) Ching

药用部位及功效：全株味甘，性微寒，具有清热解毒、祛风除湿、利尿通淋、止血接骨的功效，可用于治疗肺结核、咯血、尿血、淋浊、尿路结石、急性关节疼痛、骨折、痈肿初起、外伤出血。

分布：环江。

绿叶线蕨 *Colysis leveillei* (Christ) Ching

药用部位及功效：全株味微涩，性凉，可用于治疗淋证、淋浊、风湿骨痛、跌打损伤。

分布：环江。

伏石蕨属 *Lemmaphyllum*

肉质伏石蕨 *Lemmaphyllum carnosum* (Wall. ex J. Sm.) C. Presl

药用部位及功效：全株味甘、辛，性凉，具有活血散瘀、润肺止咳、清热解毒、接骨、催生、除湿的功效，可用于治疗小儿高热惊风、肺风咳嗽、风湿病、骨折、中耳炎、难产、毒蛇咬伤。

分布：罗城、环江、巴马。

倒卵伏石蕨 *Lemmaphyllum microphyllum* var. *obovatum* (Harr.) C. Chr.

药用部位及功效：全株具有清热解毒、凉血止血的功效，可用于治疗脾肝肿大、肺热咳嗽、咯血、尿血、便血、血崩。

分布：宜州、天峨、罗城。

骨牌蕨属 *Lepidogrammitis*

披针骨牌蕨 *Lepidogrammitis diversa* (Rosenst.) Ching

药用部位及功效：全株味微苦、涩，性凉，具有清热利湿、止痛止血的功效，可用于治疗肺热咳嗽、风湿关节肿痛、小儿高热、跌打损伤、外伤出血。

分布：罗城、环江。

抱石莲 *Lepidogrammitis drymoglossoides* (Baker) Ching

药用部位及功效：全株味甘、苦，性寒，具有清热解毒、舒筋活络、除湿化瘀的功效，可用于治疗咽痛、肺热咯血、风湿关节肿痛、淋巴结炎、肺结核咯血、胆囊炎、石淋、尿血、膨胀、跌打损伤。

分布：罗城、环江。

骨牌蕨 *Lepidogrammitis rostrata* (Bedd.) Ching

药用部位及功效：全株味微苦、甘，性平，具有清热利尿、除烦、清肺气的功效，可用于治疗淋浊癃闭、热咳、心烦、淋证、感冒、疮肿。

分布：罗城、环江。

鳞果星蕨属 *Lepidomicrosorium*

鳞果星蕨 *Lepidomicrosorium buergerianum* (Miq.) Ching et K. H. Shing ex S. X. Xu

药用部位及功效：全株味微苦、涩，性凉，具有清热利湿的功效，可用于治疗淋证、黄疸、筋骨痛。

分布：东兰、环江。

瓦韦属 *Lepisorus*

庐山瓦韦 *Lepisorus lewisii* (Baker) Ching

药用部位及功效：全株具有清热利湿、消炎、消肿止痛的功效，可用于治疗感冒咳嗽、肠炎、泄泻、尿路感染、淋证、跌打损伤。

分布：环江。

粤瓦韦 *Lepisorus obscurevenulosus* (Hayata) Ching

药用部位及功效：全株味苦，性凉，具有清热解毒、利尿消肿、止咳、止血、通淋的功效，可用于治疗肾炎、痢疾、结膜炎、肺热咳嗽、口腔炎、咽痛、水肿、胃肠炎、泄泻、吐血、尿血、小儿惊风、淋证、烧烫伤。

分布： 罗城、环江。

瓦韦 *Lepisorus thunbergianus* (Kaulf.) Ching

药用部位及功效： 全株味苦，性平，具有清热解毒、消肿止痛、平肝明目、止咳、通经活络、利尿、止血的功效，可用于治疗淋浊、痢疾、咳嗽吐血、牙疳、小儿惊风、黑睛星翳、跌打损伤、毒蛇咬伤、大疮。叶在我国台湾用于治疗疝气、感冒、淋证。根茎在日本用于治疗前列腺诸症。

分布： 天峨、罗城、环江。

阔叶瓦韦 *Lepisorus tosaensis* (Makino) H. Ito

药用部位及功效： 全株具有利尿通淋的功效，可用于治疗淋浊、小便淋痛。

分布： 环江。

星蕨属 *Microsorum*

江南星蕨 *Microsorum fortunei* (T. Moore) Ching

药用部位及功效： 全株味甘、淡、微苦，性凉。全株、根茎具有清热解毒、祛风利湿、利尿通淋、活血止血的功效，可用于治疗风湿关节肿痛、热淋、带下病、吐血、衄血、痔疮出血、肺痈、瘰疬、跌打损伤、疔疮痈肿、毒蛇咬伤。

分布： 天峨、罗城、环江、巴马。

有翅星蕨 *Microsorum pteropus* (Blume) Copel.

药用部位及功效： 全株具有清热利尿的功效。

分布： 环江。

广叶星蕨 *Microsorum steerei* (Harr.) Ching

药用部位及功效： 全株味甘，性寒，具有清热利尿、活血散瘀、消肿止痛的功效，可用于治疗小便涩痛、淋浊、风湿骨痛、小儿疳积、跌打损伤、脾脏肿大。

分布： 罗城、环江。

盾蕨属 *Neolepisorus*

盾蕨 *Neolepisorus ovatus* (Wall. ex Bedd.) Ching

药用部位及功效： 全株味苦，性凉，具有清热利湿、散瘀活血、止血的功效，可用于治疗吐血、血淋，外用可治疗跌打损伤、骨折、烧烫伤。

分布： 东兰、罗城、环江。

假瘤蕨属 *Phymatopteris*

金鸡脚假瘤蕨 *Phymatopteris hastata* (Thunb.) Pic. Serm.

药用部位及功效： 全株味苦、微辛，性凉，具有清热解毒、祛风利湿、凉血、利尿、通络的功效，可用于治疗伤寒热病、感冒咳嗽、小儿支气管炎、咽喉肿痛、扁桃体炎、小儿惊风、痢疾、中暑腹痛、泄泻、泌尿系统感染、淋证、乳蛾、疳积、慢性肝炎、痈肿疔毒、毒蛇咬伤、跌打损伤、筋骨疼痛。

分布： 东兰、环江。

瘤蕨属 *Phymatosorus*

光亮瘤蕨 *Phymatosorus cuspidatus* (D. Don) Pic. Serm.

药用部位及功效：根茎味涩，性温，有小毒，具有补肾、壮筋骨、活血止痛、接骨消肿的功效，可用于治疗肾虚牙痛、肾虚耳鸣、腰痛、风湿骨痛、腿痛、跌打损伤、骨折、咳嗽、丹毒、小儿疳积、传染性肝炎。

分布：金城江、罗城、环江、巴马、都安。

水龙骨属 *Polypodiodes*

友水龙骨 *Polypodiodes amoena* (Wall. ex Mett.) Ching

药用部位及功效：根茎味甘、苦，性平，具有清热解毒、祛风除湿、舒筋活络、消肿止痛的功效，可用于治疗风湿关节肿痛、咳嗽、小儿高热、淋证、牙痛、跌打损伤。外用可治疗背痛、无名肿毒、骨折。

分布：罗城、环江。

日本水龙骨 *Polypodiodes niponica* (Mett.) Ching

药用部位及功效：根茎具有清热解毒、祛风化湿、通络、止痛、止咳、平肝明目的功效，可用于治疗痧秽泄泻、痢疾、淋证、白浊、风湿痹痛、腰痛、急性结膜炎、疮肿、骨痛、骨折、跌打损伤。

分布：罗城、环江。

石韦属 *Pyrrosia*

石蕨 *Pyrrosia angustissima* (Gies. ex Diels) Tagawa et K. Iwats.

药用部位及功效：全株味苦，性平，具有清热利湿、凉血止血的功效，可用于治疗肺热咳嗽、跌打损伤、疮疡肿毒。

分布：南丹、环江。

相近石韦 *Pyrrosia assimilis* (Baker) Ching

药用部位及功效：叶味苦、涩，性凉，具有镇静、镇痛、利尿、止血、止咳、调经的功效，可用于治疗小儿惊风、外伤出血、肾虚浮肿。

分布：天峨、环江。

光石韦 *Pyrrosia calvata* (Baker) Ching

药用部位及功效：全株味苦、酸，性凉，具有除湿、清热、止血、消肿散结、利尿的功效，可用于治疗咳嗽、吐血、瘰疬、小便不利、淋证、尿路结石、外伤出血、烧烫伤。

分布：金城江、天峨、罗城、环江、都安。

石韦 *Pyrrosia lingua* (Thunb.) Farw.

药用部位及功效：叶味甘、苦，性微寒，具有利尿通淋、排石、清肺泻热、止血的功效，可用于治疗尿路感染、肾炎性水肿、肺热咳嗽、外伤出血、吐血、衄血、尿血、崩漏、热淋、血淋、石淋、小便不通、淋漓涩痛。

分布：罗城、环江。

相似石韦 *Pyrrosia similis* Ching

药用部位及功效：全株具有清热利尿、通淋接骨的功效，可用于治疗小便淋痛、淋证、尿路感染、急性肾炎所致浮肿、水肿、肺热咳嗽、蛇虫咬伤、骨折。

分布： 金城江、宜州、罗城、环江。

中越石韦 *Pyrrosia tonkinensis* (Giesenh.) Ching

药用部位及功效： 全株具有清热利尿的功效，可用于治疗肺热咳嗽、淋证、小便淋痛、尿路感染、急性肾炎所致浮肿。

分布： 金城江、罗城、环江。

槲蕨科 Drynariaceae

槲蕨属 *Drynaria*

团叶槲蕨 *Drynaria bonii* Christ

药用部位及功效： 根茎具有补虚损、强筋骨、活血散瘀、补肾接骨、行血止血的功效，可用于治疗肾虚耳鸣、骨折、跌打损伤、风湿腰痛、牙痛、小儿疳积、神经衰弱。

分布： 罗城。

槲蕨 *Drynaria roosii* Nakaike

药用部位及功效： 根茎具有补肾强骨、续筋活血、止痛的功效，可用于治疗风湿骨痛、肾虚腰痛、耳鸣耳聋、牙齿松动、跌仆闪挫、筋骨折伤、小儿疳积，外用可治疗疮疖。

分布： 罗城、环江。

剑蕨科 Loxogrammaceae

剑蕨属 *Loxogramme*

中华剑蕨 *Loxogramme chinensis* Ching

药用部位及功效： 全株味苦，性微寒，具有清热解毒、活血利尿的功效，可用于治疗淋证、尿路感染、劳伤、狂犬咬伤。

分布： 罗城、环江。

柳叶剑蕨 *Loxogramme salicifolia* (Makino) Makino

药用部位及功效： 全株味微苦，性凉，具有清热解毒的功效，可用于治疗肺结核、咳嗽。根茎具有清热解毒的功效，可用于治疗尿路感染、狂犬咬伤。

分布： 环江。

蘋科 Marsileaceae

蘋属 *Marsilea*

蘋 *Marsilea quadrifolia* L.

药用部位及功效： 全株味甘，性寒，具有利尿消肿、清热解毒、止血、除烦安神的功效，可用于治疗小便不利、黄疸、吐血、心烦不眠、痈肿疮毒、瘘疮、乳腺炎、咽喉肿痛、急性结膜炎、毒蛇咬伤。

分布： 金城江、宜州、南丹、天峨、凤山、东兰、罗城、环江、巴马、都安、大化。

槐叶蘋科 Salviniaceae

槐叶蘋属 *Salvinia*

槐叶蘋 *Salvinia natans* (L.) All.

药用部位及功效：全株味辛，性寒，具有清热解毒、活血止痛、除湿消肿的功效，可用于治疗劳热、水肿、疔疮、湿疹、烫伤。

分布：金城江、宜州、南丹、天峨、凤山、东兰、罗城、环江、巴马、都安、大化。

满江红科 Azollaceae

满江红属 *Azolla*

满江红 *Azolla pinnata* subsp. *asiatica* R. M. K. Saunders et K. Fowler

药用部位及功效：全株味辛，性寒，具有清热解毒、祛风除湿、发汗透疹的功效，可用于熏烟驱蚊及治疗风湿痛、麻疹不透、胸腹痞块、带下病、烧烫伤。根可用于治疗肺结核。

分布：金城江、宜州、南丹、天峨、凤山、东兰、罗城、环江、巴马、都安、大化。

苏铁科 Cycadaceae

苏铁属 *Cycas*

苏铁 *Cycas revoluta* Thunb.

药用部位及功效：全株味甘、淡，性平，有小毒。根具有祛风活络、补肾止血的功效，可用于治疗肺结核咯血、肾虚、牙痛、腰痛、带下病、风湿关节肿痛、跌打损伤。叶具有收敛止血、理气活血的功效，可用于治疗肝胃气痛、闭经、胃炎、胃溃疡、吐血、跌打损伤、刀伤。花具有理气止痛、益肾固精、活血祛瘀的功效，可用于治疗胃痛、遗精、带下病、痛经、吐血、跌打损伤。种子具有平肝的功效。

分布：金城江、宜州、南丹、天峨、凤山、东兰、罗城、环江、巴马、都安、大化。

银杏科 Ginkgoaceae

银杏属 *Ginkgo*

银杏 *Ginkgo biloba* L.

药用部位及功效：种子味甘、苦，性平，有毒，具有敛肺气、定咳喘、止带、缩尿的功效，可用于治疗哮喘痰咳、淋证、尿频、遗精。叶具有益气敛肺、平喘、化湿止咳、止痛的功效，可用于治疗胸闷心痛、心悸怔忡、带下病、咳嗽痰喘、下痢。叶提取物可用于延缓衰老及治疗外因性血管病、脑功能不足。根、根皮具有益气补虚的功效，可用于治疗带下病、遗精。树皮外用可治疗牛皮癣。

分布：金城江、南丹、天峨、罗城、环江。

松科 Pinaceae

松属 *Pinus*

海南五针松 *Pinus fenzeliana* Hand.-Mazz.

药用部位及功效：根皮具有祛风通络、活血消肿的功效。

分布：环江。

华南五针松 *Pinus kwangtungensis* Chun ex Tsiang

药用部位及功效：根、分枝节、油树脂具有祛风除湿的功效，可用于治疗风湿骨痛、关节不利。树脂具有祛风燥湿、排脓拔毒、生肌止痛的功效，可用于治疗痈疽恶疮、瘰疬、扭伤等。油树脂可用于治疗肌肉酸痛、关节痛。

分布：环江。

马尾松 *Pinus massoniana* Lamb.

药用部位及功效：全株味苦、涩、微甘，性温。松节具有祛风除湿、活血止痛的功效，可用于治疗风湿关节肿痛、筋骨疼痛、跌打损伤。松花粉具有祛风、益气、止血的功效，可用于治疗眩晕、咯血、久痢、外伤出血。枝梢具有活血、止痛、解毒、涩精的功效，可用于治疗遗精、跌打损伤、木薯或断肠草中毒。树脂可用于治疗白带异常、白浊。果具有化痰、止咳、平喘的功效，可用于治疗慢性支气管炎、咳嗽哮喘。

分布：金城江、宜州、南丹、天峨、凤山、东兰、罗城、环江、巴马、都安、大化。

黄山松 *Pinus taiwanensis* Hayata

药用部位及功效：根、分枝节味苦，性温。松花粉具有燥湿、收敛止血的功效。松节、松香具有祛风除湿、止痛的功效。果具有祛痰止咳、平喘的功效。

分布：环江。

杉科 Taxodiaceae

柳杉属 *Cryptomeria*

日本柳杉 *Cryptomeria japonica* (Thunb. ex L. f.) D. Don

药用部位及功效：根皮、树皮味苦，性寒，具有清热解毒、杀虫疗癣、止痒的功效，外用可治疗癣疮、痈疽、鹅掌风。果具有止咳止血的功效，可用于治疗咳嗽、崩漏。

分布：金城江、宜州、南丹、天峨、凤山、东兰、罗城、环江、巴马、都安、大化。

杉木属 *Cunninghamia*

杉木 *Cunninghamia lanceolata* (Lamb.) Hook.

药用部位及功效：根皮、树皮、枝干结节、心材、枝、叶、种子味辛，性温。根皮可用于治疗淋证、疝气、腹痛、关节痛、跌打损伤。树皮具有祛风止痛、燥湿、止血的功效，可用于治疗水肿、脚气病、金疮、漆疮、烫伤。枝干结节可用于治疗脚气病、痞块、骨节疼痛、带下病、跌仆血瘀。心材、枝、叶具有辟秽、止痛、散湿毒、降逆气的功效，可用于治疗漆疮、风湿毒疮、脚气病、心腹胀痛。种子具有祛瘀消肿的功效，可用于治疗疝气、遗精。

分布：金城江、宜州、南丹、天峨、凤山、东兰、罗城、环江、巴马、都安、大化。

水杉属 *Metasequoia*

水杉 *Metasequoia glyptostroboides* Hu et W. C. Cheng

药用部位及功效：叶、果具有清热解毒、消炎止痛的功效，可用于治疗痈疮肿毒、癣疮。

分布：金城江、宜州、南丹、天峨、凤山、东兰、罗城、环江、巴马、都安、大化。

柏科 Cupressaceae

柏木属 *Cupressus*

柏木 *Cupressus funebris* Endl.

药用部位及功效：根、心材、叶、果、种子、树脂味甘、辛、微苦，性平。根、心材具有清热利湿、止血生肌的功效。叶具有止血生肌的功效，可用于治疗外伤出血、吐血、痢疾、痔疮、烫伤。果、种子具有清热安神、祛风解表、和中止血的功效，可用于治疗感冒、头痛、发热烦躁、吐血、咯血、心悸、失眠、小儿高热。树脂具有解风热、燥湿、镇痛的功效，可用于治疗风热头痛、带下病，外用可治疗外伤出血。

分布：金城江、宜州、南丹、罗城、环江。

福建柏属 *Fokienia*

福建柏 *Fokienia hodginsii* (Dunn) A. Henry et H. H. Thomas

药用部位及功效：心材味苦、辛，性温，具有行气止痛、降逆止呕的功效，可用于治疗脘腹疼痛、噎膈、气逆、呕吐。

分布：南丹、天峨、环江。

刺柏属 *Juniperus*

圆柏 *Juniperus chinensis* Roxb.

药用部位及功效：枝、叶具有祛风散寒、活血消肿、解毒利尿的功效，可用于治疗风寒感冒、肺结核、尿路感染，外用可治疗荨麻疹、风湿关节肿痛。

分布：罗城。

侧柏属 *Platycladus*

侧柏 *Platycladus orientalis* (L.) Franco

药用部位及功效：全株味苦、涩，性寒。枝梢、叶（侧柏叶）具有凉血止血、生发乌发的功效，可用于治疗咳嗽、痰中带血、吐血、衄血、咯血、便血、崩漏、血热脱发、须发早白、风湿骨痛。种仁（柏子仁）具有养心安神、止汗、润肠的功效，可用于治疗虚烦失眠、心悸怔忡。

分布：金城江、宜州、南丹、天峨、凤山、东兰、罗城、环江、巴马、都安、大化。

罗汉松科 Podocarpaceae

鸡毛松属 *Dacrycarpus*

鸡毛松 *Dacrycarpus imbricatus* (Blume) de Laub.

药用部位及功效：枝、叶可用于治疗跌打肿痛、风疹。

分布：罗城。

罗汉松属 *Podocarpus*

短叶罗汉松 *Podocarpus macrophyllus* var. *maki* Sieb. et Zucc.

药用部位及功效：枝、叶、果、树皮、根皮可用于治疗风湿病、跌打损伤。种子具有活血补血、舒筋活络的功效，可用于治疗月经过多、血虚面黄。鲜根皮、叶具有活血止痛、杀虫的功效，可用于治疗风湿关节肿痛、跌打肿痛。果具有益气补中的功效。

分布：金城江、宜州、天峨、东兰、罗城、环江、都安。

小叶罗汉松 *Podocarpus wangii* C. C. Chang

药用部位及功效：根皮、种子、叶味微苦、辛，性温，具有活血补血、舒筋活络的功效，可用于治疗月经过多、血虚面黄、风湿关节痛、跌打肿痛。

分布：罗城、环江。

百日青 *Podocarpus neriifolius* D. Don

药用部位及功效：枝、叶味淡，性平，可用于治疗骨折、骨质增生、关节肿痛、风湿病、痧证。根皮可用于治疗疥癣、痢疾。果具有益气补中的功效。

分布：罗城、环江。

三尖杉科 Cephalotaxaceae

三尖杉属 *Cephalotaxus*

三尖杉 *Cephalotaxus fortunei* Hook.

药用部位及功效：枝、叶、根味苦、涩，性平。枝、叶具有抗癌的功效，可用于治疗恶性肿瘤、淋巴瘤、白血病。种子具有润肺止咳、消积、杀虫的功效，可用于治疗咳嗽、食积、蛔虫病、钩虫病。

分布：南丹、罗城、环江。

海南粗榧 *Cephalotaxus hainanensis* H. L. Li

药用部位及功效：全株味苦、涩，性温。根皮、枝、叶具有祛风除湿、抗癌的功效，可用于治疗淋巴瘤、白血病。种子具有润肺止咳、驱虫、消积的功效，可用于治疗食积、咳嗽、蛔虫病、钩虫病。

分布：罗城。

篦子三尖杉 *Cephalotaxus oliveri* Mast.

药用部位及功效：种子、枝、叶味苦、涩，性寒。单用对淋巴肉瘤、淋巴网状细胞肉瘤、原发性肝癌、绒毛膜上皮癌有显著疗效。

分布：南丹、环江。

红豆杉科 Taxaceae

穗花杉属 *Amentotaxus*

穗花杉 *Amentotaxus argotaenia* (Hance) Pilg.

药用部位及功效：根、树皮具有止痛生肌的功效，可用于治疗跌打损伤、骨折。种子具有消积、驱虫的功效，可用于治疗虫积腹痛、小儿疳积。

分布：环江。

红豆杉属 *Taxus*

灰岩红豆杉 *Taxus calcicola* L. M. Gao et Mich. Möller

药用部位及功效：根、茎、叶味苦，性温，有毒，具有抗癌的功效，可用于治疗各种肿瘤，特别是发生于卵巢和乳腺的肿瘤。

分布：环江。

南方红豆杉 *Taxus wallichiana* var. *mairei* (Lemée et H. Lév.) L. K. Fu et Nan Li

药用部位及功效：根皮、树皮具有抗癌的功效，可用于治疗白血病、卵巢肿瘤等。叶可用于治疗咽痛。种子具有消积、驱虫的功效，炒熟煎汤内服可治疗食积、蛔虫病。

分布：天峨、凤山、环江。

买麻藤科 Gnetaceae

买麻藤属 *Gnetum*

买麻藤 *Gnetum montanum* Markgr.

药用部位及功效：茎味苦，性温，具有祛风除湿、活血化瘀、消肿止痛、化痰止咳、行气健胃的功效，可用于接骨及治疗风湿关节肿痛、腰痛、咽痛、咳嗽、支气管炎、脾胃虚弱、腰肌劳损、筋骨酸软、跌打损伤、骨折、溃疡出血。

分布：南丹、天峨、罗城、环江、巴马、都安。

小叶买麻藤 *Gnetum parvifolium* (Warb.) C. Y. Cheng ex Chun

药用部位及功效：根、茎、叶具有祛风活血、消肿止痛、化痰止咳的功效，可用于治疗风湿骨痛、关节炎、腰肌劳损、筋骨酸痛、支气管炎、溃疡出血、跌打损伤、骨折、毒蛇咬伤。

分布：罗城、环江。

木兰科 Magnoliaceae

厚朴属 *Houpoea*

厚朴 *Houpoea officinalis* (Rehder et E. H. Wilson) N. H. Xia et C. Y. Wu

药用部位及功效：花蕾味苦、辛，性温，具有温中理气、化湿行滞、祛风镇痛的功效，可用于治疗胸腹胀满、呕吐、泄泻、痢疾。

分布：罗城、环江。

长喙木兰属 *Lirianthe*

香港木兰 *Lirianthe championii* (Benth.) N. H. Xia et C. Y. Wu

药用部位及功效：树皮可用于治疗食滞、腹胀痛。叶可用于治疗咳嗽。花可用于治疗头痛、鼻塞、痰多。

分布：南丹、罗城、环江。

夜香木兰 *Lirianthe coco* (Lour.) N. H. Xia et C. Y. Wu

药用部位及功效：根、花味辛，性温，具有行气祛瘀、止咳止带的功效。根皮具有散瘀除湿的功效，可用于治疗风湿跌打痛。花可用于治疗胁肋胀痛、乳房胀痛、疝气痛、跌打损伤、失眠、咳嗽气喘、白带过多。

分布：罗城、环江。

鹅掌楸属 *Liriodendron*

鹅掌楸 *Liriodendron chinense* (Hemsl.) Sarg.

药用部位及功效：树皮、根味辛，性温，具有祛风除湿、强筋壮骨、止咳平喘、利尿消肿的功效，可用于治疗风寒咳嗽、气急、口渴、四肢浮肿、风湿关节肿痛。叶外用可治疗头疮。

分布：环江。

白兰 *Michelia* × *alba* DC.

药用部位及功效：根、根皮可用于治疗小便淋痛、便秘、痈肿。叶具有芳香化湿、止咳化痰、利尿的功效，可用于治疗小便淋痛、老年咳嗽气喘。叶的蒸馏液具有镇咳平喘的功效。花具有行气通窍、止咳化浊、芳香化湿的功效，可用于治疗气滞腹胀、咳嗽、慢性支气管炎、前列腺炎、白浊、带下病、鼻塞。马来西亚用花芽浸剂治疗妇女的腐血病、流产。

分布：罗城。

八角科 Illiciaceae

八角属 *Illicium*

短梗八角 *Illicium pachyphyllum* A. C. Sm.

药用部位及功效：根、茎皮有毒，可用于治疗风湿痹痛、跌打肿痛。

分布：罗城。

地枫皮 *Illicium difengpi* K. I. B. et K. I. M. ex B. N. Chang

药用部位及功效：根、树皮、叶味辛、涩，性温，有小毒，具有祛风除湿、驱虫、行气止痛的功效，可用于治疗风湿痹痛、关节痛、腰肌劳损，外用可治疗蜈蚣咬伤。

分布：天峨、环江。

大八角 *Illicium majus* Hook. f. et Thomson

药用部位及功效：根、树皮具有消肿止痛的功效，外用可治疗风湿骨痛、跌打损伤。

分布：环江。

八角 *Illicium verum* Hook. f.

药用部位及功效：果味辛、微甘，气香，性温，具有温中理气、祛风散寒、兴奋、止痛、健胃止呕、辟恶除秽的功效，可用于治疗胃寒呕吐、腹胀、腹痛、霍乱、疝气疼痛、腰膝酸冷、肢冷、食积、痰浊、口气臭秽，外用可治疗毒蛇及蜈蚣咬伤、皮肤瘙痒，亦可用作调味香料。

分布：金城江、宜州、南丹、天峨、凤山、东兰、罗城、环江、巴马、都安、大化。

五味子科 Schisandraceae

南五味子属 *Kadsura*

狭叶南五味子 *Kadsura angustifolia* A. C. Sm.

药用部位及功效：全株、根、藤茎可用于治疗风湿骨痛、骨折、跌打损伤、外伤出血。叶外敷可治疗外伤出血、湿疹、乳腺炎。

分布：罗城。

黑老虎 *Kadsura coccinea* (Lem.) A. C. Sm.

药用部位及功效：根、茎藤味辛、微苦，性温，具有行气止血、散瘀消肿、祛风除湿、止痛、解毒的功效，可用于治疗胃脘胀痛、风湿关节肿痛、痛经、跌打损伤、伤口感染。果可用于治疗肺虚久咳、阳痿、带下病。

分布：金城江、宜州、南丹、天峨、凤山、东兰、罗城、环江、巴马、都安、大化。

异形南五味子 *Kadsura heteroclita* (Roxb.) Craib

药用部位及功效：根、藤茎、果味苦、辛，性温。根、藤茎具有祛风除湿、活血化瘀、行气止痛的功效，可用于治疗风湿痛、腰肌劳损、急性胃肠炎、胃脘胀痛、跌打损伤、痛经。果具有补肾宁心、止咳祛痰的功效，可用于治疗肾虚腰痛、失眠健忘、咳嗽。

分布：金城江、宜州、南丹、天峨、凤山、东兰、罗城、环江、巴马、都安、大化。

南五味子 *Kadsura longipedunculata* Finet et Gagnep.

药用部位及功效：根、藤茎味辛、苦，性温，具有祛风活络、行气活血、消肿止痛、驱虫的功效，可用于治疗吐泻、风湿痹痛、关节痛、跌打损伤、闭经、痛经、胃脘痛、胃肠炎、腹痛、疟疾、阳痿。叶具有消肿止痛、去腐生新的功效。

分布：环江。

五味子属 *Schisandra*

绿叶五味子 *Schisandra arisanensis* subsp. *viridis* (A. C. Sm.) R. M. K. Saunders

药用部位及功效：根、茎味辛，性温。全株煎水可治疗荨麻疹。鲜叶捣烂外敷或榨汁搽洗可治疗带状疱疹。果具有敛肺止汗、涩精止泻、补肾生津的功效，在湖南、安徽等地作五味子用。

分布：罗城、环江。

翼梗五味子 *Schisandra henryi* C. B. Clarke

药用部位及功效：根、茎味辛、涩，性微温，具有养气消瘀、理气化湿的功效，可用于治疗劳伤咳嗽、肢节酸痛、心胃气痛、脚气病、痿病、月经不调、跌打损伤。

分布：环江。

番荔枝科 Annonaceae

鹰爪花属 *Artabotrys*

香港鹰爪花 *Artabotrys hongkongensis* Hance

药用部位及功效：全株可用于治疗风湿骨痛。花梗可用于治疗狂犬咬伤。

分布：南丹、环江。

假鹰爪属 *Desmos*

假鹰爪 *Desmos chinensis* Lour.

药用部位及功效：根味辛，性温，有小毒，具有祛风利湿、健脾理气、祛瘀止痛、杀虫的功效，可用于治疗风湿关节肿痛、产后风湿、腹痛、痛经、胃脘痛、泄泻、疟疾、水肿、跌打损伤、风疹、脚气病。

分布：金城江、天峨、环江。

毛叶假鹰爪 *Desmos dumosus* (Roxb.) Saff.

药用部位及功效：根可用于治疗风湿骨痛、疟疾。叶可用于治疗疟疾、水肿、风疹、骨鲠。

分布：环江。

瓜馥木属 *Fissistigma*

瓜馥木 *Fissistigma oldhamii* (Hemsl.) Merr.

药用部位及功效：根味微辛，性温，具有祛风活血、镇痛的功效，可用于治疗腰腿痛、关节痛、跌打损伤。

分布：罗城、环江、都安、大化。

黑风藤 *Fissistigma polyanthum* (Hook. f. et Thomson) Merr.

药用部位及功效：根、茎味甘，性温，具有祛风除湿、强筋骨、通筋络、活血调经、止痛的功效，可用于治疗风湿关节肿痛、跌打损伤、小儿麻痹后遗症。叶可用于治疗哮喘、疮疖。

分布：东兰、环江、巴马、都安。

野独活属 *Miliusa*

野独活 *Miliusa balansae* Finet et Gagnep.

药用部位及功效：根、茎可用于治疗心胃气痛、疝痛、肾虚腰痛、风湿痹痛、痛经。

分布：金城江、宜州、南丹、罗城、环江、都安。

中华野独活 *Miliusa sinensis* Finet et Gagnep.

药用部位及功效：根可用于治疗心胃气痛、疝痛、肾虚腰痛、风湿痹痛、痛经。

分布：凤山、天峨、东兰。

紫玉盘属 *Uvaria*

紫玉盘 *Uvaria macrophylla* Roxb.

药用部位及功效：根、叶味苦、甘，性微温。根具有镇痛止呕的功效，可用于治疗风湿病、咳嗽、腰腿痛、消化不良。叶具有祛风、散瘀、止痛的功效，可用于治疗风湿骨痛。

分布：环江、巴马。

樟科 Lauraceae

黄肉楠属 *Actinodaphne*

红果黄肉楠 *Actinodaphne cupularis* (Hemsl.) Gamble

药用部位及功效：根、叶味辛，性凉，具有解毒消炎的功效，可用于治疗烧烫伤、脚癣、痔疮。

分布：环江。

无根藤属 *Cassytha*

无根藤 *Cassytha filiformis* L.

药用部位及功效：全株具有清热解毒、消肿利湿、凉血止血的功效，可用于治疗感冒发热、头痛、肺热咳嗽、肝炎、黄疸、疟疾、咯血、尿路结石、肾炎、白带异常、水肿、石淋、湿疹、疖肿、疱疹、烧烫伤。

分布：金城江、宜州、南丹、天峨、凤山、东兰、罗城、环江、巴马、都安、大化。

桂属 *Cinnamomum*

毛桂 *Cinnamomum appelianum* Schewe

药用部位及功效：树皮、枝味辛，性温。全株具有散血的功效，可用于治疗风湿病。树皮具有理气止痛的功效，可用于治疗受寒胃脘痛、腹痛、泄泻、腰膝冷痛、跌打肿痛。

分布：南丹、环江。

华南桂 *Cinnamomum austrosinense* H. T. Chang

药用部位及功效：树皮具有散寒止痛的功效，可用于治疗风湿骨痛、疥癣。果可用于治疗虚寒胃痛。

分布：罗城、环江。

阴香 *Cinnamomum burmanni* (Nees et T. Nees) Blume

药用部位及功效：茎皮味辛、微甘，性温，具有温中散寒、祛风除湿、止痛的功效，可用于治疗风湿骨痛、寒湿泄泻、腹痛，外用可治疗疖肿疮毒、跌打肿痛、外伤出血。

分布：金城江、罗城。

樟 *Cinnamomum camphora* (L.) J. Presl

药用部位及功效：根、树皮、心材、叶、果味辛，性微温，具有祛风除湿、行气血、利关节、止痛的功效，可用于治疗跌打损伤、痛风、心腹胀痛、脚气病、疥癣。

分布：金城江、宜州、南丹、天峨、凤山、东兰、罗城、环江、巴马、都安、大化。

肉桂 *Cinnamomum cassia* (L.) D. Don

药用部位及功效：树皮（桂皮）味辛、甘，气芳香，性大热，具有暖脾胃、除积冷、通血脉的功效，可用于治疗腰膝冷痛、阳痿、宫寒症、腹痛泄泻、阴疽。枝具有发汗、通经脉、助阳化气的功效，可用于治疗风寒感冒、脘腹冷痛、闭经、关节痹痛、水肿。

分布：金城江、罗城。

少花桂 *Cinnamomum pauciflorum* Chun ex Hung T. Chang

药用部位及功效：树皮具有开胃、健脾、散热的功效，可用于治疗肠胃痛、腹痛。

分布：环江。

川桂 *Cinnamomum wilsonii* Gamble

药用部位及功效：树皮味辛、甘，性温。树皮、枝具有温中散寒、祛风除湿、通经活络、止呕止泻的功效，可用于治疗胃病、胸闷腹痛、呕吐、噎膈、腹泻、肝病、淋病、肺痈、筋骨疼痛、腰膝冷痛、跌打损伤。

分布：罗城、环江。

山胡椒属 *Lindera*

香叶树 *Lindera communis* Hemsl.

药用部位及功效：树皮、叶味涩、微辛，性微寒。叶、茎皮具有散瘀消肿、止血止痛、解毒的功效，可用于治疗跌打损伤、骨折、外伤出血、疮疖痈肿。种子油可用作栓剂基质。

分布：环江。

山胡椒 *Lindera glauca* (Sieb. et Zucc.) Blume

药用部位及功效：根、叶、果味辛，性温，具有祛风活络、消肿解毒、止血止痛的功效，可用于治疗风湿麻木、筋骨痛、跌打损伤、寒气胃痛、水肿。叶外用可治疗疔疮肿毒、毒蛇咬伤、外伤出血、全身发痒。果可用于治疗中风不语、心腹冷痛。

分布：南丹、罗城、环江。

网叶山胡椒 *Lindera metcalfiana* var. *dictyophylla* (C. K. Allen) H. P. Tsui

药用部位及功效：果具有暖腰膝的功效，可用于治疗腰膝冷痛、血吸虫病。

分布：罗城。

木姜子属 *Litsea*

毛豹皮樟 *Litsea coreana* var. *lanuginosa* (Migo) Yen C. Yang et P. H. Huang

药用部位及功效：嫩叶具有醒神、强心、开窍、生津、消暑的功效。

分布：罗城。

山鸡椒 *Litsea cubeba* (Lour.) Pers.

药用部位及功效：根、叶、果味辛、苦，性温。全株可用于预防流行性脑脊髓膜炎、流行性感冒，治疗头痛、胃痛、风湿痛。根具有祛风散寒、健胃消食、温脾暖胃、理气止痛的功效，可用于治疗风湿骨痛、四肢麻木、腰腿痛、跌打损伤。叶外用可治疗痈肿疮疖、乳痈、蛇虫咬伤。果可用于治疗食积气滞、胃痛、痢疾、反胃呕吐、肠鸣泄泻、感冒头痛、血吸虫病。

分布：罗城、环江。

黄丹木姜子 *Litsea elongata* (Wall. ex Ness) Benth. et Hook. f.

药用部位及功效：根具有祛风除湿的功效，可用于治疗胃痛、食积。

分布：金城江、宜州、南丹、天峨、凤山、东兰、罗城、环江、巴马、都安、大化。

清香木姜子 *Litsea euosma* W. W. Sm.

药用部位及功效：果具有祛痰、止痛、疏风散寒、健脾利湿、顺气止呕的功效，可用于治疗痧证、胃寒腹痛、呕吐、水肿、风湿性关节炎。

分布：罗城。

毛叶木姜子 *Litsea mollis* Hemsl.

药用部位及功效： 根、果具有温中散寒、行气止痛、祛风消肿、祛湿毒的功效，可用于治疗胃寒腹痛、食滞饱胀、疝气、跌打损伤、劳伤气痛、血吸虫病。

分布： 罗城、环江。

假柿木姜子 *Litsea monopetala* (Roxb.) Pers.

药用部位及功效： 叶外用可治疗关节脱臼、骨折。

分布： 金城江、南丹、罗城、环江、都安。

木姜子 *Litsea pungens* Hemsl.

药用部位及功效： 根具有祛风散寒、温中理气的功效，可用于治疗胃脘冷痛、风湿关节疼痛。茎、枝具有调寒气、散气肿、止痛的功效，可用于治疗痧症、小儿腹胀、水肿、肿毒。叶、果具有祛风行气、健脾燥湿、消肿、消食、解毒的功效，可用于治疗胃寒腹痛、食积气滞、消化不良、腹泻、中暑呕吐，外用可治疗疮疡肿毒。

分布： 罗城。

豺皮樟 *Litsea rotundifolia* Hemsl. var. *oblongifolia* (Nees) C. K. Allen

药用部位及功效： 民间用根治疗风湿骨痛。

分布： 环江。

润楠属 *Machilus*

绒毛润楠 *Machilus velutina* Champ. ex Benth.

药用部位及功效： 根、叶味苦，性凉，具有化痰止咳、消肿止痛、收敛止血的功效，可用于治疗支气管炎、咳嗽痰喘，外用可治疗烧烫伤、痈肿、外伤出血、骨折。

分布： 环江。

新木姜子属 *Neolitsea*

大叶新木姜子 *Neolitsea levinei* Merr.

药用部位及功效： 根可用于治疗带下病、跌打损伤、痈肿疮毒。果具有祛风散寒的功效，可用于治疗胃寒痛。

分布： 环江。

楠属 *Phoebe*

石山楠 *Phoebe calcarea* S. K. Lee et F. N. Wei

药用部位及功效： 枝、叶可用于治疗风湿痹痛。

分布： 罗城、环江、都安、大化。

檫木属 *Sassafras*

檫木 *Sassafras tzumu* (Hemsl.) Hemsl.

药用部位及功效： 根、树皮、叶味甘、淡，性温，具有祛风除湿、活血散瘀的功效，可用于治疗风湿骨痛、腰肌劳损、慢性腰腿痛、半身不遂、跌打损伤、扭挫伤、刀伤出血。

分布： 罗城、环江。

青藤科 Illigeraceae

青藤属 *Illigera*

宽药青藤 *Illigera celebica* Miq.

药用部位及功效： 根、茎具有祛风除湿、行气止痛的功效，可用于治疗风湿骨痛、肥大性脊椎炎。

分布： 罗城。

小花青藤 *Illigera parviflora* Dunn

药用部位及功效： 根、茎味辛，性温，具有祛风除湿的功效，可用于治疗风湿骨痛、小儿麻痹后遗症。

分布： 金城江、凤山、东兰、环江。

红花青藤 *Illigera rhodantha* Hance

药用部位及功效： 根、茎味甘、辛、涩，性温，具有消肿止痛、祛风散瘀的功效，可用于治疗风湿骨痛、跌打肿痛、小儿麻痹后遗症、小儿疳积、毒蛇咬伤。

分布： 宜州、南丹、凤山、东兰、环江、巴马、都安。

绣毛青藤 *Illigera rhodantha* var. *dunniana* (H. Lév.) Kubitzki

药用部位及功效： 叶可用于治疗跌打肿痛。

分布： 金城江、天峨。

毛茛科 Ranunculaceae

乌头属 *Aconitum*

乌头 *Aconitum carmichaelii* Debeaux

药用部位及功效： 母根（川乌）味苦、辛，性热，有大毒，具有回阳救逆、补火救阳、逐风寒湿邪的功效，可用于治疗亡阳虚脱、肢冷脉微、阳痿、宫寒症、心腹冷痛、虚寒吐泻、阴寒水肿、阳虚外感、寒湿痹痛。全株、母根具有祛风除湿、温经止痛的功效，可用于治疗风寒湿痹、关节痛、心腹冷痛、麻醉止痛。

分布： 南丹、罗城、环江。

银莲花属 *Anemone*

卵叶银莲花 *Anemone begoniifolia* H. Lév. et Vaniot

药用部位及功效： 根、根茎具有消肿接骨、止血生肌的功效，可用于治疗风湿病、疮毒、关节痛，外用可治疗疮毒。

分布： 南丹、环江。

拟卵叶银莲花 *Anemone howellii* Jeffrey et W. W. Sm.

药用部位及功效： 全株外用可治疗皮肤病。根具有解热止痛的功效。

分布： 南丹、环江。

打破碗花花 *Anemone hupehensis* (Lemoine) Lemoine

药用部位及功效：根味苦，性温，有毒，具有清热利湿、理气祛瘀、驱虫杀虫的功效，可用于治疗消化不良、肠炎、水泻、痢疾、蛔积、疟疾、跌打损伤，外用可治疗顽癣、体癣、脚癣、痈肿疮疖。

分布：宜州、南丹、凤山、罗城、环江。

铁线莲属 *Clematis*

钝齿铁线莲 *Clematis apiifolia* var. *argentilucida* (H. Lév. et Vaniot) W. T. Wang

药用部位及功效：茎味淡、苦，性凉，具有清热利尿、活血通乳的功效，可用于治疗淋浊、小便不利、风湿骨痛、痛经、闭经、乳汁不通。

分布：罗城、环江。

威灵仙 *Clematis chinensis* Osbeck

药用部位及功效：根味辛、咸，性温，具有祛风除湿、通络止痛的功效，可用于治疗风湿痹痛、关节不利、四肢麻木、腰肌劳损、跌打损伤、骨鲠。叶味辛、苦，性平，可用于治疗咽炎、急性扁桃体炎。

分布：金城江、宜州、南丹、天峨、凤山、东兰、罗城、环江、巴马、都安、大化。

平坝铁线莲 *Clematis clarkeana* H. Lév. et Vaniot

药用部位及功效：根具有清热解毒、利尿消肿的功效，可用于治疗咽痛、脚气病、水肿、尿路感染、小便不利、肾炎性水肿、乳汁不通。

分布：环江。

厚叶铁线莲 *Clematis crassifolia* Benth.

药用部位及功效：根、根茎可用于治疗小儿惊风、风湿骨痛、咽喉肿痛、毒蛇咬伤。

分布：环江。

粗柄铁线莲 *Clematis crassipes* Chun et F. C. How

药用部位及功效：全株可用于治疗风湿骨痛、腰膝冷痛。

分布：罗城。

山木通 *Clematis finetiana* H. Lév. et Vaniot

药用部位及功效：根、茎、叶味苦、辛，性温，具有祛风除湿、通络止痛的功效，可用于治疗风湿关节肿痛、胃肠炎、泄泻、疟疾、乳痈、瘰疬。

分布：宜州、环江、都安。

小蓑衣藤 *Clematis gouriana* Roxb. ex E. H. Wilson

药用部位及功效：根、藤茎具有行气活血、利尿通淋、祛风除湿、通络止痛的功效，可用于治疗跌打损伤、瘀滞疼痛、风湿筋骨痛、小便不利、膀胱炎、毒蛇咬伤。

分布：南丹、环江。

绣毛铁线莲 *Clematis leschenaultiana* DC.

药用部位及功效：全株、藤茎、叶具有清热解毒、祛湿消肿、止痛、利尿的功效，可用于治疗风湿骨痛、四肢疼痛、毒蛇咬伤、目赤肿痛、小便淋痛、疮毒、角膜炎。

分布：天峨、凤山、东兰、罗城、环江。

沙叶铁线莲 *Clematis meyeniana* var. *granulata* Finet et Gagnep.

药用部位及功效：全株、根具有清热利尿、通筋活络的功效，可用于治疗风湿骨痛、咽痛、水肿、骨鲠、乳汁不通、疮痈疖肿。

分布：罗城、环江。

毛柱铁线莲 *Clematis meyeniana* Walp.

药用部位及功效：全株味辛、苦，性平。根具有祛风除湿、通络止痛的功效，可用于治疗腰膝冷痛、风湿痹痛、风寒感冒头痛、偏头痛、骨鲠、水肿、闭经。藤、叶具有活络止痛、破血通经的功效，可用于治疗风寒感冒、胃痛、风湿麻木、闭经。

分布：南丹、罗城、环江。

裂叶铁线莲 *Clematis parviloba* Gardn. et Champ.

药用部位及功效：根、藤具有利尿消肿、通经下乳的功效，可用于治疗风湿骨痛、水肿、尿路感染、乳汁不通。茎、叶具有行气活血的功效。

分布：南丹、罗城、环江、都安、大化。

毛果扬子铁线莲 *Clematis puberula* var. *tenuisepala* (Maxim.) W. T. Wang

药用部位及功效：茎可用于治疗小便不利。

分布：环江。

柱果铁线莲 *Clematis uncinata* Champ. ex Benth.

药用部位及功效：根、叶味辛，性温，具有利尿、祛瘀、祛风除湿、舒筋活络、镇痛的功效，可用于治疗风湿骨痛、牙痛、骨鲠。茎具有利尿的功效，可用于治疗小便不利。

分布：金城江、宜州、南丹、天峨、凤山、东兰、罗城、环江、巴马、都安、大化。

黄连属 ***Coptis***

短萼黄连 *Coptis chinensis* var. *brevisepala* W. T. Wang et P. G. Xiao

药用部位及功效：根茎味甘、辛，性平，具有清热燥湿、泻火解毒的功效，可用于治疗菌痢、肠炎腹泻、流行性脑脊髓膜炎、黄疸性肝炎、疔疮肿毒、目赤肿痛、高热不退、烧烫伤。

分布：环江。

翠雀属 ***Delphinium***

还亮草 *Delphinium anthriscifolium* Hance

药用部位及功效：全株味辛、苦，性温，有毒，具有祛风除湿、止痛活络、行气消胀、止痒解毒的功效，可用于治疗风湿痛、中风、半身不遂、食积胀满、咳嗽。外用可治疗痈疮癣疥、肿毒癞痢。

分布：南丹、天峨、罗城、环江。

毛茛属 ***Ranunculus***

禺毛茛 *Ranunculus cantoniensis* DC.

药用部位及功效：全株味微苦、辛，性温，有毒，具有清肝利胆、退黄祛湿、活血消肿、解毒消炎、明目祛翳、定喘、截疟、镇痛的功效，可用于治疗黄疸、身目俱黄、目翳、痘眼、哮喘、疟疾、关节炎、胃痛，外用可治疗跌打损伤。

分布：南丹、天峨、凤山、东兰、罗城、环江。

茴茴蒜 *Ranunculus chinensis* Bunge

药用部位及功效：全株味辛、苦，性温，有毒，具有解毒退黄、截疟杀虫、消炎退肿、定喘镇痛的功效，可用于治疗肝炎、肝硬化、疟疾、胃炎、溃疡、哮喘、风湿关节肿痛。

分布：环江。

毛茛 *Ranunculus japonicus* Thunb.

药用部位及功效：全株味辛、微苦，性温，有毒，具有消肿、利湿、杀虫、止痛的功效，一般不作内服药，外用可治疗风湿关节肿痛、淋巴结结核、疮毒。

分布：南丹、环江。

石龙芮 *Ranunculus sceleratus* L.

药用部位及功效：全株具有解毒、消肿、散结、清肝、利胆、活血、截疟、补阴润燥、祛风除湿、利关节的功效，可用于治疗瘰疬、疟疾、风湿病、下肢溃疡、痈疖肿毒、皮肤病、毒蛇咬伤、蝎蜇伤。

分布：天峨、罗城。

扬子毛茛 *Ranunculus sieboldii* Miq.

药用部位及功效：全株味苦、辛，性热，有毒，具有除湿解毒的功效，可用于治疗风湿关节肿痛、鹤膝风、疥癣。

分布：罗城、环江。

猫爪草 *Ranunculus ternatus* Thunb.

药用部位及功效：块根味辛、苦，性平，有小毒，具有滋阴润肺、止咳化痰、止血、消肿散结、治瘰疗疟的功效，可用于治疗瘰疬未溃、咳嗽痰脓、肺结核。

分布：罗城。

天葵属 ***Semiaquilegia***

天葵 *Semiaquilegia adoxoides* (DC.) Makino

药用部位及功效：全株具有消肿、解毒、利尿的功效，可用于治疗瘰疬、疝气、小便不利、肿毒、毒蛇咬伤。

分布：罗城。

唐松草属 ***Thalictrum***

尖叶唐松草 *Thalictrum acutifolium* (Hand.-Mazz.) B. Boivin

药用部位及功效：全株、根、根茎具有消肿、解毒、明目、止泻、凉血的功效，可用于治疗下痢腹痛、目红肿痛、眼睛发黄、全身黄肿。

分布：罗城。

盾叶唐松草 *Thalictrum ichangense* Lecoy. ex Oliv.

药用部位及功效：全株味苦，性寒，具有清热解毒、祛风的功效，可用于治疗小儿惊风抽搐、鹅口疮、游风丹毒、跌打损伤。

分布：凤山、罗城、环江。

金鱼藻科 Ceratophyllaceae

金鱼藻属 *Ceratophyllum*

金鱼藻 *Ceratophyllum demersum* L.

药用部位及功效：全株味甘、淡，性凉，具有凉血止血、清热利尿的功效，可用于治疗咯血、衄血、尿血、便血、腮腺炎、小便不利。

分布：环江。

睡莲科 Nymphaeaceae

芡属 *Euryale*

芡实 *Euryale ferox* Salisb. ex K. D. Koenig et Sims

药用部位及功效：根可用于治疗疝气、白浊、白带异常、无名肿毒。叶可用于治疗胞衣不下、吐血。花梗具有止烦渴、除虚热的功效。种仁具有益肾固精、补脾止泻、祛湿止带的功效，可用于治疗梦遗、滑精、遗尿、尿频、脾虚久泻、白浊、带下病。

分布：罗城。

莲属 *Nelumbo*

莲 *Nelumbo nucifera* Gaertn.

药用部位及功效：根茎节（藕节）、叶、雄蕊（莲须）味甘、涩，性平，具有清暑、止血、化湿、通乳的功效，可用于治疗暑湿烦渴、心悸失眠、肠炎、咯血、便血、热淋、乳汁不通。种子（莲子）味甘、涩，性平，具有养心安神、补脾止泻、益肾涩精的功效，可用于治疗脾虚久泻、遗精。种子中的幼叶及胚根（莲子心）味甘、苦，性凉，具有清心健脾的功效，可用于治疗心烦失眠、高血压、热病口渴。

分布：金城江、宜州、南丹、天峨、凤山、东兰、罗城、环江、巴马、都安、大化。

睡莲属 *Nymphaea*

睡莲 *Nymphaea tetragona* Georgi

药用部位及功效：根茎可用于治疗肾炎。花味甘、苦，性平，具有消暑、解酒定惊的功效，可用于治疗中暑、醉酒烦渴、小儿惊风。

分布：金城江、宜州、南丹、天峨、凤山、东兰、罗城、环江、巴马、都安、大化。

小檗科 Berberidaceae

小檗属 *Berberis*

林地小檗 *Berberis nemorosa* Schneid.

药用部位及功效：根、茎可用于治疗上呼吸道感染、支气管肺炎、黄疸、肺炎、痢疾、胃肠炎、副伤寒、肝硬化腹水、泌尿系统感染、急性肾炎。

分布：罗城。

单花小檗 *Berberis uniflora* F. N. Wei et Y. G.Wei

药用部位及功效：根、茎味苦，性寒，具有清热燥湿、泻火解毒的功效，可用于治疗上呼吸道感染、支气管炎、黄疸、消化不良、痢疾、胃肠炎、肝硬化腹水、泌尿系统感染、急性肾炎。

分布：环江。

鬼臼属 *Dysosma*

小八角莲 *Dysosma difformis* (Hemsl. et E. H. Wilson) T. H. Wang

药用部位及功效：根茎味甘、苦，性凉，有毒，具有清热解毒、活血化瘀的功效，可用于治疗咽喉肿痛、瘰疬、跌打损伤、痈疮肿毒、毒蛇咬伤。

分布：环江。

六角莲 *Dysosma pleiantha* (Hance) Woodson

药用部位及功效：根茎有毒，具有清热解毒、祛瘀消肿、化痰散结的功效，可用于治疗痈肿疔疮、瘰疬、咽痛、跌打损伤、毒蛇咬伤。

分布：罗城。

八角莲 *Dysosma versipellis* (Hance) M. Cheng

药用部位及功效：根、根茎味甘、微苦，性凉，有小毒，具有清热解毒、活血散瘀、消肿止痛的功效，可用于治疗蛇虫咬伤、跌打损伤、痈疮疖肿、淋巴结结核。

分布：罗城、环江。

淫羊藿属 *Epimedium*

粗毛淫羊藿 *Epimedium acuminatum* Franch.

药用部位及功效：全株味辛、甘，性温，具有补肾阳、强筋骨、祛风除湿的功效，可用于治疗肾虚腰痛、风湿痹痛。

分布：环江。

三枝九叶草 *Epimedium sagittatum* (Sieb. et Zucc.) Maxim.

药用部位及功效：全株味辛、甘，性温，具有温肾壮阳、祛风除湿的功效，可用于治疗阳痿早泄、小便失禁、腰膝无力、风湿痹痛、更年期高血压、白带异常、月经不调。

分布：天峨、罗城、环江。

十大功劳属 *Mahonia*

阔叶十大功劳 *Mahonia bealei* (Fortune) Carr.

药用部位及功效：根、茎具有清热解毒、泻火凉血、除湿消肿的功效，可用于治疗湿热下痢、黄疸性肝炎、痢疾、胃火牙痛、目赤肿痛、痈疽疔毒、衄血。叶具有清热补虚、止咳化痰的功效，可用于治疗骨蒸潮热、头晕耳鸣、目赤。果具有清热、理湿的功效，可用于治疗骨蒸潮热、泄泻、崩漏、淋浊。

分布：凤山、罗城。

短序十大功劳 *Mahonia breviracema* Y. S. Wang et P. G. Hsiao

药用部位及功效：根、茎味苦，性寒，具有清热燥湿、泻火解毒的功效，可用于治疗肺结核潮热、腰膝酸软、头晕耳鸣、痢疾、湿热腹泻、黄疸、妇科炎症、久咳、目赤肿痛。

分布：罗城。

长柱十大功劳 *Mahonia duclouxiana* Gagnep.

药用部位及功效：根、茎味苦，性寒，具有清热燥湿、消肿解毒的功效，可用于治疗腰膝酸软、头晕耳鸣、湿热痢疾、腹泻、黄疸、肺癌咯血、咽痛、目赤肿痛、疮疡、湿疹。

分布：天峨、凤山、环江。

宽苞十大功劳 *Mahonia eurybracteata* Fedde

药用部位及功效：根具有清肺热、泻火的功效。

分布：环江。

沈氏十大功劳 *Mahonia shenii* Chun

药用部位及功效：根、茎具有清心胃火、解毒的功效，可用于治疗阳黄、热痢、目赤、急性胃肠炎、尿路感染，外用可治疗枪伤、烧烫伤。

分布：环江。

南天竹属 *Nandina*

南天竹 *Nandina domestica* Thunb.

药用部位及功效：根、茎味苦，性寒，具有清热除湿、通经活络的功效，可用于治疗湿热型黄疸、肺热咳嗽、急性胃肠炎、尿路感染。果味苦，性平，有小毒，具有止咳平喘的功效，可用于治疗咳嗽、哮喘、百日咳。

分布：罗城、环江。

木通科 Lardizabalaceae

木通属 *Akebia*

三叶木通 *Akebia trifoliata* (Thunb.) Koidz.

药用部位及功效：根、茎、果味苦，性凉，具有泻火行水、通利血脉、祛风通络、行气活血、补肝肾、强筋骨的功效。根可用于治疗风湿痹痛、跌打损伤、闭经、疝气、睾丸肿痛、脘腹胀闷、小便不利、带下病、蛇虫咬伤。茎可用于治疗湿热、小便不利、淋浊、水肿、闭经、乳汁不通、风湿骨痛、关节红肿疼痛。果可用于治疗心胃气痛、肝区痛、疝痛、瘰疬。

分布：天峨、凤山、罗城、环江、都安。

白木通 *Akebia trifoliata* subsp. *australis* (Diels) T. Shimizu

药用部位及功效：根、藤茎（木通）具有清热利尿、通经活络、镇痛、排脓、通乳的功效。果（预知子）具有疏肝理气、活血止痛、利尿、杀虫的功效，可用于治疗脘胁胀痛、闭经、痛经、小便不利、蛇虫咬伤。

分布：南丹、罗城。

八月瓜属 *Holboellia*

鹰爪枫 *Holboellia coriacea* Diels

药用部位及功效： 根、藤茎味微苦，性寒，具有祛风除湿、活血止痛的功效，可用于治疗风湿筋骨痛。茎藤可作木通用，用于治疗跌打损伤。果可作预知子用，具有理气止痛的功效，可用于治疗疝气。

分布： 环江。

野木瓜属 *Stauntonia*

尾叶那藤 *Stauntonia obovatifoliola* subsp. *urophylla* (Hand.-Mazz.) H. N. Qin

药用部位及功效： 根、藤茎、果具有止痛、强心镇静、利尿、驱虫的功效，可用于治疗心脏病、外伤疼痛、内脏疼痛、手术后疼痛、头痛、神经痛、蛔虫病、鞭虫病。

分布： 罗城、环江。

大血藤科 Sargentodoxaceae

大血藤属 *Sargentodoxa*

大血藤 *Sargentodoxa cuneata* (Oliv.) Rehder et E. H. Wilson

药用部位及功效： 茎味苦，性平，具有清热解毒、活血、祛风、败毒消痈、杀虫的功效，可用于治疗风湿痹痛、关节不利、痛经、阑尾炎、食物中毒。

分布： 南丹、天峨、凤山、罗城、环江。

防己科 Menispermaceae

木防己属 *Cocculus*

樟叶木防己 *Cocculus laurifolius* DC.

药用部位及功效： 全株味辛、甘，性温，具有顺气宽胸、祛风止痛的功效，可用于治疗风湿骨痛、跌打内伤积瘀、肝硬化腹水、肝区痛、月经不调。

分布： 金城江、宜州、南丹、天峨、凤山、东兰、罗城、环江、巴马、都安、大化。

木防己 *Cocculus orbiculatus* (L.) DC.

药用部位及功效： 根茎具有祛风通络、消肿止痛、行水利尿、强筋壮骨的功效，可用于治疗风湿骨痛、风湿性心脏病、神经痛、咽喉肿痛、高血压、尿路感染、急性肾炎、水肿、肾炎性水肿、心脏性水肿、跌打损伤、痈肿疮疖、蛇虫咬伤。干燥茎叶具有祛风除湿、消肿的功效，可用于治疗风湿麻痹、痰湿流注、骨痛、发痧头痛、大头瘟。

分布： 金城江、宜州、南丹、天峨、凤山、东兰、罗城、环江、巴马、都安、大化。

轮环藤属 *Cyclea*

粉叶轮环藤 *Cyclea hypoglauca* (Schauer) Diels

药用部位及功效： 根、茎、叶味苦，性寒，有小毒，具有清热解毒、祛风止痛、利尿通淋的功效。根可用于治疗感冒发热、风火牙痛、咽痛、痢疾。茎、叶可用于治疗跌打损伤、毒蛇咬伤、痈疮肿毒。

分布： 天峨、罗城、环江、都安、大化。

黔桂轮环藤 *Cyclea insularis* subsp. *guangxiensis* H. S. Lo

药用部位及功效：根可用于治疗风湿痹痛。

分布：南丹、天峨、罗城。

轮环藤 *Cyclea racemosa* Oliv.

药用部位及功效：根、叶味苦，性寒，具有清热解毒、理气止痛的功效，可用于治疗脘腹疼痛、消化不良、吐泻、风湿痛、发痧、毒蛇咬伤。

分布：环江。

南轮环藤 *Cyclea tonkinensis* Gagnep.

药用部位及功效：根、藤茎具有清热解毒、消炎止痛的功效，可用于治疗风热咽炎、胃痛、腹痛、风湿痛、月经不调。

分布：罗城。

秤钩风属 *Diploclisia*

苍白秤钩风 *Diploclisia glaucescens* (Blume) Diels

药用部位及功效：茎味微苦，性寒，具有清热解毒、祛风除湿的功效，可用于治疗胸胁痛、小便不利、风湿骨痛、手足麻木。

分布：宜州、天峨、罗城、环江。

细圆藤属 *Pericampylus*

细圆藤 *Pericampylus glaucus* (Lam.) Merr.

药用部位及功效：全株、藤茎味苦，性凉，具有祛风除湿、镇静、解毒、止咳利咽、止血的功效，可用于治疗风湿麻木、腰痛、腹痛、痧证、小儿惊风、破伤风、咽痛、肺结核、毒蛇咬伤、跌打损伤、烧烫伤、疮疖。叶可用于治疗无名肿毒、骨折。

分布：金城江、宜州、南丹、天峨、凤山、东兰、罗城、环江、巴马、都安、大化。

千金藤属 *Stephania*

金线吊乌龟 *Stephania cephalantha* Hayata

药用部位及功效：块根味苦、辛，性凉，有小毒，具有清热解毒、祛风止痛、凉血止血的功效，可用于治疗咽喉肿痛、腮腺炎、胃腹胀痛、风湿骨痛、瘰疬、毒蛇咬伤。

分布：南丹、罗城、环江。

血散薯 *Stephania dielsiana* Y. C. Wu

药用部位及功效：块根味苦，性凉，有小毒，具有清热解毒、散瘀消肿、止痛的功效，可用于治疗胃痛、胃肠炎、吐泻、神经痛、牙痛、咽痛、瘰疬、乳痈、上呼吸道感染、跌打损伤、毒蛇咬伤、痈疮肿毒。

分布：罗城。

粪箕笃 *Stephania longa* Lour.

药用部位及功效：全株、根茎味苦，性寒，具有清热解毒、利湿通便、消疮肿的功效，可用于治疗热病发狂、黄疸、胃肠炎、痢疾、便秘、尿血、疮痈肿毒。

分布： 金城江、宜州、南丹、天峨、凤山、东兰、罗城、环江、巴马、都安、大化。

马山地不容 *Stephania mashanica* H. S. Lo et B. N. Chang

药用部位及功效： 块根味苦，性凉，具有止痛镇静、清热解毒的功效，可用于治疗胃痛、感冒头痛、咽痛、痢疾、疮痈肿毒、外伤疼痛。

分布： 宜州、环江、都安。

青牛胆属 *Tinospora*

青牛胆 *Tinospora sagittata* (Oliv.) Gagnep.

药用部位及功效： 块根味苦，性寒，具有清热解毒、利咽、止痛的功效，可用于治疗咽喉肿痛、痈疽疔毒、泄泻、痢疾、脘腹热痛。

分布： 金城江、宜州、南丹、天峨、凤山、东兰、罗城、环江、巴马、都安、大化。

马兜铃科 Aristolochiaceae

马兜铃属 *Aristolochia*

长叶马兜铃 *Aristolochia championii* Merr. et W. Y. Chun

药用部位及功效： 块根味苦，性寒，具有清热解毒的功效，可用于治疗泄泻、急性胃肠炎、痢疾、流行性腮腺炎。

分布： 南丹、环江。

管花马兜铃 *Aristolochia tubiflora* Dunn

药用部位及功效： 根味微苦、辛，性微寒，具有清热解毒、祛风止痛、利湿消肿的功效，可用于治疗疔疮痈肿、瘰疬、风湿性关节炎、胃痛、湿热淋证、水肿、痢疾、肝炎、毒蛇咬伤。

分布： 环江。

细辛属 *Asarum*

尾花细辛 *Asarum caudigerum* Hance

药用部位及功效： 全株味苦、辛，性温，有小毒，可用于治疗风湿痹痛、乳腺炎、跌打损伤、毒蛇咬伤。

分布： 南丹、凤山、罗城、环江。

地花细辛 *Asarum geophilum* Hemsl.

药用部位及功效： 全株味辛，性温，具有疏风散寒、宣肺止咳的功效，可用于治疗风湿感冒、咳嗽、哮喘、风湿痹痛、腮腺炎、扁桃体炎。

分布： 金城江、宜州、南丹、凤山、东兰、罗城、环江、都安、大化。

胡椒科 Piperaceae

草胡椒属 *Peperomia*

石蝉草 *Peperomia blanda* (Jacq.) Kunth

药用部位及功效： 全株味辛，性凉，具有清热解毒、活血祛瘀、消肿止痛、止咳润肺的功效，可用于治疗支气管炎、肺结核、咳嗽、哮喘、肾炎性水肿、烧烫伤、跌打损伤。

分布：金城江、东兰、罗城、环江、都安、大化。

硬毛草胡椒 *Peperomia cavaleriei* C. DC.

药用部位及功效：全株可用于治疗皮肤瘙痒。

分布：天峨、罗城、都安、大化。

胡椒属 ***Piper***

蒌叶 *Piper betle* L.

药用部位及功效：茎、果具有温中行气、祛风散寒、消肿止痛、化痰燥湿、杀虫止痒的功效，可用于治疗风寒咳嗽、胃寒痛、消化不良、腹胀、虫病、吐泻、疮疖、湿疹，亦可用作咀嚼剂，外用可治疗手足肿痛、耳痛、刀伤、背痈、疖毒、杨梅疮、痔漏。叶具有祛风燥湿、杀虫止痒的功效，可用于治疗风寒咳嗽、胃痛、脚气病、疥癞、脚癣、烫伤。

分布：金城江、宜州、南丹、天峨、凤山、东兰、罗城、环江、巴马、都安、大化。

苎叶蒟 *Piper boehmeriifolium* (Miq.) Wall. ex C. DC.

药用部位及功效：全株味辛，性温，具有祛风消肿、活血通经、温中散寒、止血、镇痛、舒筋活络的功效，可用于治疗风湿骨痛、跌打损伤、胃痛、感冒、痛经、毒蛇咬伤、月经不调。果可用于治疗风湿病、月经不调。

分布：天峨、罗城、环江。

复毛胡椒 *Piper bonii* C. DC.

药用部位及功效：全株味辛，性温，具有活血通经、祛风消肿、温中散寒的功效，可用于治疗跌打损伤、风湿病、腹痛、胃痛、牙痛、痛经、感冒、流行性感冒、毒蛇咬伤。

分布：天峨、罗城、环江。

山蒟 *Piper hancei* Maxim.

药用部位及功效：全株味辛，性温，具有祛风除湿、消肿止痛的功效，可用于治疗风湿痹痛、手足麻木、胃寒腹痛、跌打损伤。

分布：罗城、环江。

毛蒟 *Piper hongkongense* C. DC.

药用部位及功效：全株味辛，性温，具有祛风除湿、强腰膝、止痛、止咳的功效，可用于治疗风湿麻痹、风寒骨痛、腰膝无力、肌肉萎缩、扭挫伤、风寒感冒、咳嗽气喘。

分布：环江。

风藤 *Piper kadsura* (Choisy) Ohwi

药用部位及功效：藤茎具有祛风除湿、通经活络、理气止痛的功效，可用于治疗风寒湿痹、关节疼痛、经脉拘挛、屈伸不利。

分布：罗城。

荜拔 *Piper longum* L.

药用部位及功效：果穗味辛，性热，具有温中、散寒、止痛的功效，可用于治疗胃寒腹痛、呕吐、腹泻、偏头痛、副鼻窦炎、牙痛。

分布：金城江、宜州、南丹、天峨、凤山、东兰、罗城、环江、巴马、都安、大化。

变叶胡椒 *Piper mutabile* C. DC.

药用部位及功效：全株可用于治疗风湿痹痛、扭挫伤、风寒感冒、咳嗽、跌打损伤。

分布：罗城。

假蒟 *Piper sarmentosum* Roxb.

药用部位及功效：全株或根、茎、叶、果穗味苦，性温。全株、果具有行气止痛、化湿消肿、活血、消滞化痰的功效，可用于治疗风湿骨痛、风寒感冒、头痛、牙痛、胃痛、腹痛、疝气疼痛、食欲不振、扭挫伤、外伤出血。全株的水煎剂在泰国南部用于治疗糖尿病。叶具有温中行气、祛风消肿、止咳的功效，可用于治疗胃寒痛、腹痛气胀、风湿腰痛、产后气虚脚肿、跌打肿痛、外伤出血。根可用于治疗疟疾等。

分布：金城江、宜州、南丹、天峨、凤山、东兰、罗城、环江、巴马、都安、大化。

石南藤 *Piper wallichii* (Miq.) Hand.-Mazz.

药用部位及功效：全株味辛，性温。全株、茎、叶具有祛风除湿、通经活络、强腰膝、止咳、止痛、补肾、补虚镇咳的功效，可用于治疗胃炎、咳嗽气喘、风寒感冒、腰腿无力、扭挫伤、痛经。

分布：天峨、罗城、环江、都安。

三白草科 Saururaceae

裸蒴属 *Gymnotheca*

裸蒴 *Gymnotheca chinensis* Decne.

药用部位及功效：全株味辛，性微温，具有清热解毒、祛风活血、利湿、消肿利尿、止带的功效，可用于治疗肺虚久咳、劳伤咳嗽、小便淋痛、水肿、带下病、风湿病、慢性痢疾，外用可治疗跌打损伤、内伤、乳腺炎、蜈蚣咬伤。

分布：天峨、东兰、环江。

蕺菜属 *Houttuynia*

蕺菜 *Houttuynia cordata* Thunb.

药用部位及功效：全株味辛，气腥，性微寒，具有清热解毒、化痰止咳、利尿消肿的功效，可用于治疗感冒咳嗽、气管炎、肺炎、百日咳、肺脓疡、胸膜炎、盆腔炎、肾炎、尿路感染、乳腺炎、白带异常、荨麻疹、疮疖。

分布：金城江、宜州、南丹、天峨、凤山、东兰、罗城、环江、巴马、都安、大化。

三白草属 *Saururus*

三白草 *Saururus chinensis* (Lour.) Baill.

药用部位及功效：全株味甘、辛，性寒，具有清热解毒、利尿消肿的功效，可用于治疗湿热白带、脚气病水肿、尿路感染、肾炎性水肿、胃下垂、子宫脱垂、湿疹、痈疮肿毒、毒蛇咬伤。

分布：金城江、宜州、南丹、天峨、凤山、东兰、罗城、环江、巴马、都安、大化。

金粟兰科 Chloranthaceae

金粟兰属 *Chloranthus*

鱼子兰 *Chloranthus erectus* (Buch.-Ham.) Verdc.

药用部位及功效：全株味辛、微苦，性温，具有通经活络、祛瘀止血的功效，可用于治疗感冒、肾结石、尿路结石、子宫脱垂、跌打损伤、风湿麻木、关节炎、偏头痛。鲜叶捣烂外敷可治疗骨折。

分布：凤山、环江。

宽叶金粟兰 *Chloranthus henryi* Hemsl.

药用部位及功效：全株、根味辛，性温，具有祛风除湿、活血散瘀、解毒的功效，可用于治疗风湿痹痛、肢体麻木、风寒咳嗽、跌打损伤、疮肿、毒蛇咬伤。

分布：环江。

多穗金粟兰 *Chloranthus multistachys* S. J. Pei

药用部位及功效：全株、根具有活血散瘀、祛风解毒的功效，可用于治疗跌打损伤、腰腿痛、感冒、带下病、疖肿、皮肤瘙痒。

分布：罗城。

及已 *Chloranthus serratus* (Thunb.) Roem. et Schult.

药用部位及功效：全株具有舒筋活络、活血散瘀、祛风止痛、消肿解毒的功效，可用于治疗跌打损伤、痈疮、无名肿毒、风湿痛、毒蛇咬伤。

分布：罗城、环江。

四川金粟兰 *Chloranthus sessilifolius* K. F. Wu

药用部位及功效：根、根茎具有活血通经、散瘀止痛的功效，可用于治疗跌打损伤、瘀血疼痛。

分布：南丹、罗城、环江。

金粟兰 *Chloranthus spicatus* (Thunb.) Makino

药用部位及功效：全株、根、茎、叶具有祛风除湿、接筋骨、活血散瘀、杀虫、止痒、止痛的功效，可用于治疗感冒、风湿性关节炎、跌打损伤、刀伤出血、筋脉拘挛、癫痫、子宫脱垂，外用可治疗疔疮。

分布：南丹、罗城、环江。

草珊瑚属 *Sarcandra*

草珊瑚 *Sarcandra glabra* (Thunb.) Nakai

药用部位及功效：全株、根味辛、苦，性平，具有祛风除湿、活血散瘀、清热解毒的功效，可用于治疗跌打损伤、骨折、风湿性关节炎、胃痛、阑尾炎。

分布：金城江、宜州、南丹、天峨、凤山、东兰、罗城、环江、巴马、都安、大化。

罂粟科 Papaveraceae

博落回属 *Macleaya*

博落回 *Macleaya cordata* (Willd.) R. Br.

药用部位及功效：全株、根味苦、辛，性寒，有大毒，具有祛风、散瘀消肿、镇痛解毒、杀虫的功效，外用可杀蛆虫及治疗风湿关节肿痛、痈疖疔毒脓肿、跌打损伤、中耳炎、阴痒、滴虫性阴道炎、湿疹、烧烫伤、顽癣。

分布：东兰。

紫堇科 Fumariaceae

紫堇属 *Corydalis*

北越紫堇 *Corydalis balansae* Prain

药用部位及功效：全株味苦，性凉，具有清热解毒、消肿拔毒的功效，可用于治疗跌打损伤、痈疮肿毒，外用可止痛。

分布：金城江、宜州、南丹、天峨、凤山、东兰、罗城、环江、巴马、都安、大化。

籽纹紫堇 *Corydalis esquirolii* H. Lév.

药用部位及功效：全株具有清热、止痛的功效。根、根茎具有清热退黄、祛风除湿、健胃、止痛的功效，可用于治疗心胃气痛、胆经热病、目黄、身黄、溲黄、胸胁胀满、食欲不振、风湿痹痛、肢节疼痛、跌打损伤。

分布：金城江、环江。

石生黄堇（岩黄连） *Corydalis saxicola* Bunting

药用部位及功效：全株味苦，性凉，具有清热解毒、利湿、止痛止血的功效，可用于治疗急性黄疸性肝炎、跌打损伤、痈疮肿毒、口舌糜烂、急性结膜炎、目翳、痢疾、腹泻、腹痛、痔疮出血。

分布：东兰、罗城、环江、都安、巴马。

地锦苗 *Corydalis sheareri* Hand.-Mazz. f. *sheareri*

药用部位及功效：块根味苦，性寒，有小毒，具有清热解毒、止痛消肿的功效，可用于治疗黄疸性肝炎、肾炎、跌打损伤、痈疮疖肿、毒蛇咬伤。

分布：东兰、罗城。

白花菜科 Cleomaceae

山柑属 *Capparis*

广州山柑 *Capparis cantoniensis* Lour.

药用部位及功效：根可用于治疗风湿骨痛、跌打损伤。种子味苦，性寒，具有清热解毒、止咳、止痛的功效，可用于治疗咽喉肿痛、肺热咳嗽、胃脘热痛、跌打损伤、疥癣。

分布：罗城、环江。

马槟榔 *Capparis masaikai* H. Lév.

药用部位及功效：根和种子味苦、甘，性寒。种仁具有清热解毒、催产、生津止渴的功效，可用于治疗咽痛、热病口渴、疟疾、肿毒恶疮、淋巴肉瘤、难产、麻疹。

分布：南丹、天峨、凤山、都安、大化。

无柄山柑 *Capparis subsessilis* B. S. Sun

药用部位及功效：叶可用于治疗毒蛇咬伤。

分布：宜州、环江。

鱼木属 *Crateva*

台湾鱼木 *Crateva formosensis* (M. Jacobs) B. S. Sun

药用部位及功效：根、茎可用于治疗痢疾、胃病、风湿病、月内风。叶可用于治疗肠炎、痢疾、感冒。

分布：罗城。

十字花科 Cruciferae

芸苔属 *Brassica*

油白菜 *Brassica chinensis* var. *oleifera* Makino et Nemoto

药用部位及功效：种子具有破血行气、散结消肿、催生的功效，可用于治疗难产、产后瘀阻、心腹作痛、绞肠痧，外敷可用于治疗痈肿丹毒，煎洗可用于治疗小儿游风。

分布：金城江、罗城、环江。

芥菜 *Brassica juncea* (L.) Czern.

药用部位及功效：茎、叶味辛，性温。全株、种子具有平肝明目、止血、化痰、平喘、消肿止痛的功效。种子还具有温中散寒、通络、解毒的功效，可用于治疗寒痰喘咳、胸胁胀痛、痰滞经络、关节麻木、痛经、痰湿流注、阴疽肿毒、胃寒吐食、心腹疼痛、痛痹、喉痹。嫩茎、嫩叶具有宣肺祛痰、温中利气的功效，可用于治疗寒饮内盛、咳嗽痰滞、胸膈满闷。

分布：罗城、环江。

甘蓝 *Brassica oleracea* L. var. *capitata* L.

药用部位及功效：叶具有益肾壮骨、益心添脑、利五脏、止痛的功效，可用于治疗溃疡病痛及促进伤口愈合。

分布：金城江、宜州、南丹、天峨、凤山、东兰、罗城、环江、巴马、都安、大化。

白花甘蓝 *Brassica oleracea* L. var. *albiflora* Kuntze

药用部位及功效：全株味甘，性平，具有益脾和胃、缓急止痛的功效，可用于治疗胃及十二指肠溃疡、关节屈伸不利、睡眠不佳、多梦易醒。

分布：金城江、宜州、南丹、天峨、凤山、东兰、罗城、环江、巴马、都安、大化。

擘蓝 *Brassica oleracea* L. var. *gongylodes* L.

药用部位及功效：球茎、叶、种子味甘、辛、微苦，性温。球茎、叶具有利尿消肿、解毒的功效，可用于治疗热毒风肿、脾虚火盛、淋浊、便血、脑漏。球茎皮具有化痰的功效。叶、种子可用于治疗食积、恶疮、十二指肠溃疡。

分布：金城江、宜州、南丹、天峨、凤山、东兰、罗城、环江、巴马、都安、大化。

白菜 *Brassica rapa* L. var. *glabra* Regel

药用部位及功效：全株味甘，性平，具有消食下气、利肠胃、利尿的功效，可用于治疗食积、淋病，外用可治疗流行性腮腺炎、漆疮。

分布：金城江、宜州、南丹、天峨、凤山、东兰、罗城、环江、巴马、都安、大化。

芸苔 *Brassica rapa* L. var. *oleifera* DC.

药用部位及功效：全株味辛，性凉，具有散血、消肿的功效。茎、叶具有散血消肿的功效，可用于治疗劳伤出血、痈肿疮毒、乳痈、产后血滞腹痛、血痢、痔漏。种子具有行血散瘀、消肿散结的功效，可用于治疗丹毒、产后瘀血腹痛、恶露不净、痢疾、便秘、疮肿。

分布：金城江、宜州、南丹、天峨、凤山、东兰、罗城、环江、巴马、都安、大化。

荠属 *Capsella*

荠 *Capsella bursa-pastoris* (L.) Medik.

药用部位及功效：全株味甘，性平，具有清热解毒、凉血利尿、平肝降压的功效，可用于治疗肾炎性水肿、尿路感染、乳糜尿、感冒发热、高血压、衄血、便血、肺结核咯血、子宫出血、月经过多。

分布：金城江、宜州、南丹、天峨、凤山、东兰、罗城、环江、巴马、都安、大化。

碎米荠属 *Cardamine*

弯曲碎米荠 *Cardamine flexuosa* With.

药用部位及功效：全株味甘，性平，具有清热利湿、养心安神、收敛、止带、消炎的功效，可用于治疗痢疾、淋证、小便涩痛、风湿性心脏病、膀胱炎、心悸、失眠、带下病，外用可治疗疔疮。

分布：凤山、环江、巴马。

碎米荠 *Cardamine hirsuta* L.

药用部位及功效：全株味甘，性平，具有清热解毒、祛风除湿、利尿的功效，可用于治疗痢疾、泄泻、腹胀、带下病、乳糜尿、外伤出血。

分布：南丹、天峨、东兰、罗城、环江、都安。

水田碎米荠 *Cardamine lyrata* Bunge

药用部位及功效：全株具有清热解毒、凉血、明目祛翳、调经的功效，可用于治疗痢疾、吐血、目翳、目赤、月经不调。

分布：罗城。

独行菜属 *Lepidium*

北美独行菜 *Lepidium virginicum* L.

药用部位及功效：种子味甘，性平。全株具有驱虫、消积的功效，可用于治疗虫积腹胀。北美洲将其用作抗维生素C缺乏症药。玛雅人曾用根煎剂治疗感冒和咳嗽。种子具有下气行水、止咳、平喘、退热、利尿消肿的功效，可用于治疗水肿、痰喘、咳嗽、胸胁胀痛、肺源性心脏病、尿少、小便淋痛、水肿、疟疾。

分布：罗城、环江。

萝卜属 *Raphanus*

萝卜 *Raphanus sativus* L.

药用部位及功效：根、叶、种子味辛，性凉，具有消食、宽胸下气、化痰止咳、通便、清热解毒的功效，可用于治疗食积胀满、咳嗽痰多、痢疾、热淋、砂淋、冻疮、跌打损伤。

分布：金城江、宜州、南丹、天峨、凤山、东兰、罗城、环江、巴马、都安、大化。

蔊菜属 *Rorippa*

无瓣蔊菜 *Rorippa dubia* (Pers.) H. Hara

药用部位及功效：全株味甘、淡，性凉，具有清热解毒、止咳化痰、平喘、利尿、活血通络、散瘀消肿的功效，可用于治疗慢性支气管炎、咽痛、感冒发热、咳嗽、闭经、风湿关节肿痛、小便不利、痈疮肿毒、干血痨、麻疹不透、跌打损伤。

分布：东兰、环江。

蔊菜 *Rorippa indica* (L.) Hiern

药用部位及功效：全株味甘、淡，性凉，具有清热解毒、止咳化痰、消炎止痛、通经活血、消肿利尿、祛寒健胃的功效，可用于治疗感冒发热、慢性支气管炎、咳嗽、咽痛、牙痛、麻疹透发不畅、风湿关节肿痛、糖尿病、闭经、小便不利、淋证、黄疸、腹水水肿、跌打损伤、疔疮肿毒、毒蛇咬伤。

分布：凤山、罗城。

堇菜科 Violaceae

堇菜属 *Viola*

戟叶堇菜 *Viola betonicifolia* Sm.

药用部位及功效：全株具有清热解毒、祛瘀止痛、利湿的功效，可用于治疗肠痈、疔疮肿毒、瘰疬、淋浊、黄疸、痢疾、目赤、喉痹、刀伤出血、烧烫伤、毒蛇咬伤。

分布：罗城。

七星莲 *Viola diffusa* Ging.

药用部位及功效：全株味苦，性寒，具有清热解毒、消肿止痛、祛风、利尿的功效，可用于治疗风热咳嗽、痢疾、淋浊、痈肿疮毒、睑腺炎、烫伤、肝炎、百日咳、跌打损伤、蛇虫咬伤。

分布：金城江、宜州、南丹、天峨、凤山、东兰、罗城、环江、巴马、都安、大化。

柔毛堇菜 *Viola fargesii* H. Boissieu

药用部位及功效：全株味辛、苦，性寒，具有清热解毒、祛瘀生新的功效，可用于治疗疮疖、乳痈、骨折、跌打损伤、无名肿毒。

分布：罗城、环江。

长萼堇菜 *Viola inconspicua* Blume

药用部位及功效：全株味苦、微辛，性寒，具有清热解毒、散瘀消肿的功效，可用于治疗肠痈、疔疮、红肿疮毒、黄疸、淋浊、目赤生翳。

分布：罗城、环江。

紫花地丁 *Viola philippica* Sasaki

药用部位及功效：全株味微苦，性寒，具有清热解毒、凉血消肿的功效，可用于治疗痈疽发背、痈疖肿毒、丹毒、毒蛇咬伤。

分布：东兰、罗城。

庐山堇菜 *Viola stewardiana* W. Becker

药用部位及功效：全株具有清热解毒、消肿止痛的功效。

分布：罗城。

三角叶堇菜 *Viola triangulifolia* W. Becker

药用部位及功效：全株具有清热利湿、解毒的功效，可用于治疗结膜炎、目赤。

分布：罗城、环江、都安、大化。

远志科 Polygalaceae

远志属 *Polygala*

尾叶远志 *Polygala caudata* Rehder et E. H. Wilson

药用部位及功效：根味甘，性平，具有止咳、平喘、清热利湿、通淋的功效，可用于治疗咳嗽、哮喘、支气管炎、黄疸、肝炎、尿血。

分布：环江。

华南远志 *Polygala chinensis* L.

药用部位及功效：全株具有清热解毒、消积、祛痰止咳、活血散瘀的功效，可用于治疗咳嗽胸痛、咽炎、支气管炎、肺结核咳嗽、百日咳、肝炎、黄疸、小儿疳积、赤白痢疾、小儿麻痹后遗症，外用可治疗痈疽、疖肿、跌打损伤、毒蛇咬伤。

分布：环江。

黄花倒水莲 *Polygala crotalarioides* Buch.-Ham. ex DC.

药用部位及功效：根、茎、叶味甘，性平，具有补气血、强筋骨、活血调经、清肺利湿的功效，可用于治疗病后或产后虚弱、贫血、营养不良性水肿、肾虚腰痛、神经衰弱、月经不调、血崩、子宫脱垂、肾炎性水肿。

分布：凤山、罗城、环江。

肾果小扁豆 *Polygala furcata* Royle

药用部位及功效：全株可用于治疗小儿疳积。

分布：南丹、凤山、罗城、环江。

瓜子金 *Polygala japonica* Houtt.

药用部位及功效：全株、根味辛、苦，性平，有小毒，具有清热解毒、化痰止咳、活血散瘀、止痛的功效，可用于治疗咽炎、扁桃体炎、口腔炎、咳嗽痰多、小儿肺炎、小儿疳积、小儿高热惊风、骨髓炎、跌打损伤、毒蛇咬伤、疮疖肿痛。

分布：罗城、环江。

密花远志 *Polygala karensium* Kurz

药用部位及功效：根、叶味辛、苦，性温，具有宁心安神的功效，可用于治疗心神不安、惊悸、失眠健忘、体虚倦怠乏力。

分布：环江。

长毛籽远志 *Polygala wattersii* Hance

药用部位及功效：根、树皮、叶味微甘、涩，性温，具有活血解毒的功效，可用于治疗乳腺炎、跌打损伤。

分布： 金城江、南丹、凤山、罗城、环江。

齿果草属 *Salomonia*

齿果草 *Salomonia cantoniensis* Lour.

药用部位及功效： 全株味辛，性平，具有活血散瘀、解毒、止痛、去翳的功效，可用于治疗无名肿毒、牙痛、眼生白膜、肾炎、风湿性关节炎、跌打损伤、血崩、骨折。

分布： 环江。

景天科 Crassulaceae

落地生根属 *Bryophyllum*

落地生根 *Bryophyllum pinnatum* (L. f.) Oken

药用部位及功效： 全株、根味微苦、酸，性寒，具有凉血止血、拔毒生肌、消肿的功效，可用于治疗咽喉肿痛、吐血、痈疮肿毒、烧烫伤、跌打损伤。

分布： 金城江、宜州、南丹、天峨、凤山、东兰、罗城、环江、巴马、都安、大化。

景天属 *Sedum*

珠芽景天 *Sedum bulbiferum* Makino

药用部位及功效： 全株味酸、涩，性凉，具有散寒理气的功效，可用于治疗寒热疟疾、食积腹痛、风湿瘫痪及瘟疫发疹。

分布： 罗城、环江。

凹叶景天 *Sedum emarginatum* Migo

药用部位及功效： 全株味苦、酸，性凉，具有清热解毒、凉血止血、利湿的功效，可用于治疗痈疖、疔疮、带状疱疹、瘰疬、咯血、吐血、衄血、便血、痢疾、黄疸、崩漏、带下病。

分布： 罗城、环江。

垂盆草 *Sedum sarmentosum* Bunge

药用部位及功效： 全株味甘、淡，性凉，具有清热利湿、解毒消肿、止血生肌的功效，可用于治疗黄疸性肝炎、痢疾、咽喉肿痛、阑尾炎、热淋、烧烫伤、带状疱疹、疮疖肿毒、跌打损伤、毒蛇咬伤。

分布： 环江。

虎耳草科 Saxifragaceae

落新妇属 *Astilbe*

落新妇 *Astilbe chinensis* (Maxim.) Franch. et Sav.

药用部位及功效： 全株味苦，性凉，具有祛风除湿、强筋壮骨、活血祛瘀、止痛、镇咳的功效，可用于治疗筋骨痛、头痛、跌打损伤、毒蛇咬伤、咳嗽、小儿惊风、术后疼痛、胃痛、泄泻。

分布： 环江。

金腰属 *Chrysosplenium*

肾萼金腰 *Chrysosplenium delavayi* Franch.

药用部位及功效：全株具有清热解毒、熄风止痉、祛风解表、缓下、利胆、生肌、抗癌的功效，可用于治疗小儿惊风、小儿发风丹、急慢性中耳炎、疖肿、痈疮肿毒、外伤出血、烧烫伤，民间用其治疗恶性肿瘤。

分布：罗城。

梅花草属 *Parnassia*

鸡肫草 *Parnassia wightiana* Wall. ex Wight et Arn.

药用部位及功效：全株味淡，性凉，具有清肺止咳、补虚益气、利尿除湿、排石、解毒的功效，可用于治疗咳嗽吐血、咯血、疟疾、砂淋、肾结石、胆石症、痈疮肿毒、湿疮、湿疹、跌打损伤、带下病。

分布：环江。

虎耳草属 *Saxifraga*

虎耳草 *Saxifraga stolonifera* Curtis

药用部位及功效：全株味苦、辛，性寒，有小毒，具有清热解毒、凉血止血、消肿止痛的功效，可用于治疗中耳炎、外伤出血、耳郭溃烂、痈疮疖肿、腮腺炎。

分布：金城江、罗城、环江。

茅膏菜科 Droseraceae

茅膏菜属 *Drosera*

茅膏菜 *Drosera peltata* Sm. ex Willd.

药用部位及功效：全株味甘，性温，有毒，具有祛风通络、活血止痛的功效，可用于治疗跌打损伤、外伤出血、胃痛、赤白痢疾、小儿疳积，外用可治疗瘰疬。

分布：罗城。

沟繁缕科 Elatinaceae

田繁缕属 *Bergia*

倍蕊田繁缕 *Bergia ammannioides* Roxb. ex Roth.

药用部位及功效：全株可用于治疗口腔炎、小便淋痛、痈疖、毒蛇咬伤。

分布：金城江、宜州、南丹、天峨、凤山、东兰、罗城、环江、巴马、都安、大化。

石竹科 Caryophyllaceae

无心菜属 *Arenaria*

无心菜 *Arenaria serpyllifolia* L.

药用部位及功效：全株味辛，性平，具有清热解毒、明目的功效，可用于治疗目赤、急性结膜炎、咽痛、肺结核、咳嗽、牙龈肿痛、睑腺炎、毒蛇咬伤。

分布：环江。

荷莲豆草属 *Drymaria*

荷莲豆草 *Drymaria cordata* (L.) Willd. ex Schult.

药用部位及功效：全株味微酸、淡，性凉，具有清热解毒、利尿通便、活血消肿、消炎止痛、消食化积、退翳的功效，可用于治疗急性肝炎、黄疸、胃痛、疟疾、腹水、便秘、风湿、脚气病、尿路感染、小便不利、疮疖痈肿。

分布：金城江、宜州、南丹、天峨、凤山、东兰、罗城、环江、巴马、都安、大化。

鹅肠菜属 *Myosoton*

鹅肠菜 *Myosoton aquaticum* (L.) Moench

药用部位及功效：全株味酸，性平，具有清热解毒、散瘀消肿、活血通乳的功效，可用于治疗肺炎、痢疾、牙痛、高血压、乳汁不下、月经不调、痔疮肿痛、痈疮肿毒。

分布：凤山、东兰、罗城、环江。

漆姑草属 *Sagina*

漆姑草 *Sagina japonica* (Sw.) Ohwi

药用部位及功效：全株味苦、辛，性凉，具有提毒拔脓、利小便的功效，可用于治疗面寒痛、白秃疮、痈肿、瘰疬、龋齿、小儿乳积、跌打内伤、毒蛇咬伤、虚汗、盗汗、咳嗽、小便不利。

分布：环江。

繁缕属 *Stellaria*

雀舌草 *Stellaria alsine* Grimm

药用部位及功效：全株具有祛风散寒、发汗解表、活血止痛、续筋接骨、解毒消肿的功效，可用于治疗伤风感冒、痢疾、风湿骨痛、痔漏、跌打损伤、骨折、疔疮肿毒、毒蛇咬伤。

分布：罗城。

中国繁缕 *Stellaria chinensis* Regel

药用部位及功效：全株味苦、辛，性平，具有清热解毒、活血止痛的功效，可用于治疗湿热腹痛、风湿关节肿痛、小儿惊风、阑尾炎、跌打损伤、扭伤、疖肿、乳腺炎。

分布：环江。

繁缕 *Stellaria media* (L.) Vill.

药用部位及功效：全株味甘、酸，性凉，具有清热解毒、化瘀止痛、催乳的功效，可用于治疗肠炎、痢疾、肝炎、阑尾炎、产后瘀血腹痛、子宫收缩痛、牙痛、头发早白、乳汁不下、乳腺炎、跌打损伤、疮疡肿毒。

分布：金城江、宜州、南丹、天峨、凤山、东兰、罗城、环江、巴马、都安、大化。

马齿苋科 Portulacaceae

马齿苋属 *Portulaca*

马齿苋 *Portulaca oleracea* L.

药用部位及功效：地上部分味酸，性寒，具有清热解毒、凉血消肿的功效，可用于治疗细菌性痢疾、急性胃肠炎、小儿腹泻、尿路感染、肾炎、热淋、肺热咯血、腮腺炎、乳腺炎、疮疖肿痛、痔疮。

分布：金城江、宜州、南丹、天峨、凤山、东兰、罗城、环江、巴马、都安、大化。

土人参属 *Talinum*

土人参 *Talinum paniculatum* (Jacq.) Gaertn.

药用部位及功效：根、叶味甘，性平。根具有补中益气、润肺生津的功效，可用于治疗病后或产后虚弱、虚劳咳嗽、盗汗、脾虚泄泻、夜尿频多。叶具有通乳、治痈疖的功效。

分布：金城江、宜州、南丹、天峨、凤山、东兰、罗城、环江、巴马、都安、大化。

蓼科 Polygonaceae

金线草属 *Antenoron*

金线草 *Antenoron filiforme* (Thunb.) Roberty et Vautier var. *filiforme*

药用部位及功效：全株味辛、苦，性凉，有小毒，具有凉血止血、祛瘀止痛的功效，可用于治疗风湿骨痛、腰痛痢疾、胃痛、肺结核、咯血、吐血、子宫出血、产后血瘀腹痛、跌打损伤、骨折、淋巴结结核。

分布：金城江、宜州、南丹、天峨、凤山、东兰、罗城、环江、巴马、都安、大化。

短毛金线草 *Antenoron filiforme* (Thunb.) Roberty et Vautier var. *neofiliforme* (Nakai) A. J. Li

药用部位及功效：全株味辛、苦，性凉，有小毒，具有活血散瘀、理气止痛、调经的功效，可用于治疗月经不调、跌打肿痛、骨折、外伤出血。

分布：环江。

荞麦属 *Fagopyrum*

金荞麦 *Fagopyrum dibotrys* (D. Don) H. Hara

药用部位及功效：块根、茎、叶味微辛、涩，性凉，具有清热解毒、健胃消食、活血散瘀、消肿止痛的功效，可用于治疗咽喉肿痛、扁桃体炎、肺炎、肺脓肿、消化性溃疡、疮毒、单纯性甲状腺肿、跌打损伤、蛇虫咬伤。

分布：罗城、环江。

荞麦 *Fagopyrum esculentum* Moench

药用部位及功效：种子味甘，性寒，具有降血压、止血、健胃、收敛、止虚汗的功效，可用于防治中风及治疗高血压、毛细血管脆弱性出血、视网膜出血、肺出血。

分布：金城江、宜州、南丹、天峨、凤山、东兰、罗城、环江、巴马、都安、大化。

何首乌属 *Fallopia*

何首乌 *Fallopia multiflora* (Thunb.) Haraldson

药用部位及功效：块根（何首乌）味苦、甘、涩，性温，具有解毒、消痈、润肠通便的功效，可用于治疗瘰疬疮痈、风疹瘙痒、肠燥便秘、高血脂；制何首乌具有补肝肾、益精血、乌须发、强筋骨的功效，可用于治疗血虚萎黄、眩晕耳鸣、须发早白、腰膝酸软、肢体麻木、崩漏带下、久疟体虚、高血脂。藤茎（首乌藤）味甘，性平，具有养血安痛的功效，可用于治疗风湿痹痛，外用可治疗皮肤瘙痒。

分布：金城江、宜州、南丹、天峨、凤山、东兰、罗城、环江、巴马、都安、大化。

竹节蓼属 *Homalocladium*

竹节蓼 *Homalocladium platycladum* (F. Muell. ex Hook.) L. H. Bailey

药用部位及功效：全株味淡、涩，性微寒，具有清热解毒、行血祛瘀、消肿退黄、生肌、止痒、止痛的功效，可用于治疗痈疮肿毒、跌打损伤、毒蛇咬伤、蜈蚣咬伤。

分布：金城江、宜州、南丹、天峨、凤山、东兰、罗城、环江、巴马、都安、大化。

蓼属 *Polygonum*

毛蓼 *Polygonum barbatum* L.

药用部位及功效：全株味辛，性温，具有拔毒生肌、通淋的功效，杵碎后纳疮中可引脓血、生肌。根具有收敛的功效，可用于治疗肠炎。

分布：南丹、天峨、环江、都安。

头花蓼 *Polygonum capitatum* Buch.-Ham. ex D. Don

药用部位及功效：全株味苦、辛，性凉，具有清热解毒、祛风止痛、凉血利尿的功效，可用于治疗痢疾、肠炎、尿路感染、肾盂肾炎、尿血、尿路结石、湿疹、黄水疮、疮疖溃烂。

分布：天峨、罗城、环江。

火炭母 *Polygonum chinense* L. var. *chinense*

药用部位及功效：全株味微酸、微涩，性凉，具有清热解毒、消炎止痛、去腐生肌的功效，可用于治疗肠炎、痢疾、消化不良、扁桃体炎、咽炎、小儿脓疱疮、皮炎、湿疹、皮肤瘙痒、跌打损伤、疮疖肿痛。

分布：金城江、宜州、南丹、天峨、凤山、东兰、罗城、环江、巴马、都安、大化。

硬毛火炭母 *Polygonum chinense* L. var. *hispidum* Hook. f.

药用部位及功效：全株味微酸、微涩，性凉，具有清热解毒、利湿止痒、明目退翳的功效，可用于治疗痢疾、肠炎、扁桃体炎、咽炎，外用可治疗角膜云翳、宫颈炎、霉菌性阴道炎、皮炎、湿疹。

分布：环江。

水蓼 *Polygonum hydropiper* L.

药用部位及功效：全株味辛、苦，性平，具有清热解毒、利湿利尿、止痢止痒的功效，可用于治疗痢疾、泄泻、中暑腹痛。根具有祛风除湿、活血解毒的功效，可用于治疗痢疾、泄泻、脘腹绞痛、风湿骨痛、月经不调、湿疹。果具有温中利尿、破瘀散结的功效，可用于治疗吐泻腹痛、症结痞胀、水气浮肿、痈肿疮疡、瘰疬。

分布：金城江、宜州、南丹、天峨、凤山、东兰、罗城、环江、巴马、都安、大化。

柔茎蓼 *Polygonum kawagoeanum* Makino

药用部位及功效：全株可用于治疗跌打损伤。

分布：环江。

酸模叶蓼 *Polygonum lapathifolium* L.

药用部位及功效：全株味辛，性温，具有清热解毒、除湿化滞、止痢、杀虫、消炎、利尿、消肿、止痒的功效，可用于治疗痢疾、肠炎、风湿病，外用可治疗湿疹、瘰疬、各种疮毒。

分布：天峨、东兰、罗城、环江。

掌叶蓼 *Polygonum palmatum* Dunn.

药用部位及功效：全株具有止血化瘀、清热利湿、拔毒的功效，可用于治疗血崩、月经过多、吐血、衄血、血痢，外用可治疗外伤出血、痈疮肿毒、疥癣。

分布：罗城。

小蓼花 *Polygonum muricatum* Meissn.

药用部位及功效：全株具有清热解毒、祛风除湿、活血止痛的功效，可用于治疗痈疮肿毒、头疮脚癣、皮肤瘙痒、痢疾、风湿痹痛、腰痛、神经痛、跌打损伤、瘀血肿痛、月经不调。

分布：环江。

杠板归 *Polygonum perfoliatum* L.

药用部位及功效：全株味酸，性微寒，具有清热解毒、利尿消肿、收敛止痒的功效，可用于治疗肠炎、痢疾、急性肾炎、肾炎性水肿、尿路感染、湿疹、脓疱疮、带状疱疹、毒蛇咬伤。

分布：金城江、宜州、南丹、天峨、凤山、东兰、罗城、环江、巴马、都安、大化。

习见蓼 *Polygonum plebeium* R. Br.

药用部位及功效：全株味苦，性平，具有清热解毒、利尿通淋、化浊杀虫的功效，可用于治疗尿路感染、肾炎、黄疸、菌痢、恶疮疥癣、淋浊、蛔虫病、蛲虫病、湿疹。地上部分具有清热、利尿、杀虫的功效，可用于治疗尿路感染、黄疸湿疹、外阴溃疡、滴虫性阴道炎。

分布：金城江、宜州、南丹、天峨、凤山、东兰、罗城、环江、巴马、都安、大化。

丛枝蓼 *Polygonum posumbu* Buch.-Ham. ex D. Don

药用部位及功效：全株味辛，性平，具有清热解毒、凉血止血、散瘀止痛、祛风利湿、杀虫止痒的功效，可用于治疗腹痛、泄泻、痢疾、风湿关节肿痛、跌打肿痛、功能性子宫出血，外用可治疗皮肤湿疹、毒蛇咬伤。

分布：金城江、宜州、南丹、天峨、凤山、东兰、罗城、环江、巴马、都安、大化。

赤胫散 *Polygonum runcinatum* Buch.-Ham. ex D. Don var. *sinense* Hemsl.

药用部位及功效：全株味苦、涩，性平，具有清热解毒、活血消肿、止血的功效，可用于治疗肠炎、痔疮出血、月经不调、疮疖痈肿、乳腺炎、毒蛇咬伤。

分布：环江。

刺蓼 *Polygonum senticosum* (Meisn.) Franch. et Sav.

药用部位及功效：全株具有解毒消肿、利湿止痒的功效，可用于治疗蛇头疮、疔疮、黄水疮、顽固性痈疖、婴儿胎毒、跌打损伤、湿疹、痒痈、内外痔、毒蛇咬伤。

分布：罗城。

香蓼 *Polygonum viscosum* Buch.-Ham. ex D. Don

药用部位及功效：全株味辛，气芳香，性平，具有祛风除湿的功效，可用于治疗风寒湿痹关节痛、局部红肿、疼痛不已。

分布：罗城。

虎杖属 ***Reynoutria***

虎杖 *Reynoutria japonica* Houtt.

药用部位及功效：根茎、叶味微苦，性微寒，具有清热解毒、活血散瘀、止咳化痰、利尿消肿、利湿退黄的功效，可用于治疗急性黄疸性肝炎、肝硬化、胆囊炎、肺炎、支气管炎、肠炎、阑尾炎、咽炎、扁桃体炎、风湿性关节炎、跌打损伤、疮疡肿毒、肺结核咯血、外伤出血。

分布：金城江、宜州、南丹、天峨、凤山、东兰、罗城、环江、巴马、都安、大化。

酸模属 ***Rumex***

羊蹄 *Rumex japonicus* Houtt.

药用部位及功效：全株味苦、酸，性寒，有小毒，具有清热解毒、杀虫止痒、凉血止血的功效，可用于治疗内脏出血、衄血、便血、子宫出血、外伤出血、疮疖痈肿、烧烫伤、白秃疮、疥疮、汗斑。

分布：罗城、环江。

刺酸模 *Rumex maritimus* L.

药用部位及功效：全株味酸、苦，性寒，具有清热解毒、凉血、杀虫的功效，可用于治疗肺结核咯血、痈疮疖肿、白秃疮、疥癣、皮肤瘙痒、跌打肿痛、痔疮出血。印度用种子作壮阳剂。

分布：凤山、环江。

商陆科 Phytolaccaceae

商陆属 ***Phytolacca***

商陆 *Phytolacca acinosa* Roxb.

药用部位及功效：根味苦，性寒，有毒，具有泻水、利尿、消肿的功效，可用于治疗水肿、腹水、小便不利、宫颈柱状上皮异位、白带增多、功能性子宫出血、痈疮肿毒。

分布：金城江、宜州、南丹、天峨、凤山、东兰、罗城、环江、巴马、都安、大化。

垂序商陆 *Phytolacca americana* L.

药用部位及功效：根味苦，性寒，有毒，具有逐水、解毒的功效，可用于治疗慢性肾炎、胸膜炎、心囊水肿、腹水等一般水肿、外伤出血、痈疮肿毒。种子具有利尿的功效。叶具有解热的功效，可用于治疗脚气病。

分布：环江。

藜科 Chenopodiaceae

甜菜属 *Beta*

莙荙菜 *Beta vulgaris* L. var. *cicla* L.

药用部位及功效：茎、叶具有清热凉血、行瘀止血的功效，可用于治疗麻疹透发不畅、热毒下痢、闭经、淋浊、痈肿、手足伤折。

分布：金城江、宜州、南丹、天峨、凤山、东兰、罗城、环江、巴马、都安、大化。

藜属 *Chenopodium*

藜 *Chenopodium album* L.

药用部位及功效：幼嫩全株、地上部分具有清热解毒、退热、收敛、止痢、利湿、透疹止痒、杀虫的功效，可用于治疗感冒、痢疾、泄泻、疥癣、湿疮痒疹、息肉、白癜风、子宫癌、毒虫咬伤、蚕蜇伤症。茎具有腐蚀赘疣的功效，可用于治疗疣状黑痣、息肉。

分布：金城江、宜州、南丹、天峨、凤山、东兰、罗城、环江、巴马、都安、大化。

小藜 *Chenopodium ficifolium* Sm.

药用部位及功效：全株味甘、苦，性凉，具有祛湿、清热解毒的功效，可用于治疗疮疡肿毒、疥癣瘙痒、感冒、发热、恶疮、蜘蛛咬伤。

分布：环江。

刺藜属 *Dysphania*

土荆芥 *Dysphania ambrosioides* (L.) Mosyakin et Clemants

药用部位及功效：带果穗全株味辛、苦，性微温，有小毒，具有祛风除湿、杀虫止痒的功效，可用于治疗蛔虫病、钩虫病、湿疹、瘙痒。

分布：金城江、宜州、南丹、天峨、凤山、东兰、罗城、环江、巴马、都安、大化。

菠菜属 *Spinacia*

菠菜 *Spinacia oleracea* L.

药用部位及功效：全株味甘，性凉，具有养血、止血、敛阴、润燥、止咳、润肠的功效，可用于治疗衄血、便血、贫血、维生素C缺乏症、口渴引饮、大便滞涩、便秘、头痛、目眩、风火目赤。果具有祛风明目、开窍通关、利胃肠的功效。

分布：金城江、宜州、南丹、天峨、凤山、东兰、罗城、环江、巴马、都安、大化。

苋科 Amaranthaceae

牛膝属 *Achyranthes*

土牛膝 *Achyranthes aspera* L.

药用部位及功效：全株味苦、酸，性微寒，具有散瘀消肿、活血通经、利尿的功效，可用于治疗肾炎、尿路结石、痢疾、风火牙痛、大便秘结、闭经、急性关节炎、腮腺炎、疮疡肿毒。

分布：金城江、宜州、南丹、天峨、凤山、东兰、罗城、环江、巴马、都安、大化。

牛膝 *Achyranthes bidentata* Blume

药用部位及功效：根味苦、酸，性平，具有补肝肾、强筋骨、逐瘀通筋、引血下行的功效，可用于治疗腰膝酸痛、筋骨无力、闭经、癥瘕、肝阳眩晕。茎、叶可用于治疗寒湿痿痹、腰膝疼痛、淋证。

分布：金城江、宜州、南丹、天峨、凤山、东兰、罗城、环江、巴马、都安、大化。

柳叶牛膝 *Achyranthes longifolia* (Makino) Makino

药用部位及功效：根味苦、酸，性平，具有活血散瘀、祛湿利尿、清热解毒、补肝肾、强筋骨的功效，可用于治疗淋证、尿血、风湿关节肿痛。

分布：罗城、环江。

白花苋属 *Aerva*

白花苋 *Aerva sanguinolenta* (L.) Blume

药用部位及功效：根、花味辛，性微寒，具有散瘀、止痛、止咳、止痢、调经破血、利湿、补肝肾、强筋骨的功效，可用于治疗痢疾、跌打损伤、风湿关节肿痛、肌肉痛、月经不调、血崩、咳嗽。

分布：环江。

莲子草属 *Alternanthera*

喜旱莲子草 *Alternanthera philoxeroides* (Mart.) Griseb.

药用部位及功效：茎、叶味苦、甘，性寒，具有清热凉血、利尿、解毒的功效，可用于治疗麻疹、乙型脑炎、肺结核咯血、淋浊、带状疱疹、疔疮、毒蛇咬伤。

分布：环江。

莲子草 *Alternanthera sessilis* (L.) R. Br. ex DC.

药用部位及功效：全株味微甘、淡，性凉，具有清热解毒、散瘀消肿、凉血利尿、拔毒止痒的功效，可用于治疗咳嗽、咽炎、乳腺炎、吐血、咯血、衄血、便血、痢疾、肠风便血、小便不利、尿道炎、淋证、痈疽肿毒、疮疖、湿疹、皮炎、体癣、毒蛇咬伤。

分布：金城江、宜州、南丹、天峨、凤山、东兰、罗城、环江、巴马、都安、大化。

苋属 *Amaranthus*

尾穗苋 *Amaranthus caudatus* L.

药用部位及功效：根、茎味甘，性凉，具有滋补强筋的功效，可用于治疗头晕、四肢无力、小儿疳积。

分布：环江、都安。

繁穗苋 *Amaranthus cruentus* L.

药用部位及功效：种子具有消肿止痛的功效，可用于治疗跌打损伤、骨折肿痛、恶疮肿毒。

分布：环江。

刺苋 *Amaranthus spinosus* L.

药用部位及功效：全株味甘、淡，性凉，具有清热利湿、凉血止血、解毒消肿的功效，可用于治疗痢疾、便血、水肿、带下病、胆结石、瘰疬、痔疮、咽痛、毒蛇咬伤。

分布: 金城江、宜州、南丹、天峨、凤山、东兰、罗城、环江、巴马、都安、大化。

皱果苋 *Amaranthus viridis* L.

药用部位及功效: 全株味甘，性凉，具有滋补、清热利湿的功效，可用于治疗细菌性痢疾、肠炎、泄泻、乳痈、痔疮肿痛。

分布: 金城江、宜州、南丹、天峨、凤山、东兰、罗城、环江、巴马、都安、大化。

青葙属 *Celosia*

青葙 *Celosia argentea* L.

药用部位及功效: 根、茎、叶、种子味苦，性寒。茎、叶具有清热燥湿、杀虫、止血的功效，可用于治疗风瘙痒、疥疮、痔疮、刀伤出血。花序具有清肝凉血、明目退翳的功效，可用于治疗吐血、头风、目赤、血淋、月经不调、带下病。种子具有清肝、明目、退翳的功效，可用于治疗肝热目赤、眼生翳膜、视物昏花、肝火眩晕。

分布: 金城江、宜州、南丹、天峨、凤山、东兰、罗城、环江、巴马、都安、大化。

鸡冠花 *Celosia cristata* L.

药用部位及功效: 花序味甘、涩，性凉。茎、叶可用于治疗痔疮、痢疾、吐血、衄血、血崩。花序、花萼具有收敛、止血、止带、止痢的功效，可用于治疗吐血、崩漏、便血、痔血、带下病、久痢不止。种子具有凉血止血的功效，可用于治疗肠风便血、痢疾、淋浊、崩带。

分布: 金城江、宜州、南丹、天峨、凤山、东兰、罗城、环江、巴马、都安、大化。

千日红属 *Gomphrena*

千日红 *Gomphrena globosa* L.

药用部位及功效: 花序味甘，性平，具有止咳平喘、平肝明目的功效，可用于治疗头风、头晕、目痛、急慢性支气管炎、百日咳、肺结核咯血、气喘咳嗽、顿咳、痢疾、小儿惊风、瘰疬、疮疡。

分布: 金城江、宜州、南丹、天峨、凤山、东兰、罗城、环江、巴马、都安、大化。

落葵科 Basellaceae

落葵薯属 *Anredera*

落葵薯 *Anredera cordifolia* (Ten.) Steenis

药用部位及功效: 珠芽味甘、淡，性温，具有清热解毒、接骨止痛、滋补的功效，可用于治疗头晕头痛、病后虚弱、血虚骨痛、骨折、跌打损伤、疮疡肿毒、烧烫伤。

分布: 金城江、宜州、南丹、天峨、凤山、东兰、罗城、环江、巴马、都安、大化。

亚麻科 Linaceae

青篱柴属 *Tirpitzia*

米念芭 *Tirpitzia ovoidea* Chun et How ex W. L. Sha

药用部位及功效: 茎、叶味微甘，性平，具有活血散瘀、舒筋活络的功效，可用于治疗跌打损伤、骨折、外伤出血、小儿麻痹后遗症、疮疖肿痛。

分布：金城江、凤山、罗城、环江、巴马、都安、大化。

青篱柴 *Tirpitzia sinensis* (Hemsl.) H. Hallier

药用部位及功效：根、叶味甘，性平，具有活血止血、止痛的功效，可用于治疗劳伤、刀伤出血、跌打损伤、疥疮。

分布：金城江、罗城、环江。

牻牛儿苗科 Geraniaceae

老鹳草属 *Geranium*

野老鹳草 *Geranium carolinianum* L.

药用部位及功效：全株味辛、苦，性平，具有清热解毒、止血生肌、活血通络、祛风、通经、止泻的功效，可用于治疗风湿痹痛、拘挛麻木、痈疽、跌打损伤、肠炎、痢疾。地上部分具有祛风利湿、舒筋活络、收敛止泻的功效，可用于治疗风湿痹痛、跌打损伤、泄泻。

分布：罗城、环江。

尼泊尔老鹳草 *Geranium nepalense* Sweet

药用部位及功效：全株味辛、苦，性平，具有清热利湿、祛风、止咳、止血、生肌收敛的功效，可用于治疗风寒痹痛、肌肉酸痛、跌扑伤痛、咳嗽气喘、泄泻。

分布：南丹、环江。

酢浆草科 Oxalidaceae

酢浆草属 *Oxalis*

酢浆草 *Oxalis corniculata* L.

药用部位及功效：全株味酸，性寒，具有清热利湿、凉血解毒、散瘀消肿、杀菌消炎、利尿的功效，可用于治疗尿路感染、急性肾炎、尿路结石、热淋、肠炎痢疾、黄疸性肝炎、扁桃体炎、咽炎、跌打损伤、毒蛇咬伤、烧烫伤。

分布：金城江、宜州、南丹、天峨、凤山、东兰、罗城、环江、巴马、都安、大化。

红花酢浆草 *Oxalis corymbosa* DC.

药用部位及功效：全株、根具有散瘀消肿、清热解毒、调经的功效，可用于治疗跌打损伤、牙痛、咽痛、水肿、淋浊、肾盂肾炎、月经不调、带下病、泄泻、痢疾、小儿急惊风、心气痛、痈疮、烧烫伤、毒蛇咬伤。

分布：金城江、宜州、南丹、天峨、凤山、东兰、罗城、环江、巴马、都安、大化。

山酢浆草 *Oxalis griffithii* Edgeworth et Hook. f.

药用部位及功效：全株味酸、微辛，性平，具有清热解毒、舒筋活络、止血止痛的功效，可用于治疗目赤红痛、小儿口疮、小儿哮喘、咳嗽痰喘、泄泻、痢疾，多用于治疗乳腺炎、带状疱疹、劳伤疼痛、麻风、无名肿毒、黄癣、疥癣、小儿鹅口疮、烧烫伤、毒蛇咬伤、脱肛、跌打扭伤。

分布：环江。

凤仙花科 Balsaminaceae

凤仙花属 *Impatiens*

凤仙花 *Impatiens balsamina* L.

药用部位及功效：全株味苦、甘，性温，有小毒，具有软坚散结、活血通经、消肿止痛的功效，可用于治疗风湿骨痛、跌打瘀积痛、闭经、痛经、骨鲠、痈疮疖肿、毒蛇咬伤。

分布：罗城、环江。

绿萼凤仙花 *Impatiens chlorosepala* Hand.-Mazz.

药用部位及功效：全株具有散瘀通经的功效，可用于治疗跌打损伤、瘀肿疼痛、月经不调、血瘀闭经。

分布：天峨、凤山、东兰、罗城。

棒凤仙花 *Impatiens claviger* Hook. f.

药用部位及功效：全株可用于治疗跌打肿痛、痈疮肿毒。

分布：环江。

黄金凤 *Impatiens siculifer* Hook. f.

药用部位及功效：全株味甘，性温，具有祛瘀消肿、清热解毒、祛风、活血止痛的功效，可用于治疗跌打损伤、风湿麻木、劳伤、风湿痛、痈肿、烧烫伤。

分布：罗城、环江。

千屈菜科 Lythraceae

水苋菜属 *Ammannia*

水苋菜 *Ammannia baccifera* L.

药用部位及功效：全株味苦、涩，性微寒，具有消瘀止血、接骨的功效，可用于治疗内伤吐血、劳伤疼痛、风湿骨痛、腱鞘炎、肝炎、水肿、痈疮、肿毒、外伤出血、跌打损伤、骨折、毒蛇咬伤。

分布：环江。

紫薇属 *Lagerstroemia*

紫薇 *Lagerstroemia indica* L.

药用部位及功效：根、树皮、叶味微苦、涩，性平。根、树皮具有清热解毒、活血止血、消肿的功效，可用于治疗喉痹、闭经、各种出血、骨折、湿疹、痒疹、乳痈、痈疮肿毒、头面疮疖、手脚生疮、肝炎、肝硬化、臌胀。茎、叶具有清热解毒、止血、祛风利湿、凉血散瘀的功效，可用于治疗风湿痹痛、湿热腹泻、咽喉肿痛、风疹、暴聋、身痒、胎动不安、月经不调、痢疾等。

分布：金城江、宜州、南丹、天峨、凤山、东兰、罗城、环江、巴马、都安、大化。

大花紫薇 *Lagerstroemia speciosa* (L.) Pers.

药用部位及功效：根、树皮、叶味微苦、涩，性平，含鞣质，具有收敛止泻的功效，可用于治疗疮疡肿毒溃破、腹痛腹泻。叶具有利尿、截疟、接骨的功效，可用于治疗糖尿病、疟疾、骨折。果可用于治疗鹅口疮。种子具有麻醉的功效。

分布：金城江、环江。

节节菜属 *Rotala*

节节菜 *Rotala indica* (Willd.) Koehne

药用部位及功效：全株具有清热解毒的功效，外用可治疗疮疡肿毒、热疮、指头炎、口腔溃烂。

分布：金城江、宜州、南丹、天峨、凤山、东兰、罗城、环江、巴马、都安、大化。

圆叶节节菜 *Rotala rotundifolia* (Buch.-Ham. ex Roxb.) Koehne

药用部位及功效：全株味甘、淡，性凉，具有清热解毒、健脾利湿、消肿的功效，可用于治疗肺热咳嗽、痢疾、黄疸性肝炎、牙龈肿痛、尿路感染、痛经、痔疮、淋证、小便淋痛，外用可治疗疥疮、痈疖肿毒。

分布：金城江、宜州、南丹、天峨、凤山、东兰、罗城、环江、巴马、都安、大化。

虾子花属 *Woodfordia*

虾子花 *Woodfordia fruticosa* (L.) Kurz

药用部位及功效：根味微甘、涩，性温，具有调经活血、通经活络、止血、凉血、收敛的功效，可用于治疗痢疾、月经不调、痔疮、血崩、鼻出血、咯血、风湿性关节炎、腰肌劳损。

分布：天峨、东兰。

安石榴科 Punicaceae

石榴属 *Punica*

石榴 *Punica granatum* L.

药用部位及功效：根、花、果皮味甘、酸、涩，性平。根可用于治疗蛔虫病、绦虫病、久泻、久痢、赤白带下。叶可用于治疗跌打损伤、痘风疮、风癞。花可用于治疗鼻出血、中耳炎、外伤出血。果皮具有涩肠、止血、驱虫的功效，可用于治疗久泻、久痢、便血、脱肛、滑精、崩漏、带下病、虫积腹痛、疥癣。

分布：金城江、宜州、南丹、天峨、凤山、东兰、罗城、环江、巴马、都安、大化。

柳叶菜科 Onagraceae

露珠草属 *Circaea*

南方露珠草 *Circaea mollis* Sieb. et Zucc.

药用部位及功效：全株味辛、苦，性平，具有清热解毒、理气止痛、祛瘀生肌、杀虫的功效，可用于治疗风湿关节肿痛、内伤、胃脘痛、毒蛇咬伤、皮肤过敏。

分布：南丹、环江。

柳叶菜属 *Epilobium*

柳叶菜 *Epilobium hirsutum* L.

药用部位及功效：根、花味淡，性平。全株可用于治疗骨折、跌打损伤、疔疮痈肿、外伤出血。根具有理气、活血、止血的功效，可用于治疗胃痛、食滞饱胀、闭经。花具有清热解毒、调经止血的功效，可用于治疗牙痛、目赤、咽喉肿痛、月经不调、带下病。

分布：东兰、环江。

丁香蓼属 *Ludwigia*

水龙 *Ludwigia adscendens* (L.) Hara

药用部位及功效：全株味淡，性凉，具有清热解毒、利尿消肿的功效，可用于治疗感冒发热、暑热烦渴、咽喉肿痛、肠炎、痢疾、小便不利、热淋、麻疹不透、带状疱疹、腮腺炎、黄水疮、湿疹、皮炎、痈疽疔疮、毒蛇咬伤、狂犬咬伤。

分布：金城江、宜州、南丹、天峨、凤山、东兰、罗城、环江、巴马、都安、大化。

毛草龙 *Ludwigia octovalvis* (Jacq.) P. H. Raven

药用部位及功效：全株味苦、微辛，性寒，具有清热解毒、疏风凉血、辛凉解表、消肿、祛腐生肌的功效，可用于治疗水肿、乳腺炎、带下病、痔疮、无名肿毒、咽喉肿痛、口腔炎、口疮、天疱疮、发热。根可用于治疗臌胀、疟疾、乳痈。

分布：金城江、宜州、南丹、天峨、凤山、东兰、罗城、环江、巴马、都安、大化。

小二仙草科 Haloragaceae

小二仙草属 *Gonocarpus*

小二仙草 *Gonocarpus micrantha* Thunb.

药用部位及功效：全株味苦，性凉，具有止咳平喘、清热利湿、调经活血的功效，可用于治疗咳嗽哮喘、痢疾、小便不利、月经不调、跌打损伤。

分布：罗城、环江。

狐尾藻属 *Myriophyllum*

穗状狐尾藻 *Myriophyllum spicatum* L.

药用部位及功效：全株具有清凉、解毒、活血、通便的功效，可用于治疗痢疾、热毒疖肿、丹毒。

分布：金城江、宜州、南丹、天峨、凤山、东兰、罗城、环江、巴马、都安、大化。

狐尾藻 *Myriophyllum verticillatum* L.

药用部位及功效：全株具有清热解毒的功效，可用于治疗痢疾、热毒疖肿、烧烫伤。

分布：金城江、宜州、南丹、天峨、凤山、东兰、罗城、环江、巴马、都安、大化。

瑞香科 Thymelaeaceae

瑞香属 *Daphne*

白瑞香 *Daphne papyracea* Wall. ex Steud.

药用部位及功效：味辛、苦，性温，具有行气止痛、温中止呕、纳气平喘的功效，可用于治疗腹部胀闷疼痛、胃寒呕吐呃逆、肾虚气逆喘急。

分布：宜州、环江。

荛花属 *Wikstroemia*

了哥王 *Wikstroemia indica* (L.) C. A. Mey.

药用部位及功效：全株味苦、辛，性寒，有毒，具有清热解毒、消肿散结的功效，可用于治疗支气管炎、肺炎、扁桃体炎、跌打损伤、疮疖肿痛。

分布：金城江、宜州、南丹、天峨、凤山、东兰、罗城、环江、巴马、都安、大化。

北江荛花 *Wikstroemia monnula* Hance

药用部位及功效：根味甘、辛，性温，有小毒，具有散结散瘀、通经逐水、清热消肿的功效，可用于治疗跌打损伤。

分布：南丹、罗城、环江。

紫茉莉科 Nyctaginaceae

叶子花属 *Bougainvillea*

光叶子花 *Bougainvillea glabra* Choisy

药用部位及功效：叶、花味苦、涩，性温。花具有调和气色、收敛止带、调经的功效，可用于治疗带下病、月经不调。

分布：金城江、宜州、南丹、天峨、凤山、东兰、罗城、环江、巴马、都安、大化。

紫茉莉属 *Mirabilis*

紫茉莉 *Mirabilis jalapa* L.

药用部位及功效：全株味甘、淡，性凉，有小毒，可用于治疗扁桃体炎、尿路感染、前列腺炎、白带异常、附件炎、宫颈炎、乳腺炎、风湿关节肿痛、跌打损伤、痈疮疖肿。

分布：金城江、宜州、南丹、天峨、凤山、东兰、罗城、环江、巴马、都安、大化。

山龙眼科 Proteaceae

山龙眼属 *Helicia*

小果山龙眼 *Helicia cochinchinensis* Lour.

药用部位及功效：根、叶具有行气活血、祛瘀止痛的功效，可用于治疗跌打肿痛、外伤出血。

分布：金城江、宜州、南丹、天峨、凤山、东兰、罗城、环江、巴马、都安、大化。

网脉山龙眼 *Helicia reticulata* W. T. Wang

药用部位及功效：根、枝、叶外用可治疗跌打损伤、刀伤。果具有收敛止血、解毒、化痔的功效，可用于治疗痔疮、小儿疳积。

分布：金城江、宜州、南丹、天峨、凤山、东兰、罗城、环江、巴马、都安、大化。

马桑科 Coriariaceae

马桑属 *Coriaria*

马桑 *Coriaria nepalensis* Wall.

药用部位及功效：全株有毒，幼叶和种子有剧毒。根、叶味苦、辛，性寒，可用于治疗狂犬咬伤、牙痛、淋巴结结核、跌打损伤、疮疖肿毒、外痔、烧烫伤。

分布：金城江、天峨、东兰、罗城、环江。

海桐花科 Pittosporaceae

海桐花属 *Pittosporum*

短萼海桐 *Pittosporum brevicalyx* (Oliv.) Gagnep.

药用部位及功效：全株味甘、涩，性温，具有祛风、消肿解毒、镇咳祛痰、平喘、消炎止痛的功效，可用于治疗腰椎肥大、腰痛、小儿惊风、慢性支气管炎、睾丸炎、毒蛇咬伤、疥疮肿毒、跌打损伤。根皮具有活血调经、化瘀生新的功效，可用于治疗闭经、遗精、失眠、风湿肿痛、跌打伤肿、骨折。

分布：环江。

光叶海桐 *Pittosporum glabratum* Lindl.

药用部位及功效：根味苦、辛，性温。根、茎具有散瘀消肿、祛风止痛的功效，可用于治疗风湿关节肿痛、腰背疼痛、跌打损伤、骨折、坐骨神经痛、胃痛、牙痛、高血压、神经衰弱、梦遗滑精、产后风瘫、刀伤、毒蛇咬伤、疮疖肿毒。叶具有解毒止血的功效，外用可治疗过敏性皮炎、外伤出血、毒蛇咬伤、疮疖。种子具有清热、生津止渴、涩肠固精的功效，可用于治疗虚热心烦、肠炎、滑精等。

分布：罗城。

狭叶海桐 *Pittosporum glabratum* Lindl. var. *neriifolium* Rehder et E. H. Wilson

药用部位及功效：全株具有清热除湿、祛风活络、消肿解毒的功效，可用于治疗风湿关节肿痛、产后风瘫、子宫脱垂、跌打骨折、胃痛、湿热型黄疸、疮疡肿毒、毒蛇咬伤、外伤出血。果具有清热除湿的功效，可用于治疗黄疸、子宫脱垂。

分布：凤山、罗城。

广西海桐 *Pittosporum kwangsiense* H. T. Chang et S. Z. Yan

药用部位及功效：树皮、叶可用于治疗小儿惊风、黄疸性肝炎、风湿骨痛。

分布：南丹、环江。

卵果海桐 *Pittosporum lenticellatum* Chun ex H. Peng et Y. F. Deng

药用部位及功效：叶具有止血的功效。

分布：罗城、环江。

薄萼海桐 *Pittosporum leptosepalum* Gowda

药用部位及功效：根皮具有祛风除湿的功效。叶具有止血的功效。

分布：罗城。

少花海桐 *Pittosporum pauciflorum* Hook. et Arn.

药用部位及功效：全株可用于治疗跌打损伤、风湿痹痛、胃脘痛、毒蛇咬伤。根茎可用于治疗跌打损伤。

分布：罗城。

缝线海桐 *Pittosporum perryanum* Gowda

药用部位及功效：果、种子具有利湿退黄的功效。

分布：罗城、环江。

狭叶缝线海桐 *Pittosporum perryanum* var. *linearifolium* Chang et Yan

药用部位及功效：全株可用于治疗黄疸、腹泻。

分布：环江。

海桐 *Pittosporum tobira* (Thunb.) W. T. Aiton

药用部位及功效：茎皮具有祛风除湿、通络止痛、杀虫止痒的功效，可用于治疗风湿痹痛、四肢拘挛、腰膝痿弱、目赤翳膜、龋齿疼痛、腹泻、痢疾、跌打骨折、湿疹疥癣。

分布：金城江、宜州、南丹、天峨、凤山、东兰、罗城、环江、巴马、都安、大化。

四子海桐 *Pittosporum tonkinense* Gagnep.

药用部位及功效：全株可用于治疗风湿痹痛、肋骨痛。

分布：环江。

大风子科 Flacourtiaceae

山桂花属 *Bennettiodendron*

山桂花 *Bennettiodendron leprosipes* (Clos) Merr.

药用部位及功效：枝、叶可用于治疗消化不良。

分布：金城江、南丹、凤山、东兰、罗城、环江。

栀子皮属 *Itoa*

栀子皮 *Itoa orientalis* Hemsl. var. *orientalis*

药用部位及功效：根味苦，性平，具有祛湿化瘀的功效，可用于治疗风湿痛、跌打损伤、贫血。枝、叶可用于治疗肝硬化。

分布：环江、巴马。

柞木属 *Xylosma*

南岭柞木 *Xylosma controversum* Clos var. *controversum*

药用部位及功效：根、树皮、叶味苦、涩，性寒，具有清热、凉血、散瘀消肿、止痛、止血、接骨、催生、利窍的功效，可用于治疗脱臼骨折、烧烫伤、吐血、外伤出血。

分布：金城江、宜州、南丹、天峨、凤山、东兰、罗城、环江、巴马、都安、大化。

毛叶南岭柞木 *Xylosma controversum* Clos var. *pubescens* Q. E. Yang

药用部位及功效：根、茎皮、叶味苦、涩，性寒，具有清热利湿、散瘀止血、消肿止痛的功效。根皮、茎皮可用于治疗黄疸水肿、死胎不下。根、叶可用于治疗跌打肿毒、骨折、脱臼、外伤出血。

分布：环江。

西番莲科 Passifloraceae

西番莲属 *Passiflora*

西番莲 *Passiflora caerulea* L.

药用部位及功效：全株味苦，性温，具有祛风除湿、活血止痛、清热、止咳化痰的功效，可用于治疗风湿痹痛、疝气痛、痛经、神经痛、失眠症、风热头晕、鼻塞流涕，外用可治疗骨折。

分布：金城江、宜州、南丹、天峨、凤山、东兰、罗城、环江、巴马、都安、大化。

杯叶西番莲 *Passiflora cupiformis* Mast.

药用部位及功效：全株味甘、微涩，性温，具有止血解毒、养心安神、祛风除湿、活络镇痛的功效，可用于治疗跌打损伤、外伤出血、毒蛇咬伤、疮疖、鹤膝风、风湿痹痛、风湿性心脏病、尿血、白浊、半身不遂、痧气、腹胀痛。

分布：南丹、天峨、凤山、东兰、环江。

蝴蝶藤 *Passiflora papilio* H. L. Li

药用部位及功效：全株味苦、甘，性平，具有清热解毒、止血调经、散瘀消肿、镇痉止痛的功效，可用于治疗吐血、便血、产后流血不止、功能性子宫出血、胃痛、风湿关节肿痛、小儿惊风、毒蛇咬伤。根可用于治疗小儿惊风、流行性感冒、乙型脑炎。

分布：天峨、罗城、环江、都安。

葫芦科 Cucurbitaceae

冬瓜属 *Benincasa*

节瓜 *Benincasa hispida* (Thunb.) Cogn. var. *chieh-qua* F. C. How

药用部位及功效：果味甘、淡，具有生津止渴、驱暑、健脾、下气利尿的功效。

分布：金城江、宜州、南丹、天峨、凤山、东兰、罗城、环江、巴马、都安、大化。

冬瓜 *Benincasa hispida* (Thunb.) Cogn. var. *Hispida*

药用部位及功效：茎、叶、果味甘、淡，性凉。茎可用于治疗肺热痰火、脱肛。叶可用于治疗消渴、疟疾、下痢，外用可治疗蜂螫肿毒。果具有利尿消痰、清热解毒的功效，可用于治疗水肿、咳喘、暑热烦闷、下痢。外果皮具有清热利尿、消肿的功效，可用于治疗水肿、小便淋痛、泄泻。瓤具有清热止渴、利尿消肿的功效，可用于治疗烦渴、水肿、淋证。

分布：金城江、宜州、南丹、天峨、凤山、东兰、罗城、环江、巴马、都安、大化。

西瓜属 *Citrullus*

西瓜 *Citrullus lanatus* (Thunb.) Matsum. et Nakai

药用部位及功效：果味甘，性寒。果皮具有清热解暑、止渴、利小便的功效，可用于治疗暑热烦渴、水肿、口舌生疮。中果皮（西瓜翠）具有清热解暑、利尿的功效，可用于治疗暑热烦渴、水肿、小便淋痛。西瓜黑霜可用于治疗水肿、肝病腹水。瓤具有清热解暑、解烦止渴、利尿的功效，可用于治疗暑热烦渴、热感津伤。

分布：金城江、宜州、南丹、天峨、凤山、东兰、罗城、环江、巴马、都安、大化。

黄瓜属 *Cucumis*

菜瓜 *Cucumis melo* L. var. *conomon* (Thunb.) Makino

药用部位及功效：果味甘，性寒，具有止渴消暑、调理肠胃、利小便、清热解毒、解酒毒的功效，可用于治疗饮食积滞、饮酒过量、酒精中毒、恶心呕吐、烦热口渴、小便淋痛、小便稀少、水肿、口吻疮、阴茎热疮。

分布：金城江、宜州、南丹、天峨、凤山、东兰、罗城、环江、巴马、都安、大化。

甜瓜 *Cucumis melo* L. var. *melo*

药用部位及功效：全株味甘，性寒，具有祛火败毒的功效，外用可治疗痔疮、无名肿毒、肛瘘、脏毒滞热、流水刺痒。茎可用于治疗鼻中息肉、齆鼻。叶具有生发、祛瘀的功效。花可用于治疗疮毒、心痛咳逆。果具有消暑热、解烦渴、利尿的功效。果柄具有催吐、退黄、抗癌的功效，可用于治疗食积不化、食物中毒、癫痫痰盛、急慢性肝炎、肝硬化、肝癌。

分布：金城江、宜州、南丹、天峨、凤山、东兰、罗城、环江、巴马、都安、大化。

黄瓜 *Cucumis sativus* L.

药用部位及功效：藤茎（黄瓜藤）、果味甘，性凉，具有清热解毒、利尿的功效，可用于治疗烦渴、咽喉肿痛、急性结膜炎、烧烫伤。藤茎（黄瓜藤）还具有消炎、祛痰、镇痉的功效，可用于治疗腹泻、痢疾、癫痫。幼苗（黄瓜秧）可用于治疗高血压。

分布：金城江、宜州、南丹、天峨、凤山、东兰、罗城、环江、巴马、都安、大化。

南瓜属 *Cucurbita*

笋瓜 *Cucurbita maxima* Duchesne ex Lam.

药用部位及功效：果味甘，性温。种子的提取物有明显的肝脏保护作用，可用于治疗中毒性肝损伤、四氯化碳中毒等中毒性肝炎，水、乙醇或乙醚与种子的提取物混合均有很强的驱虫作用。

分布：金城江、宜州、南丹、天峨、凤山、东兰、罗城、环江、巴马、都安、大化。

南瓜 *Cucurbita moschata* (Duch. ex Lam.) Duch. ex Poir.

药用部位及功效：全株味甘，性温，具有补中益气、消炎止痛、驱虫的功效。根具有清热解毒、渗湿的功效，可用于治疗黄疸、牙痛。瓤可用于治疗胸膜炎、肺脓肿、脚气病，外用可治疗烧烫伤。种子空腹生嚼可治疗蛔虫病、蛲虫病、丝虫病等寄生虫病。

分布：金城江、宜州、南丹、天峨、凤山、东兰、罗城、环江、巴马、都安、大化。

西葫芦 *Cucurbita pepo* L.

药用部位及功效：果味甘，性温，可用于治疗咳喘、支气管哮喘，外用可治疗口疮。

分布：金城江、宜州、南丹、天峨、凤山、东兰、罗城、环江、巴马、都安、大化。

绞股蓝属 *Gynostemma*

光叶绞股蓝 *Gynostemma laxum* (Wall.) Cogn.

药用部位及功效：全株具有清热解毒、止咳祛痰的功效。

分布：环江。

绞股蓝 *Gynostemma pentaphyllum* (Thunb.) Makino

药用部位及功效：全株味苦、微甘，性凉，具有清热解毒、止咳祛痰、补虚抗癌、降血脂的功效，可用于治疗体虚乏力、白细胞减少症、高脂血症、咽炎、胃肠炎、病毒性肝炎、慢性支气管炎、肾盂肾炎、肿瘤。

分布：金城江、南丹、罗城、环江、都安、大化。

油渣果属 *Hodgsonia*

油渣果 *Hodgsonia macrocarpa* (Blume) Cogn.

药用部位及功效：果皮、种仁具有凉血止血、解毒消肿的功效，可用于治疗消化性溃疡出血、外伤出血、疮痈肿痛、湿疹。

分布：东兰、罗城。

葫芦属 *Lagenaria*

葫芦 *Lagenaria siceraria* (Molina) Standl.

药用部位及功效：果皮、种子味甘，性平，具有利尿、消肿散结的功效，可用于治疗水肿、腹水、膀胱疾病。

分布：金城江、宜州、南丹、天峨、凤山、东兰、罗城、环江、巴马、都安、大化。

丝瓜属 *Luffa*

丝瓜 *Luffa cylindrica* Roem.

药用部位及功效：根味甘，性平，具有清热解毒的功效，可用于治疗鼻炎、偏头痛。藤茎（丝瓜藤）味甘，性平，具有通经活络、止咳化痰的功效，可用于治疗咳嗽、支气管炎、鼻炎。叶（丝瓜叶）味苦、酸，性微寒，具有清热解毒、化痰止咳、止血的功效，可用于治疗暑热口渴、咳嗽、百日咳。果的维管束（丝瓜络）味甘，性平，具有清热解毒、活血通络、利尿消肿的功效，可用于治疗水肿、乳汁不通、闭经、筋骨酸痛。种子味微甘，性平，具有清热化痰、驱虫的功效，可用于治疗咳嗽痰多、蛔虫病。

分布：金城江、宜州、南丹、天峨、凤山、东兰、罗城、环江、巴马、都安、大化。

苦瓜属 *Momordica*

苦瓜 *Momordica charantia* L.

药用部位及功效：全株味苦，性凉，具有清热解毒、明目的功效。根、藤茎、果可用于治疗中暑发热、牙痛、肠炎、痢疾、便血、血糖高。鲜叶、果可用于治疗痈疮疖肿、痱子。

分布：金城江、宜州、南丹、天峨、凤山、东兰、罗城、环江、巴马、都安、大化。

木鳖子 *Momordica cochinchinensis* (Lour.) Spreng.

药用部位及功效：成熟种子味苦、微甘，性凉，有毒，具有清热解毒、消肿止痛的功效，可用于治疗脚气病、疝气、乳腺炎、痔疮、淋巴结结核、痈疮肿毒。

分布：环江。

凹萼木鳖 *Momordica subangulata* Blume

药用部位及功效：根可用于治疗流行性腮腺炎、咽喉肿痛、疮疡肿毒、目赤。

分布：宜州、罗城、环江、都安。

佛手瓜属 *Sechium*

佛手瓜 *Sechium edule* (Jacq.) Sw.

药用部位及功效：叶具有清热消肿的功效，外用可治疗疮疡肿毒。

分布：金城江、宜州、南丹、天峨、凤山、东兰、罗城、环江、巴马、都安、大化。

茅瓜属 *Solena*

茅瓜 *Solena amplexicaulis* (Lam.) Gandhi

药用部位及功效：块根具有清热化痰、利湿、散结消肿的功效，可用于治疗热咳、痢疾、淋证、尿路感染、黄疸、风湿痹痛、咽痛、目赤、湿疹、痈肿、毒蛇咬伤、消渴、乳腺炎。

分布：天峨、罗城、巴马、都安、大化。

赤瓟属 *Thladiantha*

球果赤瓟 *Thladiantha globicarpa* A. M. Lu et Z. Y. Zhang

药用部位及功效：全株可用于治疗深部脓肿、各种疮疡。

分布：罗城、环江。

南赤瓟 *Thladiantha nudiflora* Hemsl. ex Forbes et Hemsl.

药用部位及功效：根具有清热、利胆、通便、通乳、消肿、解毒、排脓的功效，可用于治疗头痛、发热、乳汁不下、乳房胀痛、无名肿毒。果具有理气、活血、祛痰利湿的功效，可用于治疗跌打损伤、嗳气、吐酸。

分布：罗城。

栝楼属 *Trichosanthes*

短序栝楼 *Trichosanthes baviensis* Gagnep.

药用部位及功效：全株具有退热、利尿的功效，可用于治疗疮疡肿毒。

分布：天峨、东兰、环江、都安。

王瓜 *Trichosanthes cucumeroides* (Ser.) Maxim.

药用部位及功效：根、果味苦，性寒。根可用于治疗热病烦渴、黄疸、热结便秘、小便不利。果具有清热、生津、消瘀、通乳的功效，可用于治疗消渴、黄疸、噎膈反胃、闭经、乳汁滞少、痈肿、慢性咽炎。种子具有清热、凉血的功效，可用于治疗肺痿吐血、痢疾、肠风便血、黄疸。

分布：罗城、环江。

长萼栝楼 *Trichosanthes laceribractea* Hayata

药用部位及功效：根、果味甘、苦，性寒。果具有润肺、化痰、散结、滑肠的功效，可用于治疗痰热咳嗽、胸痹、结胸、肺痿咯血、消渴、黄疸、便秘、痈肿初起。种子具有润肺、化痰、滑肠的功效，可用于治疗痰热咳嗽、燥结便秘、痈肿、乳汁滞少。

分布：环江。

马干铃栝楼 *Trichosanthes lepiniana* (Naud.) Cogn.

药用部位及功效：种子可用于治疗痰热咳嗽、燥结便秘、痈肿。

分布：环江。

全缘栝楼 *Trichosanthes ovigera* Blume

药用部位及功效：根具有祛瘀、消炎、解毒的功效，可用于治疗跌打损伤、骨折、肾囊发炎肿大。种子具有润肺、化痰、滑肠的功效，可用于治疗痰热咳嗽、燥结便秘、痈肿、乳汁滞少。

分布：宜州、南丹、天峨、东兰、罗城、环江、都安。

趾叶栝楼 *Trichosanthes pedata* Merr. et Chun

药用部位及功效：根、果、种子具有清热化痰、生津止渴、降火润肠、宽胸散结的功效。

分布：罗城。

中华栝楼 *Trichosanthes rosthornii* Harms

药用部位及功效：根具有清热化痰、养胃生津、解毒消肿的功效，可用于治疗肺热燥咳、津伤口渴。果具有润肺祛痰、滑肠散结的功效，可用于治疗肺热咳嗽、胸闷、心绞痛。种子具有润燥滑肠、清热化痰的功效。

分布：金城江、宜州、南丹、天峨、凤山、东兰、罗城、环江、巴马、都安、大化。

截叶栝楼 *Trichosanthes truncata* C. B. Clarke

药用部位及功效：种子味甘，性寒，具有润肺、化痰、滑肠的功效，可用于治疗痰热咳嗽、燥结便秘、痈肿。

分布：环江。

薄叶栝楼 *Trichosanthes wallichiana* (Ser.) Wight

药用部位及功效：根具有生津止渴、降火、润燥、排脓、消肿的功效，可用于治疗热病口渴、消渴、黄疸、肺燥咯血。果具有润肺、化痰、散结、滑肠的功效，可用于治疗痰热咳嗽、胸痹、结胸、肺痿咯血、痈肿初起。

分布：环江。

马瓟儿属 *Zehneria*

马瓟儿 *Zehneria indica* (Lour.) Keraudren

药用部位及功效：全株味甘、淡，性凉，具有清热解毒、利尿消肿、祛痰散结的功效，可用于治疗瘰疬、烧烫伤、皮肤瘙痒、疮疡肿毒。

分布：金城江、宜州、南丹、天峨、凤山、东兰、罗城、环江、巴马、都安、大化。

钮子瓜 *Zehneria maysorensis* (Wight et Arn.) Arn.

药用部位及功效：全株味甘，性平，具有清热利湿、镇痉、消肿散瘀、化痰、利尿的功效，可用于治疗小儿高热、小儿高热抽筋、痈疮肿毒。

分布：罗城、环江、巴马。

秋海棠科 Begoniaceae

秋海棠属 *Begonia*

昌感秋海棠 *Begonia cavaleriei* H. Lév.

药用部位及功效：全株味涩、微酸，性温，具有舒筋、活血、止痛的功效，可用于治疗跌打损伤、瘀血肿痛、肺结核、半身不遂。

分布：南丹、东兰、环江。

周裂秋海棠 *Begonia circumlobata* Hance

药用部位及功效：根茎具有活血止血、接骨、镇痛的功效，可用于治疗月经不调、痛经、跌打损伤、痈疮。

分布：凤山、环江、都安。

食用秋海棠 *Begonia edulis* H. Lév.

药用部位及功效：全株味酸、涩，性寒。根茎具有清热解毒、凉血润肺的功效，可用于治疗肺热咯血、吐血、痢疾、跌打损伤、刀伤出血、毒蛇咬伤。

分布：环江、巴马。

紫背天葵 *Begonia fimbristipula* Hance

药用部位及功效：全株味甘、酸，性凉，具有清热凉血、止咳化痰、散瘀消肿的功效，可用于治疗中暑发烧、肺热咳嗽、支气管炎、肺炎、肺结核、咯血、衄血、烧烫伤、跌打损伤、骨折。

分布：罗城、环江。

裂叶秋海棠 *Begonia palmata* D. Don

药用部位及功效：全株味酸，性凉，具有清热解毒、化瘀消肿、凉血止血、止痛的功效，可用于治疗跌打损伤、吐血、血崩、感冒、咳嗽、毒蛇咬伤、瘰疬。

分布：金城江、宜州、南丹、天峨、凤山、东兰、罗城、环江、巴马、都安、大化。

掌裂秋海棠 *Begonia pedatifida* H. Lév.

药用部位及功效：全株味酸，性平，具有清热解毒、活血散瘀、消肿止痛的功效，可用于治疗支气管炎、肺炎、肺结核咳嗽、咯血、咽喉肿痛、腹痛、跌打损伤、骨折、毒蛇咬伤。

分布：环江。

长柄秋海棠 *Begonia smithiana* T. T. Yü ex Irmsch.

药用部位及功效：根茎味酸，性寒，具有清热止痛、止血的功效，可用于治疗跌打损伤、筋骨疼痛、血崩、毒蛇咬伤。

分布：南丹、环江。

仙人掌科 Cactaceae

昙花属 *Epiphyllum*

昙花 *Epiphyllum oxypetalum* (DC.) Haw.

药用部位及功效：茎具有清热解毒的功效，可用于治疗咽痛、疥疖。花味甘，性平，具有清肺止咳、化痰的功效，可用于治疗肺结核、咳嗽、咯血、高血压、崩漏。

分布：金城江、宜州、南丹、天峨、凤山、东兰、罗城、环江、巴马、都安、大化。

量天尺属 *Hylocereus*

量天尺 *Hylocereus undatus* (Haw.) Britton et Rose

药用部位及功效：茎、花味甘、淡，性凉。茎具有清热解毒、凉血的功效，可用于治疗流行性腮腺炎、疮疖肿毒。花具有清热解毒、止咳润肺的功效，可用于治疗肺结核、支气管炎、瘰疬。

分布：金城江、宜州、南丹、天峨、凤山、东兰、罗城、环江、巴马、都安、大化。

仙人掌属 *Opuntia*

单刺仙人掌 *Opuntia monacantha* (Willd.) Haw.

药用部位及功效：全株味苦，性凉，具有行气活血、清热解毒、消肿止痛、健胃、镇咳的功效，可用于治疗胃痛、急性痢疾、流行性腮腺炎、痈疖肿毒、毒蛇咬伤、烧烫伤。

分布：金城江、宜州、南丹、天峨、凤山、东兰、罗城、环江、巴马、都安、大化。

仙人掌 *Opuntia dillenii* (Ker Gawl.) Haw.

药用部位及功效：全株味苦，性凉，具有行气活血、清热解毒、消肿止痛、健胃、镇咳的功效，可用于治疗胃痛、急性痢疾、流行性腮腺炎、痈疖肿毒、毒蛇咬伤、烧烫伤。花可用于治疗吐血。果具有补脾健胃、益脚力、除久泻的功效。

分布：金城江、宜州、南丹、天峨、凤山、东兰、罗城、环江、巴马、都安、大化。

山茶科 Theaceae

杨桐属 *Adinandra*

亮叶杨桐 *Adinandra nitida* Merr. ex H. L. Li

药用部位及功效：叶具有消炎退热、降压、止血的功效，可用于治疗肝炎。

分布：环江。

山茶属 *Camellia*

长尾毛蕊茶 *Camellia caudata* Wall.

药用部位及功效：茎、叶、花具有活血止血、祛腐生新的功效。

分布：东兰、罗城。

贵州金花茶 *Camellia huana* T. L. Ming et W. J. Zhang

药用部位及功效：叶、花具有收敛止血的功效，主要用于治疗便血、月经过多、尿滴沥不尽。

分布：天峨。

油茶 *Camellia oleifera* Abel

药用部位及功效：根、茶籽饼味苦，性平，有小毒。根皮具有散瘀活血、接骨消肿的功效，可用于治疗骨折、扭挫伤、腹痛、皮肤瘙痒、烧烫伤。花具有凉血止血的功效，可用于治疗胃肠出血、咯血、鼻出血、肠风便血、崩漏，外用可治疗烧烫伤。种子具有行气疏滞的功效，可用于治疗气滞腹痛、泄泻、皮肤瘙痒、烧烫伤。

分布：金城江、宜州、南丹、天峨、凤山、东兰、罗城、环江、巴马、都安、大化。

多齿山茶 *Camellia polyodonta* How ex Hu

药用部位及功效：根、花具有收敛、凉血、止血的功效。嫩叶可解酒毒及治疗精神困倦、食滞、小便不利。

分布：罗城。

茶 *Camellia sinensis* (L.) O. Kuntze

药用部位及功效：根具有强心利尿、抗菌消炎、收敛止泻的功效，可用于治疗心脏病、口疮。芽、叶具有清头目、除烦渴、化痰消食、利尿解毒的功效，可用于治疗头痛、目昏嗜睡、心烦口渴、食积痰滞、疟疾、痢疾、小便不利、水肿、烧烫伤。

分布：金城江、宜州、南丹、天峨、凤山、东兰、罗城、环江、巴马、都安、大化。

柃木属 *Eurya*

短柱柃 *Eurya brevistyla* Kobuski

药用部位及功效：叶可用于治疗烧烫伤。

分布：罗城。

岗柃 *Eurya groffii* Merr.

药用部位及功效：根、叶味微苦，性平，具有消肿止痛的功效，可用于治疗肺结核、咳嗽、跌打损伤。

分布：金城江、宜州、南丹、天峨、凤山、东兰、罗城、环江、巴马、都安、大化。

微毛柃 *Eurya hebeclados* Ling

药用部位及功效：全株味辛，性平，具有截疟、祛风、消肿、止血、解毒的功效，可用于治疗风湿关节肿痛、疟疾，外用可治疗出血、无名肿毒。

分布：环江。

凹脉柃 *Eurya impressinervis* Kobuski

药用部位及功效：枝、叶味辛，性平，具有消肿、止血、解毒的功效，可用于治疗风湿性关节炎、疟疾，外用可治疗无名肿毒。

分布：罗城、环江。

贵州毛柃 *Eurya kueichowensis* Hu ef L. K. Ling ex P. T. Li

药用部位及功效：枝、叶具有清热解毒、消肿止血、祛风除湿的功效，可用于治疗风湿性关节炎。

分布：环江。

细枝柃 *Eurya loquaiana* Dunn

药用部位及功效：枝、叶味微辛、微苦，性平。茎、叶、果具有祛风除湿、止血、消肿止痛的功效，可用于治疗风湿关节肿痛、腹水、跌打损伤、外伤出血。

分布：南丹、凤山、东兰、环江。

黑柃 *Eurya macartneyi* Champ.

药用部位及功效：茎、叶具有清热解毒的功效。

分布：罗城。

单耳柃 *Eurya weissiae* Chun

药用部位及功效：茎、叶具有清热解毒、消肿的功效。

分布：金城江、环江。

木荷属 *Schima*

木荷 *Schima superba* Gardner et Champ.

药用部位及功效：根皮味辛，性温，有毒，具有清热解毒、利尿消肿、催吐的功效，外敷可治疗疔疮、无名肿毒。叶外用可治疗下肢溃疡、疮毒。

分布：环江。

厚皮香属 *Ternstroemia*

厚皮香 *Ternstroemia gymnanthera* (Wight et Arn.) Bedd.

药用部位及功效：叶、花、果具有清热解毒、消痈肿的功效，可用于治疗消化不良，捣烂外敷可治疗大疮、乳腺炎。

分布：金城江、宜州、南丹、天峨、凤山、东兰、罗城、环江、巴马、都安、大化。

猕猴桃科 Actinidiaceae

猕猴桃属 *Actinidia*

异色猕猴桃 *Actinidia callosa* Lindl. var. *discolor* C. F. Liang

药用部位及功效：根皮具有清热、消肿的功效，可用于治疗全身肿胀、背痈红肿、肠痈腹痛。

分布：环江。

柱果猕猴桃 *Actinidia cylindrica* C. F. Liang

药用部位及功效：枝、叶、果具有清热生津、消肿解毒的功效，可用于治疗子弹入肉。

分布：环江。

毛花猕猴桃 *Actinidia eriantha* Benth.

药用部位及功效：根、叶味微辛，性凉，具有消肿解毒、清热、抗癌的功效，可用于治疗跌打损伤、皮炎、疮疖、胃癌、乳腺癌、食管癌。

分布：罗城、环江。

条叶猕猴桃 *Actinidia fortunatii* Finet et Gagnep.

药用部位及功效：全株、根、茎、果具有清热生津、消肿解毒的功效。根可用于治疗胃脘痛。根、果可用于治疗痢疾。茎可用于治疗骨折、外伤出血。

分布：东兰、罗城、环江、都安。

糙毛猕猴桃 *Actinidia fulvicoma* Hance var. *hirsuta* Finet et Gagnep.

药用部位及功效： 根具有消积、消疮的功效，可用于治疗小儿疳积，外用可治疗疥疮。果具有滋补强壮的功效，可用于治疗维生素 C 缺乏症。

分布： 南丹、天峨、东兰、罗城。

蒙自猕猴桃 *Actinidia henryi* Dunn

药用部位及功效： 茎外用可治疗口疮。

分布： 罗城。

阔叶猕猴桃 *Actinidia latifolia* (Gardn. et Champ.) Merr.

药用部位及功效： 茎、叶具有清热解毒、除湿、消肿止痛的功效，可用于治疗咽痛、泄泻，外用可治疗痈疮。

分布： 罗城、巴马。

水东哥科 Saurauiaceae

水东哥属 *Saurauia*

聚锥水东哥 *Saurauia thyrsiflora* C. F. Liang et Y. S. Wang

药用部位及功效： 根可用于治疗小儿麻痹。树皮可用于治疗白痢。叶可用于治疗烧烫伤。

分布： 天峨、罗城、环江、都安。

水东哥 *Saurauia tristyla* DC.

药用部位及功效： 根、叶味微苦，性凉，具有清热解毒、止咳、止痛的功效，可用于治疗风热咳嗽、风火牙痛、小儿麻疹、风湿冷痛、高热。叶还可用于治疗外伤、刀伤、烫伤。

分布： 罗城。

桃金娘科 Myrtaceae

岗松属 *Baeckea*

岗松 *Baeckea frutescens* L.

药用部位及功效： 全株味辛、苦、涩，性凉，具有祛风除湿、解毒利尿、止痛止痒的功效，外用可治疗湿疹、天疱疮、脚癣。根可用于治疗感冒高热、黄疸、胃痛、风湿关节肿痛、脚气病、小便淋痛。叶可用于治疗毒蛇咬伤。

分布： 罗城。

红千层属 *Callistemon*

红千层 *Callistemon rigidus* R. Br.

药用部位及功效： 枝、叶具有祛风、化痰、消肿的功效，可用于治疗感冒、咳喘、风湿痹痛、湿疹、跌打肿痛。

分布： 金城江、宜州、南丹、天峨、凤山、东兰、罗城、环江、巴马、都安、大化。

子楝树属 *Decaspermum*

华夏子楝树 *Decaspernmum esquirolii* (Lév.) Chang et Miao

药用部位及功效：根、叶味辛、苦，性平。根可用于治疗痢疾、肝炎、胃脘痛、腰肌劳损、月经不调。叶可用于治疗风湿痹痛、跌打损伤。

分布：金城江、罗城、环江、巴马、都安、大化。

子楝树 *Decaspermum gracilentum* (Hance) Merr. et L. M. Perry

药用部位及功效：根、叶味苦、涩，性平。根具有止痛止痢的功效。叶、果具有理气止痛、芳香化湿的功效。

分布：罗城、环江。

桉属 *Eucalyptus*

窿缘桉 *Eucalyptus exserta* F. V. Muell.

药用部位及功效：叶具有燥湿解毒、杀虫止痒的功效，可用于治疗皮肤湿疹、疥疮、手足癣。

分布：南丹、天峨、罗城。

大桉 *Eucalyptus grandis* W. Hill ex Maiden

药用部位及功效：叶味微辛、微苦，性平，具有疏风解热、抑菌消炎、防腐止痒的功效，可用于治疗上呼吸道感染、炎症、丝虫病、烧烫伤、丹毒、皮肤湿疹、脚癣，外用可作皮肤消毒。

分布：环江。

番石榴属 *Psidium*

番石榴 *Psidium guajava* L.

药用部位及功效：根皮、树皮、叶、干燥幼果味酸、涩，性温。根皮、树皮可用于治疗湿毒疥疮、牙痛。叶具有收敛止泻的功效，可用于治疗泄泻、久痢、湿疹、创伤出血、瘙痒。干燥幼果可用于止泻、止痢、解巴豆毒。

分布：金城江、宜州、南丹、天峨、凤山、东兰、罗城、环江、巴马、都安、大化。

桃金娘属 *Rhodomyrtus*

桃金娘 *Rhodomyrtus tomentosa* (Aiton) Hassk.

药用部位及功效：根、叶、花、果味甘、涩，性平。根、叶可用于治疗肝炎、血崩、胃痛、心痛、头痛、急性胃肠炎、消化不良、伤寒、痢疾、腰肌劳损、功能性子宫出血、脱肛、风湿关节肿痛、疝气、痔疮、烧烫伤。花可用于治疗跌打损伤、瘀血、咳痰咯血。果具有补血、滋养、安胎的功效，可用于治疗血虚贫血、吐血、鼻出血、血崩、带下病。

分布：金城江、宜州、南丹、天峨、凤山、东兰、罗城、环江、巴马、都安、大化。

蒲桃属 *Syzygium*

华南蒲桃 *Syzygium austrosinense* (Merr. et L. M. Perry) H. T. Chang et R. H. Miao

药用部位及功效：树皮、叶、果味酸、涩，性平，具有涩肠止泻的功效，可用于治疗久泻不止。

分布：罗城、环江。

赤楠 *Syzygium buxifolium* Hook. et Arn.

药用部位及功效：根味甘，性平，具有清热解毒、利尿平喘的功效，可用于治疗水肿、哮喘，外用可治疗烧烫伤。叶可用于治疗疔疮、漆疮、烧烫伤。

分布：环江。

野牡丹科 Melastomataceae

柏拉木属 *Blastus*

匙萼柏拉木 *Blastus cavaleriei* H. Lév. et Vaniot

药用部位及功效：叶味涩，性凉，具有收敛止血的功效，可用于治疗带下病、创伤出血。

分布：罗城、环江。

柏拉木 *Blastus cochinchinensis* Lour.

药用部位及功效：全株味涩、微酸，性平，具有收敛止血、消肿解毒的功效，可用于治疗肠炎、月经过多、产后流血不止、外伤出血、疮疡溃烂、跌打损伤。

分布：金城江、罗城、环江。

金花树 *Blastus dunnianus* H. Lév.

药用部位及功效：全株具有祛风除湿、止血的功效，可用于治疗风湿关节肿痛、外伤出血、带下病、痢疾、跌打损伤。

分布：罗城。

野海棠属 *Bredia*

叶底红 *Bredia fordii* (Hance) Diels

药用部位及功效：全株味微苦、甘，性凉，具有养血调经的功效，可用于治疗血虚萎黄、月经不调、闭经、痛经、带下病。

分布：罗城、环江。

长萼野海棠 *Bredia longiloba* (Hand.-Mazz.) Diels

药用部位及功效：全株味辛、苦，性平，具有祛风利湿、活血通络的功效，可用于治疗风湿关节肿痛、痢疾、咳嗽、月经不调、带下病、跌打损伤。

分布：环江。

红毛野海棠 *Bredia tuberculata* (Guillaumin) Diels

药用部位及功效：全株味苦，性平，具有祛风除湿、活血止血的功效，可用于治疗风湿痹痛、腰痛、吐血、崩漏、跌打损伤。

分布：环江。

野牡丹属 *Melastoma*

地菍 *Melastoma dodecandrum* Lour.

药用部位及功效：根味苦、微甘，性平，具有活血、止血、利湿、解毒的功效，可用于治疗痛经、难产、产后腹痛、胞衣不下、崩漏、白带异常、咳嗽、吐血、痢疾等。地上部分味甘、涩，性凉，具有清热解毒、活血止血的功效，可用于治疗高热、肺痈、咽喉肿痛、牙痛、赤白痢疾、黄疸、水肿、痛经、崩漏、带下病、产后腹痛、瘰疬、痈肿、疔疮、痔疮、毒蛇咬伤。果味甘，性温，具有补肾养血、止血安胎的功效，可用于治疗肾虚精亏、腰膝酸软、血虚萎黄、气虚乏力、月经过多、崩漏、胎动不安、子宫脱垂、脱肛。

分布：金城江、宜州、南丹、天峨、凤山、东兰、罗城、环江、巴马、都安、大化。

细叶野牡丹 *Melastoma intermedium* Dunn

药用部位及功效：全株味苦，性凉，具有清热止痢的功效，可用于治疗痢疾、口腔炎、口腔溃疡，外用可治疗毒蛇咬伤。

分布：罗城、环江。

野牡丹 *Melastoma malabathricum* L.

药用部位及功效：全株味酸、涩，性凉，具有消积利湿、活血止血、清热解毒的功效，可用于治疗食积、下痢、肝炎、跌打肿痛、外伤出血、衄血、咯血、吐血、便血、月经过多、崩漏、产后腹痛、白带异常、乳汁不下、血栓性脉管炎、疮痈、疮肿、毒蛇咬伤。根味酸、涩，性平，具有健脾利湿、活血止血的功效，可用于治疗消化不良、食积腹痛、下痢、便血、衄血、月经不调、风湿痹痛、头痛、跌打损伤。果、种子味苦，性平，具有活血止血、通经下乳的功效，可用于治疗崩漏、痛经、闭经、难产、产后腹痛、乳汁不通。

分布：天峨、东兰、巴马、都安、大化。

展毛野牡丹 *Melastoma normale* D. Don

药用部位及功效：根、叶味涩，性凉，具有清热利湿、消肿止血、散瘀的功效，可用于治疗肠炎、痢疾、消化不良、便血、白带异常、月经过多，外用可治疗疮疖肿痛。

分布：天峨、东兰、环江、巴马、都安。

金锦香属 *Osbeckia*

金锦香 *Osbeckia chinensis* L.

药用部位及功效：全株味淡，性平，具有清热解毒、止咳化痰、消肿止痛的功效，可用于治疗痢疾、肠炎、白带异常、咯血、阑尾炎、支气管炎、疮疖肿痛、外伤出血。

分布：金城江、罗城、巴马。

朝天罐 *Osbeckia opipara* C. Y. Wu et C. Chen

药用部位及功效：全株味甘、涩，性平，具有清热利湿、活血调经、止咳止血的功效，可用于治疗急性胃肠炎、细菌性痢疾、消化不良、白带异常、肺结核咯血、痔疮出血、肝炎、哮喘、风湿关节肿痛。

分布：金城江、宜州、南丹、天峨、凤山、东兰、罗城、环江、巴马、都安、大化。

尖子木属 *Oxyspora*

尖子木 *Oxyspora paniculata* (D. Don) DC.

药用部位及功效：全株味甘、微涩，性平，具有清热解毒、利湿的功效，可用于治疗痢疾、疔疮、腹泻、泄泻、月经过多。

分布：宜州、环江、都安。

锦香草属 ***Phyllagathis***

锦香草 *Phyllagathis cavaleriei* (H. Lév. et Vaniot) Guillaumin

药用部位及功效：全株、根味淡，性平，具有清热凉血、利湿解毒的功效，可用于治疗咳嗽、咯血、胃出血、白带异常、月经不调、血崩、痔疮出血，外用可治疗外伤出血、疮疖溃烂。

分布：南丹、天峨、东兰、罗城。

大叶熊巴掌 *Phyllagathis longiradiosa* (C. Chen) C. Chen var. *longiradiosa*

药用部位及功效：全株味甘、微苦，性凉，具有清热解毒、润肺止咳的功效，可用于治疗胃出血、吐血、咯血、咽喉肿痛、肺热咳嗽。

分布：环江。

肉穗草属 ***Sarcopyramis***

楮头红 *Sarcopyramis napalensis* Wall.

药用部位及功效：全株具有清热利湿、凉血止血的功效，可用于治疗血痢、腹泻、咳嗽、吐血。

分布：罗城。

使君子科 Combretaceae

风车子属 ***Combretum***

风车子 *Combretum alfredii* Hance

药用部位及功效：根、叶味甘、淡、微苦，性平。根具有清热利胆的功效，可用于治疗黄疸性肝炎。叶具有驱虫的功效，可用于治疗蛔虫病、鞭虫病，外用可治疗烧烫伤。

分布：金城江、罗城、环江。

石风车子 *Combretum wallichii* DC.

药用部位及功效：根、叶味甘、微苦，性平。全株具有祛风止痛的功效，可用于治疗风湿骨痛。茎具有补虚强体、止汗涩精的功效，可用于治疗体弱虚汗、遗精。叶具有驱虫、抗菌、消炎、祛风除湿、清热解毒的功效，可用于治疗蛔虫病、风湿病、疮疖。

分布：天峨、罗城、环江。

使君子 *Quisqualis indica* L.

药用部位及功效：叶、果味甘，性温，有小毒。根具有杀虫、健脾、开胃消积、宣肺止咳的功效，可用于治疗咳嗽、呃逆、胸闷气喘、腹胀便秘。叶具有杀虫、消五疳、开胃的功效，可用于治疗小儿疳积。成熟果具有杀虫、消积、健脾的功效，可用于治疗蛔虫腹痛、小儿疳积、乳食停滞、腹胀、下痢。

分布：金城江、宜州、南丹、天峨、凤山、东兰、罗城、环江、巴马、都安、大化。

红树科 Rhizophoraceae

竹节树属 ***Carallia***

旁杞木 *Carallia pectinifolia* W. C. Ko

药用部位及功效：根、枝、叶味微甘、涩，性凉，具有清热凉血、利尿消肿、接骨的功效。根可用于治疗心胃气痛、风湿骨痛。枝、叶可用于治疗痧证、刀伤出血、跌打损伤。

分布：罗城、环江、巴马。

金丝桃科 Hypericaceae

金丝桃属 *Hypericum*

地耳草 *Hypericum japonicum* Thunb.

药用部位及功效：全株味甘、微苦，性凉，具有清热解毒、散瘀消肿、利尿通淋的功效，可用于治疗黄疸性肝炎、肝区疼痛、早期肝硬化、阑尾炎、小儿疳积、小儿惊风，外用可治疗跌打损伤、无名肿毒、外伤感染、毒蛇咬伤。

分布：金城江、宜州、南丹、天峨、凤山、东兰、罗城、环江、巴马、都安、大化。

金丝桃 *Hypericum monogynum* L.

药用部位及功效：全株味苦，性凉。根具有祛风除湿、止咳、清热解毒、解表消肿的功效，可用于治疗风湿腰痛、急性咽炎。叶可用于治疗恶疽、无名肿毒、胃痉挛。花可用于治疗热疮、肿毒。果可用于治疗肺结核、顿咳、百日咳。

分布：南丹、天峨、罗城、环江、都安。

元宝草 *Hypericum sampsonii* Hance

药用部位及功效：全株味苦、辛，性寒，具有凉血止血、清热解毒、活血调经、祛风通络的功效，可用于治疗吐血、咯血、衄血、血淋、创伤出血、肠炎、痢疾、乳痈、痈肿疔毒、烫伤、毒蛇咬伤、月经不调、痛经、白带异常、跌打损伤、风湿痹痛、腰腿痛，外用可治疗头癣、口疮、目翳。

分布：罗城、环江。

藤黄科 Guttiferae

藤黄属 *Garcinia*

木竹子 *Garcinia multiflora* Champ. ex Benth.

药用部位及功效：树内皮具有清热解毒、消炎止痛、收敛生肌的功效，可用于治疗胃脘胀痛、小儿消化不良、湿疹、口疮、牙龈肿痛、臁疮、烧烫伤。果具有生津解暑、解酒毒、止泻的功效。

分布：金城江、宜州、南丹、天峨、凤山、东兰、罗城、环江、巴马、都安、大化。

金丝李 *Garcinia paucinervis* Chun ex F. C. How

药用部位及功效：树皮、枝、叶味微涩，性平，有小毒。树皮外用可治疗烧烫伤。枝、叶具有清热解毒、消肿的功效，可用于治疗疮痈肿毒。

分布：金城江、天峨、凤山、东兰、环江、巴马、都安。

椴树科 Tiliaceae

黄麻属 *Corchorus*

甜麻 *Corchorus aestuans* L.

药用部位及功效：全株具有清热解毒、祛风除湿、舒筋活络的功效，可用于治疗麻疹、热病下利、疥癞疮肿、小儿疳积。

分布： 罗城。

长蒴黄麻 *Corchorus olitorius* L.

药用部位及功效： 全株具有疏风止咳、利湿、强心的功效，可用于治疗心悸气短、小便不利。

分布： 环江。

刺蒴麻属 *Triumfetta*

单毛刺蒴麻 *Triumfetta annua* L.

药用部位及功效： 根具有祛风、活血、镇痛的功效。叶具有解毒止血的功效，可用于治疗痈疖红肿。

分布： 罗城。

毛刺蒴麻 *Triumfetta cana* Blume

药用部位及功效： 根、叶味辛，性平，具有清热解毒、利湿消肿的功效，可用于治疗风湿痛、肺气肿、乳房肿块、痢疾、跌打损伤。

分布： 金城江、天峨、东兰、环江、都安。

刺蒴麻 *Triumfetta rhomboidea* Jacquem.

药用部位及功效： 全株具有清热解毒、利湿消肿的功效，可用于治疗风湿病、肺气肿、痢疾。根具有利尿化石的功效，可用于治疗石淋、风热感冒表证。

分布： 天峨、罗城。

杜英科 Elaeocarpaceae

杜英属 *Elaeocarpus*

山杜英 *Elaeocarpus sylvestris* (Lour.) Poir.

药用部位及功效： 根皮具有散瘀消肿的功效，可用于治疗跌打瘀肿。

分布： 金城江、宜州、南丹、天峨、凤山、东兰、罗城、环江、巴马、都安、大化。

猴欢喜属 *Sloanea*

猴欢喜 *Sloanea sinensis* (Hance) Hemsl.

药用部位及功效： 根具有健脾和胃、祛风、益肾、壮腰的功效。

分布： 环江。

梧桐科 Sterculiaceae

梧桐属 *Firmiana*

梧桐 *Firmiana simplex* (L.) W. Wight

药用部位及功效： 根、茎皮、叶、花、种子味甘、苦，性凉。根具有祛风除湿、活血脉、通经络的功效，可用于治疗风湿关节肿痛、肠风便血、月经不调、血吸虫病、蛔虫病、跌打损伤。茎皮（梧桐白皮）具有祛风除湿、活血止痛的功效，可用于治疗风湿痹痛、跌打损伤。叶可用于治疗风湿痛、麻木、痈疮肿毒。花可用于治疗水肿、白秃疮、烧烫伤。种子具有顺气、和胃、消食、补肾的功效，可用于治疗胃痛、疝气、伤食、腹泻、须发早白、小儿口疮。

分布：金城江、宜州、南丹、天峨、凤山、东兰、罗城、环江、巴马、都安、大化。

翅子树属 *Pterospermum*

翻白叶树 *Pterospermum heterophyllum* Hance

药用部位及功效：根味甘、淡，性微温，具有祛风除湿、活血消肿的功效，可用于治疗风湿痹痛、腰肌劳损、手足酸麻无力、跌打损伤。叶具有活血止血的功效，可用于治疗外伤出血。

分布：罗城、环江、都安。

梭罗树属 *Reevesia*

梭罗树 *Reevesia pubescens* Mast.

药用部位及功效：根皮味辛，性温，具有祛风除湿、消肿止痛的功效，可用于治疗风湿痛、跌打损伤。

分布：环江。

苹婆属 *Sterculia*

粉苹婆 *Sterculia euosma* W. W. Sm.

药用部位及功效：树皮具有止咳平喘的功效，可用于治疗咳嗽、气喘。

分布：天峨、罗城、环江、都安。

假苹婆 *Sterculia lanceolata* Cav.

药用部位及功效：根味甘，性微温，具有舒筋通络、祛风活血的功效，可用于治疗跌打损伤、风湿痛、产后风瘫、腰腿痛、黄疸、外伤出血。

分布：天峨、罗城、环江。

木棉科 Bombacaceae

木棉属 *Bombax*

木棉 *Bombax ceiba* L.

药用部位及功效：根味微苦，性凉，具有散结止痛的功效，可用于治疗胃痛、淋巴结结核。树枝味苦，性平，具有消肿止痛、祛风除湿的功效，可用于治疗风湿痹痛、跌打肿痛。花味淡，性微寒，具有除痰解毒、祛痰火的功效，可用于治疗胃肠炎、痢疾。

分布：南丹、天峨、环江。

锦葵科 Malvaceae

秋葵属 *Abelmoschus*

黄蜀葵 *Abelmoschus manihot* (L.) Medik. var. *manihot*

药用部位及功效：根味甘、苦，性寒，可用于治疗淋证、水肿、跌打损伤、痈肿、腮腺炎。茎、茎皮具有清热消肿、利尿通便的功效，可用于治疗大便秘结、小便不利、疮疖肿痛。叶具有清热解毒、接骨生肌的功效，可用于治疗跌打损伤、尿路感染、外伤出血、烧烫伤。花具有利尿通淋、活血止血、解毒消肿的功效，可用于治疗淋证、吐血、衄血、崩漏、疮毒、烧烫伤。种子具有利尿、调经、消肿的功效，可用于治疗淋证、水肿、乳汁不通、痈肿。

分布：南丹、东兰、环江、都安。

黄葵 *Abelmoschus moschatus* (L.) Medik.

药用部位及功效：根、叶、花味微甘，性凉，具有清热解毒、利湿、拔毒排脓的功效。根可用于治疗肺热咳嗽、产后乳汁不通、大便秘结、阿米巴痢疾、尿路结石。叶可用于治疗痈疮肿毒、骨折。花可用于治疗烧烫伤。

分布：罗城、环江、都安、大化。

棉属 ***Gossypium***

草棉 *Gossypium herbaceum* L.

药用部位及功效：根、根皮具有补虚、止咳平喘的功效，可用于治疗体虚、咳喘、肢体浮肿、乳糜尿、月经不调、子宫脱垂、胃下垂。种子具有补肝肾、强腰膝、暖胃止痛、止血、催乳、避孕的功效，可用于治疗腰膝无力、遗尿、胃脘作痛、便血、崩漏、带下病、痔漏。

分布：罗城。

木槿属 ***Hibiscus***

大麻槿 *Hibiscus cannabinus* L.

药用部位及功效：叶具有清热消肿的功效，可用于治疗疮疖肿毒、轻微腹泻。花可用于治疗胆道疾病。种子具有祛风、明目、解毒散结、止痢、通乳、消炎、利尿、润肠的功效，可用于治疗目赤肿痛、翳障、疮疡肿毒。

分布：罗城。

美丽芙蓉 *Hibiscus indicus* (Burm. f.) Hochr.

药用部位及功效：根、叶具有消痈解毒、消食散积、通淋止血的功效，可用于治疗肠痈、腹胀、尿血、便秘，外用可治疗痈疮肿毒。

分布：罗城。

木芙蓉 *Hibiscus mutavilis* L.

药用部位及功效：根、根皮、叶、花味微辛、微苦，性平，具有清热解毒、消肿止痛、凉血止血的功效，可用于治疗月经过多、白带异常、吐血、血崩、肺热咳嗽、疮疖肿痛、乳腺炎、烧烫伤、腮腺炎。

分布：金城江、罗城、环江。

木槿 *Hibiscus syriacus* L. var. *syriacus*

药用部位及功效：根、花味甘、苦，性凉。根、根皮、茎皮具有清热利湿、解毒止痒的功效，可用于治疗黄疸、痢疾、肠风便血、肺痈、肠痈、带下病。叶具有清热的功效。花具有清热利湿、凉血的功效，可用于治疗肺热咳嗽、吐血、肠风便血、痢疾、痔血、带下病、痈肿疮毒。果具有清肺化痰、解毒止痛的功效，可用于治疗肺热咳嗽、痰喘、偏正头痛、黄水疮。

分布：凤山、东兰、罗城、都安。

赛葵属 *Malvastrum*

赛葵 *Malvastrum coromandelianum* (L.) Gurcke

药用部位及功效：全株味甘、淡，性凉，具有清热解毒、利湿、抗炎镇痛、祛瘀消肿的功效，可用于治疗感冒发热、咽炎、肺热咳嗽、泄泻、痢疾、黄疸、急性肝炎、风湿关节肿痛，外用可治疗跌打损伤、扭伤、疔疮痈肿。

分布：东兰、罗城、环江。

悬铃花属 *Malvaviscus*

垂花悬铃花 *Malvaviscus penduliflorus* DC.

药用部位及功效：根、树皮、叶味苦，性寒，具有清热解毒、拔毒消肿、收湿敛疮、生肌定痛的功效，可用于治疗恶疮、湿疹流水、疮疡不敛、牙疳口疮、下疳。

分布：金城江、宜州、南丹、天峨、凤山、东兰、罗城、环江、巴马、都安、大化。

黄花棯属 *Sida*

小叶黄花棯 *Sida alnifolia* var. *microphylla* (Cav.) S. Y. Hu .

药用部位及功效：根可用于治疗小儿疳积、感冒发热、咽痛、哮喘、胃痛，痢疾、黄疸、子宫脱垂。

分布：罗城。

白背黄花棯 *Sida rhombifolia* L.

药用部位及功效：全株味甘、辛、涩，性凉，具有疏风解热、散瘀拔毒、益气排脓的功效，可用于治疗感冒发热、咳嗽、扁桃体炎、尿路结石、黄疸性肝炎、肠炎、痢疾、痈疮疖肿。

分布：金城江、环江、巴马、都安。

梵天花属 *Urena*

粗叶地桃花 *Urena lobata* L. var. *glauca* (Blume) Borssum Waalkes

药用部位及功效：全株味甘、淡，性凉，具有祛风利湿、清热解毒的功效，可用于治疗感冒发热、风湿痹痛、痢疾、水肿、淋证、白带异常、吐血、痈肿、外伤出血。

分布：南丹、环江。

地桃花 *Urena lobata* L. var. *lobata*

药用部位及功效：全株味甘、辛，性凉，具有清热解毒、祛风除湿、止血止痛、排脓生肌的功效，可用于治疗痢疾、肠炎、气管炎、肺炎、咽炎、扁桃体炎、尿路感染、肺结核咯血、痈肿疮毒。

分布：凤山、罗城、环江、都安。

梵天花 *Urena procumbens* L.

药用部位及功效：全株味甘、苦，性凉，具有祛风利湿、清热解毒的功效，可用于治疗风湿痹痛、泄泻、痢疾、感冒、咽喉肿痛、肺热咳嗽、风毒流注、疮痈肿毒、跌打损伤、毒蛇咬伤。根味甘、苦，性平，具有健脾化湿、活血解毒的功效，可用于治疗风湿痹痛、劳倦乏力、肝炎、疟疾、水肿、白带异常、跌打损伤、痈疽肿毒。

分布：环江。

金虎尾科 Malpighiaceae

盾翅藤属 ***Aspidopterys***

贵州盾翅藤 *Aspidopterys cavaleriei* H. Lév.

药用部位及功效：叶可用于治疗小儿疳积。

分布：环江。

盾翅藤 *Aspidopterys glabriuscula* (Wall.) A. Juss.

药用部位及功效：全株具有清火解毒、清热消炎、利尿排石的功效，可用于治疗急慢性肾炎、肾盂肾炎、膀胱炎、尿路感染、尿路结石、结石和前列腺炎等引起的水肿、小便热涩疼痛、胱腹痉挛剧痛、风湿骨痛、产后体虚、食欲不振、恶露不尽。

分布：罗城。

大戟科 Euphorbiaceae

铁苋菜属 ***Acalypha***

铁苋菜 *Acalypha australis* L.

药用部位及功效：全株味苦、涩，性凉，具有清热解毒、利湿、凉血止血的功效，可用于治疗肠炎腹泻、痢疾（含菌痢）、功能性子宫出血、吐血、衄血、便血、尿血、血崩。

分布：金城江、宜州、南丹、天峨、凤山、东兰、罗城、环江、巴马、都安、大化。

山麻秆属 ***Alchornea***

绿背山麻秆 *Alchornea trewioides* (Benth.) Müll. Arg. var. *sinica* (Benth.) Müll. Arg.

药用部位及功效：根、枝、叶可用于治疗肾炎性水肿、外伤出血、疮疡肿毒。

分布：东兰、罗城、环江。

红背山麻秆 *Alchornea trewioides* (Benth.) Müll. Arg. var. *trewioides*

药用部位及功效：根、叶味甘，性凉，有毒，具有清热解毒、利尿通淋、消肿止痛、杀虫止痒的功效。根可用于治疗痢疾、黄疸、淋证、慢性肾炎。叶可用于治疗湿疹、皮炎、脚癣、痈疮肿毒、痔疮。

分布：金城江、宜州、南丹、天峨、凤山、东兰、罗城、环江、巴马、都安、大化。

五月茶属 ***Antidesma***

五月茶 *Antidesma bunius* (L.) Spreng.

药用部位及功效：根、叶、果味酸，性温，具有收敛、止泻、生津止渴、行气活血、解毒、发汗的功效，可用于治疗食欲不振、消化不良、津液缺乏、咳嗽口渴、跌打损伤、疮毒。

分布：南丹、天峨、罗城、环江。

日本五月茶 *Antidesma japonicum* Sieb. et Zucc.

药用部位及功效：全株具有祛风湿的功效。叶、根具有止泻、生津的功效，可用于治疗食欲不振、胃脘痛、痈疮肿毒、吐血。

分布: 金城江、宜州、南丹、天峨、凤山、东兰、罗城、环江、巴马、都安、大化。

小叶五月茶 *Antidesma montanum* Blume var. *microphyllum* Petra ex Hoffmam.

药用部位及功效: 全株味辛、涩，性温，具有祛风寒、止吐血的功效。根、叶具有收敛止泻、生津、止渴、行气活血的功效。根可用于治疗小儿麻疹、水痘。

分布: 金城江、南丹、天峨、罗城、环江、都安、大化。

秋枫属 *Bischofia*

秋枫 *Bischofia javanica* Blume

药用部位及功效: 根、树皮味辛、涩，性凉，具有祛风除湿、化瘀消积的功效，可用于治疗风湿骨痛、噎膈、反胃、痢疾。叶味苦、涩，性凉，具有解毒散结的功效，可用于治疗噎膈、反胃、传染性肝炎、小儿疳积、咽痛、疮疡。

分布: 金城江、天峨、罗城、环江、都安。

黑面神属 *Breynia*

黑面神 *Breynia fruticosa* (L.) Hook. f.

药用部位及功效: 根、叶具有清热祛湿、活血解毒的功效，可用于治疗腹痛吐泻、湿疹、带状疱疹、皮炎、漆疮、风湿痹痛、产后乳汁不通、阴痹、慢性支气管炎、生漆过敏、湿疹、刀伤出血、阴道炎等。

分布: 金城江、罗城。

喙果黑面神 *Breynia rostrata* Merr.

药用部位及功效: 全株可用于治疗急慢性胃肠炎、产后食欲不振、痢疾、感冒。根、叶具有清热解毒、止血止痛的功效，可用于治疗感冒发热、乳蛾、咽痛、吐泻、痢疾、崩漏、带下病、痛经，外用可治疗出血、疮疖、湿疹、皮肤瘙痒、烧伤、风湿骨痛、皮炎。枝、叶味苦、涩，性凉。

分布: 凤山、罗城、环江。

小叶黑面神 *Breynia vitisidaea* (Burm.) C. E. C. Fisch.

药用部位及功效: 全株有毒，具有消炎、平喘的功效，可用于治疗哮喘、咽喉肿痛、湿疹。根可用于治疗哮喘、心肌无力、小儿发育不良、风湿骨痛、跌打损伤、疮疖。

分布: 东兰、罗城、环江、都安。

土蜜树属 *Bridelia*

禾串树 *Bridelia balansae* Tutcher

药用部位及功效: 根可用于治疗骨折、跌打损伤。叶可用于治疗慢性肝炎、慢性支气管炎。

分布: 天峨、东兰、环江、巴马、都安。

大叶土蜜树 *Bridelia retusa* (L.) A. Jussieu

药用部位及功效: 全株具有清热利尿、活血调经的功效，可用于治疗膀胱炎、指头红肿、月经不调、痛经、骨折。

分布: 环江。

棒柄花属 *Cleidion*

棒柄花 *Cleidion brevipetiolatum* Pax et K. Hoffm.

药用部位及功效：茎皮具有消炎解表、利湿解毒、通便的功效，可用于治疗感冒、急慢性肝炎、疟疾、小便涩痛、脱肛、月经过多、产后流血、疝气便秘，外用可治疗疮痈。

分布：东兰、罗城。

变叶木属 *Codiaeum*

变叶木 *Codiaeum variegatum* (L.) Rumphius ex A. Jussieu

药用部位及功效：叶具有清热理肺、散瘀消肿的功效，可用于治疗肺热咳嗽、痰火、痈疮肿毒、毒蛇咬伤。根外用可治疗梅毒溃疡。

分布：金城江、宜州、南丹、天峨、凤山、东兰、罗城、环江、巴马、都安、大化。

巴豆属 *Croton*

石山巴豆 *Croton euryphyllus* W. W. Sm.

药用部位及功效：根可用于治疗风湿骨痛、跌打损伤。

分布：天峨、环江。

巴豆 *Croton tiglium* L.

药用部位及功效：根、叶、果味辛，性温，有大毒。根具有温中散寒、祛风活络的功效，可用于治疗痈疽、疥疮、跌打损伤。果具有泻寒积、通关窍、逐痰、行水、杀虫的功效，可用于治疗冷积凝滞、胸腹胀满急痛、血瘕、痰癖、下痢、水肿，外用可治疗喉风、喉痹、恶疮疥癣。

分布：金城江、宜州、南丹、天峨、凤山、东兰、罗城、环江、巴马、都安、大化。

小巴豆 *Croton xiaopadou* (Y. T. Chang et S. Z. Huang) H. S. Kiu

药用部位及功效：种子味辛，性温，有小毒，具有行水消肿、破血散瘀的功效，可用于治疗水肿、痰饮积滞胀满、二便不通、血瘀、闭经。

分布：天峨、罗城、环江、都安。

大戟属 *Euphorbia*

乳浆大戟 *Euphorbia esula* L.

药用部位及功效：全株味苦，性凉，有毒，具有利尿消肿、拔毒止痒的功效，可用于治疗四肢浮肿、小便淋痛不利、疟疾，外用可治疗瘰疬、疮癣瘙痒。根皮具有解热、消肿、止痒的功效，可用于治疗疮癣、痢疾、肠炎、痰饮咳喘、骨髓炎、无名肿毒、毒蛇咬伤。茎叶外用可治疗疮肿。

分布：南丹、罗城、环江。

飞扬草 *Euphorbia hirta* L.

药用部位及功效：全株味辛、酸，性凉，有小毒，具有清热解毒、利湿、止痒的功效，可用于治疗肠炎、菌痢、阿米巴痢疾、消化不良、产后缺乳，外用可治疗湿疹、皮炎、皮肤瘙痒、痈疮疖肿。

分布：金城江、宜州、南丹、天峨、凤山、东兰、罗城、环江、巴马、都安、大化。

通奶草 *Euphorbia hypericifolia* L.

药用部位及功效：全株味酸、涩，性微凉，具有清热解毒、散瘀止血、利尿、健脾、通乳的功效，可用于治疗水肿、乳汁不通、肠炎、泄泻、痢疾、皮炎、湿疹、脓疱疮、烧烫伤。茎、叶具有解热的功效，可用于治疗痢疾、腹泻、月经过多、白带异常。

分布：金城江、宜州、南丹、天峨、凤山、东兰、罗城、环江、巴马、都安、大化。

续随子 *Euphorbia lathyris* L.

药用部位及功效：种子味辛，性温，有毒，具有逐水消肿、破瘀杀虫的功效，可用于治疗水肿、痰饮积滞胀满、血瘀经闭，外用可治疗顽癣、疣赘。叶具有祛斑、解毒的功效，可用于治疗白癜风、蝎螫伤。

分布：南丹。

铁海棠 *Euphorbia milii* Des Moul.

药用部位及功效：全株具有解毒、逐水的功效，可用于治疗痈疮、便毒、肝炎、腹水。根、茎、叶味苦、涩，性平，有小毒，具有排脓、解毒、消肿、逐水的功效，可用于治疗痈疮肿毒、肝炎、水肿。根可用于治疗鱼口、便毒、跌打损伤。花具有止血的功效，可用于治疗子宫出血。

分布：金城江、宜州、南丹、天峨、凤山、东兰、罗城、环江、巴马、都安、大化。

大戟 *Euphorbia pekinensis* Rupr.

药用部位及功效：根味苦、辛，性寒，有毒，具有泻水逐饮的功效，可用于治疗水肿、血吸虫病、肝硬化、结核性腹膜炎引起的腹水、胸腔积液、痰饮积聚，外用可治疗疔疮疖肿。

分布：环江。

一品红 *Euphorbia pulcherrima* Willd. ex Klotzsch

药用部位及功效：全株具有调经止血、接骨、消肿的功效，可用于治疗月经过多、跌打损伤、外伤出血、骨折。叶味苦、涩，性寒，有毒。

分布：金城江、宜州、南丹、天峨、凤山、东兰、罗城、环江、巴马、都安、大化。

白饭树属 *Flueggea*

白饭树 *Flueggea virosa* (Roxb. ex Willd.) Voigt

药用部位及功效：根、叶味苦、微涩，性凉，有小毒，具有清热解毒、消肿止痛、止血止痒的功效，常作外用药，用于治疗湿疹、皮炎、脓包疮、疮疖肿痛、皮肤瘙痒、烧烫伤。

分布：金城江、宜州、南丹、天峨、凤山、东兰、罗城、环江、巴马、都安、大化。

算盘子属 *Glochidion*

毛果算盘子 *Glochidion eriocarpum* Champ. ex Benth.

药用部位及功效：根、叶味苦、涩，性平。枝、叶具有祛风利湿、清热解毒、消肿、散瘀止血的功效，可用于治疗急性胃肠炎、痢疾、生漆过敏、水田皮炎、皮肤瘙痒、瘾疹、湿疹、剥脱性皮炎、风湿关节肿痛、跌打损伤、创伤出血。

分布：金城江、宜州、南丹、天峨、凤山、东兰、罗城、环江、巴马、都安、大化。

厚叶算盘子 *Glochidion hirsutum* (Roxb.) Voigt

药用部位及功效：根、叶具有收敛固脱、祛风消肿的功效，可用于治疗风湿骨痛、跌打肿痛、脱肛、白带异常、泄泻、肝炎。

分布：罗城。

艾胶算盘子 *Glochidion lanceolarium* (Roxb.) Voigt

药用部位及功效：根具有退黄的功效，可用于治疗黄疸。茎、叶具有散瘀、消炎止痛的功效，可用于治疗口疮、口腔炎、牙龈肿痛、牙龈炎、跌打损伤。

分布：罗城。

甜叶算盘子 *Glochidion philippicum* (Cav.) C. B. Rob.

药用部位及功效：叶具有清热的功效，可用于治疗咽喉肿痛。

分布：环江。

算盘子 *Glochidion puberum* (L.) Hutch.

药用部位及功效：根、叶、果味微苦、涩，性凉，具有清热解毒、利湿、消肿的功效，可用于治疗肠炎、痢疾、消化不良、淋巴结炎、咽喉炎、白带异常、闭经、便血、过敏性皮炎、湿疹、皮肤瘙痒、毒虫咬伤。

分布：金城江、宜州、南丹、天峨、凤山、东兰、罗城、环江、巴马、都安、大化。

绒毛算盘子 *Glochidion velutinum* Wight

药用部位及功效：茎皮制成糊膏剂外用可治疗骨脱位。

分布：环江。

水柳属 *Homonoia*

水柳 *Homonoia riparia* Lour.

药用部位及功效：根味苦，性寒，具有清热利胆、消炎解毒的功效，可用于治疗急慢性肝炎、黄疸、石淋、膀胱结石。

分布：东兰、环江。

雀舌木属 *Leptopus*

雀儿舌头 *Leptopus chinensis* (Bunge) Pojark.

药用部位及功效：根味辛，性温。枝条泡酒服用可治疗全身瘫痪。嫩苗、叶具有止痛、杀虫的功效，可用于治疗腹痛、虫积。

分布：南丹、天峨、环江。

血桐属 *Macaranga*

中平树 *Macaranga denticulata* (Blume) Müll. Arg.

药用部位及功效：根味辛、苦，性寒，具有行气止痛、清热利湿的功效，可用于治疗黄疸性肝炎、胸胁胀满、胃痛、湿热、湿疹、白带腥臭、阴肿阴痒。茎皮具有清热消炎、泻下的功效，可用于治疗腹水、便秘。

分布：环江、都安。

草鞋木 *Macaranga henryi* (Pax et K. Hoffm.) Rehder

药用部位及功效：根有毒，可用于治疗风湿骨痛、跌打损伤。

分布：罗城、环江。

野桐属 *Mallotus*

毛桐 *Mallotus barbatus* (Wall.) Müll. Arg. var. *barbatus*

药用部位及功效：根具有清热利湿、利尿止痛的功效，可用于治疗泄泻、肠炎、消化不良、小便淋痛、尿道炎、带下病、子宫脱垂、肺热吐血。叶味苦，性寒，具有凉血止血的功效，可用于治疗刀伤出血、湿疹、背癣。

分布：金城江、宜州、南丹、天峨、凤山、东兰、罗城、环江、都安、大化。

白楸 *Mallotus paniculatus* (Lam.) Müll. Arg.

药用部位及功效：根、茎、叶、果具有固脱、止痢、消炎的功效，可用于治疗痢疾、子宫脱垂、中耳炎、头痛、无名肿毒、创伤、跌打损伤。

分布：罗城、环江。

粗糠柴 *Mallotus philippensis* (Lam.) Müll. Arg.

药用部位及功效：根、果表面腺体粉末味微苦、涩，性凉，有小毒。根具有清热祛湿、解毒消肿的功效，可用于治疗湿热痢疾、咽喉肿痛。叶具有清热祛湿、止血生肌的功效，可用于治疗风湿痹痛、外伤出血、疮疖肿痛、烧烫伤。毛绒腺末具有驱绦虫、蛲虫、线虫的功效。

分布：金城江、宜州、南丹、天峨、凤山、东兰、罗城、环江、巴马、都安、大化。

石岩枫 *Mallotus repandus* (Willd.) Müll. Arg.

药用部位及功效：根、茎、叶味苦、辛，性温，具有祛风除湿、活血通络、解毒消肿、驱虫止痒的功效，可用于治疗风湿痹痛、腰腿疼痛、口眼㖞斜、跌打损伤、痈肿疮疡、绦虫病、湿疹、顽癣、蛇犬咬伤。

分布：宜州、环江。

野桐 *Mallotus tenuifolius* Pax

药用部位及功效：根、树皮具有生新解毒的功效，可用于治疗骨折、狂犬咬伤、骨痹。

分布：罗城。

木薯属 *Manihot*

木薯 *Manihot esculenta* Crantz

药用部位及功效：块根及其淀粉具有清热解毒、凉血杀虫的功效，可用于治疗水肿。叶具有清热解毒、消肿的功效，可用于治疗疮癣、痈疮肿毒、瘀肿疼痛、跌打损伤、外伤。

分布：金城江、宜州、南丹、天峨、凤山、东兰、罗城、环江、都安、大化。

珠子木属 *Phyllanthodendron*

枝翅珠子木 *Phyllanthodendron dunnianum* H. Lév.

药用部位及功效：根具有止血止痢的功效，可用于治疗咽炎、牙龈出血、痢疾。

分布：南丹、天峨、东兰、罗城、环江、都安。

叶下珠属 *Phyllanthus*

小果叶下珠 *Phyllanthus reticulatus* Poir.

药用部位及功效：根具有祛风活血、消炎、收敛止泻的功效，可用于治疗痢疾、肝炎、肾炎、小儿疳积、风湿骨痛、跌打损伤。

分布：罗城。

叶下珠 *Phyllanthus urinaria* L.

药用部位及功效：全株味微苦、甘，性凉，具有清肝明目、利湿、解毒、消积的功效，可用于治疗肠炎、痢疾、肾炎性水肿、尿路结石、黄疸性肝炎、小儿疳积、结膜炎、目赤肿痛、毒蛇咬伤。

分布：金城江、宜州、南丹、天峨、凤山、东兰、罗城、环江、都安、大化。

黄珠子草 *Phyllanthus virgatus* G. Forst.

药用部位及功效：全株味甘，性平，具有清热散结、健脾养胃、消食退翳的功效，可用于治疗淋证、骨鲠、小儿疳积。根可用于治疗乳房脓肿、乳腺炎。

分布：金城江、宜州、南丹、天峨、凤山、东兰、罗城、环江、都安、大化。

蓖麻属 *Ricinus*

蓖麻 *Ricinus communis* L.

药用部位及功效：根、叶、种子味辛，性平，有小毒。根可用于治疗破伤风、癫痫、风湿痛、跌打瘀痛、瘰疬。叶可用于治疗脚气病、阴囊肿痛、咳嗽痰喘、鹅掌风、疮疖。种子可用于治疗痈疽肿毒、瘰疬、喉痹、疥癞癣疮、水肿腹满、大便燥结。种子提炼的脂肪油可用于治疗大便燥结、疥疮、烧伤。

分布：金城江、宜州、南丹、天峨、凤山、东兰、罗城、环江、都安、大化。

乌桕属 *Sapium*

山乌桕 *Sapium discolor* (Champ. ex Benth.) Müll. Arg.

药用部位及功效：根皮、树皮、叶味苦，性寒，有小毒，具有利尿通便、祛瘀消肿的功效，可用于治疗大便秘结、白浊、跌打损伤、毒蛇咬伤、痔疮、皮肤瘙痒。叶还可用于治疗痈肿、乳痈。

分布：金城江、宜州、南丹、天峨、凤山、东兰、罗城、环江、都安、大化。

圆叶乌桕 *Sapium rotundifolium* Hemsl.

药用部位及功效：叶、果味辛、苦，性凉，具有解毒消肿、杀虫的功效，可用于治疗毒蛇咬伤、疥癣、湿疹、疮毒。

分布：宜州、南丹、天峨、罗城、环江、都安、大化。

乌桕 *Sapium sebiferum* (L.) Roxb.

药用部位及功效：根皮、树皮、叶味苦，性微温，有小毒。根皮、茎皮具有利尿、消积、杀虫、解毒的功效，可用于治疗水肿、肿胀、癥瘕积聚、二便不通、湿疹、疥癣、疔毒。叶可用于治疗痈肿疔疮、疥疮、脚癣、湿疹、毒蛇咬伤、阴道炎。种子可用于治疗疥疮、湿疹、皮肤皲裂、水肿、便秘。

分布：金城江、宜州、南丹、天峨、凤山、东兰、罗城、环江、都安、大化。

地构叶属 *Speranskia*

广东地构叶 *Speranskia cantonensis* (Hance) Pax et K. Hoffm.

药用部位及功效：全株具有祛风除湿、通经活络、消坚、活血补血、止痛的功效，可用于治疗腹中包块、淋巴结结核、腺中包块、风湿骨痛、虚痨咳嗽、疮毒肿瘤、跌打损伤。

分布：南丹、罗城。

油桐属 *Vernicia*

油桐 *Vernicia fordii* (Hemsl.) Airy Shaw

药用部位及功效：根、叶、花、种子味甘、微辛，性寒，有小毒。种子具有祛风痰、消肿毒、利二便的功效，可用于治疗风痰喉痹、瘰疬、疥癣、烫伤、脓疱疮、丹毒、食积腹胀、二便不通。

分布：金城江、宜州、南丹、天峨、凤山、东兰、罗城、环江、都安、大化。

木油桐 *Vernicia montana* Lour.

药用部位及功效：根、叶、花、种子味甘、微辛，性寒，有小毒。根、叶、果具有杀虫止痒、拔毒生肌的功效，外用可治疗痈疮肿毒、湿疹。

分布：金城江、宜州、南丹、天峨、凤山、东兰、罗城、环江、都安、大化。

虎皮楠科 Daphniphyllaceae

虎皮楠属 *Daphniphyllum*

牛耳枫 *Daphniphyllum calycinum* Benth.

药用部位及功效：根、叶味辛、苦，性凉，具有清热解毒、活血舒筋、止痛消肿、祛风的功效，可用于治疗感冒发热、咳嗽、乳蛾、扁桃体炎、风湿关节肿痛、水肿、跌打损伤、骨折、毒蛇咬伤、疮疡肿毒。果可用于治疗慢性痢疾。

分布：南丹、环江、都安、大化。

虎皮楠 *Daphniphyllum oldhamii* (Hemsl.) K. Rosenth.

药用部位及功效：根、叶味苦、涩，性凉，具有清热解毒、活血散瘀的功效，可用于治疗感冒发热、扁桃体炎、乳蛾、脾脏肿大、毒蛇咬伤、骨折。种子可用于治疗疮疖肿毒。

分布：金城江、宜州、南丹、天峨、凤山、东兰、罗城、环江、都安、大化。

鼠刺科 Iteaceae

鼠刺属 *Itea*

厚叶鼠刺 *Itea coriacea* Y. C. Wu.

药用部位及功效：叶可用于治疗刀伤出血。

分布：环江。

毛鼠刺 *Itea indochinensis* Merr.

药用部位及功效：茎可用于治疗风湿痛、跌打损伤。

分布：金城江、南丹、天峨、罗城、环江。

绣球科 Hydrangeaceae

溲疏属 *Deutzia*

四川溲疏 *Deutzia setchuenensis* Franch.

药用部位及功效：枝、叶、果有小毒。全株、枝、叶具有清热除烦、消食、利尿、除胃热、活血镇痛、除蚊的功效，可用于治疗外感暑热、身热烦渴、多汗、小便不利、尿赤、淋漓、热结膀胱、膀胱炎、小儿疳积、风湿关节肿痛、疮毒、毒蛇咬伤。

分布：南丹、环江。

常山属 *Dichroa*

常山 *Dichroa febrifuga* Lour.

药用部位及功效：根、叶味苦、辛，性寒，有小毒，具有截疟解毒、祛风止痛、祛痰的功效，可用于治疗疟疾、支气管炎、手足麻痹、外伤蓄瘀。

分布：金城江、宜州、南丹、天峨、凤山、东兰、罗城、环江、都安、大化。

绣球属 *Hydrangea*

马桑绣球 *Hydrangea aspera* D. Don

药用部位及功效：根味甘，性寒，具有消食、健脾利湿、清热解毒、消暑止渴的功效，可用于治疗慢性痢疾、腹泻，外用可治疗癣疥。树皮、枝具有接筋骨、利湿、截疟的功效，可用于治疗痢疾、疟疾、骨折。叶可用于治疗糖尿病。

分布：南丹、环江。

圆锥绣球 *Hydrangea paniculata* Sieb.

药用部位及功效：全株具有祛湿、破血、清热、抗疟的功效。根具有截疟退热、消积和中、散结解毒、驱邪杀虫的功效，可用于治疗咽痛、疟疾、食积不化、胸腹胀满、骨折、癣癞、瘿瘤、无名肿毒。花具有祛湿、破血的功效。

分布：罗城。

蜡莲绣球 *Hydrangea strigosa* Rehder

药用部位及功效：根、树皮、叶味辛、酸，性凉，有小毒。根、叶具有消食、涤痰散结、解热毒、截疟退热、利尿渗湿的功效，可用于治疗瘰疬、疟疾、疥癣、食积不化、胸腹胀满、咳嗽痰喘、小便不利、排尿困难、脚气病浮肿。

分布：南丹、罗城、环江。

蔷薇科 Rosaceae

龙芽草属 *Agrimonia*

龙芽草 *Agrimonia pilosa* Ledeb. var. *pilosa*

药用部位及功效：地上部分味苦、涩，性平，具有收敛止血、截疟、止痢、解毒的功效，可用于治疗咯血、吐血、崩漏、疟疾、血痢、脱力劳伤、痈肿疮毒、阴痒伴白带异常。

分布：南丹、环江。

桃属 *Amygdalus*

桃 *Amygdalus persica* L.

药用部位及功效：根、茎、树皮、种子味苦，性平。树胶具有和胃止渴的功效。叶具有散结、消肿、解毒的功效。花具有滑肠逐水、消肿的功效。种子具有活血祛痰、润肠通便的功效，可用于治疗闭经、痛经、癥瘕痞块、跌打损伤、肠燥便秘。幼果具有止汗的功效，可用于治疗自汗、盗汗。

分布：金城江、宜州、南丹、天峨、凤山、东兰、罗城、环江、都安、大化。

杏属 *Armeniaca*

梅 *Armeniaca mume* Sieb.

药用部位及功效：根、枝、叶、花、果味酸，性平。花蕾具有开郁和中、化痰解毒的功效，可用于治疗郁闷心烦、肝胃气痛、梅核气、瘰疬、疮毒。果具有敛肺、涩肠、生津、驱蛔的功效，可用于治疗肺虚久咳、虚热消渴、呕吐腹痛、胆道蛔虫症。

分布：金城江、宜州、南丹、天峨、凤山、东兰、罗城、环江、都安、大化。

蛇莓属 *Duchesnea*

皱果蛇莓 *Duchesnea chrysantha* (Zoll. et Moritzi) Miq.

药用部位及功效：全株具有止血的功效，可用于治疗崩漏。茎、叶外敷可治疗毒蛇咬伤、烫伤、疔疮。果、种子的乙醇提取物有活血镇痛的功效，可用于外伤消毒及治疗脚气病、龋齿。

分布：凤山、环江。

蛇莓 *Duchesnea indica* (Andrews) Focke

药用部位及功效：全株味甘、酸，性寒，有小毒，具有清热解毒、散瘀消肿、凉血、调经、祛风化痰的功效，可用于治疗感冒发热、咳嗽吐血、小儿高热惊风、咽喉肿痛、白喉、痢疾、黄疸性肝炎、月经过多，外用可治疗腮腺炎、结膜炎、目赤、烫伤、疔疮肿毒、湿疹、狂犬咬伤、毒蛇咬伤。

分布：罗城、环江。

枇杷属 *Eriobotrya*

大花枇杷 *Eriobotrya cavaleriei* (H. Lév.) Rehder

药用部位及功效：根皮、叶、花具有清肺、止咳、平喘的功效，可用于消肿止痛。果可用于治疗热病。

分布：罗城、都安。

枇杷 *Eriobotrya japonica* (Thunb.) Lindl.

药用部位及功效：根、叶、花、果、种子味甘、苦，性平。叶具有清肺止咳、和胃降气的功效，可用于治疗支气管炎、肺热咳嗽、胃热呕吐、解毒消肿、乳腺炎、淋巴结结核。

分布：金城江、宜州、南丹、天峨、凤山、东兰、罗城、环江、都安、大化。

路边青属 *Geum*

柔毛路边青 *Geum japonicum* Thunb. var. *chinense* F. Bolle

药用部位及功效：全株味辛、甘，性平，具有降压、镇痉、止痛、消肿解毒、祛风除湿、健脾补肾的功效，可用于治疗小儿惊风、高血压、跌打损伤、风湿痹痛、疔疮肿毒、腹泻、痢疾。

分布：南丹、罗城、环江。

桂樱属 *Laurocerasus*

腺叶桂樱 *Laurocerasus phaeosticta* (Hance) C. K. Schneid. f. *phaeosticta*

药用部位及功效：全株、种子具有活血祛瘀、镇咳、利尿、润燥滑肠的功效，可用于治疗闭经、疮疡肿毒、大便燥结。

分布：环江。

大叶桂樱 *Laurocerasus zippeliana* (Miq.) T. T. Yü et L. T. Lu

药用部位及功效：根、叶可用于治疗鹤膝风、跌打损伤。叶具有镇咳祛痰、祛风解毒的功效，可用于治疗咳嗽、喘息、子宫痉挛。

分布：环江。

苹果属 *Malus*

湖北海棠 *Malus hupehensis* (Pamp.) Rehder

药用部位及功效：根、嫩叶、果味酸，性平。根、果具有活血利湿、消积健胃的功效，可用于治疗消化不良、小儿疳积、痢疾、筋骨扭伤。

分布：环江。

石楠属 *Photinia*

中华石楠 *Photinia beauverdiana* C. K. Schneid.

药用部位及功效：根具有行血、活血、祛风止痛、补肾强筋、除湿热、止吐止泻的功效。叶具有消炎、止血、祛风、通络、益肾的功效，可用于治疗刀伤、跌打损伤、风湿痹痛。果具有兴奋的功效，可用于治疗劳伤疲乏。

分布：东兰、罗城。

厚叶石楠 *Photinia crassifolia* H. Lév.

药用部位及功效：花、果可用于治疗久咳不止。

分布：环江。

光叶石楠 *Photinia glabra* (Thunb.) Maxim.

药用部位及功效：根具有祛风止痛、补肾强筋的功效。叶具有清热解毒、镇痛、利尿的功效。果可用于治疗久痢、痔漏。

分布：南丹、罗城。

小叶石楠 *Photinia parvifolia* (E. Pritz.) C. K. Schneid.

药用部位及功效：根具有行气活血、止痛的功效，可用于治疗黄疸、乳痈、牙痛。

分布：南丹、罗城。

石楠 *Photinia serratifolia* (Desf.) Kalkman

药用部位及功效： 根、叶味辛、苦，性平，有小毒。根具有解热镇痛的功效。叶具有祛风通络、止痛、镇静解热、利尿、补肾强筋的功效，可用于治疗肾虚脚软、风湿痹痛、高热头痛、偏头痛、腰背酸痛、足膝无力。果具有破积聚、逐风痹的功效。

分布： 罗城、环江。

委陵菜属 *Potentilla*

翻白草 *Potentilla discolor* Bunge

药用部位及功效： 全株具有清热解毒、止血、止痢、消肿的功效，可用于治疗痢疾、疟疾、肺痈、咯血、吐血、便血、崩漏、痈肿、疮癣、瘰疬。

分布： 罗城。

三叶委陵菜 *Potentilla freyniana* Bornm.

药用部位及功效： 全株、根具有清热解毒、散瘀止痛、敛疮止血的功效，可用于治疗肠炎、痢疾、牙痛、胃痛、胃炎、腰痛、口腔炎、瘰疬、跌打损伤、骨髓炎、外伤出血、烧烫伤、痔疮、痈肿疔疮、蛇虫咬伤。

分布： 南丹、凤山、罗城、环江、都安。

蛇含委陵菜 *Potentilla kleiniana* Wight et Arn.

药用部位及功效： 全株味苦，性微寒，具有清热解毒、止咳化痰的功效，可用于治疗惊痫高热、疟疾、痢疾、咳嗽、咽痛、腮腺炎、乳腺炎、湿痹、痈疽癣疮、疔疮、痔疮、丹毒、痒疹、带状疱疹、蛇虫咬伤、外伤出血。

分布： 罗城、环江。

李属 *Prunus*

李 *Prunus salicina* Lindl.

药用部位及功效： 根、种仁味苦，性凉。根具有清热解毒的功效，可用于治疗消渴、淋证、痢疾、丹毒、牙痛。树脂具有定痛、消肿的功效，可用于治疗目翳。叶可用于治疗小儿壮热、惊痫、水肿、金疮。果具有清肝涤热、生津、利尿的功效，可用于治疗虚痨骨蒸、消渴、腹水。种子具有活血祛瘀、滑肠利尿的功效，可用于治疗跌打损伤、瘀血作痛、痰饮咳嗽。

分布： 金城江、宜州、南丹、天峨、凤山、东兰、罗城、环江、都安、大化。

火棘属 *Pyracantha*

全缘火棘 *Pyracantha atalantioides* (Hance) Stapf

药用部位及功效： 根、果味甘、酸，性平，具有清热解毒、凉血活血、消肿止痛、止血止泻、拔脓的功效，可用于治疗腹泻、各种出血、骨髓炎。

分布： 罗城、环江。

火棘 *Pyracantha fortuneana* (Maxim.) H. L. Li

药用部位及功效： 叶味苦、涩，性凉，具有清热解毒、止血的功效，可用于治疗疮疡肿痛、目赤、痢疾、便血、外伤出血。果味酸、涩，性平，具有健脾消食、收涩止痢、止痛的功效，可用于治疗食积停滞、脘腹胀满、痢疾、泄泻、崩漏、带下病、跌打损伤、劳伤腰痛、外伤出血。

分布：南丹、天峨、环江。

梨属 *Pyrus*

豆梨 *Pyrus calleryana* Decne. var. *calleryana*

药用部位及功效：根、枝、叶、果味微甘、涩，性凉。根皮具有止咳的功效。枝、叶具有温中止呕的功效，可用于治疗吐泻不止、转筋腹痛、反胃吐食。果可用于治疗痢疾。果皮具有清热、生津、收敛的功效。

分布：天峨、罗城、环江。

沙梨 *Pyrus pyrifolia* (Burm. f.) Nakai

药用部位及功效：叶、果味甘、涩，性凉。根具有止咳的功效。果、果皮具有清热、生津、润燥、化痰的功效，可用于治疗咳嗽、干咳、烦渴、口干、汗多、咽痛、痰热惊狂、便秘、烦躁。

分布：金城江、宜州、南丹、天峨、凤山、东兰、罗城、环江、都安、大化。

蔷薇属 *Rosa*

木香花 *Rosa banksiae* Aiton

药用部位及功效：根皮具有收敛止痛、止血的功效，可用于治疗久痢、便血、小儿腹泻、疮疖、外伤出血。

分布：金城江、宜州、南丹、天峨、凤山、东兰、罗城、环江、都安、大化。

月季花 *Rosa chinensis* Jacquem.

药用部位及功效：根、叶、花味甘，性温。全株可用于治疗风湿、跌打损伤、骨折。根具有活血调经、涩精止带、消肿散结的功效，可用于治疗遗精、滑精、带下病、月经不调、瘰疬。叶具有活血消肿的功效。花蕾具有活血调经、消肿解毒的功效，可用于治疗月经不调、经行腹痛、白带增多伴肋痛、跌打损伤、血瘀肿痛、痈疽肿毒、瘰疬。

分布：金城江、宜州、南丹、天峨、凤山、东兰、罗城、环江、都安、大化。

小果蔷薇 *Rosa cymosa* Tratt.

药用部位及功效：根、叶味苦、涩，性平。根、果具有消肿止痛、祛风除湿、镇咳、止血解毒、补脾固涩的功效，可用于治疗风湿关节肿痛、风痰咳嗽、遗尿、疳积、跌打损伤、子宫脱垂、脱肛。叶具有生肌收敛、解毒的功效，外用可治疗痈疮肿毒、烧烫伤。花具有清热化湿、消暑止血、顺气和胃的功效。种子具有祛风除湿、泻下、利尿的功效，可用于治疗月经过多、遗尿、牙痛、口疳、跌打损伤。

分布：东兰、罗城、环江。

金樱子 *Rosa laevigata* Michx.

药用部位及功效：根味酸、涩，性平，具有活血散瘀、祛风除湿、活血止血、收敛、益肾的功效，可用于治疗肠炎、痢疾、肾盂肾炎、乳糜尿、吐血、衄血、便血、月经不调、遗精、白带异常、脱肛。叶味苦，性平，具有解毒消肿的功效，可用于治疗烧烫伤、疮疖肿毒。果味甘、酸，性平，具有补肾固精的功效，可用于治疗遗精、白带异常、小儿遗尿、子宫脱垂。

分布：金城江、宜州、南丹、天峨、凤山、东兰、罗城、环江、都安、大化。

野蔷薇 *Rosa multiflora* Thunb.

药用部位及功效：根、果具有活血通络、收敛解毒的功效，可用于治疗关节痛、面瘫、高血压、偏瘫、烫伤、月经不调、经行腹痛、小便不利、水肿、疮痈疔毒、顽癣疥癞、跌打损伤。花可用于治疗暑热胸闷、头痛烦躁、口渴、呕吐、不思饮食、脘腹胀满、胃痛、泄泻。

分布：罗城。

香水月季 *Rosa odorata* (Andrews) Sweet

药用部位及功效：根、叶味涩，性凉，具有调气活血、止痢、止咳定喘、消炎、杀菌的功效，可用于治疗小儿疝气、哮喘、腹泻、白带异常、痈疖。花、果具有活血调经、消肿止痛的功效。

分布：环江。

缫丝花 *Rosa roxburghii* Tratt.

药用部位及功效：根、果味酸、涩，性平。根具有清热、消食健胃、收敛止泻、止血涩带的功效，可用于治疗食积腹胀、痢疾、泄泻、自汗、盗汗、遗精、带下病、月经过多、痔疮出血。果具有解暑、消食的功效，可用于治疗中暑、食滞、痢疾。

分布：金城江、宜州、南丹、天峨、凤山、东兰、罗城、环江、都安、大化。

悬钩子蔷薇 *Rosa rubus* H. Lév. et Vaniot

药用部位及功效：根具有清热利湿、收敛、固涩的功效，可用于治疗下痢。叶具有止血化瘀的功效，可用于治疗吐血、外伤出血。花可用于治疗胃病。果具有清肝热、解毒的功效，可用于治疗肝炎、食物中毒。内皮具有敛毒、除湿的功效，可用于治疗风湿肿痛、痒疹、脉管疾病。

分布：南丹、天峨、凤山、东兰、罗城、环江、都安、大化。

悬钩子属 *Rubus*

粗叶悬钩子 *Rubus alceifolius* Poir.

药用部位及功效：根、叶味甘、淡，性平，具有清热利湿、止血、散瘀的功效，可用于治疗肝炎、痢疾、肠炎、乳腺炎、口腔炎、行军性血红蛋白尿、外伤出血、肝脾肿大、跌打损伤、风湿骨痛。

分布：罗城、环江。

毛萼莓 *Rubus chroosepalus* Focke

药用部位及功效：根具有清热、解毒、止泻的功效，可用于治疗跌打损伤。

分布：罗城。

山莓 *Rubus corchorifolius* L. f.

药用部位及功效：根、叶味苦、涩，性平。根具有行气、消肿止痛、祛风除湿的功效，可用于治疗吐血、痔血、血崩、带下病、乳腺炎、痢疾、泄泻、小儿疳积。根皮具有收敛、止泻的功效。果具有生津止渴、涩精益肾、祛痰、解毒消肿、醒酒的功效，可用于治疗痛风口渴、丹毒、酒毒、痈疮、遗精。

分布：罗城、环江。

栽秧泡 *Rubus ellipticus* Sm. var. *obcordatus* (Franch.) Focke

药用部位及功效：全株可用于治疗痢疾，外用可治疗湿疹。根、叶味酸、涩，性温，具有通络、消肿、清热、止泻的功效，可用于治疗风湿痹痛、筋骨痛、痿软麻木、乳蛾、无名肿毒、黄疸、泄泻、菌痢。

果具有补肾涩精的功效，可用于治疗肾虚、多尿、遗精、早泄。

分布：金城江、凤山、环江。

椭圆悬钩子 *Rubus ellipticus* Sm.

药用部位及功效：根、叶味咸、酸，性平。根具有祛风除湿、清热解毒的功效，可用于治疗吐血、瘰疬。叶具有杀虫止痒的功效，可用于治疗皮肤病、黄水疮。印度用碎根和果治疗痢疾。

分布：环江。

华南悬钩子 *Rubus hanceanus* Kuntze

药用部位及功效：根、叶用于治疗月经不调、跌打肿痛、刀伤出血。

分布：罗城、环江。

高粱泡 *Rubus lambertianus* Ser.

药用部位及功效：根、叶味甘、苦，性平。根具有清热解毒、清肺止咳、疏风解表、活血调经、凉血散瘀、补肾固精的功效，可用于治疗风寒感冒、咳嗽痰喘、头痛咽痛、产后腹痛、胃脘痛、子宫脱垂、遗精、痔疮、偏瘫。叶可用于治疗外伤出血。

分布：罗城、环江。

白花悬钩子 *Rubus leucanthus* Hance

药用部位及功效：根可用于治疗泄泻、血痢。

分布：罗城、都安。

红泡刺藤 *Rubus niveus* Thunb.

药用部位及功效：根味苦，性温。根、木质部、叶具有清热、祛风利湿、收敛止血、止咳消炎、调经止带的功效，可用于治疗脱肛、痢疾、泄泻、肺病、流行性感冒、头痛、顿咳、月经不调、风湿病。果具有补肾涩精的功效，可用于治疗痢疾腹泻、风湿关节肿痛、痛风、肝炎、月经不调、小儿疳积、挫伤疼痛、湿疹。

分布：天峨、东兰、罗城、环江、都安。

茅莓 *Rubus parvifolius* L.

药用部位及功效：根味苦、涩，性凉，具有清热凉血、散瘀止血、利尿消肿的功效，可用于治疗感冒发热、咽喉肿痛、咯血、吐血、尿血、肠炎、痢疾、月经不调，外用可治疗跌打肿痛、湿疹、皮炎、疮毒。

分布：罗城、环江。

深裂悬钩子 *Rubus reflexus* Ker Gawl. var. *lanceolobus* F. P. Metcalf

药用部位及功效：根具有祛风除湿、强筋骨的功效，可用于治疗风湿痛、痢疾、风火牙痛、带下病、月经不调、小儿疳积。

分布：罗城。

空心泡 *Rubus rosifolius* Sm.

药用部位及功效：根、叶味苦、甘、涩，性凉，具有清热解毒、活血止痛、凉血止血、收敛止带、止汗、止咳、止痢的功效，可用于治疗倒经、咳嗽、百日咳、咯血、痰喘、盗汗、跌打损伤、慢性骨髓炎、烧烫伤。果可用于治疗夜尿多、阳痿、遗精。

分布：罗城、环江。

红腺悬钩子 *Rubus sumatranus* Miq.

药用部位及功效：根具有清热解毒、健脾利尿的功效，可用于治疗产后寒热、腹痛、食欲不振、风湿骨痛、水肿、急性中耳炎。

分布：罗城、环江。

木莓 *Rubus swinhoei* Hance

药用部位及功效：果味甘、酸，性平，具有补肝肾、缩小便、助阳、固精、明目的功效，可用于治疗遗尿、尿频、遗精、滑精、阳痿。

分布：环江。

红毛悬钩子 *Rubus wallichianus* Wight et Arn.

药用部位及功效：根味酸、咸，性平，具有凉血止血、祛风除湿、解毒疗疮的功效，可用于治疗血热吐血、尿血、便血、崩漏、风湿关节痛、疮疡、湿疹、带下病。

分布：天峨。

黄脉莓 *Rubus xanthoneurus* Focke ex Diels

药用部位及功效：根具有止血、消肿的功效，可用于治疗跌打肿痛、外伤出血。

分布：天峨、东兰、罗城、环江。

花楸属 *Sorbus*

美脉花楸 *Sorbus caloneura* (Stapf) Rehder

药用部位及功效：根、果具有消食健胃、助消化、收敛止泻的功效。枝、叶具有消炎、止血的功效，可用于治疗无名肿毒、乳腺炎、刀伤出血。

分布：环江。

绣线菊属 *Spiraea*

绣球绣线菊 *Spiraea blumei* G. Don

药用部位及功效：根、果味辛，性微温。根、根皮具有调气止痛、散瘀的功效，可用于治疗咽喉肿痛、跌打内伤、瘀血、白带异常、疮疖肿毒。果可用于治疗腹胀痛。

分布：罗城、环江。

渐尖绣线菊 *Spiraea japonica* L. f. var. *acuminata* Franch.

药用部位及功效：全株味微苦，性平，具有解毒生肌、通便、通经、利尿的功效，可用于治疗闭经、月经不调、便结腹胀、小便淋痛。

分布：罗城、环江。

广西绣线菊 *Spiraea kwangsiensis* T. T. Yü

药用部位及功效：枝、叶具有清热解毒的功效，外洗可治疗疥疮。

分布：罗城。

野珠兰属 *Stephanandra*

野珠兰 *Stephanandra chinensis* Hance

药用部位及功效：根具有清热解毒、调经的功效，煎服可治疗血崩、月经不调，煎服或用煎剂漱口可治疗咽喉肿痛。

分布：罗城。

含羞草科 Mimosaceae

猴耳环属 *Abarema*

围涎树 *Abarema clypearia* (Jack.) Kosterm.

药用部位及功效：根、叶味微苦、涩，性凉，具有清热解毒、凉血消肿的功效。根可用于治疗咽喉肿痛、肺热咳嗽、牙龈肿痛。叶可用于治疗十二指肠溃疡，外用可治疗烧烫伤、外伤出血。

分布：金城江、宜州、南丹、天峨、凤山、东兰、罗城、环江、都安、大化。

亮叶猴耳环 *Abarema lucida* (Benth.) Kosterm.

药用部位及功效：枝、叶味微苦、辛，性凉，有小毒，具有祛风消肿、凉血解毒、收敛生肌的功效，可用于治疗风湿骨痛、跌打损伤、烧烫伤、溃疡。

分布：金城江、宜州、南丹、天峨、凤山、东兰、罗城、环江、都安、大化。

金合欢属 *Acacia*

台湾相思 *Acacia confusa* Merr.

药用部位及功效：枝、叶具有祛腐生新的功效，可用于治疗疮疡。嫩芽可用于治疗跌打损伤。

分布：金城江、宜州、南丹、天峨、凤山、东兰、罗城、环江、都安、大化。

藤金合欢 *Acacia sinuata* (Lour.) Merr.

药用部位及功效：叶味甘、淡，性凉。全株、枝、叶具有清热解毒、散瘀消肿、生发的功效，可用于治疗痈肿疮毒、急性腹痛、牙痛，亦可用作生发剂。

分布：环江。

海红豆属 *Adenanthera*

海红豆 *Adenanthera pavonina* L. var. *pavonina*

药用部位及功效：叶可用于治疗痛风、肠出血、尿道出血。种子味微苦、辛，性微寒，有小毒，可用于治疗黑皮、花癣、面游风，外用可加速疮疖化脓。

分布：罗城、环江。

小籽海红豆 *Adenanthera pavonina* L. var. *microsperma* (Teijsm. et Binn.) I. C. Nielsen

药用部位及功效：种子味微苦、辛，性微寒，有小毒，煎服可治疗面游风、花癣、黑皮。

分布：宜州、环江、都安、大化。

合欢属 *Albizia*

楹树 *Albizia chinensis* (Osbeck) Merr.

药用部位及功效：树皮具有固涩止泻、收敛生肌的功效，可用于治疗肠炎痢疾、泄泻，外用可治疗疮疡溃烂、久不收口、外伤出血，因含有催产素，东非地区用其催产、引产。

分布：金城江、宜州、南丹、天峨、凤山、东兰、罗城、环江、都安、大化。

山槐 *Albizia kalkora* (Roxb.) Prain

药用部位及功效：根、树皮、花具有舒筋活络、活血、消肿止痛、解郁安神的功效，可用于治疗心神不安、忧郁失眠、肺痈疮肿、跌打损伤。

分布：金城江、环江。

阔荚合欢 *Albizia lebbeck* (L.) Benth.

药用部位及功效：根皮具有固齿、镇惊、安神、驱虫的功效，可用于治疗牙床溃疡、心悸失眠、蛲虫病。树皮具有消肿止痛、收敛的功效，可用于治疗腹泻、痔疮，外用可治疗跌打肿痛。

分布：环江。

香合欢 *Albizia odoratissima* (L. f.) Benth.

药用部位及功效：根可用于治疗风湿关节肿痛、跌打损伤、创伤出血、疮癣。

分布：东兰、环江、都安。

银合欢属 *Leucaena*

银合欢 *Leucaena leucocephala* (Lam.) de Wit

药用部位及功效：全株可用作饲料。树皮可用于治疗心悸怔忡、骨折、疥疮。叶可用作脱毛剂或用于治疗疮疡。种子具有驱虫的功效，可用于治疗糖尿病。

分布：环江。

含羞草属 *Mimosa*

含羞草 *Mimosa pudica* L.

药用部位及功效：全株味甘、涩，性凉，具有宁心安神、清热解毒的功效，可用于治疗吐泻、失眠、小儿疳积、感冒、小儿高热、支气管炎、目赤肿痛、急性结膜炎、胃炎、肠炎、尿路结石、疟疾、神经衰弱、全身水肿、深部脓肿、带状疱疹。根可用于治疗咳嗽痰喘、慢性支气管炎、慢性胃炎、风湿关节肿痛、小儿消化不良。叶可用于治疗带状疱疹。

分布：金城江、宜州、南丹、天峨、凤山、东兰、罗城、环江、都安、大化。

苏木科（云实科）Caesalpiniaceae

羊蹄甲属 *Bauhinia*

刀果鞍叶羊蹄甲 *Bauhinia brachycarpa* Wall. ex Benth.

药用部位及功效：根、嫩枝、叶、种子具有清热润肺、敛阴安神、除湿、杀虫的功效。根、嫩枝、叶可用于治疗神经官能症、痢疾、失眠、疝气。叶、嫩枝可用于治疗百日咳、筋骨疼痛、心慌失眠、遗精、夜尿。种子具有驱虫的功效。

分布：南丹、天峨、凤山、罗城、环江、都安、大化。

龙须藤 *Bauhinia championii* (Benth.) Benth.

药用部位及功效：茎味苦、涩，性平，具有祛风除湿、通经活络、活血消肿、健脾胃的功效，可用于治疗风湿性关节炎、腰腿痛、跌打肿痛、麻痹瘫痪、心胃气痛、胃溃疡、小儿疳积。

分布：金城江、宜州、南丹、天峨、凤山、东兰、罗城、环江、都安、大化。

粉叶羊蹄甲 *Bauhinia glauca* (Wall. ex Benth.) Benth.

药用部位及功效：根、叶味辛、甘、酸、微苦，性温。根具有清热利湿、消肿止痛、收敛止血的功效，可用于治疗痢疾、子痈、阴囊湿疹、咳嗽、咯血、遗尿。茎可用于治疗风湿痹痛。叶外用可治疗疮疖。

分布：天峨、东兰、罗城、环江。

囊托羊蹄甲 *Bauhinia touranensis* Gagnep.

药用部位及功效：茎具有祛风活络的功效，可用于治疗风湿痹痛、疮疖。

分布：罗城。

云实属 *Caesalpinia*

刺果苏木 *Caesalpinia bonduc* (L.) Roxb.

药用部位及功效：全株可用于治疗腹泻、中枢出血、小儿惊风、丝虫病。叶味苦，性凉，具有祛风健胃的功效。种子具有暖胃补肾的功效，可用于治疗肾虚、胃寒。

分布：罗城、环江。

云实 *Caesalpinia decapetala* (Roth) Alston

药用部位及功效：根味苦、辛，性平，具有祛风除湿、解毒消肿的功效，可用于治疗感冒发热、咳嗽、咽喉肿痛、牙痛、风湿痹痛、肝炎、痢疾、淋证、痈疽肿毒、皮肤瘙痒、毒蛇咬伤。叶味苦、辛，性凉，具有除湿解毒、活血消肿的功效，可用于治疗皮肤瘙痒、口疮、痢疾、跌打损伤、产后恶露不尽。种子味辛，性温，具有解毒除湿、止咳化痰、杀虫的功效，可用于治疗痢疾、疟疾、慢性支气管炎、小儿疳积、虫积。

分布：金城江、宜州、南丹、天峨、凤山、东兰、罗城、环江、都安、大化。

大叶云实 *Caesalpinia magnifoliolata* F. P. Metcalf

药用部位及功效：根、果味甘、辛，性温，具有活血消肿的功效，可用于治疗跌打损伤。

分布：环江、巴马。

喙荚云实 *Caesalpinia minax* Hance

药用部位及功效：根具有清热、解毒、散瘀的功效，可用于治疗外感发热、痧症、风湿关节肿痛、疮肿、跌打损伤。苗具有泻热、祛瘀散毒的功效，可用于治疗风热感冒、湿热痧气、跌打损伤、疮疡肿毒。种子具有散瘀、止痛、清热、祛湿的功效，可用于治疗痢疾、淋浊、尿血、跌打损伤。

分布：金城江、宜州、南丹、天峨、凤山、东兰、罗城、环江、都安、大化。

鸡嘴簕 *Caesalpinia sinensis* (Hemsl.) J. E. Vidal

药用部位及功效：根、茎、叶具有清热解毒、消肿止痛、止痒的功效，可用于治疗跌打损伤、疮疡肿毒、湿疹、腹泻。

分布：东兰、巴马。

决明属 *Chamaecrista*

含羞草决明 *Chamaecrista mimosoides* (L.) Greene

药用部位及功效：全株具有清热解毒、利尿、通便的功效，可用于治疗水肿、口渴、咳嗽痰多、习惯性便秘、毒蛇咬伤、痢疾。

分布：金城江、宜州、南丹、天峨、凤山、东兰、罗城、环江、都安、大化。

短叶决明 *Chamaecrista nictitans* (L.) Moench subsp. *patellaris* (DC. ex Collad.) H. S. Irwin et Barneby var. *glabrata* (Vogel) H. S. Irwin et Barneby

药用部位及功效：全株具有健胃、利尿、消水肿的功效，可用于治疗夜盲症、小儿疳积、黄疸性肝炎、脓包疮、毒蛇咬伤。

分布：罗城、环江、都安。

皂荚属 *Gleditsia*

小果皂荚 *Gleditsia australis* Hemsl.

药用部位及功效：嫩茎枝具有搜风拔毒、消肿排脓的功效，可用于治疗肿痈、疮毒、麻风、癣疮、胎衣不下。刺具有祛毒通关的功效，可用于治疗痈疽。果具有开窍、通便、润肠、镇咳、驱蛔虫的功效。

分布：罗城。

华南皂荚 *Gleditsia fera* (Lour.) Merr.

药用部位及功效：果味苦、辛，性温，有小毒。全株、果具有杀虫、开窍、祛痰的功效，可用于治疗中风昏迷、口噤不语、痰涎壅塞，外洗可杀虫或治疗疥疮。

分布：环江。

皂荚 *Gleditsia sinensis* Lam.

药用部位及功效：棘刺（皂角刺）味辛，性温，具有活血消肿、排脓通乳的功效，可用于治疗痈肿疮毒（未溃前）、急性乳腺炎、产后缺乳。果味辛，性温，有毒，具有开窍、祛痰、通便的功效，可用于治疗猝然昏迷、口噤不开、喉中痰壅、哮喘、便秘、瘰疬。

分布：罗城、环江。

老虎刺属 *Pterolobium*

老虎刺 *Pterolobium punctatum* Hemsl.

药用部位及功效：根、叶具有清热解毒、祛风除湿的功效，可用于治疗支气管炎、咽炎。枝、叶煎水外洗可治疗痒疹、风疹、荨麻疹、疥疮。

分布：金城江、凤山、东兰、环江。

山扁豆属 *Senna*

望江南 *Senna occidentalis* (L.) Link

药用部位及功效：全株味甘、苦，性平，有小毒。茎、叶具有解毒的功效，可用于治疗毒蛇咬伤、毒虫咬伤。种子具有清肝明目、健胃润肠的功效，可用于治疗高血压、头痛、目赤肿痛、口腔糜烂、肠炎、痢疾、习惯性便秘。

分布：金城江、宜州、南丹、天峨、凤山、东兰、罗城、环江、都安、大化。

决明 *Senna tora* (L.) Roxb.

药用部位及功效：全株味甘、苦，性凉，具有清肝明目、通便、解毒的功效，可用于治疗高血压、头痛、结膜炎、角膜溃伤、青光眼、夜盲症、大便秘结、痈疮疖肿。

分布：金城江、宜州、南丹、天峨、凤山、东兰、罗城、环江、都安、大化。

蝶形花科 Papilionaceae

落花生属 *Arachis*

落花生 *Arachis hypogaea* L.

药用部位及功效：味甘，性平。叶可用于治疗失眠。果壳（花生壳）具有敛肺止咳、消炎杀毒的功效，可用于治疗久咳气喘、咳痰带血。种子（花生仁）具有补脾、润肺益气、和胃的功效，可用于治疗咳嗽、反胃、脚气病、血友病、产后缺乳、高血压、消化性溃疡；种子所榨油（花生油）具有润肠通便的功效，可用于治疗蛔虫性肠梗。

分布：金城江、宜州、南丹、天峨、凤山、东兰、罗城、环江、都安、大化。

黄芪属 *Astragalus*

紫云英 *Astragalus sinicus* L.

药用部位及功效：全株味微辛、微甘，性寒，具有清热解毒、利尿消肿的功效，可用于治疗风痰咳嗽、咽痛、目赤肿痛、疔疮、带状疱疹、外伤出血。

分布：金城江、宜州、南丹、天峨、凤山、东兰、罗城、环江、都安、大化。

木豆属 *Cajanus*

木豆 *Cajanus cajan* (L.) Huth

药用部位及功效：叶具有解痘毒、消肿的功效，可用于治疗小儿水痘、痈肿。种子具有清热解毒、利尿消食、补中益气、止血止痢的功效，可用于治疗水肿、血淋、痔血、痈疽肿毒、痢疾、脚气病。

分布：金城江、宜州、南丹、天峨、凤山、东兰、罗城、环江、都安、大化。

蔓草虫豆 *Cajanus scarabaeoides* (L.) Thouars

药用部位及功效：全株具有解暑、利尿、止血、生肌的功效，可用于治疗伤风感冒、小儿疳积、风湿水肿。叶具有健胃利尿的功效。

分布：罗城。

昆明鸡血藤属 *Callerya*

绿花崖豆藤 *Callerya championii* (Benth.) X. Y. Zhu

药用部位及功效：茎具有凉血散瘀、祛风消肿的功效。

分布：天峨、罗城。

灰毛崖豆藤 *Callerya cinerea* (Benth.) Schot

药用部位及功效：茎味苦、甘，性温，具有补血、活血、通络的功效，可用于治疗月经不调、血虚萎黄、麻木瘫痪、风湿痹痛。

分布：天峨、凤山、环江。

异果崖豆藤 *Callerya dielsiana* Harms var. *herterocarpa* (Chun ex T. C. Chen) X. Y. Zhu

药用部位及功效：茎味苦、甘，性温，具有补血、活血、通络的功效，可用于治疗月经不调、血虚萎黄、麻木瘫痪、风湿痹痛。

分布：罗城、环江。

雪峰山崖豆藤 *Callerya dielsiana* Harms var. *Solida* (T. C. Chen ex Z. Wei) X. Y. Zhu

药用部位及功效：茎味苦、甘，性温，具有补血、活血、通络的功效，可用于治疗月经不调、血虚萎黄、麻木瘫痪、风湿痹痛。

分布：罗城、环江。

宽序崖豆藤 *Callerya eurybotrya* (Drake) Schot

药用部位及功效：根可用于治疗白带异常、便血。茎有毒，外用具有祛风湿的功效，可用于治疗疮毒。

分布：东兰、罗城、巴马。

海南崖豆藤 *Callerya pachyloba* (Drake) H. Sun

药用部位及功效：根、茎、种子具有祛风除湿、杀虫消肿的功效，可用于治疗风湿痹痛、筋骨关节疼痛、麻痹。

分布：罗城、巴马。

网脉崖豆藤 *Callerya reticulata* (Benth.) Schot

药用部位及功效：根、茎可用于治疗心胃气痛、遗精、白浊、赤白带下、月经不调、风湿痹痛。

分布：金城江、宜州、南丹、天峨、凤山、东兰、罗城、环江、都安、大化。

美丽崖豆藤 *Callerya speciosa* (Champ. ex Benth.) Schot

药用部位及功效：根具有通经活络、补虚润肺、健脾的功效。

分布：金城江、罗城。

蝙蝠草属 *Christia*

铺地蝙蝠草 *Christia obcordata* (Poir.) Bakh. f. ex Meeuwen

药用部位及功效：全株具有利尿通淋、散瘀、解毒的功效，可用于治疗小便淋痛、水肿、吐血、咯血、跌打损伤、疮疡、疥癣、蛇虫咬伤。

分布：金城江、宜州、南丹、天峨、凤山、东兰、罗城、环江、都安、大化。

香槐属 *Cladrastis*

翅荚香槐 *Cladrastis platycarpa* (Maxim.) Makino

药用部位及功效：根可用于治疗风湿关节疼痛。

分布：南丹、环江。

舞草属 *Codariocalyx*

小叶三点金 *Codariocalyx microphyllus* (Thunb.) H. Ohashi

药用部位及功效：全株具有清热、利湿、解毒的功效，可用于治疗尿路结石、慢性吐泻、慢性咳嗽痰喘、小儿疳积、痈疽发背、痔疮、漆疮。

分布：金城江、宜州、南丹、天峨、凤山、东兰、罗城、环江、都安、大化。

舞草 *Codariocalyx motorius* (Houtt.) H. Ohashi

药用部位及功效：全株味微苦，性平，具有安神镇惊、祛瘀生新、活血消肿的功效，可用于治疗神经衰弱、胎动不安、小儿疳积、风湿腰痛、跌打肿痛、骨折。

分布：金城江、宜州、南丹、天峨、巴马。

猪屎豆属 *Crotalaria*

响铃豆 *Crotalaria albida* B. Heyne ex Roth

药用部位及功效：全株味苦、辛，性凉，具有清热解毒、利尿通淋、止咳平喘、截疟的功效，可用于治疗黄疸性肝炎、乳痈、小儿疳积、小儿惊风、心烦不眠、久咳痰喘、支气管炎、肺炎、疟疾、小便涩痛、尿道炎、膀胱炎、胃肠炎、痈疽疔疮。

分布：南丹、天峨、凤山、罗城、环江、都安。

大猪屎豆 *Crotalaria assamica* Benth.

药用部位及功效：根、茎、叶、种子具有清热解毒、止血消肿、凉血降压、利尿的功效，可用于治疗黄疸性肝炎、咳嗽吐血、肿胀、牙痛、小儿头疮、疳积、高血压、白血病、恶性肿瘤、跌打损伤、风湿骨痛、外伤出血、刀伤。

分布：天峨、罗城。

中国猪屎豆 *Crotalaria chinensis* L.

药用部位及功效：全株外用可治疗跌打损伤、狂犬咬伤。根、叶可用于治疗小儿疳积，外用可治疗毒蛇咬伤。

分布：天峨、罗城。

线叶猪屎豆 *Crotalaria linifolia* L. f.

药用部位及功效：全株味辛、微苦，性平，具有清热解毒、补中益气的功效，可用于治疗耳鸣、遗精、疮毒、腹痛、肾亏。

分布：南丹、天峨、东兰、环江。

猪屎豆 *Crotalaria pallida* Aiton var. *pallida*

药用部位及功效：全株、根味苦、辛，性平，有毒。全株、根具有清热解毒、散结、除湿、消积的功效，可用于治疗痢疾、湿热、腹泻、疥癣、脓疱疹、湿疹。种子具有明目、固精、补肝肾、抗肿瘤的功效，可用于治疗肾虚、头晕眼花、神经衰弱、遗精早泄、小便频多、遗尿、白带异常、肿瘤。

分布：天峨、环江。

农吉利 *Crotalaria sessiliflora* L.

药用部位及功效：全株味甘、苦，性温，有毒，具有解毒、抗癌的功效，可用于治疗皮肤鳞状细胞癌、食道癌、宫颈癌、疔疮。

分布：宜州、南丹、天峨、罗城、环江、巴马。

黄檀属 *Dalbergia*

南岭黄檀 *Dalbergia balansae* Prain

药用部位及功效：茎味辛，性温，具有行气、活血、祛瘀、止痛、破积的功效，可用于治疗风湿痹痛、跌打损伤、瘀痛、痈疽肿毒。

分布：金城江、宜州、南丹、天峨、凤山、东兰、罗城、环江、巴马、都安、大化。

两粤黄檀 *Dalbergia benthamii* Prain

药用部位及功效：茎具有活血通经的功效，可用于治疗跌打损伤、月经不调、痛经。

分布：环江。

藤黄檀 *Dalbergia hancei* Benth.

药用部位及功效：根、茎味辛，性温。根具有强筋骨、舒筋活络的功效，可用于治疗腹痛、心胃气痛。茎具有行气、止痛、破积的功效，可用于治疗心胃气痛、腰腿关节痛、久伤积痛、气喘、衄血。

分布：金城江、宜州、南丹、天峨、凤山、东兰、罗城、环江、巴马、都安、大化。

黄檀 *Dalbergia hupeana* Hance

药用部位及功效：根味辛、苦，性平，具有清热解毒、止血、消肿、敛疮、止痒、杀虫的功效，可用于治疗疔疮疥癣。

分布：环江。

多裂黄檀 *Dalbergia rimosa* Roxb.

药用部位及功效：根味辛，性温，具有接骨的功效，可用于治疗头痛、骨折。叶可用于治疗疔疮、黄水疮。

分布：凤山、环江。

假木豆属 *Dendrolobium*

假木豆 *Dendrolobium triangulare* (Retz.) Schindl.

药用部位及功效：根、叶味辛、甘，性寒，具有清热凉血、强筋骨、健脾利湿的功效，可用于治疗咽痛、腹泻、瘫痪、跌打损伤、骨折、内伤出血、咯血。全株具有祛风除湿、去疳积的功效，可用于治疗风湿骨痛、肾虚腰痛、小儿疳积。

分布：金城江、宜州、南丹、天峨、凤山、东兰、罗城、环江、巴马、都安、大化。

鱼藤属 *Derris*

中南鱼藤 *Derris fordii* Oliv.

药用部位及功效：茎、叶味苦，性寒，具有清热解毒、散瘀止痛、杀虫的功效，可用于治疗痈疽疮毒、疥疮癣癞、丹毒、无名肿毒、跌打肿痛、风湿关节疼痛、湿疹、蛇虫咬伤。果具有滋阴、凉血、补血、安神的功效，可用于治疗头晕。

分布：天峨、罗城、环江、都安。

鱼藤 *Derris trifoliata* Lour.

药用部位及功效：茎味辛，性温，有大毒。全株、根、藤茎、枝、叶具有解毒、散瘀、消肿、活血、止痛、杀虫的功效，可用于治疗跌打损伤、风湿关节肿痛、风湿骨病、湿疹、疥癣、脚癣。

分布：罗城、环江。

山蚂蝗属 *Desmodium*

大叶山蚂蝗 *Desmodium gangeticum* (L.) DC.

药用部位及功效：全株、根、茎、叶具有消炎、杀菌、调经、止血、止痛、消瘀散肿的功效，可用于治疗跌打损伤、骨折、疮疖、子宫脱垂、脱肛、腹痛、闭经、牛皮癣、神经性皮炎。

分布：天峨、凤山、罗城。

假地豆 *Desmodium heterocarpon* (L.) DC.

药用部位及功效：全株具有清热解毒、消肿止痛的功效，可用于治疗流行性乙型脑炎、流行性腮腺炎、跌打损伤、咳嗽、咽痛、肺结核、咯血、小儿疳积、头痛、尿路感染。

分布：金城江、宜州、南丹、天峨、凤山、东兰、罗城、环江、巴马、都安、大化。

大叶拿身草 *Desmodium laxiflorum* DC.

药用部位及功效：全株味甘，性平，具有清热解毒、平肝、祛风利湿、消食、止血的功效，可用于治疗跌打损伤、毒蛇咬伤、胃痛、膀胱结石、肾结石、过敏性皮炎、神经性皮炎、淋巴结炎、乳腺炎、烫伤、小儿疳积、梅毒。

分布：环江。

饿蚂蝗 *Desmodium multiflorum* DC.

药用部位及功效：全株、根、种子具有清热解毒、消食、补虚、活血、止痛的功效，可用于治疗胃痛、小儿疳积、干血痨、腮腺炎、淋巴结炎、毒蛇咬伤。枝、叶、花具有清热解表、发汗、补虚、活血、止痛的功效，可用于治疗胃痛、腹痛、小儿疳积。

分布：罗城。

长波叶山蚂蝗 *Desmodium sequax* Wall.

药用部位及功效：全株味苦、涩，性平，具有健脾补气的功效，可用于治疗目赤肿痛、黄疸性肝炎、小儿疳积、消化不良、疮疖。根具有润肺止咳、平喘、补虚、驱虫的功效，可用于治疗肺结核咳嗽、盗汗、风湿性关节炎、咳嗽痰喘。果具有止血的功效，可用于治疗内伤出血。

分布：宜州、南丹、凤山、环江。

山黑豆属 *Dumasia*

柔毛山黑豆 *Dumasia villosa* DC.

药用部位及功效：荚果具有清热解毒、通经、消食的功效。

分布：环江。

鸡头薯属 *Eriosema*

鸡头薯 *Eriosema chinense* Vogel

药用部位及功效：块根具有滋阴、清热解毒、祛痰、消肿的功效。

分布：金城江、宜州、南丹、天峨、凤山、东兰、罗城、环江、巴马、都安、大化。

千斤拔属 *Flemingia*

宽叶千斤拔 *Flemingia latifolia* Benth.

药用部位及功效：根具有壮筋骨、祛风除湿、调经补血的功效，可用于治疗风湿骨痛、小儿麻痹后遗症、月经不调。

分布：金城江、环江。

大叶千斤拔（掏马桩） *Flemingia macrophylla* (Willd.) Kuntze ex Prain

药用部位及功效：根味甘、淡，性平，具有祛风除湿、益脾肾、强筋骨的功效，可用于治疗风湿骨痛、腰肌劳损、四肢痿软、偏瘫、阳痿、月经不调、带下病、腹胀、食少、气虚足肿。

分布：金城江、宜州、南丹、天峨、凤山、东兰、罗城、环江、巴马、都安、大化。

千斤拔 *Flemingia prostrata* Roxb. f. ex Roxb.

药用部位及功效：全株具有清热解毒的功效，可用于治疗痢疾，外用可治疗跌打损伤。根味甘、微涩，性平，具有祛风利湿、消瘀解毒、强筋骨的功效，可用于治疗风湿痹痛、腰腿痛、水肿、跌打损伤、痈肿、乳蛾、白带异常。

分布：金城江、宜州、南丹、天峨、凤山、东兰、罗城、环江、巴马、都安、大化。

大豆属 *Glycine*

大豆 *Glycine max* (L.) Merr.

药用部位及功效：经发酵加工后的种子具有解表、除烦、宣发郁热的功效，可用于治疗感冒、寒热头痛、烦躁胸闷、虚烦不眠。

分布：金城江、宜州、南丹、天峨、凤山、东兰、罗城、环江、巴马、都安、大化。

木蓝属 *Indigofera*

深紫木蓝 *Indigofera atropurpurea* Buch.-Ham. ex Hornem.

药用部位及功效：根具有截疟的功效，可用于治疗疟疾、间歇性寒战、高热。叶可用于治疗毒蛇咬伤。

分布：天峨、罗城。

黔南木蓝 *Indigofera esquirolii* H. Lév.

药用部位及功效：全株具有清热解毒、消肿止痛的功效，可用于治疗吐血、乳痈、咽炎。枝、叶可用于治疗肠道寄生虫病、腹痛腹胀。

分布：南丹、天峨、凤山、环江。

马棘 *Indigofera pseudotinctoria* Matsum.

药用部位及功效：全株具有清热解毒、温肺止咳、消食化滞、消肿散结的功效，可用于治疗瘰疬、痔疮、水肿、胀饱食积、感冒咳嗽。根味苦、涩，性平，具有活血祛瘀、清热解毒、止咳平喘、消肿、解蛇毒的功效，可用于治疗咳喘、急性扁桃体炎、疔疮、瘰疬、痔疮、跌打损伤、蛇虫咬伤。

分布：金城江、南丹、天峨、环江、都安。

鸡眼草属 *Kummerowia*

鸡眼草 *Kummerowia striata* (Thunb.) Schindl.

药用部位及功效：全株味甘、淡，性微寒，具有清热解毒、利尿消肿、活血、止泻的功效，可用于治疗肝炎、痢疾、胃肠炎、尿路感染、尿血、口腔炎，外用可治疗痈肿疮毒、跌打损伤、乳腺炎。

分布：金城江、宜州、南丹、天峨、凤山、东兰、罗城、环江、巴马、都安、大化。

扁豆属 *Lablab*

扁豆 *Lablab purpureus* (L.) Sw.

药用部位及功效：根、藤茎、叶、花、果、种子味苦、涩、甘，性平。藤茎可用于治疗风痰迷窍、癫狂乱语。叶可用于治疗吐泻、转筋、疮毒、跌损创伤。花具有消暑、化湿、和中的功效。种子具有健脾化湿、和中消暑的功效，可用于治疗脾胃虚弱、食欲不振、呕吐泄泻、胸闷腹胀、白带过多。种皮具有消暑化湿、健脾止泻的功效，可用于治疗痢疾、呕吐腹泻、脚气病浮肿。

分布：金城江、宜州、南丹、天峨、凤山、东兰、罗城、环江、巴马、都安、大化。

胡枝子属 *Lespedeza*

截叶铁扫帚 *Lespedeza cuneata* (Dum. Cours.) G. Don

药用部位及功效：全株味苦、涩，性凉，具有清热解毒、祛痰止咳、利湿消积、补肝肾、益肺阴的功效，可用于治疗遗精遗尿、白浊、带下病、口腔炎、咳嗽、哮喘、胃痛、劳伤、小儿疳积、下痢、消化不良、胃肠炎、乳痈，外用可治疗带状疱疹、毒蛇咬伤。

分布：金城江、罗城、环江。

美丽胡枝子 *Lespedeza formosa* (Vogel) Koehne

药用部位及功效：根具有清肺热、祛风除湿、散瘀血的功效，可用于治疗肺痈、风湿骨痛、跌打损伤。茎、叶可用于治疗小便淋痛。花具有清热凉血的功效，可用于治疗肺热咯血、便血。

分布：罗城。

鸡血藤属 *Millettia*

厚果崖豆藤 *Millettia pachycarpa* Benth.

药用部位及功效：根味苦、微辛，性平，具有清热解毒、祛风除湿、活血止痛的功效，可用于治疗肺痈、腹泻、风湿痹痛、跌打损伤、骨折。茎、叶味苦，性平，具有清热、利尿通淋的功效，可用于治疗热淋、小便不利。花味甘，性平，具有清热凉血的功效，可用于治疗肺热咳嗽、便血、尿血。

分布：金城江、宜州、南丹、天峨、凤山、东兰、罗城、环江、都安、大化。

疏叶崖豆 *Millettia pulchra* var. *laxior* (Dunn) Z. Wei

药用部位及功效：根具有散瘀消肿、止痛、宁神、强身健体、补气补血、延缓衰老、抗应激、提高免疫力、改善大脑记忆功能的功效，可用于治疗跌打肿痛、外伤出血、老年健忘。叶外用可治疗疮疡肿毒、跌打损伤。

分布：东兰、罗城。

油麻藤属 ***Mucuna***

白花油麻藤 *Mucuna birdwoodiana* Tutcher

药用部位及功效：茎味苦、甘，性温，具有通经络、强筋骨、活血补血的功效，可用于治疗贫血、白细胞减少症、腰腿痛、麻木瘫痪、风湿骨痛、月经不调。

分布：金城江、宜州、南丹、天峨、凤山、东兰、罗城、环江、巴马、都安、大化。

大果油麻藤 *Mucuna macrocarpa* Wall.

药用部位及功效：茎味涩，性凉，具有清肺热、止咳、舒筋活血的功效，可用于治疗肺燥咳嗽、咯血、腰膝酸痛、月经不调、贫血、四肢麻木。

分布：环江。

大井属 ***Ohwia***

小槐花 *Ohwia caudata* (Thunb.) Ohashi

药用部位及功效：全株味甘、苦，性平，具有清热解毒、健胃消积、祛风利湿的功效，可用于治疗小儿疳积、胃肠炎、痢疾、感冒发热、消化性溃疡。叶可用于治疗乳痈、疮疡肿痛、跌打损伤。

分布：金城江、宜州、南丹、天峨、凤山、东兰、罗城、环江、巴马、都安、大化。

红豆树属 ***Ormosia***

肥荚红豆 *Ormosia fordiana* Oliv.

药用部位及功效：根、树皮、叶具有清热解毒、消肿止痛的功效，可用于治疗急性肝炎、跌打肿痛、风火牙痛、烧烫伤。

分布：南丹、罗城。

小叶红豆 *Ormosia microphylla* Merr. et L. Chen

药用部位及功效：种子味苦，性平，有小毒，具有理气、通经的功效，可用于治疗疝气、腹痛、血滞、闭经。

分布：南丹、罗城、环江。

海南红豆 *Ormosia pinnata* (Lour.) Merr.

药用部位及功效：心材可用于治疗跌打内伤。

分布：环江。

木荚红豆 *Ormosia xylocarpa* Chun ex Merr. et L. Chen

药用部位及功效：根具有清热解毒、补虚镇痛的功效，可用于治疗痢疾、胃脘痛。种子具有理气通经的功效。

分布：环江。

排钱树属 ***Phyllodium***

毛排钱树 *Phyllodium elegans* (Lour.) Desv.

药用部位及功效：全株具有开胃健脾、清热利湿的功效，可用于治疗小儿疳积、风湿关节肿痛、胸腹胀痛。根、地上部分具有清热利湿、散瘀消肿、活血的功效，可用于治疗跌打损伤、乳疮、咯血、血淋、小儿牙疳及锁喉、牙痛、头疮、疳积。

分布：金城江、宜州、南丹、天峨、凤山、东兰、罗城、环江、巴马、都安、大化。

排钱树 *Phyllodium pulchellum* (L.) Desv.

药用部位及功效：根、地上部分味淡、苦，性平，有小毒，具有清热解毒、祛风行水、活血消肿的功效，可用于治疗感冒发热、咽喉肿痛、牙疳、风湿痹痛、水肿、臌胀、肝脾肿大、跌打肿痛、毒虫咬伤。

分布：金城江、宜州、南丹、天峨、凤山、东兰、罗城、环江、巴马、都安、大化。

豌豆属 *Pisum*

豌豆 *Pisum sativum* L.

药用部位及功效：叶、花具有清热除湿、清凉解暑、消肿散结的功效。种子味甘，性平，具有和中下气、强壮骨骼、利小便、解疮毒的功效，可用于治疗霍乱转筋、脚气病、疖肿、泄泻、腹胀。

分布：金城江、宜州、南丹、天峨、凤山、东兰、罗城、环江、巴马、都安、大化。

葛属 *Pueraria*

葛 *Pueraria montana* (Lour.) Merr. var. *lobata* (Willd.) Maesen et S. M. Almeida ex Sanjappa et Predeep

药用部位及功效：块根味甘、辛，性凉，具有清热解肌、生津止渴、透发斑疹、解酒毒的功效，可用于治疗高血压、冠心病、视网膜炎、风热感冒、麻疹不透、乙型脑炎、发热口渴、泄泻、有机磷中毒。

分布：金城江、宜州、南丹、天峨、凤山、东兰、罗城、环江、巴马、都安、大化。

鹿藿属 *Rhynchosia*

鹿藿 *Rhynchosia volubilis* Lour.

药用部位及功效：茎、叶味苦，性平，具有祛风止痛、活血消肿、清热解毒的功效，可用于治疗风湿骨痛、腰肌劳损、瘰疬、神经性头痛、痛经，外用可治疗跌打损伤、痈疖肿毒。

分布：金城江、宜州、南丹、天峨、凤山、东兰、罗城、环江、巴马、都安、大化。

田菁属 *Sesbania*

田菁 *Sesbania cannabina* (Retz.) Poir.

药用部位及功效：根、叶具有清热解毒、凉血利尿的功效，可用于治疗热淋下消、赤白带下、尿血、毒蛇咬伤。种子具有消炎、止痛的功效，可用于治疗流行性腮腺炎、高热、胸膜炎、关节痛、挫伤。

分布：金城江、宜州、南丹、天峨、凤山、东兰、罗城、环江、巴马、都安、大化。

槐属 *Sophora*

苦参 *Sophora flavescens* Aiton.

药用部位及功效：根味苦，性寒，有小毒，具有清热燥湿、杀虫的功效，可用于治疗热毒血痢、肠风便血、黄疸、赤白带下、小儿肺炎、疳积、急性扁桃体炎、痔漏、脱肛、皮肤瘙痒、疥癣恶疮、阴疮湿痒、瘰疬、烫伤。种子具有明目、健胃的功效，可用于治疗急性菌痢、大便秘结。

分布：天峨、东兰、罗城。

槐 *Sophora japonica* L.

药用部位及功效：枝、叶、花蕾、种子味苦，性寒。根可用于治疗痔疮、喉痹、蛔虫病。嫩枝可用于治疗崩漏带下、心痛、目赤、痔疮、疥疮。花、花蕾具有清热、润肝、凉血、止血的功效，可用于治疗肠风便血、痔血、崩漏、血淋、血痢、心胸烦闷、风眩欲倒、阴疮湿痒。

分布：金城江、罗城。

越南槐 *Sophora tonkinensis* Gagnep.

药用部位及功效：根、根茎味苦，性寒，具有清热解毒、消肿止痛、利咽的功效，可用于治疗急性咽喉炎、气管炎、扁桃体炎、口腔炎、牙龈肿痛、黄疸、下痢、痈疖肿毒。

分布：南丹、凤山、罗城。

多叶越南槐 *Sophora tonkinensis* Gagnep. var. *polyphylla* S. Z. Huang et Z. C. Zhou

药用部位及功效：根、根茎味苦，性寒，有毒，具有清热解毒、消肿利咽的功效，可用于治疗火毒蕴结、咽喉肿痛、牙龈肿痛。

分布：环江、都安。

葫芦茶属 *Tadehagi*

蔓茎葫芦茶 *Tadehagi pseudotriquetrum* (DC.) H. Ohashi

药用部位及功效：全株味甘、微苦，性凉，具有清热解毒、消积利湿、祛痰止咳、止呕、杀虫的功效，可用于治疗肝炎、咳嗽痰喘、咽痛、痢疾、吐泻、感冒、小儿疳积、妊娠呕吐，外用可治疗疮疖。

分布：环江。

葫芦茶 *Tadehagi triquetrum* (L.) H. Ohashi

药用部位及功效：根、枝、叶味微苦、涩，性凉，具有清热解毒、除烦止呕、利湿消积、杀虫的功效，可用于治疗感冒发热、中暑、咽喉肿痛、黄疸性肝炎、急性肠炎、痢疾、急性肾炎、小便不利、口腔炎、疮疖、皮肤溃疡。

分布：金城江、宜州、南丹、天峨、凤山、东兰、罗城、环江、巴马、都安、大化。

狸尾豆属 *Uraria*

猫尾草 *Uraria crinita* (L.) Desv.

药用部位及功效：全株味甘、微苦，性平，具有清热解毒、止血、消痈的功效，可用于治疗咳嗽、肺痈、吐血、咯血、尿血、脱肛、子宫脱垂、无名肿毒、关节炎、小儿疳积、消化性溃疡、白带异常。

分布：金城江、东兰、罗城、环江。

山野豌豆属 *Vicia*

蚕豆 *Vicia faba* L.

药用部位及功效：茎具有止血止泻的功效，可用于治疗腹泻、各种内出血。叶有解毒的功效，可用于治疗毒蛇咬伤。花味甘，性平，具有凉血止血、止带、降血压的功效，可用于治疗各种出血、白带异常、高血压。果荚具有敛疮的功效，用鲜品适量，煎水洗或涂患处可治疗天疱疮、脓疱疮、烧烫伤。

分布：金城江、宜州、南丹、天峨、凤山、东兰、罗城、环江、巴马、都安、大化。

豇豆属 *Vigna*

赤豆 *Vigna angularis* (Willd.) Ohwi et H. Ohashi

药用部位及功效：叶可用于治疗小便频多、遗尿。花具有清热解毒、醒酒止渴的功效，可用于治疗疟疾、痢疾、消渴。种子味甘、酸，性平，具有利尿除湿、消肿解毒、活血排脓的功效，可用于治疗水肿胀满、脚气病浮肿、黄疸尿赤、风湿热痹、痈肿疮毒、肠痈腹痛。

分布：金城江、宜州、南丹、天峨、凤山、东兰、罗城、环江、巴马、都安、大化。

绿豆 *Vigna radiata* (L.) R. Wilczek

药用部位及功效：叶、种子味甘，性寒，具有清热解毒、祛暑利尿的功效，可用于预防中暑及治疗暑热烦渴、肠炎腹泻、食物或药物中毒、疮疖肿毒、水肿。

分布：金城江、宜州、南丹、天峨、凤山、东兰、罗城、环江、巴马、都安、大化。

短豇豆 *Vigna unguiculata* (L.) Walp. subsp. *cylindrica* (L.) Verdc.

药用部位及功效：根、叶、果、种子味甘，性平，具有调中益气、健脾利肾的功效，可用于治疗脾胃失调、肾病。

分布：金城江、宜州、南丹、天峨、凤山、东兰、罗城、环江、巴马、都安、大化。

长豇豆 *Vigna unguiculata* (L.) Walp. subsp. *sesquipedalis* (L.) Verdc.

药用部位及功效：根、叶、果、种子味甘，性平，具有健脾补气的功效。

分布：金城江、宜州、南丹、天峨、凤山、东兰、罗城、环江、巴马、都安、大化。

云南野豇豆 *Vigna vexillata* (L.) A. Rich.

药用部位及功效：根味苦，性寒，具有清热解毒、消肿止痛、利咽的功效，可用于治疗风火牙痛、咽痛、胃痛、腹胀、便秘、肺结核、痔毒、跌打关节疼痛、小儿麻疹后余毒不尽。

分布：天峨、环江。

旌节花科 Stachyuraceae

旌节花属 *Stachyurus*

中国旌节花 *Stachyurus chinensis* Franch.

药用部位及功效：茎髓味淡，性平，具有清热、利尿渗湿、通乳的功效，可用于治疗尿路感染、热病、小便赤黄、尿闭、湿热癃淋、热病口渴、乳汁不下、风湿关节肿痛。

分布：金城江、南丹、环江。

金缕梅科 Hamamelidaceae

蕈树属 *Altingia*

蕈树 *Altingia chinensis* (Champ. ex Benth.) Oliv. ex Hance

药用部位及功效：根味辛，性温，可用于治疗风湿病、跌打损伤、瘫痪。

分布：金城江、宜州、南丹、天峨、凤山、东兰、罗城、环江、巴马、都安、大化。

蜡瓣花属 *Corylopsis*

瑞木 *Corylopsis muitiflora* Hance

药用部位及功效：根皮、叶可用于治疗恶性发热、呕逆、恶心呕吐、心悸不安、烦乱昏迷、白喉、内伤出血。

分布：南丹、凤山、罗城、环江。

蚊母树属 *Distylium*

小叶蚊母树 *Distylium buxifolium* (Hance) Merr.

药用部位及功效：果在民间可用于治疗癥瘕痞块。

分布：环江。

窄叶蚊母树 *Distylium dunnianum* H. Lév.

药用部位及功效：根具有清热、止血的功效，可用于治疗各种热证、各种出血。

分布：南丹、天峨、东兰、环江。

杨梅叶蚊母树 *Distylium myricoides* Hemsl.

药用部位及功效：根具有通络、消肿的功效，可用于治疗跌打损伤、手足浮肿、水肿。

分布：金城江、宜州、南丹、天峨、凤山、东兰、罗城、环江、巴马、都安、大化。

亮叶蚊母树 *Distylium myricoides* var. *nitidum* H. T. Chang

药用部位及功效：根味辛、微苦，性平，具有利尿渗湿、祛风活络的功效，可用于治疗水肿、手足浮肿、风湿骨节疼痛、跌打损伤。

分布：环江。

马蹄荷属 *Exbucklandia*

马蹄荷 *Exbucklandia populnea* (R. Br. ex Griff.) R. W. Br.

药用部位及功效：根、茎味酸、涩，性温，有小毒。根外用可治疗疮疡肿毒。茎具有舒筋活血、通络止痛的功效，可用于治疗风湿关节肿痛、坐骨神经痛、腰腿痛。

分布：罗城、环江。

枫香树属 *Liquidambar*

枫香树 *Liquidambar formosana* Hance

药用部位及功效：根、树脂、叶、果序味苦，性平。根、树皮、枝、叶具有散瘀除湿、消肿止痛的功效。树脂（白胶香）可用于治疗外伤出血、跌打肿痛。叶可用于治疗肠炎、痢疾，适量水煎洗可治疗湿疹。果具有下乳的功效。

分布：金城江、宜州、南丹、天峨、凤山、东兰、罗城、环江、巴马、都安、大化。

檵木属 *Loropetalum*

檵木 *Loropetalum chinense* (R. Br.) Oliv.

药用部位及功效：根味苦，性温，具有通经活络、活血祛瘀、健脾化湿的功效，可用于治疗闭经、白带异常、腹痛泄泻、跌打内伤、关节痛。叶味苦、涩，性平，具有清热解毒、凉血消肿、祛腐生肌的功效，可用于治疗暑热下痢、子宫出血、跌打扭伤、烧烫伤。花可用于治疗咳嗽、咯血、衄血、血崩。

分布：金城江、罗城、环江、巴马。

红花荷属 *Rhodoleia*

窄瓣红花荷 *Rhodoleia stenopetala* H. T. Chang

药用部位及功效：根、叶味辛，性温，具有活血止血的功效，可用于治疗风湿骨痛、月经不调、刀伤出血。

分布：环江。

小花红花荷 *Rhodoleia parvipetala* Tong

药用部位及功效：叶具有止血的功效，可用于治疗刀伤出血。

分布：宜州、罗城。

半枫荷属 *Semiliquidambar*

半枫荷 *Semiliquidambar cathayensis* H. T. Chang

药用部位及功效：根、树皮、枝、叶、花蜜味涩，性温，具有祛风除湿、活血散瘀的功效，可用于治疗风湿性关节炎、腰腿痛、扭挫伤、半身不遂、产后风湿。

分布：罗城、环江。

杜仲科 Eucommiaceae

杜仲属 *Eucommia*

杜仲 *Eucommia ulmoides* Oliv.

药用部位及功效：树皮味甘，性温，具有补肝肾、强筋骨、安胎的功效，可用于治疗肾虚腰痛、筋骨无力、怀孕流血、胎动不安、高血压。叶味微辛，性温，具有补肝肾、强筋骨的功效，可用于治疗肝肾不足、头晕目眩、腰膝酸痛、筋骨痿软。

分布：罗城、环江。

黄杨科 Buxaceae

黄杨属 *Buxus*

匙叶黄杨 *Buxus harlandii* Hance

药用部位及功效：根、茎、叶味苦、甘，性凉，具有清热解毒、化痰止咳、祛风、止血的功效。根在民间用于治疗吐血。嫩枝、叶可用于治疗目赤肿痛、痈疮肿毒、风湿骨痛、咯血、声音嘶哑、狂犬咬伤、难产。

分布：罗城、环江。

阔柱黄杨 *Buxus latistyla* Gagnep.

药用部位及功效：树皮具有镇惊熄风的功效，可用于治疗小儿惊风。叶具有接骨生肌的功效，可用于治疗骨折、刀伤。

分布：金城江、凤山、环江。

野扇花属 *Sarcococca*

长叶柄野扇花 *Sarcococca longipetiolata* M. Cheng

药用部位及功效：全株味苦、涩、微辛，性寒。根具有祛风活络、理气止痛的功效，可用于治疗风湿筋骨痛、关节炎、产后身痛、跌打损伤、急慢性胃炎。果具有补血养肝的功效，可用于治疗头晕、心悸、视力减退。

分布：南丹、环江。

野扇花 *Sarcococca ruscifolia* Stapf

药用部位及功效：根、果味辛、苦，性平。根具有理气止痛、舒筋活血的功效，可用于治疗胃脘痛、急慢性胃炎、胃溃疡、痞满、风湿痹痛、痉挛、肢体麻木、跌打损伤、老伤发痛、水肿。叶具有止咳化痰的功效，可用于治疗肺结核咳嗽。果具有补血养肝的功效，可用于治疗头晕、心悸、视力减退。

分布：环江。

杨柳科 Salicaceae

杨属 *Populus*

响叶杨 *Populus adenopoda* Maxim.

药用部位及功效：根皮、树皮、叶味苦，性平，具有散瘀止痛、祛风活血的功效，可用于治疗风湿性关节炎、四肢不遂、龋齿、跌打损伤、瘀血肿痛。

分布：环江。

柳属 *Salix*

垂柳 *Salix babylonica* L.

药用部位及功效：根皮、须根、树皮、枝、叶味苦，性寒。枝具有祛风、利尿、止痛、消肿的功效，可用于治疗风湿痹痛、淋病、白浊、小便不通、传染性肝炎、风肿、疔疮、丹毒、龋齿、牙龈肿痛。

分布：罗城、环江。

杨梅科 Myricaceae

杨梅属 *Myrica*

毛杨梅 *Myrica esculenta* Buch.-Ham. ex D. Don

药用部位及功效：根、树皮、果味甘、酸，性温，具有消炎、收敛、涩肠止泻、止血止痛的功效，可用于治疗痢疾、肠炎、泄泻、崩漏、胃痛、胃溃疡、跌打损伤、扭伤、腰肌劳损、湿疹、白秃疮、慢性疮疡。

分布：罗城、环江。

杨梅 *Myrica rubra* (Lour.) Sieb. et Zucc.

药用部位及功效：根、树皮味苦，性温，具有散瘀止血、止痛、收敛止痒的功效，可用于治疗跌打损伤、骨折、痢疾、消化性溃疡，外用可治疗皮肤瘙痒、烂头疮。果味酸、甘，性平，具有生津止渴的功效，可用于治疗口干、食欲不振。

分布：金城江、宜州、南丹、天峨、凤山、东兰、罗城、环江、巴马、都安、大化。

桦木科 Betulaceae

桦木属 *Betula*

西桦 *Betula alnoides* Buch.-Ham. ex D. Don

药用部位及功效：叶具有解毒、敛疮的功效，可用于治疗疮毒、溃后久不收口。

分布：环江。

亮叶桦 *Betula luminifera* H. J. P. Winkl.

药用部位及功效：根、叶味甘、辛，性凉。根具有清热利尿的功效，可用于治疗小便淋痛、水肿。树皮具有除风化湿、消食、解毒的功效，可用于治疗食积停滞、风湿痹痛、乳痈红肿。叶具有清热解毒、利尿的功效，可用于治疗疖毒、水肿。

分布：罗城、环江。

榛木科 Corylaceae

鹅耳枥属 *Carpinus*

云贵鹅耳枥 *Carpinus pubescens* Burkill

药用部位及功效：树皮可用于治疗痢疾。

分布：南丹、天峨、环江。

壳斗科 Fagaceae

栗属 *Castanea*

锥栗 *Castanea henryi* (Skan) Rehder et E. H. Wilson

药用部位及功效：叶、壳斗、种子味苦、涩、甘，性平，具有补脾、健胃、补肾强腰、活血止血、收敛、祛湿的功效，可用于治疗湿热、泄泻、肾虚、痿弱、消瘦、失眠、刺或铁片入肉。叶外用治疗漆疮。

分布：天峨、环江。

栗 *Castanea mollissima* Blume

药用部位及功效：根、叶、壳斗、种子味甘、淡，性平。根可用于治疗疝气。树皮可用于治疗丹毒、口疮、漆疮。叶可用于治疗喉疮火毒、顿咳。花可用于治疗下痢、便血、瘰疬。总苞可用于治疗丹毒、瘰疬、顿咳。外果皮可用于治疗反胃、鼻出血、便血。内果实可用于治疗瘰疬、骨鲠、皮肤干燥。种仁具有养胃健脾、补肾强筋、活血止血的功效，可用于治疗反胃、泄泻、吐血、衄血、便血。

分布：金城江、宜州、南丹、天峨、凤山、东兰、罗城、环江、巴马、都安、大化。

青冈属 *Cyclobalanopsis*

滇青冈 *Cyclobalanopsis glaucoides* Schottky

药用部位及功效：果仁具有消乳肿的功效。

分布： 环江。

柯属 *Lithocarpus*

木姜叶柯 *Lithocarpus litseifolius* (Hance) Chun

药用部位及功效： 根具有补肾助阳的功效，可用于治疗虚损。茎具有祛风除湿、止痛的功效，可用于治疗风湿痹痛、骨折。叶具有清热解毒、利湿的功效，可用于治疗外感发热、湿热痢疾、皮肤瘙痒。

分布： 金城江、宜州、南丹、天峨、凤山、东兰、罗城、环江、巴马、都安、大化。

栎属 *Quercus*

白栎 *Quercus fabri* Hance

药用部位及功效： 根、虫瘿味苦、涩，性平。带虫瘿的总苞具有健脾消积、理气散结、清火、明目的功效，可用于治疗疝气、小儿疳积、溲如米泔、急性结膜炎、头疖。

分布： 天峨、凤山、环江、巴马。

榆科 Ulmaceae

朴属 *Celtis*

紫弹树 *Celtis biondii* Pamp.

药用部位及功效： 根、树皮、叶味甘，性寒，具有清热解毒、祛痰、利小便的功效，可用于治疗小儿头颅软骨病、小儿脑积水、腰骨酸痛、乳痈肿毒，外用可治疗疮毒、溃烂。

分布： 天峨、东兰、罗城、环江。

朴树 *Celtis sinensis* Pers.

药用部位及功效： 根、树皮味苦、辛，性平，具有调经的功效，可用于治疗食滞腹泻、久痢不止、痔疮出血、腰痛、月经不调、荨麻疹、瘾疹、肺痈、跌打损伤、扭伤。叶具有清热解毒的功效，可用于治疗漆疮。

分布： 环江、都安。

四蕊朴 *Celtis tetrandra* Roxb.

药用部位及功效： 根皮可用于治疗腰痛、漆疮。叶外用可治疗水肿。

分布： 天峨、环江。

假玉桂 *Celtis timorensis* Span.

药用部位及功效： 叶具有止血的功效，外用可治疗外伤出血。

分布： 金城江、天峨、东兰、罗城、巴马、都安。

青檀属 *Pteroceltis*

青檀 *Pteroceltis tatarinowii* Maxim.

药用部位及功效： 茎、叶具有祛风、止血、止痛的功效。

分布： 天峨、环江、都安、大化。

山黄麻属 *Trema*

光叶山黄麻 *Trema* cannabina Lour.

药用部位及功效： 根皮、叶味甘、淡，性微寒，具有健脾利尿、化瘀生新、接骨的功效。

分布： 金城江、罗城、环江。

异色山黄麻 *Trema* orientalis (L.) Blume

药用部位及功效： 根、叶具有散瘀、消肿止血的功效，可用于治疗跌打损伤、外伤出血。

分布： 金城江、宜州、南丹、天峨、凤山、东兰、罗城、环江、巴马、都安、大化。

桑科 Moraceae

波罗蜜属 *Artocarpus*

桂木 *Artocarpus nitidus* subsp. *lingnanensis* (Merr.) F. M. Jarrett

药用部位及功效： 根具有健胃行气、活血祛风的功效，可用于治疗胃炎、食欲不振、风湿痹痛、跌打损伤。果具有清肺止咳、活血止血的功效，可用于治疗肺结核咯血、支气管炎、鼻出血、吐血、咽喉肿痛。

分布： 罗城。

红山梅 *Artocarpus styracifolius* Pierre

药用部位及功效： 根味甘，性温，具有祛风除湿、舒筋活血的功效，可用于治疗风湿关节肿痛、腰肌劳损、半身不遂、跌打损伤、扭挫伤。

分布： 环江。

构属 *Broussonetia*

藤构 *Broussonetia kaempferi* Sieb. var. *australis* T. Suzuki

药用部位及功效： 根具有清凉解毒、止咳、利尿的功效，可用于治疗跌打损伤、肺热咳嗽。

分布： 天峨、环江。

小构树 *Broussonetia kazinoki* Sieb. et Zucc.

药用部位及功效： 根、叶味淡，性凉，具有祛风、活血、利尿的功效，可用于治疗风湿痹痛、跌打损伤、虚肿。树汁、嫩枝、叶具有解毒、杀虫的功效，外用可治疗神经性皮炎、顽癣。

分布： 东兰、罗城、环江、都安。

构树 *Broussonetia papyrifera* (L.) L'Hér. ex Vent.

药用部位及功效： 树皮可用于治疗血崩、血痢、痔疮。树汁可用于治疗体癣、疥疮、湿疹、神经性皮炎。果味甘，性寒，具有滋肾、清肝、明目、强筋骨的功效，可用于治疗腰膝酸痛无力、肾虚目眩、遗精、脚气病、水肿、慢性支气管炎。

分布： 金城江、宜州、南丹、天峨、凤山、东兰、罗城、环江、巴马、都安、大化。

水蛇麻属 *Fatoua*

水蛇麻 *Fatoua villosa* (Thunb.) Nakai

药用部位及功效： 全株具有清热解毒的功效，可用于治疗刀伤、无名肿毒。根皮具有清热解毒、凉血止血的功效，可用于治疗咽炎、流行性腮腺炎、无名肿毒、刀伤出血。叶可用于治疗风热感冒、头痛、咳嗽。叶汁可用于治疗腹痛。

分布：环江。

榕属 *Ficus*

石榕树 *Ficus abelii* Miq.

药用部位及功效：根、茎具有清热利尿、止痛的功效，可用于治疗风湿痹痛、哮喘、乳痈。叶具有清热解毒、止血、消肿止痛、祛腐生新的功效，可用于治疗乳痈、崩漏、糖尿病、痢疾、刀伤。

分布：罗城、环江。

歪叶榕 *Ficus cyrtophylla* (Wall. ex Miq.) Miq.

药用部位及功效：叶可用于治疗支气管炎。

分布：环江、都安。

矮小天仙果 *Ficus erecta* Thunb.

药用部位及功效：根可用于治疗毒蛇咬伤、风湿性关节炎、月经不调、白带异常、脱肛、骨结核、皮肤瘙痒、跌打损伤、劳倦乏力。

分布：天峨、罗城、都安、大化。

黄毛榕 *Ficus esquiroliana* H. Lév.

药用部位及功效：根味甘，性平，具有健脾益气、活血祛风的功效，可用于治疗气血虚弱、子宫脱垂、脱肛、水肿、风湿痹痛、便溏泄泻。

分布：罗城、环江。

台湾榕 *Ficus formosana* Maxim.

药用部位及功效：全株味甘、微涩，性平，具有柔肝止痛、清热利湿的功效，可用于治疗急慢性肝炎、腰脊扭伤、水肿、急性肾炎、尿路感染、小便淋痛。果具有催乳、止咳的功效。

分布：金城江、宜州、南丹、天峨、凤山、东兰、罗城、环江、巴马、都安、大化。

长叶冠毛榕 *Ficus gasparriniana* Miq. var. *esquirolii* (Lév. et Vaniot) Corner

药用部位及功效：根、叶可用于治疗胃痛、风湿骨痛。

分布：环江。

大叶水榕 *Ficus glaberrima* Blume

药用部位及功效：树皮可用于治疗消化不良、泄泻、白带异常。

分布：金城江、天峨、罗城、环江、巴马。

尖叶榕 *Ficus henryi* Warb.

药用部位及功效：果具有催乳、解毒消肿、利湿的功效，可用于治疗痔疮。

分布：南丹、环江。

异叶榕 *Ficus heteromorpha* Hemsl.

药用部位及功效：全株味甘、酸，性温。根可用于治疗牙痛、久痢。果具有下乳补血的功效，可用于治疗脾胃虚弱、缺乳。

分布：环江。

粗叶榕 *Ficus hirta* Vahl var. *hirta*

药用部位及功效：根味甘，气香，性平，具有祛风消肿、活血祛瘀、清热解毒的功效，可用于治疗风湿骨痛、闭经、产后瘀血腹痛、白带异常、睾丸炎、跌打损伤。

分布：罗城。

对叶榕 *Ficus hispida* L. f.

药用部位及功效：根、树皮、叶味淡，性凉，具有祛风除湿、壮筋骨、清热、消积化痰、祛瘀消肿的功效，可用于治疗风湿痹痛、关节炎、感冒、气管炎、消化不良、痢疾、劳伤、水肿、跌打损伤、带下病、乳少。

分布：金城江、宜州、南丹、天峨、凤山、东兰、罗城、环江、巴马、都安、大化。

瘦柄榕 *Ficus ischnopoda* Miq.

药用部位及功效：全株具有清热解毒的功效，可用于治疗跌打损伤。根皮具有舒筋活络的功效，可用于治疗小儿惊风、风湿麻木。

分布：环江。

榕树 *Ficus microcarpa* L. f.

药用部位及功效：须根、叶味微苦、涩，性凉。气生根具有祛风清热、活血解毒、发汗透疹的功效，可用于治疗感冒、高热、扁桃体炎、顿咳、麻疹不透、风湿骨痛、跌打损伤。树皮可用于治疗泄泻、疥癣、痔疮。叶具有清热解表、利湿、活血散瘀的功效，可用于治疗咳嗽、流行性感冒、支气管炎、疟疾、百日咳、肠炎、痢疾、泄泻。果可用于治疗臁疮。

分布：天峨、罗城、环江、都安、大化。

琴叶榕 *Ficus pandurata* Hance

药用部位及功效：枝、叶具有行气活血、舒筋活络、调经的功效，可用于治疗腰背酸痛、跌打损伤、乳痈、痛经、疟疾。

分布：罗城。

全缘琴叶榕 *Ficus pandurata* Hance var. *holophylla* Migo

药用部位及功效：根、叶味辛，性温，具有祛风除湿、舒筋通络、活血调经、解毒消肿、止汗的功效，可用于治疗劳倦乏力、带下病、风湿关节肿痛、风寒感冒。花托具有清热解毒的功效，可用于治疗湿疹、痈疮溃烂。

分布：环江。

薜荔 *Ficus pumila* L.

药用部位及功效：根、茎味酸，性平，具有祛风除湿、舒筋活络、活血消肿的功效，可用于治疗风湿性关节炎、产后风、手足麻痹、腰腿痛、跌打损伤。果托味甘，性凉，具有利湿通乳、固精补肾的功效，可用于治疗产后缺乳、阳痿、遗精、睾丸炎。

分布：金城江、宜州、南丹、天峨、凤山、东兰、罗城、环江、巴马、都安、大化。

聚果榕 *Ficus racemosa* L.

药用部位及功效：根皮可用于治疗月经过多。树皮具有收敛止泻、止痢的功效，可用于清洗创口及治疗腹泻、痢疾、糖尿病、猫咬伤。树汁可用于治疗痔疮、腹泻。果具有收敛、健胃、祛风的功效，可用于治疗月经过多、咯血。

分布：东兰、环江。

乳源榕 *Ficus ruyuanensis* S. S. Chang

药用部位及功效：根可用于治疗风湿痹痛、贫血。

分布：罗城、环江。

薄叶爬藤榕 *Ficus sarmentosa* Buch.-Ham. ex Sm. var. *lacrymans* (Lév.) Corner

药用部位及功效：根、根茎具有祛风除湿、舒气血、消肿止痛的功效，可用于治疗风湿关节肿痛、神经痛、跌打损伤、消化不良、气血亏虚。茎、叶蒸熏可治疗风眼、眼痒发红。

分布：金城江、宜州、南丹、天峨、凤山、东兰、罗城、环江、巴马、都安、大化。

竹叶榕 *Ficus stenophylla* Hemsl.

药用部位及功效：全株味甘、苦，性温，具有祛痰止咳、祛风除湿、活血消肿、安胎、通乳、补气润肺、行气活血的功效，可用于治疗跌打肿痛、风湿骨痛、产后缺乳、五劳七伤、咳嗽胸痛、胎动不安、肾炎、乳痈、疮痈肿毒。

分布：罗城、环江。

笔管榕 *Ficus subpisocarpa* Gagnep.

药用部位及功效：根、叶味甘、微苦，性平，具有清热解毒的功效，可用于治疗漆疮、鹅儿疮、乳腺炎。

分布：罗城、环江。

地果 *Ficus tikoua* Bureau

药用部位及功效：全株味苦、微甘，性平，具有清热解毒、利尿消肿、润肺止咳、祛风除湿的功效，可用于治疗小儿消化不良、急性胃肠炎、痢疾、黄疸湿热、风热咳嗽、产后缺乳、风湿骨痛、跌打损伤。

分布：东兰、罗城、环江。

斜叶榕 *Ficus tinctoria* G. Forst. subsp. *gibbosa* (Blume) Corner

药用部位及功效：根、树皮、叶味苦，性寒。全株具有清热解毒、解痉、消肿止痛的功效，可用于治疗跌打损伤、骨折。根具有清热止咳的功效，可用于治疗肺热咳嗽、感冒发热。根皮、叶具有化痰镇咳、祛风通络的功效，可用于治疗伤寒、支气管炎、腹痛、风湿性关节炎。

分布：金城江、宜州、南丹、天峨、凤山、东兰、罗城、环江、巴马、都安、大化。

楔叶榕 *Ficus trivia* Corner

药用部位及功效：根可用于治疗咳嗽、脾虚泄泻、月经不调、白带异常、风湿腰腿痛。

分布：南丹、环江、都安。

岩木瓜 *Ficus tsiangii* Merr. ex Corner

药用部位及功效：根可用于治疗肝炎。

分布：南丹、凤山、环江。

黄葛树 *Ficus virens* Aiton

药用部位及功效：根、树皮、叶味涩、微辛，性凉。根、气生根具有祛风除湿、清热解毒的功效，可用于治疗风湿麻木、筋骨痛、跌打损伤、劳伤。树皮可用于治疗风湿痹痛、四肢麻木、半身不遂。叶具有消肿止痛的功效，可用于治疗风湿性胃痛、感冒、扁桃体炎、目赤，外用可治疗跌打损伤。

分布：金城江、宜州、南丹、天峨、凤山、东兰、罗城、环江、巴马、都安、大化。

柘属 *Maclura*

构棘 *Maclura cochinchinensis* (Lour.) Corner

药用部位及功效：根味淡、微苦，性凉，具有止咳化痰、祛风活血、散瘀止痛的功效，可用于治疗咳嗽咯血、肺结核、黄疸性肝炎、肝脾肿大、风湿性腰腿痛、跌打损伤、闭经。

分布：金城江、宜州、南丹、天峨、凤山、东兰、罗城、环江、巴马、都安、大化。

柘 *Maclura tricuspidata* Carrière

药用部位及功效：根味淡、微苦，性凉，具有祛风利湿、活血通经的功效，可用于治疗风湿关节疼痛、黄疸、淋浊、蛊胀、闭经、劳伤咯血、跌打损伤、疔疮痈肿。

分布：金城江、宜州、南丹、天峨、凤山、东兰、罗城、环江、巴马、都安、大化。

牛筋藤属 *Malaisia*

牛筋藤 *Malaisia scandens* (Lour.) Planch.

药用部位及功效：根具有祛风除湿、止痛的功效，可用于治疗风湿痹痛、泄泻。叶外用可杀虫。

分布：罗城。

桑属 *Morus*

桑 *Morus alba* L.

药用部位及功效：根皮味甘，性寒，具有止咳平喘、利尿消肿的功效，可用于治疗肺热咳嗽、面目浮肿、小便不利、高血压、风湿骨痛。枝味苦，性平，具有祛风清热、通络的功效，可用于治疗风湿性关节炎、四肢麻木、肩臂疼痛。叶味甘、苦，性寒，具有疏风清热、清肝明目的功效，可用于治疗风热感冒、头晕目眩、咽喉肿痛、肺热咳嗽、目赤流泪、夜间盗汗、高血压、摇头风。

分布：金城江、宜州、南丹、天峨、凤山、东兰、罗城、环江、巴马、都安、大化。

鸡桑 *Morus australis* Poir.

药用部位及功效：根、叶味甘、辛，性寒。根、根皮具有泻肺火、利小便的功效，可用于治疗肺热咳嗽、衄血。叶具有清热解毒、解表的功效，可用于治疗感冒咳嗽、邪热郁肺。藏医用果治疗骨热病。

分布：金城江、宜州、南丹、天峨、凤山、东兰、罗城、环江、巴马、都安、大化。

蒙桑 *Morus mongolica* (Bureau) C. K. Schneid.

药用部位及功效：根皮具有利尿消肿、止咳平喘的功效，可用于治疗水肿、痰咳。叶具有清热、祛风、清肺止咳、凉血明目的功效，可用于治疗风热头痛、目赤、口渴、肺热咳嗽、风痹、下肢象皮肿。果具有益肠胃、补肝肾、养血祛风的功效。

分布：南丹、天峨、环江。

荨麻科 Urticaceae

苎麻属 *Boehmeria*

密球苎麻 *Boehmeria densiglomerata* W. T. Wang

药用部位及功效：全株具有祛风除湿的功效。

分布：东兰、环江。

苎麻 *Boehmeria nivea* (L.) Gaudich. var. *nivea*

药用部位及功效：根、根茎味微苦、甘，性凉。根具有清热解毒、止血散瘀、凉血安胎的功效，可用于治疗热病大渴、血淋、带下病、癃闭、吐血、蛇虫咬伤、痈肿、丹毒。根皮、茎皮具有清烦热、利小便、散瘀、止血的功效，可用于治疗瘀热、心烦、小便淋痛、血淋。叶具有止血凉血、散瘀的功效，可用于治疗咯血、吐血、尿血、乳痈、创伤出血。花具有清心、利肠胃、散瘀的功效，可用于治疗麻疹。

分布：金城江、宜州、南丹、天峨、凤山、东兰、罗城、环江、巴马、都安、大化。

长叶苎麻 *Boehmeria penduliflora* Wedd. ex Long

药用部位及功效：根可用于治疗骨折、感冒、风湿关节肿痛。茎尖可用于治疗头风、发热。

分布：罗城。

水麻属 *Debregeasia*

长叶水麻 *Debregeasia longifolia* (Burm. f.) Wedd.

药用部位及功效：茎、叶味辛、苦，性凉，具有清热利湿、活血的功效，可用于治疗牙痛。

分布：环江。

水麻 *Debregeasia orientalis* C. J. Chen

药用部位及功效：全株味辛、微苦，性平。根可用于治疗骨折、感冒、风湿关节肿痛。茎尖可用于治疗痛风发热。

分布：罗城、环江。

鳞片水麻 *Debregeasia squamata* King ex Hook. f.

药用部位及功效：全株具有止血的功效，可用于治疗跌打损伤、刀伤出血。

分布：罗城。

楼梯草属 *Elatostema*

骤尖楼梯草 *Elatostema cuspidatum* Wight

药用部位及功效：全株具有祛风除湿、清热解毒的功效。

分布：环江。

锐齿楼梯草 *Elatostema cyrtandrifolium* (Zoll. et Moritzi) Miq.

药用部位及功效：全株具有消炎、拔毒、接骨的功效。

分布：金城江、天峨、凤山、环江、巴马、都安。

狭叶楼梯草 *Elatostema lineolatum* Wight

药用部位及功效：全株具有消炎、接骨的功效，可用于治疗痈疽、骨折。

分布：凤山、罗城。

长圆楼梯草 *Elatostema oblongifolium* Fu

药用部位及功效：全株味辛、苦，性平，有小毒，具有消肿止痛、行血的功效，可用于治疗骨折、扭伤、疮疖肿毒。

分布：金城江、宜州、凤山、东兰、环江、都安。

条叶楼梯草 *Elatostema sublineare* W. T. Wang

药用部位及功效：全株味微苦、甘，性凉，具有清热解毒、利湿平肝的功效，可用于治疗跌打骨折、风湿红肿、急性结膜炎、黄疸。

分布：宜州、南丹、天峨、凤山、环江、巴马。

糯米团属 *Gonostegia*

糯米团 *Gonostegia hirta* (Blume ex Hassk.) Miq.

药用部位及功效：全株味淡、微苦，性平，具有清热解毒、消肿止痛、健脾消食、拔毒生肌的功效，可用于治疗消化不良、食积胃痛、肠炎痢疾、白带异常、痛经，外用可治疗血管神经性水肿、疮疖肿痛、乳腺炎、风湿性关节炎、跌打损伤、下肢溃疡。

分布：金城江、宜州、南丹、天峨、凤山、东兰、罗城、环江、巴马、都安、大化。

五蕊糯米团 *Gonostegia pentandra* (Roxb.) Miq.

药用部位及功效：全株可用于治疗消化不良、淋浊。

分布：罗城。

艾麻属 *Laportea*

珠芽艾麻 *Laportea bulbifera* (Sieb. et Zucc.) Wedd.

药用部位及功效：块根味辛，性温，具有祛风除湿、活血调经、利尿化石、消肿的功效，可用于治疗风湿关节肿痛、四肢麻木、跌打损伤、无名肿毒、皮肤瘙痒、月经不调、尿路结石、水肿、疳积、小儿肺热咳喘。

分布：环江。

葡萄叶艾麻 *Laportea violacea* Gagnep.

药用部位及功效：根可用于治疗小儿疳积、风湿骨痛、偏瘫、贫血。

分布：罗城。

花点草属 *Nanocnide*

毛花点草 *Nanocnide lobata* Wedd.

药用部位及功效：全株味苦、辛，性凉，具有清热解毒、通经、活血化瘀的功效，可用于治疗烧烫伤、跌打损伤、肺结核咳嗽、疮毒疖肿、痱疹、麻疹、淋巴结结核、骨折、毒蛇咬伤。根、叶具有通经活血的功效，可用于治疗跌打损伤。

分布：天峨、环江。

紫麻属 ***Oreocnide***

紫麻 *Oreocnide frutescens* (Thunb.) Miq.

药用部位及功效：全株味甘，性凉，具有清热解毒、行气活血的功效，可用于治疗跌打损伤、牙痛、肝炎、感冒发热、麻疹、产后风、带下病。叶具有透发麻疹、止血的功效，外用可治疗小儿麻疹发热。果可用于治疗咽痛。

分布：南丹、天峨、罗城、环江。

广西紫麻 *Oreocnide kwangsiensis* Hand.-Mazz.

药用部位及功效：全株味辛，性寒。根、叶具有散瘀止痛、解毒止痒、接骨的功效，可用于治疗骨折、筋骨疼痛、跌打损伤、金疮、扭伤、疮毒疥癣、痈肿、丹毒。

分布：金城江、宜州、天峨、凤山、东兰、罗城、环江。

赤车属 ***Pellionia***

短叶赤车 *Pellionia brevifolia* Benth.

药用部位及功效：全株味苦，性温，具有活血散瘀、消肿止痛的功效，可用于治疗跌打损伤、骨折。

分布：环江。

赤车 *Pellionia radicans* (Sieb. et Zucc.) Wedd.

药用部位及功效：全株味辛、苦，性温，具有祛瘀消肿、解毒止痛的功效，可用于治疗挫伤、血肿、毒蛇咬伤、牙痛、疖肿。

分布：罗城、环江。

冷水花属 ***Pilea***

圆瓣冷水花 *Pilea angulata* (Blume) Blume

药用部位及功效：全株味辛，性温，具有清热解毒、利尿、祛风除湿、安胎的功效。茎、叶具有祛风、活血的功效。

分布：罗城、环江。

长柄冷水花 *Pilea angulata* (Blume) Blume subsp. *petiolaris* (Sieb. et Zucc.) C. J. Chen

药用部位及功效：全株具有清热解毒、祛风除湿、疏肝利胆的功效。

分布：东兰、罗城、南丹。

基心叶冷水花 *Pilea basicordata* W. T. Wang

药用部位及功效：全株味微辛、涩，性凉，具有清热解毒、散瘀消肿的功效，可用于治疗烧烫伤、跌打肿痛、骨折。

分布：金城江、宜州、罗城、环江、都安。

石油菜 *Pilea cavaleriei* H. Lév.

药用部位及功效：全株味微苦，性凉，具有清热解毒、润肺止咳、消肿的功效，可用于治疗跌打损伤、烫伤、肺结核、哮喘、疖肿。

分布：罗城。

圆齿石油菜 *Pilea cavaleriei* subsp. *crenata* C. J. Chen

药用部位及功效：全株味甘、淡，性凉，具有清热解毒、润肺止咳、消肿止痛的功效，可用于治疗肺热咳嗽、肺结核、肾炎性水肿、跌打损伤、烧烫伤、疮痈肿毒。

分布：罗城、环江、都安。

长茎冷水花 *Pilea longicaulis* Hand.-Mazz.

药用部位及功效：全株味苦，性寒，具有消肿散瘀的功效，可用于治疗跌打损伤、烧烫伤。

分布：凤山、罗城、环江。

长序冷水花 *Pitea melastomoides* (Poir.) Wedd.

药用部位及功效：全株具有清热解毒、利尿、消肿止痛的功效，可用于治疗尿路感染、咽痛，外用可治疗丹毒、无名肿毒、跌打损伤、骨折、烫伤。

分布：罗城。

小叶冷水花 *Pilea microphylla* (L.) Liebm.

药用部位及功效：全株味淡、涩，性凉，具有清热解毒、安胎的功效，可用于治疗疮疡肿毒、胎动不安、无名肿毒，外用可治疗烧烫伤。

分布：环江。

盾叶冷水花 *Pilea peltata* Hance

药用部位及功效：全株具有清热解毒、祛瘀止痛的功效，可用于治疗骨折、肺结核吐血、肺脓肿、痞积，外用可治疗疮疡肿毒、跌打损伤、刀伤出血。

分布：金城江、罗城、环江。

卵形盾叶冷水花 *Pilea peltata* var. *ovatifolia* C. J. Chen

药用部位及功效：全株可用于治疗咳嗽发热、小便不利。

分布：环江。

苦水花 *Pilea peploides* (Gaudich.) Hook. et Arn.

药用部位及功效：全株可用于治疗跌打损伤、外伤感染、疮疡肿毒。

分布：罗城。

石筋草 *Pilea plataniflora* C. H. Wright

药用部位及功效：全株味辛、酸，性温，具有清热解毒、祛风除湿、止痛、舒筋活络、消肿、利尿的功效，可用于治疗风寒湿痹、手足麻木、肾炎性水肿、尿闭、腹泻、痢疾、肝炎、类风湿性关节炎，外用可治疗跌打损伤、疮疡肿毒。根具有利尿、解毒、消炎的功效。

分布：南丹、天峨、东兰、罗城、环江。

玻璃草 *Pilea swinglei* Merr.

药用部位及功效：全株味淡、微甘，性凉，具有清热解毒、消肿的功效，新鲜植株配黄酒炖服或捣烂敷患处可治疗毒蛇（竹叶青）咬伤。

分布：环江。

疣果冷水花 *Pilea verrucosa* Hand.-Mazz.

药用部位及功效：全株味淡、微甘，性凉，具有清热解毒、消肿的功效，可用于治疗疮疖痈肿、水肿、脾虚、跌打损伤。

分布：天峨、凤山、罗城、环江、都安。

雾水葛属 *Pouzolzia*

红雾水葛 *Pouzolzia sanguinea* (Blume) Merr.

药用部位及功效：根、叶味辛、涩，性热，具有祛风除湿、舒筋活络、消肿散毒的功效，可用于治疗鹤膝风、骨折、风湿痹痛、乳痈、疮疖红肿。根皮可用于治疗胃肠炎、外伤出血、刀枪伤。

分布：宜州、金城江、天峨、东兰、环江。

多枝雾水葛 *Pouzolzia zeylanica* (L.) Benn. et R. Br. var. *microphylla* (Wedd.) W. T. Wang

药用部位及功效：全株味苦，性寒，具有清热利湿的功效，可用于治疗肺结核。根、叶具有接骨消肿的功效，外用可治疗骨折、疮疡肿毒、梅毒。

分布：环江。

藤麻属 *Procris*

藤麻 *Procris crenata* C. B. Rob.

药用部位及功效：全株味微苦，性凉，具有清热解毒、退翳明目、接骨、消肿散瘀的功效，可用于治疗跌打损伤、骨折、烧烫伤、无名肿毒、皮肤溃疡、角膜云翳、急性结膜炎。

分布：天峨、罗城、环江、都安、巴马。

荨麻属 *Urtica*

荨麻 *Urtica fissa* E. Pritz.

药用部位及功效：根、嫩叶味苦、辛，性温，有小毒，具有祛风除湿、解痉的功效，可用于治疗风湿痹痛、产后风、小儿惊风、荨麻疹、疝痛。根具有祛风、活血、止痛的功效，可用于治疗风湿疼痛、湿疹、麻风、高血压、手足发麻。

分布：罗城、环江。

大麻科 Cannabaceae

大麻属 *Cannabis*

大麻 *Cannabis sativa* L.

药用部位及功效：根可用于治疗崩中带下。叶具有驱蛔虫的功效。花具有通经、活血的功效，可用于治疗风痹、痢疾、月经不调、疥疮、癣癞。成熟果具有润燥、滑肠、通便的功效，可用于治疗血虚、津亏肠燥、便秘。种仁具有润燥、滑肠、通淋、活血的功效，可用于治疗肠燥便秘、消渴、热淋、风痹、痢疾。

分布：金城江、宜州、南丹、天峨、凤山、东兰、罗城、环江、巴马、都安、大化。

葎草属 *Humulus*

葎草 *Humulus scandens* (Lour.) Merr.

药用部位及功效：全株具有清热解毒、利尿消肿的功效，可用于治疗淋证、小便淋痛、肾盂肾炎、膀胱炎、尿路结石、疟疾、胃肠炎、痢疾、泄泻、痔疮、感冒发热、肺结核潮热、风热咳喘，外用可治疗疮痈肿毒、湿疹、毒蛇咬伤。根可用于治疗石淋、疝气、瘰疬。雌花花序味苦，性微凉。

分布：金城江、天峨、凤山、环江。

冬青科 Aquifoliaceae

冬青属 *Ilex*

满树星 *Ilex aculeolata* Nakai

药用部位及功效：根皮具有清热解毒、止咳化痰的功效，可用于治疗感冒咳嗽、烧烫伤、牙痛。

分布：罗城。

刺叶冬青 *Ilex bioritsensis* Hayata

药用部位及功效：枝、叶具有滋阴、补肾、清热、止血、活血的功效。

分布：环江。

冬青 *Ilex chinensis* Sims

药用部位及功效：树皮、叶、果味微苦，性寒。根皮、树皮具有止血、补益肌肤的功效，可用于治疗烧烫伤。叶具有清热解毒、消肿祛瘀、凉血止血的功效，可用于治疗烧烫伤、溃疡久不愈合、胆道感染、肺炎、急性咽炎、咳嗽、小便淋痛。果具有祛风、补虚的功效，可用于治疗风湿痹痛、痔疮。

分布：南丹、凤山、罗城。

海南冬青 *Ilex hainanensis* Merr.

药用部位及功效：叶具有清热解毒、消炎消肿、通经活血的功效，可用于治疗高血压、头痛眩晕、口腔炎、口舌生疮、慢性咽炎、附件炎、胆固醇偏高、跌打损伤、痈疮疖肿。

分布：金城江、罗城。

大果冬青 *Ilex macrocarpa* Oliv.

药用部位及功效：根、枝、叶具有清热解毒、清肝明目、消肿止痒、润肺消炎、止咳祛瘀的功效，可用于治疗遗精、月经不调、崩漏、肺热咳嗽、咯血、咽喉肿痛、烧烫伤、目赤云翳。

分布：罗城。

小果冬青 *Ilex micrococca* Maxim.

药用部位及功效：根、叶具有清热解毒、消肿止痛的功效，可用于治疗烧烫伤。

分布：环江、都安。

毛冬青 Ilex pubescens Hook. et Arn.

药用部位及功效：根味甘、微苦，性凉，具有清热凉血、通脉止痛、消肿解毒的功效，可用于治疗风热感冒、肺热咳喘、喉头水肿、痢疾、胸痹、中心性视网膜炎、疮疡。叶具有清热解毒、止痛消炎的功效，可用于治疗牙龈肿痛、疖痈、带状疱疹、脓疱疮、烧烫伤。

分布：金城江、宜州、南丹、天峨、凤山、东兰、罗城、环江、巴马、都安、大化。

铁冬青 *Ilex rotunda* Thunb.

药用部位及功效：茎皮、叶味苦，性寒，具有清热解毒、消肿止痛、消炎、凉血的功效，可用于治疗吐泻、胃痛、中暑腹痛、痢疾、急性胃肠炎、肝炎、胆囊炎、胰腺炎、水肿、感冒发热、咽喉肿痛、风湿关节肿痛、滴虫性阴道炎、烧烫伤。

分布：金城江、宜州、南丹、天峨、凤山、东兰、罗城、环江、巴马、都安、大化。

黔桂冬青 *Ilex stewardii* S. Y. Hu

药用部位及功效：叶具有清热解毒、通经的功效。

分布：罗城。

三花冬青 *Ilex triflora* Blume

药用部位及功效：根可用于治疗疮痈肿毒。叶具有清热解毒、通经活络、消肿、降脂化浊的功效，可用于治疗高血压、血脂升高、咽痛、口疮、附件炎、疖肿。

分布：金城江、宜州、南丹、天峨、凤山、东兰、罗城、环江、巴马、都安、大化。

卫矛科 Celastraceae

南蛇藤属 *Celastrus*

过山枫 *Celastrus aculeatus* Merr.

药用部位及功效：根味苦、辛，性凉，具有清热解毒、杀虫止痒的功效，可用于治疗白血病、风湿痹痛、类风湿性关节炎、痛风、肾炎、水肿、胆囊炎、高血压、黄水疮、头虱、跌打损伤。

分布：金城江、宜州、南丹、天峨、凤山、东兰、罗城、环江、巴马、都安、大化。

圆叶南蛇藤 *Celastrus kusanoi* Hayata

药用部位及功效：根、藤茎味微甘，性平。根具有宣肺化痰、止咳、解毒的功效，可用于治疗咽痛、肺结核、跌打损伤、骨折。藤茎具有祛风除湿、舒筋活络的功效，可用于治疗跌打损伤、风湿痹痛、筋骨疼痛。

分布：环江。

窄叶南蛇藤 *Celastrus oblanceifolius* C. H. Wang et P. C. Tsoong

药用部位及功效：根、藤茎具有祛风活血、消肿止痛的功效。叶具有解毒、散瘀的功效。

分布：罗城。

南蛇藤 *Celastrus orbiculatus* Thunb.

药用部位及功效：根、藤茎味辛，性温，有毒，具有祛风活血、消肿止痛的功效，可用于治疗风湿关节肿痛、腰腿痛、跌打损伤。叶味苦，性平，具有解毒的功效，可用于治疗痈疮疖肿、跌打损伤。果味甘、苦，性平，具有安神镇静的功效，可用于治疗神经衰弱、失眠健忘。

分布：南丹、环江。

独子藤 *Celastrus monospermus* Roxb.

药用部位及功效：种子具有催吐的功效。

分布：南丹、罗城。

短梗南蛇藤 *Celastrus rosthornianus* Loes.

药用部位及功效：根可用于治疗筋骨痛、扭伤、胃痛、闭经、月经不调、牙痛、失眠、无名肿毒。根皮可用于治疗毒蛇咬伤、无名肿毒。

分布：罗城。

灯油藤 *Celastrus paniculatus* Willd.

药用部位及功效：根、茎、种子味苦、辛，性平，有小毒。根、叶具有清热利湿、消炎止痛的功效，可用于治疗痢疾。种子具有缓泻、催吐、提神、祛风除湿、止痹痛的功效，可用于治疗风湿痹痛，也可在食物中毒后作催吐药。

分布：环江。

宽叶短梗南蛇藤 *Celastrus rosthornianus* Loes. var. *loeseneri* (Rehder et E. H. Wilson) C. Y. Wu.

药用部位及功效：根具有祛风除湿、行气散血、消肿解毒的功效，可用于治疗跌打损伤、风湿痹痛、痧证、呕吐、腹痛、闭经、带状疱疹、无名肿毒、毒蛇咬伤。藤茎具有祛风除湿、活血通脉的功效，可用于治疗筋骨痛、四肢麻木、小儿惊风、痧证、痢疾。叶可用于治疗湿疹痈疖、毒蛇咬伤。

分布：罗城。

皱叶南蛇藤 *Celastrus rugosus* Rehder et E. H. Wilson

药用部位及功效：根可用于治疗风湿病、劳伤、小儿麻疹、瘾疹。

分布：罗城。

显柱南蛇藤 *Celastrus stylosus* Wall.

药用部位及功效：茎具有祛风消肿、舒筋活络、解毒的功效，可用于治疗肾盂肾炎、脉管炎、跌打损伤。

分布：罗城。

皱果南蛇藤 *Celastrus tonkinensis* Pitard

药用部位及功效：根可用于治疗多年内伤瘀痛、痰中带血、肺积水、风湿痹痛。

分布：宜州、天峨、罗城。

卫矛属 *Euonymus*

刺果卫矛 *Euonymus acanthocarpus* Franch.

药用部位及功效：藤茎味辛，性温。根具有祛风除湿、散寒的功效，可用于治疗风湿关节肿痛、月经不调、跌打损伤。藤茎、茎皮具有祛风除湿、通筋活络、止痛止血的功效，可用于治疗崩漏、风湿痛、外伤出血。

分布：环江。

星刺卫矛 *Euonymus actinocarpus* Loes.

药用部位及功效：根具有祛风除湿、舒筋活络的功效，可用于治疗跌打损伤、风湿腰腿痛、小腿抽筋。

分布：罗城。

软刺卫矛 *Euonymus aculeatus* Hemsl.

药用部位及功效：根味辛、微涩，性温，具有祛风除湿、舒筋活血的功效，可用于治疗风湿痛、腿脚转筋、外伤出血、跌打损伤，外用可治疗骨折。

分布：环江。

百齿卫矛 *Euonymus centidens* H. Lév.

药用部位及功效：全株味甘，性平。根、茎皮、果具有活血化瘀、强筋壮骨的功效，可用于治疗腰膝痛、跌打损伤、月经不调、气喘，外用可治疗毒蛇咬伤。

分布：环江。

裂果卫矛 *Euonymus dielsianus* Loes. ex Diels

药用部位及功效：根、茎皮味甘、微苦，性微温。根、茎皮具有活血化瘀、强筋健骨的功效，可用于治疗腰膝疼痛、跌打损伤、月经不调。茎皮还可用于治疗肾虚、腰酸背痛、高血压。

分布：南丹、罗城、环江。

扶芳藤 *Euonymus fortunei* (Turcz.) Hand.-Mazz.

药用部位及功效：全株味辛、苦，性温，具有舒筋活络、散瘀、止血、祛湿的功效。藤茎可用于治疗风湿痹痛、腰膝疼痛、坐骨神经痛、跌打损伤、咯血、衄血、血崩、月经不调、胃溃疡。茎皮、叶可用于治疗外伤出血。

分布：罗城、环江。

疏花卫矛 *Euonymus laxiflorus* Champ. ex Benth.

药用部位及功效：根皮、茎皮味甘、辛，性微温，具有益肾气、强筋骨、健腰膝、祛风除湿的功效，可用于治疗水肿、风湿骨痛、腰膝酸痛、跌打损伤、骨折。叶可用于治疗骨折、跌打损伤、外伤出血。

分布：金城江、宜州、南丹、天峨、凤山、东兰、罗城、环江、巴马、都安、大化。

大果卫矛 *Euonymus myrianthus* Hemsl.

药用部位及功效：根、茎味甘、微苦，性平，具有补肾活血、健脾利湿的功效，可用于治疗肾虚腰痛、产后恶露不净、带下病、潮热。

分布：南丹、天峨、罗城。

中华卫矛 *Euonymus nitidus* Benth.

药用部位及功效：全株具有舒筋活络、强筋健骨的功效，可用于治疗风湿腿痛、跌打损伤、高血压。

分布：罗城、环江。

假卫矛属 *Microtropis*

密花假卫矛 *Microtropis gracilipes* Merr. et F. P. Metcalf

药用部位及功效：根具有利尿的功效。

分布：环江。

茶茱萸科 Icacinaceae

粗丝木属 *Gomphandra*

粗丝木 *Gomphandra tetrandra* (Wall.) Sleum.

药用部位及功效：根味甘、苦，性平，具有清热解毒、利湿的功效，可用于治疗小儿消化不良、疳积、胃脘痛、慢性骨髓炎、跌打肿痛。

分布：金城江、天峨、罗城、环江。

微花藤属 *Iodes*

微花藤 *Iodes cirrhosa* Turcz.

药用部位及功效：根具有祛风止痛的功效，可用于治疗风湿痛。

分布：金城江、天峨、东兰、罗城、环江、巴马、都安。

瘤枝微花藤 *Iodes Seguinii* (H. Lév.) Rehder

药用部位及功效：根具有润肺、止咳的功效，可用于治疗劳伤。茎可用于治疗风湿痹痛。枝、叶可用于治疗毒蛇咬伤。

分布：环江。

小果微花藤 *Iodes vitiginea* (Hance) Hemsl.

药用部位及功效：根皮、茎具有祛风除湿、下乳、活血化瘀的功效，可用于治疗风湿痹痛、劳伤、急性结膜炎、乳汁不通，外用可治疗目赤、跌打损伤、刀伤。

分布：金城江、天峨、罗城。

假柴龙树属 *Nothapodytes*

马比木 *Nothapodytes pittosporoides* (Oliv.) Sleum.

药用部位及功效：根皮味辛，性温，具有祛风除湿、理气散寒的功效，可用于治疗水肿、小儿疝气、关节疼痛。

分布：南丹、环江。

铁青树科 Olacaceae

赤苍藤属 *Erythropalum*

赤苍藤 *Erythropalum scandens* Blume

药用部位及功效：根、叶味苦，性平，归肝、肾二经，具有清热利尿的功效，可用于治疗肝炎、泄泻、淋证、水肿、小便淋痛、尿道炎、急性肾炎。

分布：金城江、天峨。

青皮木属 *Schoepfia*

华南青皮木 *Schoepfia chinensis* Gardner et Champ.

药用部位及功效：根、枝、叶味甘、淡，性凉，具有清热利湿的功效，可用于治疗急性黄疸性肝炎、风湿骨痛、跌打损伤、骨折。

分布：罗城、环江。

青皮木 *Schoepfia jasminodora* Sieb. et Zucc.

药用部位及功效：全株味甘、淡，性凉，具有散瘀、消肿止痛的功效，可用于治疗急性风湿性关节炎、跌打肿痛。

分布：东兰、罗城、环江。

桑寄生科 Loranthaceae

离瓣寄生属 *Helixanthera*

离瓣寄生 *Helixanthera parasitica* Lour.

药用部位及功效：全株味苦、甘，性平。枝、叶具有宣肺化痰、祛风除湿、消肿、止痢、补气血的功效，可用于治疗肺结核、痢疾、眼角发炎。

分布：金城江、宜州、南丹、天峨、凤山、东兰、罗城、环江、巴马、都安、大化。

油茶离瓣寄生 *Helixanthera sampsonii* (Hance) Danser

药用部位及功效：全株可用于治疗肺部疾病、风热咳嗽、风湿痹痛。

分布：罗城。

栗寄生属 *Korthalsella*

栗寄生 *Korthalsella japonica* (Thunb.) Engl.

药用部位及功效：全株味苦、甘，性微温。茎、枝、叶具有祛风除湿、养血安神的功效，可用于治疗胃病、跌打损伤。

分布：金城江、宜州、南丹、天峨、凤山、东兰、罗城、环江、巴马、都安、大化。

鞘花属 *Macrosolen*

双花鞘花 *Macrosolen bibracteolatus* (Hance) Danser

药用部位及功效：全株具有祛风除湿、温经通络的功效，可用于治疗风湿痹痛、关节疼痛、筋骨拘挛、腰膝酸软、痰咳。

分布：金城江、宜州、南丹、天峨、凤山、东兰、罗城、环江、巴马、都安、大化。

鞘花 *Macrosolen cochinchinensis* (Lour.) Tiegh.

药用部位及功效：茎、叶具有祛风除湿、清热止咳、止胸痛、补肝肾、凉血、降压的功效，可用于治疗痧证、痢疾、咳嗽、咯血、风寒湿痹、风湿筋骨痛、腰腿酸痛、肝肾不足、头晕眼花。

分布：金城江、宜州、南丹、天峨、凤山、东兰、罗城、环江、巴马、都安、大化。

梨果寄生属 *Scurrula*

卵叶梨果寄生 *Scurrula chingii* (W. C. Cheng) H. S. Kiu

药用部位及功效：全株可用于治疗风湿痛、痢疾、小儿睾丸炎。

分布：环江。

红花寄生 *Scurrula parasitica* L. var. *parasitica*

药用部位及功效：全株、枝具有熄风定惊、祛风除湿、补肾、通经活络、益血、安胎的功效，可用于治疗风湿病、关节炎、胃痛、下肢麻木。

分布：金城江、宜州、南丹、天峨、凤山、东兰、罗城、环江、巴马、都安、大化。

钝果寄生属 *Taxillus*

广寄生 *Taxillus chinensis* (DC.) Danser

药用部位及功效：全株味苦，性平，具有祛风除湿、降血压、安胎、止血的功效，可用于治疗风湿痹痛、腰膝酸软、筋骨无力、崩漏、月经过多、怀孕流血、胎动不安、高血压。

分布：罗城、环江。

锈毛钝果寄生 *Taxillus levinei* (Merr.) H. S. Kiu

药用部位及功效：全株具有消炎止咳、祛风除湿的功效，可用于治疗气管炎、肺结核咳嗽，外用可治疗疮疖。茎、叶具有祛风除湿的功效，可用于治疗关节疼痛、腰痛。

分布：罗城。

桑寄生 *Taxillus sutchuenensis* (Lecomte) Danser

药用部位及功效：全株味苦、甘，性平，具有消肿止痛、祛风除湿、强筋骨、安胎、降血压的功效，可用于治疗风湿骨痛、胎动不安、高血压、疮疖、腰膝酸软无力、怀孕流血、偏头痛、精神分裂症。

分布：环江。

大苞寄生属 *Tolypanthus*

黔桂大苞寄生 *Tolypanthus esquirolii* (H. Lév.) Lauener

药用部位及功效：全株味苦、甘，性微温，具有补肝肾、强筋骨、祛风除湿的功效，可用于治疗头晕目眩、腰膝酸痛、风湿麻木、跌打损伤、月经不调。

分布：天峨、环江。

大苞寄生 *Tolypanthus maclurei* (Merr.) Danser

药用部位及功效：全株可用于治疗风湿痹痛。

分布：金城江、宜州、南丹、天峨、凤山、东兰、罗城、环江、巴马、都安、大化。

槲寄生属 *Viscum*

棱枝槲寄生 *Viscum diospyrosicola* Hayata

药用部位及功效：枝、叶具有祛风、强壮、舒筋、清热、止咳、消炎的功效，可用于治疗肺结核吐血、乳疮、腹痛、高血压、胎动、乳少、腰腿酸痛。

分布：金城江、宜州、南丹、天峨、凤山、东兰、罗城、环江、巴马、都安、大化。

枫香槲寄生 *Viscum liquidambaricola* Hayata

药用部位及功效：全株味辛、苦，性平，具有祛风除湿的功效，可用于治疗胃脘痛、神经痛、咳嗽、小儿惊风、高血压、风湿性关节炎、尿路感染、腰肌劳损，外用可治疗牛皮癣。

分布：金城江、宜州、南丹、天峨、凤山、东兰、罗城、环江、巴马、都安、大化。

瘤果槲寄生 *Viscum ovalifoliuim* DC.

药用部位及功效：全株可用于治疗风湿痹痛、小儿疳积、痢疾、跌打损伤。枝、叶具有祛风、止咳、清热、解毒的功效，可用于治疗风湿脚肿、咳嗽、麻疹、脸缘炎。

分布：罗城。

檀香科 Santalaceae

沙针属 *Osyris*

沙针 *Osyris quadripartita* Salzm. ex Decne.

药用部位及功效：根、叶具有消炎、解毒、安胎、止血、接骨的功效，可用于治疗咳嗽、胃痛、胎动不安、外伤出血、骨折、疮痈。

分布：罗城。

蛇菰科 Balanophoraceae

蛇菰属 *Balanophora*

疏花蛇菰 *Balanophora laxiflora* Hemsl.

药用部位及功效：全株味苦、涩，性寒，具有清热解毒、凉血止血的功效，可用于治疗痔疮、湿疹出血、腰痛。

分布：罗城。

多蕊蛇菰 *Balanophora polyandra* Griff.

药用部位及功效：全株味苦、微涩，性平，具有滋阴补肾、止血、止痛、生肌、通淋的功效，可用于治疗血虚、心慌、衄血、血崩、外伤出血、胃痛、痢疾、淋病。

分布：南丹、环江。

鼠李科 Rhamnaceae

勾儿茶属 *Berchemia*

多花勾儿茶 *Berchemia floribunda* (Wall.) Brongn.

药用部位及功效：根具有祛风除湿、散瘀消肿、止痛的功效。嫩叶可代茶。

分布：金城江、宜州、南丹、天峨、凤山、东兰、罗城、环江、巴马、都安、大化。

牯岭勾儿茶 *Berchemia kulingensis* C. K. Schneid.

药用部位及功效：根具有祛风利湿、活血止痛的功效，可用于治疗风湿性关节痹痛、小儿疳积、闭经、产后腹痛。

分布：罗城。

多叶勾儿茶 *Berchemia polyphylla* Wall. ex M. A. Lawson

药用部位及功效：全株可用于治疗跌打损伤。叶、果可用于治疗目赤、痢疾、黄疸、热淋、崩漏、带下病。

分布：南丹、天峨、凤山、罗城、环江。

光枝勾儿茶 *Berchemia polyphylla* var. *leioclada* Hand.-Mazz.

药用部位及功效：根、茎味苦、微涩，性平。全株具有止咳、祛痰、平喘、安神、调经的功效，可用于治疗咳嗽、癫狂。四川民间用种子治疗结核病。

分布：罗城、环江。

咀签属 *Gouania*

毛咀签 *Gouania javanica* Miq.

药用部位及功效：茎、叶味微苦、涩，性凉，具有清热解毒、收敛止血的功效，可用于治疗烧烫伤、外伤出血、湿疹、痈疮肿毒、疮疖红肿。

分布：金城江、南丹、天峨、凤山、东兰、罗城、环江、都安、大化。

枳椇属 *Hovenia*

枳椇 *Hovenia acerba* Lindl.

药用部位及功效：树皮具有舒筋活络、活血化瘀的功效，可用于治疗风湿痹痛、食积、腓肠肌痉挛。果序轴具有健胃、补血的功效，可用于治疗气血不足、小儿惊风。果具有清热利尿、止咳、解酒毒的功效，可用于治疗热病烦渴、呃逆、酒醉呕吐、小便不利。

分布：金城江、宜州、南丹、天峨、凤山、东兰、罗城、环江、巴马、都安、大化。

马甲子属 *Paliurus*

马甲子 *Paliurus ramosissimus* (Lour.) Poir.

药用部位及功效：根具有祛风除湿、散瘀活血、消肿止痛、除寒、解毒的功效，可用于治疗风湿痛、劳伤痹痛、感冒发热、咽痛、胃痛、肠风便血。叶可用于治疗痈疮肿毒。

分布：东兰、罗城。

猫乳属 *Rhamnella*

猫乳 *Rhamnella franguloides* (Maxim.) Weberb.

药用部位及功效：全株及根具有补气益精、补脾益肾的功效，可用于治疗劳伤乏力、烦劳过疲、大病久病、疥疮、小儿脓疱疮。

分布：天峨、环江。

苞叶木 *Rhamnella rubrinervis* (H. Lév.) Rehder

药用部位及功效：全株可用于治疗肝炎、肝硬化腹水、风湿痹痛、内伤瘀痛。

分布：天峨、罗城。

鼠李属 *Rhamnus*

山绿柴 *Rhamnus brachypoda* C. Y. Wu ex Y. L. Chen

药用部位及功效：根皮可用于治疗牙痛。

分布：南丹、天峨、罗城、都安。

长叶冻绿 *Rhamnus crenata* Sieb. et Zucc.

药用部位及功效：根味苦、辛，性平，有毒，具有杀虫止痒、清热解毒的功效，可用于治疗体癣、疥疮、湿疹、黄疸性肝炎等。

分布：金城江、宜州、南丹、天峨、凤山、东兰、罗城、环江、巴马、都安、大化。

贵州鼠李 *Rhamnus esquirolii* H. Lév.

药用部位及功效：根、叶、果具有清热利湿、活血消积、理气止痛的功效，可用于治疗腰痛、月经不调。

分布: 南丹、天峨、环江。

黄鼠李 *Rhamnus fulvotincta* Metcalf

药用部位及功效: 全株具有解毒、祛风除湿的功效，可用于治疗风湿痹痛、腹痛、扁桃体炎。

分布: 南丹、罗城、环江。

薄叶鼠李 *Rhamnus leptophylla* C. K. Schneid.

药用部位及功效: 根具有消食、行水、祛瘀的功效，可用于治疗食积饱胀、水肿、闭经。叶可用于治疗食积饱胀。果具有消食、行水、通便的功效，可用于治疗食积饱胀、水肿、便秘。

分布: 南丹、罗城。

长柄鼠李 *Rhamnus longipes* Merr. et Chun

药用部位及功效: 全株、根皮具有清热泻下、消瘰疬的功效。

分布: 环江。

尼泊尔鼠李 *Rhamnus napalensis* (Wall.) Lawson

药用部位及功效: 叶、根、果具有祛风除湿、利尿消肿的功效，可用于治疗疥疮、风湿痹痛、风湿性关节炎、慢性肝炎、早期肝硬化腹水。

分布: 金城江、宜州、南丹、天峨、凤山、东兰、罗城、环江、巴马、都安、大化。

小冻绿树 *Rhamnus rosthornii* E. Pritz. ex Diels

药用部位及功效: 根、叶、果具有活血消积、理气止痛、收敛的功效，可用于治疗腹痛、食积、消化不良、月经不调、烧烫伤。

分布: 南丹、天峨、罗城。

冻绿 *Rhamnus utilis* Decne.

药用部位及功效: 根、根皮、树皮味苦，性寒，具有清热凉血、解毒的功效，可用于治疗疥疮、湿疹、痧胀腹痛、跌打损伤。种子可用于治疗食积腹胀。

分布: 金城江、南丹、天峨、东兰、罗城、环江、都安、大化。

雀梅藤属 *Sageretia*

梗花雀梅藤 *Sageretia henryi* Drumm. et Sprague

药用部位及功效: 根、叶、果味苦，性寒，具有清热、降火的功效。

分布: 南丹、环江。

刺藤子 *Sageretia melliana* Hand.-Mazz.

药用部位及功效: 根具有清热解毒、理气止痛的功效，可用于治疗风湿痹痛、跌打损伤。

分布: 南丹、天峨。

皱叶雀梅藤 *Sageretia rugosa* Hance

药用部位及功效: 根、叶味甘、淡，性平，具有舒筋活络的功效，可用于治疗风湿痹痛。叶、果可用于治疗暑热口渴、食积腹胀。

分布: 南丹、天峨。

雀梅藤 *Sageretia thea* (Osbeck) M. C. Johnst.

药用部位及功效：根味甘、淡，性平，具有行气化痰、祛风除湿的功效，可用于治疗咳嗽气喘、胃痛、风湿骨痛、鹤膝风。叶味酸，性凉，具有清热解毒、止痛的功效，可用于治疗疮疡肿毒、烧烫伤。

分布：环江。

翼核果属 *Ventilago*

翼核果 *Ventilago leiocarpa* Benth. var. *leiocarpa*

药用部位及功效：根味苦，性温，具有补血祛风、舒筋活络、强筋骨的功效，可用于治疗贫血头晕、月经不调、风湿痹痛、四肢麻木、腰肌劳损、跌打损伤、坐骨神经痛、肝硬化。

分布：环江。

毛叶翼核果 *Ventilago leiocarpa* Benth. var. *pubescens* Y. L. Chen et P. K. Chou

药用部位及功效：根味苦，性温。根、茎具有祛风除湿、消肿止痛的功效，可用于治疗风湿痹痛、跌打损伤。叶具有止痛的功效。

分布：凤山、环江。

枣属 *Ziziphus*

印度枣 *Ziziphus incurva* Roxb.

药用部位及功效：叶、果可用于治疗跌打损伤。

分布：南丹、罗城、环江。

无刺枣 *Ziziphus jujuba* Mill. var. *inermis* (Bunge) Rehder

药用部位及功效：根可用于治疗关节酸痛、胃痛、吐血、血崩。树皮可用于治疗痢疾、肠炎、慢性支气管炎、目昏、烧烫伤、外伤出血。叶可用于治疗小儿发热、疮疖。果具有解药毒的功效，可用于治疗胃虚食少、脾弱便溏、气血津液不足，果核可用于治疗胫疮、走马牙疳。

分布：罗城。

胡颓子科 Elaeagnaceae

胡颓子属 *Elaeagnus*

蔓胡颓子 *Elaeagnus glabra* Thunb.

药用部位及功效：根、叶、果味酸，性平。根具有利尿通淋、散瘀消肿的功效，可用于治疗跌打肿痛、吐血、砂淋。叶具有止咳平喘的功效，可用于治疗咳嗽痰喘、骨鲠。果具有利尿通淋的功效，可用于治疗泄泻。

分布：金城江、罗城、环江。

攀缘胡颓子 *Elaeagnus sarmentosa* Rehder

药用部位及功效：根、叶可用于治疗虚咳、肠炎。

分布：罗城。

葡萄科 Vitaceae

蛇葡萄属 *Ampelopsis*

广东蛇葡萄 *Ampelopsis cantoniensis* (Hook. et Arn.) K. Koch

药用部位及功效：全株、根具有清热解毒、消炎解暑的功效，可用于治疗暑热感冒、皮肤湿疹、丹毒、疖肿、脓疱疮、骨髓炎、急性淋巴结炎、急性乳腺炎、食物中毒。

分布：凤山、东兰、罗城、环江、都安。

羽叶蛇葡萄 *Ampelopsis chaffanjonii* (H. Lév.) Rehder

药用部位及功效：根具有清热解毒、祛风除湿的功效。

分布：天峨、罗城、环江。

三裂蛇葡萄 *Ampelopsis delavayana* Planch. ex Franch.

药用部位及功效：根皮具有消肿止痛、舒筋活血、止血的功效，可用于治疗外伤出血、骨折、跌打损伤、风湿关节肿痛。

分布：天峨、罗城。

掌裂蛇葡萄 *Ampelopsis delavayana* Planch. ex Franch. var. *glabra* (Diels et Gilg) C. L. Li

药用部位及功效：根可用于治疗风湿关节肿痛、跌打损伤、舒筋活络、四肢麻木。

分布：罗城。

蛇葡萄 *Ampelopsis glandulosa* (Wall.) Momiy. var. *glandulosa*

药用部位及功效：全株味辛、苦，性凉，具有清热解毒、祛风活络、止痛、止血的功效，可用于治疗风湿性关节炎、呕吐、腹泻、溃疡、跌打肿痛、疮疡肿毒、外伤出血、烧烫伤。

分布：天峨、环江。

光叶蛇葡萄 *Ampelopsis glandulosa* (Wall.) Momiy. var. *hancei* (Planch.) Momiy.

药用部位及功效：全株味辛、苦，性凉。根茎具有利尿、消肿、止血、消炎解毒的功效，可用于治疗眼疾、耳疾、刀伤、无名肿毒、慢性肾炎。

分布：南丹、天峨、罗城、环江。

显齿蛇葡萄 *Ampelopsis grossedentata* (Hand.-Mazz.) W. T. Wang

药用部位及功效：全株味甘、淡，性凉，具有清热解毒的功效，可用于治疗黄疸、风热感冒、咽喉肿痛、痈疖、急性结膜炎。

分布：宜州、南丹、天峨、罗城、环江、巴马。

乌蔹莓属 *Cayratia*

膝曲乌蔹莓 *Cayratia geniculata* (Blume) Gagnep.

药用部位及功效：茎可用于治疗哮喘。

分布：罗城。

乌蔹莓 *Cayratia japonica* (Thunb.) Gagnep.

药用部位及功效：全株味苦、酸，性寒，具有清热解毒、活血散瘀、消肿止痛、利尿的功效，可用于治疗咽喉肿痛、肺痈、尿血、跌打损伤、扭挫伤、腮腺炎、疖肿初起、烧烫伤。

分布：金城江、南丹、天峨、东兰、罗城、环江、都安、大化。

毛乌蔹莓 *Cayratia japonica* (Thunb.) Gagnep. var. *mollis* (Wall.) Momiy.

药用部位及功效：全株味苦、酸，性寒，具有清热解毒、活血散瘀、消肿利尿的功效，可用于治疗咽喉肿痛、目翳、咯血、尿血、痢疾、痈肿、丹毒、腮腺炎、跌打损伤、毒蛇咬伤。

分布：东兰、环江、都安。

白粉藤属 *Cissus*

苦郎藤 *Cissus assamica* (M. A. Lawson) Craib

药用部位及功效：全株、茎、叶具有拔毒消肿的功效，可用于治疗痰火瘰疬、肾炎痢疾、毒蛇咬伤。根、叶味淡、涩，性平。根具有清热解毒、拔脓消肿、散瘀止痛、强壮补血的功效，可用于治疗跌打损伤、扭伤、风湿性关节炎、骨髓炎、咽痛、骨折、疖痈疔疮、无名肿毒、毒蛇咬伤。

分布：南丹、罗城、环江。

翼茎白粉藤 *Cissus pteroclada* Hayata.

药用部位及功效：全株可用于治疗风湿痹痛、血虚关节不利、四肢麻木、跌打后遗关节强直。

分布：罗城。

地锦属 *Parthenocissus*

栓翅地锦 *Parthenocissus suberosa* Hand.-Mazz.

药用部位及功效：根、茎具有破瘀血、消肿毒的功效。

分布：南丹、天峨、罗城、都安。

地锦 *Parthenocissus tricuspidata* (Sieb. et Zucc.) Planch.

药用部位及功效：根、茎味甘，性温，具有祛风止痛、活血通络的功效，可用于治疗风湿痹痛、中风半身不遂、偏正头痛、产后血瘀、腹生结块、跌打损伤、痈肿疮毒、溃疡不敛。

分布：南丹、环江。

崖爬藤属 *Tetrastigma*

三叶崖爬藤 *Tetrastigma hemsleyanum* Diels et Gilg

药用部位及功效：全株味微苦，性平，具有清热解毒、活血祛瘀、消肿止痛、舒筋活络的功效，可用于治疗白喉、小儿高热惊风、肝炎、跌打肿痛、风湿骨痛、淋巴结结核、疖肿、流行性腮腺炎。

分布：南丹、环江。

崖爬藤 *Tetrastigma obtectum* (Wall. ex Lawson) Planch. ex Franch.

药用部位及功效：全株味苦、涩，性温，具有祛风通络、活血止痛的功效，可用于治疗头晕、全身胀痛、湿疹、皮肤溃烂、骨髓炎、跌打损伤、风湿麻木、关节筋骨痛。

分布：天峨、环江。

扁担藤 *Tetrastigma planicaule* (Hook. f.) Gagnep.

药用部位及功效：全株味酸、涩，性平，具有祛风除湿、舒筋活络的功效，可用于治疗风湿性关节炎、风湿痹痛、腰肌劳伤、半身不遂、跌打损伤、下肢溃疡。

分布：金城江、罗城、都安。

葡萄属 *Vitis*

小果葡萄 *Vitis balansana* Planch.

药用部位及功效：根、茎、叶、果、种子具有祛风散寒、杀虫止痒、行气止痛的功效，可用于治疗风湿性关节炎、牙痛、跌打肿痛、脘腹冷痛、呕吐泄泻、虫积腹痛、蛔虫病、湿疹瘙痒。

分布：罗城。

葛藟葡萄 *Vitis flexuosa* Thunb.

药用部位及功效：根、茎、果具有补五脏、续筋骨、益气、止渴的功效，可用于治疗关节酸痛、跌打损伤。

分布：南丹、东兰、罗城、都安。

毛葡萄 *Vitis heyneana* Roem. et Schult.

药用部位及功效：全株具有止血、祛风除湿、安胎、解热的功效，可用于治疗麻疹。根、叶味微苦、酸，性平。根可用于治疗风湿病、跌打损伤。根皮具有调经活血、补虚止带、清热解毒、生肌、利湿的功效，可用于接骨及治疗月经不调、白带异常、无名肿毒、血痢。叶具有清热利湿、消肿解毒的功效，可用于治疗痢疾、疮疡肿毒。

分布：天峨、环江、都安。

绵毛葡萄 *Vitis retordii* Roman.

药用部位及功效：根味辛，性温，可用于治疗风湿病、跌打损伤。

分布：金城江、罗城、环江、都安。

葡萄 *Vitis vinifera* L.

药用部位及功效：全株具有健脾开胃、补气血、强筋骨、利小便、安胎的功效，可用于治疗跌打损伤、气血虚弱、肺虚咳嗽、心悸盗汗、风湿痹痛、淋病、浮肿、呕吐。

分布：金城江、宜州、南丹、天峨、凤山、东兰、罗城、环江、巴马、都安、大化。

芸香科 Rutaceae

柑橘属 *Citrus*

柠檬 *Citrus limon* (L.) Burm. f.

药用部位及功效：根、果味苦、酸、甘，性平。根具有行气止痛、解毒疗伤、止咳平喘的功效，可用于治疗胃痛、疝气痛、咳嗽、跌打损伤、筋骨疼痛、狂犬咬伤。果具有化痰止咳、生津健胃、祛暑、安胎的功效，可用于治疗咳嗽、顿咳、百日咳、食欲不振、维生素 C 缺乏症、中暑烦渴。

分布：金城江、宜州、南丹、天峨、凤山、东兰、罗城、环江、巴马、都安、大化。

黎檬 *Citrus limonia* Osbeck

药用部位及功效：根、叶、果味苦、酸、甘，性平。果具有祛痰止咳、行气、健胃、止痛、止吐、祛暑、安胎的功效，可用于治疗伤风感冒、咳嗽、百日咳、支气管炎、食欲不振、孕妇胃气不和、痹痛、跌打肿痛。

分布：金城江、凤山、东兰、环江。

柚 *Citrus maxima* (Burm.) Merr.

药用部位及功效： 树皮、叶、果皮味甘、辛，性平，具有宽中理气、化痰止咳、解毒消肿的功效，可用于治疗气滞腹胀、胃痛、咳嗽气喘、疝气痛、乳腺炎、扁桃体炎、风湿痹痛。

分布： 金城江、宜州、南丹、天峨、凤山、东兰、罗城、环江、巴马、都安、大化。

佛手 *Citrus medica* L. var. *sarcodactylis* Swingle

药用部位及功效： 根味苦、辛，性平，具有行气止痛的功效，可用于治疗肺结核、四肢酸软。叶味苦、辛，性凉，具有利尿消肿的功效，可用于治疗水肿、淋巴结炎。果味辛、苦、酸，性温，具有暖胃、健脾消食、止咳化痰的功效，可用于治疗胃痛、胸膈胀满、呕吐、食欲不振、呃逆、风寒咳嗽、痰饮停滞。

分布： 金城江、宜州、南丹、天峨、凤山、东兰、罗城、环江、巴马、都安、大化。

柑橘 *Citrus reticulata* Blanco

药用部位及功效： 幼果或未成熟果皮具有疏肝破气、消积化滞的功效。成熟果皮（陈皮）具有理气健脾、燥湿化痰的功效。外果皮（橘红）具有散寒、燥湿、利气、消痰的功效。

分布： 金城江、宜州、南丹、天峨、凤山、东兰、罗城、环江、巴马、都安、大化。

黄皮属 ***Clausena***

细叶黄皮 *Clausena anisumolens* (Blanco) Merr.

药用部位及功效： 枝、叶、成熟果具有化痰止咳、祛风除湿的功效。

分布： 罗城。

齿叶黄皮 *Clausena dunniana* H. Lév. var. *dunniana*

药用部位及功效： 根、叶味苦、微辛，性凉，具有解表疏风、理气、除湿活血、消肿止咳的功效，可用于治疗感冒高热、头痛头晕、咳嗽、咽喉肿痛、胃痛、水肿、疟疾、风湿关节肿痛、麻疹、湿疹、骨折、扭挫伤、脱臼。

分布： 罗城、环江。

黄皮 *Clausena lansium* (Lour.) Skeels

药用部位及功效： 根味苦、辛，性温，具有消肿止痛、利小便的功效，可用于预防流行性感冒，治疗黄疸、疟疾。树皮具有清风、祛积、散热积、通小便的功效。叶具有疏风解表、除痰行气的功效，可用于治疗温病身热、咳嗽哮喘、气胀腹痛、黄肿、疟疾、小便淋痛、热毒疥癞。果具有消食、理气化痰的功效，可用于治疗食欲不振、胸膈满痛、痰饮咳喘。果皮及种子具有消肿的功效。

分布： 金城江、宜州、南丹、天峨、凤山、东兰、罗城、环江、巴马、都安、大化。

金橘属 ***Fortunella***

金柑 *Fortunella japonica* (Thunb.) Swingle

药用部位及功效： 根、叶、果具有生津消食、化痰利咽、醒酒的功效，可用于防止血管破裂和感冒，降低毛细血管脆性，减缓血管硬化，增强机体抗寒能力，治疗腹胀、咳嗽痰多、烦渴、咽喉肿痛、高血压。

分布： 金城江、宜州、南丹、天峨、凤山、东兰、罗城、环江、巴马、都安、大化。

山小橘属 ***Glycosmis***

小花山小橘 *Glycosmis parviflora* (Sims) Kurz.

药用部位及功效：根、叶味苦，性平，具有祛风解表、化痰止咳、行气消积、活血止血、散瘀止痛的功效，可用于治疗感冒咳嗽、恶寒发热、胃脘胀痛、消化不良、疝气痛、跌打瘀痛、风湿关节肿痛、毒蛇咬伤、冻疮。

分布：环江。

蜜茱萸属 ***Melicope***

蜜茱萸 *Melicope pteleifolia* (Champ. ex Benth.) Hartley

药用部位及功效：根、叶味苦，性寒，具有清热解毒、散瘀止痛的功效，可用于治疗感冒高热、咽炎、肺脓疡、肺炎、疟疾、风湿性关节炎、腰腿痛、胃痛、黄疸性肝炎、跌打扭伤、蛇虫咬伤、痈痒肿毒、外伤感染、湿疹。

分布：金城江、宜州、南丹、天峨、凤山、东兰、罗城、环江、巴马、都安、大化。

小芸木属 ***Micromelum***

小芸木 *Micromelum integerrimum* (Buch.-Ham. ex Colebr.) M. Roem.

药用部位及功效：根、叶味苦、辛，性温，具有祛风除湿、温中散寒、行气散瘀、止痛止血的功效，可用于治疗流行性感冒、风寒感冒、咳嗽、疟疾、跌打损伤、骨折、胃痛、风湿骨痛、关节炎、骨髓炎。

分布：天峨、东兰、罗城、环江。

九里香属 ***Murraya***

豆叶九里香 *Murraya euchrestifolia* Hayata

药用部位及功效：根、枝、叶具有消炎解毒、舒筋活络、祛风活血、消肿止痛的功效，可用于治疗疟疾、感冒、头痛、急慢性肾盂肾炎、风湿麻木、筋骨疼痛、跌打肿痛。叶、果味辛、微苦，性温。

分布：罗城、环江。

九里香 *Murraya exotica* L.

药用部位及功效：根、叶、花具有行气散瘀、祛风除湿、消肿止痛的功效，可用于局部麻醉及治疗跌打肿痛、风湿病、胃痛、毒蛇咬伤。枝、叶味苦、辛，性温。

分布：金城江、宜州、南丹、天峨、凤山、东兰、罗城、环江、巴马、都安、大化。

千里香 *Murraya paniculata* (L.) Jack.

药用部位及功效：根、枝、叶具有行气止痛、活血散瘀、祛风除湿、软坚散结的功效，可用于局部麻醉，治疗脘腹气痛、风湿痹痛、腰痛、跌打损伤、痈疮肿毒、皮肤瘙痒、淋巴结结核、胃痛、牙痛、破伤风、乙型脑炎、蛇虫咬伤。枝、叶味辛、微苦，性温，有小毒。花可用于治疗胃痛。玛雅人曾用枝、花治疗气喘、支气管炎。

分布：金城江、宜州、天峨、凤山、东兰、罗城、环江、都安、大化。

茵芋属 *Skimmia*

茵芋 *Skimmia reevesiana* (Fortune) Fortune

药用部位及功效：叶、果味苦，性温，有毒。茎、叶具有祛风除湿的功效，可用于治疗风湿痹痛、四肢挛急、两足软弱。

分布：罗城、环江。

四数花属 *Tetradium*

石山吴萸 *Tetradium calcicola* (Chun ex Huang) Hartley

药用部位及功效：叶、果可用于治疗疮疡肿毒。

分布：环江。

蜜楝吴萸 *Tetradium trichotomum* Lour.

药用部位及功效：果具有温中散寒、理气止痛的功效，可用于治疗胃腹痛、呕吐、腹泻、头痛。

分布：环江。

飞龙掌血属 *Toddalia*

飞龙掌血 *Toddalia asiatica* (L.) Lam.

药用部位及功效：根、根皮具有祛风、止痛、散瘀、止血的功效，可用于治疗风湿疼痛、胃痛、跌打损伤、吐血、衄血、刀伤出血、闭经、痛经。根皮、叶味辛、微苦，性温，有小毒。

分布：金城江、宜州、南丹、天峨、凤山、东兰、罗城、环江、巴马、都安、大化。

花椒属 *Zanthoxylum*

竹叶花椒 *Zanthoxylum armatum* DC. var. *armatum*

药用部位及功效：根、根皮味辛、微苦，性温，有小毒，具有祛风散寒、温中理气、活血止痛的功效，可用于治疗风湿痹痛、胃脘冷痛、泄泻、痢疾、感冒头痛、牙痛、跌打损伤、痛经、刀伤出血、顽癣、毒蛇咬伤。叶味辛、微苦，性温，具有理气止痛、活血消肿、解毒止痒的功效，可用于治疗脘腹胀痛、跌打损伤、痈疮肿毒、毒蛇咬伤、皮肤瘙痒。果味辛、微苦，性温，有小毒，具有温中燥湿、散寒止痛、驱虫止痒的功效，可用于治疗脘腹冷痛、寒湿吐泻、蛔厥腹痛、龋齿痛、湿疹、疥癣痒疮。种子味苦、辛，性微温，具有平喘利尿、散瘀止痛的功效，可用于治疗痰饮喘息、水肿胀满、脘腹冷痛、关节痛、跌打肿痛。

分布：金城江、宜州、南丹、天峨、凤山、东兰、罗城、环江、巴马、都安、大化。

岭南花椒 *Zanthoxylum austrosinense* C. C. Huang

药用部位及功效：全株味辛、麻，性温，有小毒，具有散瘀消肿、祛风解表、行气止痛的功效，可用于治疗风寒感冒、胃痛、风湿痹痛、跌打损伤、骨折、龋齿痛、毒蛇咬伤。

分布：罗城。

簕欓花椒 *Zanthoxylum avicennae* (Lam.) DC.

药用部位及功效：全株味苦、辛，性温。根具有祛风、化湿、消肿、通络的功效，可用于治疗咽痛、黄肿、疟疾、风湿骨痛、跌打挫伤。

分布：环江。

石山花椒 *Zanthoxylum calcicola* C. C. Huang

药用部位及功效：全株可用于治疗脚气病。根、果味辛，性温。根可用于治疗风湿疼痛。果具有消肿止痛的功效，可用于治疗腹痛。

分布：金城江、环江。

蚬壳花椒 *Zanthoxylum dissitum* Hemsl.

药用部位及功效：果味辛，性温，有小毒。果、种子具有祛风活络、散瘀止痛、解毒消肿的功效，可用于治疗月经过多、疝气、破伤风、风湿关节肿痛、胃痛、龋齿痛、霍乱、跌打损伤、毒蛇咬伤。

分布：南丹、环江。

刺壳花椒 *Zanthoxylum echinocarpum* Hemsl.

药用部位及功效：根具有祛风除湿、行气活血的功效，可用于治疗风湿麻木、跌打损伤、外伤出血。

分布：金城江、宜州、南丹、天峨、凤山、东兰、罗城、环江、巴马、都安、大化。

拟蚬壳花椒 *Zanthoxylum laetum* Drake

药用部位及功效：根、茎皮、叶具有祛风活络、散瘀止痛、解毒消肿、活血散瘀、续筋接骨、理气止痛的功效，可用于治疗跌打损伤、扭伤、骨折。

分布：罗城。

两面针 *Zanthoxylum nitidum* (Roxb.) DC.

药用部位及功效：根、茎、叶味辛、苦，性温，有小毒，具有祛风活血、麻醉止痛、消肿、止血的功效，可用于治疗风湿骨痛、腰肌劳损、胃痛、坐骨神经痛、跌打损伤、龋齿痛、溃疡。

分布：金城江、宜州、南丹、天峨、凤山、东兰、罗城、环江、巴马、都安、大化。

异叶花椒 *Zanthoxylum ovalifolium* Wight

药用部位及功效：种子味辛，性温，有小毒，具有温中散寒、杀虫、燥湿的功效，可用于治疗心胃气痛、虫积腹痛、风寒湿痹、脚气病。

分布：金城江、宜州、南丹、天峨、凤山、东兰、罗城、环江、巴马、都安、大化。

花椒簕 *Zanthoxylum scandens* Blume

药用部位及功效：根味辛，性温。根、果具有活血化瘀、镇痛、清热解毒、祛风行气的功效，可用于治疗胃寒腹痛、牙痛、风寒痹痛、龋齿痛、湿疹。

分布：南丹、环江。

苦木科 Simaroubaceae

鸦胆子属 *Brucea*

柔毛鸦胆子 *Brucea mollis* Wall. ex Kurz.

药用部位及功效：果可用于治疗痢疾、痔疮出血。

分布：罗城。

橄榄科 Burseraceae

橄榄属 *Canarium*

橄榄 *Canarium album* (Lour.) Raeuschel

药用部位及功效：根味苦，性寒，具有舒筋活络、清热解毒、祛风除湿、利关节的功效，可用于治疗风湿性腰腿痛、手足麻木、产后风湿。果味甘、酸，性平，具有清热解毒、利咽的功效，可用于治疗咽喉肿痛、咳嗽、肠炎、痢疾。鲜果汁可用于治疗河豚、鱼、鳖中毒，服量不拘。果核味甘、涩，性温，具有行气止痛的功效，可用于治疗胃痛、疝气、骨鲠。

分布：天峨、东兰、环江、巴马。

乌榄 *Canarium pimela* K. D. Koenig

药用部位及功效：根、叶、果具有止血、化痰、利尿、润肺、下气、补血、消痈肿的功效，可用于治疗内伤吐血、咳嗽、手足麻木、胃痛、烫伤、风湿痛、腰腿痛、崩漏、食诸鱼中毒。

分布：罗城、都安、大化。

楝科 Meliaceae

米仔兰属 *Aglaia*

米仔兰 *Aglaia odorata* Lour.

药用部位及功效：枝、叶、花具有解郁宽中、催生、醒酒、清肺、醒头目、止烦渴的功效，可用于治疗胸膈胀满不适、噎膈初起、咳嗽、头晕。

分布：罗城。

浆果楝属 *Cipadessa*

灰毛浆果楝 *Cipadessa baccifera* (Roth) Miq.

药用部位及功效：根、叶味苦，性凉，具有清热解毒、行气通便、截疟的功效，可用于治疗感冒、发热不退、疟疾、大便秘结、腹痛、痢疾、风湿关节肿痛、小儿皮炎、皮肤瘙痒、烧烫伤。

分布：金城江、宜州、南丹、天峨、凤山、东兰、罗城、环江、巴马、都安、大化。

樫木属 *Dysoxylum*

香港樫木 *Dysoxylum hongkongense* (Tutcher) Merr.

药用部位及功效：全株、根、树皮具有抗疟的功效，可用于治疗疟疾。

分布：环江。

鹧鸪花属 *Heynea*

鹧鸪花 *Heynea trijuga* Roxb.

药用部位及功效：根味苦，性凉，有小毒，具有清热解毒、祛风除湿、利咽的功效，可用于治疗风湿腰腿痛、咽痛、感冒、胃痛、跌打肿痛、蛇虫咬伤。

分布：金城江、宜州、南丹、天峨、凤山、东兰、罗城、环江、巴马、都安、大化。

楝属 *Melia*

楝 *Melia azedarach* L.

药用部位及功效：树皮、叶、花、果味苦，性寒，有毒，具有清热祛湿、杀虫、止痒、行气止痛的功效，可用于治疗热痒、头癣、蛔虫病、蛲虫病、虫积腹痛、疥癣瘙痒、蛇虫咬伤、滴虫性阴道炎、疝气疼痛、跌打肿痛。

分布：金城江、宜州、南丹、天峨、凤山、东兰、罗城、环江、巴马、都安、大化。

川楝 *Melia toosendan* Sieb. et Zucc.

药用部位及功效：果具有除湿热、清肝火、止痛、杀虫的功效，可用于治疗热厥心痛、胁痛、疝痛、虫积腹痛。

分布：南丹、东兰、罗城。

香椿属 *Toona*

香椿 *Toona sinensis* (Juss.) Roem.

药用部位及功效：树皮、叶、果味苦、涩，性温。树皮及根皮的韧皮部具有除湿、涩肠、止血、杀虫的功效，可用于治疗久泻久痢、肠风便血、崩漏带下、遗精、白浊、蛔虫病、疮癣。叶具有消炎解毒、杀虫的功效，可用于治疗肠炎、痢疾、疥疮、漆疮、斑秃；幼叶可食，含胡萝卜素、维生素 B 族和维生素 C。

分布：金城江、宜州、南丹、天峨、凤山、东兰、罗城、环江、巴马、都安、大化。

无患子科 Sapindaceae

黄梨木属 *Boniodendron*

黄梨木 *Boniodendron minus* (Hemsl.) T. C. Chen

药用部位及功效：花、果可用于治疗目赤、眼皮溃烂。

分布：金城江、宜州、南丹、天峨、凤山、东兰、罗城、环江、巴马、都安、大化。

倒地铃属 *Cardiospermum*

倒地铃 *Cardiospermum halicacabum* L.

药用部位及功效：全株具有散瘀消肿、凉血解毒的功效，可用于治疗跌打损伤、疮疖痈肿、湿疹、毒蛇咬伤。

分布：金城江、宜州、南丹、天峨、凤山、东兰、罗城、环江、巴马、都安、大化。

龙眼属 *Dimocarpus*

龙眼 *Dimocarpus longan* Lour.

药用部位及功效：根味苦，性平，具有利湿、通络的功效，可用于治疗乳糜尿、白带异常、风湿关节肿痛。叶味微苦，性平，具有清热解毒、解表利湿的功效，可用于预防流行性感冒及治疗肠炎、感冒。假种皮（龙眼肉）味甘，性温，具有益脾补血、养心安神的功效，可用于治疗病后或产后身体虚弱、神经衰弱、健忘、心悸、失眠、气血不足。种子（龙眼核）味微苦、涩，性平，具有止血、止痛的功效，可用于治疗胃痛、疝气痛。

分布：金城江、宜州、天峨、东兰、罗城、环江、都安、大化。

车桑子属 *Dodonaea*

车桑子 *Dodonaea viscosa* Jacquem.

药用部位及功效：全株具有消肿解毒、清热渗湿的功效，可用于治疗牙痛、风毒流注、小便淋漓、癃闭、肩部漫肿、疮痒疔疖、会阴部肿毒、烧烫伤，外用可治疗疮毒、湿疹、瘾疹、皮疹、顿咳。

分布：金城江、宜州、南丹、天峨、凤山、东兰、罗城、环江、巴马、都安、大化。

栾树属 *Koelreuteria*

复羽叶栾树 *Koelreuteria bipinnata* Franch.

药用部位及功效：根、花味微苦、辛。根具有消肿止痛、活血、驱虫的功效，可用于治疗蛔虫病、无名肿毒。花具有清肝明目、清热止咳的功效，可用于治疗肝火上炎、风热咳嗽。

分布：金城江、宜州、南丹、天峨、凤山、东兰、罗城、环江、巴马、都安、大化。

荔枝属 *Litchi*

荔枝 *Litchi chinensis* Sonn.

药用部位及功效：果肉、果核具有消肿解毒、补脾益肝、理气补血、温中止痛、补心安神、散结、止呃逆、止腹泻、补脑健身、促进食欲的功效。

分布：天峨、罗城。

槭树科 Aceraceae

槭属 *Acer*

紫果槭 *Acer cordatum* Pax

药用部位及功效：叶芽具有清热明目的功效。

分布：环江。

青榨槭 *Acer davidii* Franch.

药用部位及功效：根、树皮味甘、苦，性平，具有消炎、止痛、止血、祛风除湿、活血化瘀的功效，可用于治疗风湿腰痛、骨痛骨折、跌打损伤。枝、叶具有清热解毒、行气止痛的功效。

分布：罗城、环江。

罗浮槭 *Acer fabri* Hance

药用部位及功效：根、果味苦、涩，性凉。果具有清热解毒、利咽开音的功效，可用于治疗咽炎、扁桃体炎、声音嘶哑、肝炎、肺结核、胸膜炎。

分布：金城江、宜州、南丹、天峨、凤山、东兰、罗城、环江、巴马、都安、大化。

飞蛾槭 *Acer oblongum* Wall. ex DC.

药用部位及功效：根皮具有祛风除湿的功效。果具有清热利咽的功效，可用于治疗声音嘶哑。

分布：天峨、环江。

金沙槭 *Acer paxii* Franch.

药用部位及功效：根皮、枝、叶具有祛风除湿、止痛接骨的功效，可用于治疗风湿腰痛、骨折、皮肤瘙痒。

分布：天峨、环江。

中华槭 *Acer sinense* Pax

药用部位及功效：枝、叶具有清热解毒、理气止痛的功效。

分布：罗城。

角叶槭 *Acer sycopseoides* Chun

药用部位及功效：根味辛、苦，性温，具有祛风除湿的功效，可用于治疗风湿病。

分布：南丹、天峨、环江。

天峨槭 *Acer wangchii* Fang

药用部位及功效：树皮可用于治疗毒蛇咬伤。

分布：南丹、天峨。

都安槭 *Acer yinkunii* Fang

药用部位及功效：树皮可用于治疗毒蛇咬伤。

分布：环江、都安。

清风藤科 Sabiaceae

清风藤属 *Sabia*

平伐清风藤 *Sabia dielsii* H. Lév.

药用部位及功效：根具有祛风除湿、止痛的功效，可用于治疗肺炎、肝炎。

分布：南丹、凤山、环江。

灰背清风藤 *Sabia discolor* Dunn

药用部位及功效：根、茎味甘、苦，性平。根、枝具有祛风除湿、止痛的功效，可用于治疗风湿痹痛、跌打损伤、肝炎。

分布：环江。

凹萼清风藤 *Sabia emarginata* Lecomte

药用部位及功效：全株具有祛风除湿、止痛的功效，可用于治疗风湿关节肿痛。

分布：环江。

柠檬清风藤 *Sabia limoniacea* Wall. ex Hook. f. et Thomson

药用部位及功效：茎可用于治疗风湿病、产后瘀血。

分布：金城江、宜州、南丹、天峨、凤山、东兰、罗城、环江、巴马、都安、大化。

尖叶清风藤 *Sabia swinhoei* Hemsl.

药用部位及功效：根、茎、叶具有祛风止痛的功效，可用于治疗风湿痹痛、跌打损伤。

分布：金城江、南丹、天峨、罗城、环江。

省沽油科 Staphyleaceae

野鸦椿属 *Euscaphis*

野鸦椿 *Euscaphis japonica* (Thunb.) Dippel

药用部位及功效：根味微苦、辛，性微温，具有祛风散寒、活血化瘀、消肿止痛、止泻的功效，可用于治疗风湿骨痛、跌打损伤、偏头痛、肠炎、痢疾、痛经。树皮味辛，性温，可用于治疗小儿疝气、水痘、角膜云翳。叶味微苦、辛，性微温，具有祛风止痒的功效，可用于治疗妇女阴痒。花味甘，性平，可用于治疗头痛、眩晕。果、种子味甘、辛、微苦，性温，可用于治疗头痛、胃痛、疝气痛、腹泻、痢疾、子宫脱垂、脱肛。

分布：金城江、宜州、南丹、天峨、凤山、东兰、罗城、环江、巴马、都安、大化。

山香圆属 *Turpinia*

锐尖山香圆 *Turpinia arguta* (Lindl.) Seem.

药用部位及功效：根、叶味苦，性寒，具有活血散瘀、消肿的功效，可用于治疗跌打损伤、骨折、疔疮肿毒。

分布：金城江、宜州、南丹、天峨、凤山、东兰、罗城、环江、巴马、都安、大化。

山香圆 *Turpinia montana* (Blume) Kurz.

药用部位及功效：根、枝、叶味苦，性寒，具有活血散瘀、消肿止痛的功效。根可用于治疗肝炎、肝脾肿大。叶可用于治疗跌打损伤、骨折、毒蛇咬伤。

分布：罗城、环江。

漆树科 Anacardiaceae

南酸枣属 *Choerospondias*

南酸枣 *Choerospondias axillaris* (Roxb.) B. L. Burtt et A. W. Hill var. *axillaris*

药用部位及功效：树皮具有解毒收敛、止痛止血的功效，可用于治疗烧烫伤、外伤出血、牛皮癣。根、果味酸、甘，性平。果具有行气活血、养心安神的功效，可用于治疗气滞血瘀、心区作痛、心跳气短、心神不安。鲜果、果核具有消食滞、清热毒、解酒、收敛、杀虫的功效，可用于治疗食滞腹痛。果核还可用于治疗烧烫伤、风毒初起或痒痛。

分布：金城江、宜州、南丹、天峨、凤山、东兰、罗城、环江、巴马、都安、大化。

毛脉南酸枣 *Choerospondias axillaris* (Roxb.) B. L. Burtt et A. W. Hill var. *pubinervis* (Rehder et E. H. Wilson) B. L. Burtt et A. W. Hill

药用部位及功效：根、果味酸、涩，性凉。树皮、果具有解毒、生津、收敛、止痛、止血的功效。树皮还具有驱蛔虫的功效。

分布：环江。

杧果属 *Mangifera*

杧果 *Mangifera indica* L.

药用部位及功效：树皮可用于治疗伤暑、身热。叶味酸、甘，性平，具有止痒、行气疏滞、去疳积的功效，可用于治疗慢性支气管炎，外用可治疗皮炎、湿疹、瘙痒。果具有清热导滞、健胃止呕、润肺止咳、解渴的功效，可用于治疗咳嗽、食欲不振、消化不良、水肿疝气、睾丸炎、维生素 C 缺乏症。

分布：金城江、天峨、环江。

藤漆属 ***Pegia***

利黄藤 *Pegia sarmentosa* (Lecomte) Hand.-Mazz.

药用部位及功效：全株味酸，性平。茎、叶具有清热解毒、利湿消肿的功效，可用于治疗毒蛇咬伤、黄疸性肝炎、风湿痹痛、神经性头痛、腹痛，外用可治疗疮疡溃烂、湿疹。

分布：金城江、天峨、罗城、都安。

黄连木属 ***Pistacia***

黄连木 *Pistacia chinensis* Bunge

药用部位及功效：根、树皮、叶、叶芽味苦、涩，性寒，具有清暑、生津、解毒、利湿的功效，可用于治疗暑热口渴、咽喉肿痛、口舌糜烂、吐泻、痢疾、淋证、无名肿毒、疮疹。

分布：金城江、宜州、南丹、天峨、凤山、东兰、罗城、环江、巴马、都安、大化。

清香木 *Pistacia weinmannifolia* J. Poiss. ex Franch.

药用部位及功效：根、枝、叶味酸，性平。根可用于治疗肺结核、跌打损伤、骨折。树皮、茎、叶具有清热解毒、利湿消肿的功效，可用于治疗痢疾、肠炎、泄泻、流行性感冒头痛、外伤出血、疮疡湿疹、风疹。

分布：天峨、罗城、环江。

盐肤木属 ***Rhus***

盐肤木 *Rhus chinensis* Mill. var. *chinensis*

药用部位及功效：根、根皮可用于治疗感冒发热、崩漏、咳嗽咯血、泄泻黄疸、水肿便血、痔疮出血、风湿痹痛、跌打损伤。叶可用于治疗痰咳、便血、血痢、盗汗、牛皮癣、湿疹。果可用于治疗喉痹、痰火咳嗽、酒毒黄疸、瘴疟、体虚、多汗、盗汗、头风白屑、顽癣、痈毒溃烂。虫瘿味酸、涩，性寒。

分布：金城江、宜州、南丹、天峨、凤山、东兰、罗城、环江、巴马、都安、大化。

滨盐肤木 *Rhus chinensis* Mill var. *roxburghii* (DC.) Rehd.

药用部位及功效：根、叶具有清热解毒、散瘀止血的功效，可用于治疗感冒发热、咳嗽、咯血、泄泻、痢疾、痔疮出血，外用可治疗跌打损伤、毒蛇咬伤、漆疮。

分布：金城江、宜州、南丹、天峨、凤山、东兰、罗城、环江、巴马、都安、大化。

漆属 ***Toxicodendron***

野漆 *Toxicodendron succedaneum* (L.) Kuntze var. *succedaneum*

药用部位及功效：根、叶、果味苦、涩，性平，有小毒。根、根皮具有清热解毒、散瘀、消肿、止血、平喘的功效，可用于治疗尿血、血崩、带下病、疮癣、哮喘、急慢性肝炎、胃痛、跌打损伤，外用可治疗骨折、外伤出血。

分布：金城江、宜州、南丹、天峨、凤山、东兰、罗城、环江、巴马、都安、大化。

山漆树 *Toxicodendron sylvestre* (Sieb. et Zucc.) Kuntze

药用部位及功效：根、叶、茎皮、果具有祛风除湿、消肿止痛的功效，可用于治疗风湿病、无名肿痛。

分布：金城江、宜州、南丹、天峨、凤山、东兰、罗城、环江、巴马、都安、大化。

漆 *Toxicodendron vernicifluum* (Stokes) F. A. Barkley

药用部位及功效：根可用于治疗积瘀疼痛。叶外用可治疗外伤出血、疮疡溃烂。种子可用于治疗便血。

分布：罗城。

牛栓藤科 Connaraceae

红叶藤属 *Rourea*

小叶红叶藤 *Rourea microphylla* (Hook. et Arn.) Planch.

药用部位及功效：茎、叶味苦、涩，性凉。根、茎、叶具有止血止痛、活血通经的功效，可用于治疗闭经、跌打损伤、各种出血、小儿热疮。

分布：环江。

胡桃科 Juglandaceae

山核桃属 *Carya*

山核桃 *Carya cathayensis* Sarg.

药用部位及功效：根皮、叶、外果皮、种仁味甘，性平。根皮可用于治疗脚癣。外果皮可用于治疗皮肤癣症。种仁具有滋润补养的功效，可用于治疗腰痛。

分布：环江。

黄杞属 *Engelhardia*

黄杞 *Engelhardia roxburghiana* Wall.

药用部位及功效：树皮味微苦、辛，性平，具有行气、化湿、导滞的功效，可用于治疗脾胃湿滞、胸腹胀闷、湿热泄泻。叶微苦，性凉，有毒，具有清热止痛的功效。

分布：金城江、宜州、南丹、天峨、凤山、东兰、罗城、环江、巴马、都安、大化。

胡桃属 *Juglans*

胡桃 *Juglans regia* L.

药用部位及功效：根可用于治疗虚火牙痛。枝可用于治疗肿瘤。叶可用于治疗咳嗽、白带异常。内果皮可用于治疗心胃气痛、乳痈。种仁可用于治疗虚寒咳嗽、腰膝酸软、遗精阳痿、大便燥结。

分布：罗城。

化香树属 *Platycarya*

圆果化香 *Platycarya longipes* Y. C. Wu

药用部位及功效：叶味苦，性寒，有毒。枝、叶具有消肿解毒、理气祛风、化痰燥湿、杀虫的功效，可用于治疗癞头疮、无名肿毒、疥癣。果具有顺气祛风、消肿止痛的功效，可用于治疗痈肿、湿疮、疥癣。

分布：金城江、宜州、南丹、天峨、凤山、东兰、罗城、环江、巴马、都安、大化。

化香树 *Platycarya strobilacea* Sieb. et Zucc.

药用部位及功效：根涂抹于头部可治疗疮肿。叶具有理气、解毒、消肿止痛、杀虫止痒的功效，可用于治疗无名肿毒、筋骨疼痛、疮毒、阴囊湿疹、顽癣。果具有顺气祛风、消肿止痛、燥湿杀虫的功效，可用于治疗内伤、胸胀腹痛、筋骨疼痛、痈肿、湿疮、疥癣。

分布：天峨、罗城。

枫杨属 *Pterocarya*

枫杨 *Pterocarya stenoptera* C. DC.

药用部位及功效：根、树皮具有解毒、杀虫止痒、祛风止痛的功效，可用于治疗龋齿痛、风湿筋骨疼痛、疥癣、瘌痢头、久疮、烫伤。枝、叶味辛、苦，性温。叶可用于治疗慢性支气管炎、关节痛、疮疽囊肿、疥癣瘙痒、皮炎湿疹、烧烫伤。

分布：金城江、宜州、南丹、天峨、凤山、东兰、罗城、环江、巴马、都安、大化。

马尾树科 Rhoipteleaceae

马尾树属 *Rhoiptelea*

马尾树 *Rhoiptelea chiliantha* Diels et Hand.-Mazz.

药用部位及功效：树皮具有收敛止血的功效，可用于治疗泄泻、肠炎。

分布：罗城、环江。

山茱萸科 Cornaceae

桃叶珊瑚属 *Aucuba*

桃叶珊瑚 *Aucuba chinensis* Benth.

药用部位及功效：根、叶味苦、辛，性温，具有祛风除湿、活血化瘀的功效，可用于治疗骨折、跌打损伤、风湿痹痛、烧烫伤、痔疮。根、果可用于治疗痢疾、白带异常、腰痛。叶还具有清热解毒、止痢的功效。

分布：罗城、环江。

山茱萸属 *Cornus*

灯台树 *Cornus controversa* Hemsl.

药用部位及功效：根、叶、果味淡，性平，有毒，具有清热平肝、消肿止痛、润肠通便的功效，可用于治疗头痛、眩晕、咽喉肿痛、关节酸痛、跌打肿痛、肝炎、肠燥便秘、蛔虫病。

分布: 南丹、罗城、环江。

小花梾木 *Cornus parviflora* S. S. Chien

药用部位及功效: 树皮味甘、咸，性凉，具有清热解毒、通经活络的功效，可用于治疗高热不退、疟疾、痛经、跌打损伤、骨折、瘫痪。

分布: 南丹、天峨、环江。

鞘柄木科 Torricelliaceae

鞘柄木属 *Torricellia*

角叶鞘柄木 *Torricellia angulata* Oliv.

药用部位及功效: 根、树皮、叶、花味苦、辛，性平，具有祛风利湿、活血化瘀的功效。根皮、叶可用于治疗风湿骨痛、产后腰痛、腹泻、慢性肠炎，外用可治疗跌打损伤、骨折。花可用于治疗血瘀经闭。

分布: 罗城、环江。

八角枫科 Alangiaceae

八角枫属 *Alangium*

八角枫 *Alangium chinense* (Lour.) Harms

药用部位及功效: 根味辛、苦，性温，有小毒，具有祛风除湿、舒筋活络、散瘀止痛的功效，可用于治疗风湿痹痛、四肢麻木、跌打损伤。叶味苦、辛，性平，有小毒，具有化瘀接骨、解毒杀虫的功效，可用于治疗跌打瘀肿、骨折、疮肿、乳痈、乳头皲裂、漆疮、疥癣、外伤出血。花味辛，性平，有小毒，具有散风、理气、止痛的功效，可用于治疗头风头痛、胸腹胀痛。

分布: 金城江、宜州、南丹、天峨、凤山、东兰、罗城、环江、巴马、都安、大化。

伏毛八角枫 *Alangium chinense* (Lour.) Harms subsp. *strigosum* W. P. Fang

药用部位及功效: 侧根、须状根、叶、花具有祛风除湿、舒筋活络、散瘀止痛的功效，可用于治疗风湿关节肿痛、跌打损伤、精神分裂症。

分布: 罗城。

小花八角枫 *Alangium faberi* Oliv. var. *faberi*

药用部位及功效: 根、叶味辛、苦，性微温，具有祛风除湿、通经活络、行气止痛的功效，可用于治疗风湿性腰腿臂痛、胃痛、跌打损伤。

分布: 东兰、罗城、环江。

阔叶八角枫 *Alangium faberi* Oliv. var. *platyphyllum* Chun et F. C. How

药用部位及功效: 根、叶可用于治疗风湿病、跌打损伤。

分布: 宜州、天峨、罗城。

珙桐科(蓝果树科)Nyssaceae

喜树属 *Camptotheca*

喜树 *Camptotheca acuminata* Decne.

药用部位及功效: 根、根皮、果味苦、辛,性寒,有毒,具有清热解毒、散结消瘀的功效,可用于治疗食道癌、胃癌、肠癌、肝癌、白血病、牛皮癣、疮肿。树皮味苦,性寒,有小毒,具有活血解毒、祛风止痒的功效,可用于治疗牛皮癣。叶味苦,性寒,有毒,具有清热解毒、祛风止痒的功效,可用于治疗痈疮疖肿、牛皮癣。

分布: 天峨、罗城、环江。

蓝果树属 *Nyssa*

蓝果树 *Nyssa sinensis* Oliver

药用部位及功效: 根具有抗癌的功效。

分布: 环江。

五加科 Araliaceae

楤木属 *Aralia*

黄毛楤木 *Aralia chinensis* L.

药用部位及功效: 茎、茎皮可用于治疗肺结核咳嗽、外感风热、鼻渊、疮疡、风湿骨痛、跌打肿痛。

分布: 凤山、罗城。

罗伞属 *Brassaiopsis*

纤齿罗伞 *Brassaiopsis ciliata* Dunn

药用部位及功效: 树皮味辛、微苦,性平,具有祛风除湿、舒筋消肿的功效,可用于治疗风湿痹痛、跌打伤肿。

分布: 环江。

罗伞 *Brassaiopsis glomerulata* (Blume) Regel

药用部位及功效: 根、树皮味微辛、苦,性平,具有祛风除湿、散瘀止痛的功效,可用于治疗感冒发热、咳嗽、风湿痹痛、腰肌劳损、脘腹痛、跌打肿痛。

分布: 罗城、环江。

树参属 *Dendropanax*

树参 *Dendropanax dentiger* (Harms) Merr.

药用部位及功效: 根、枝、叶味淡,气香,性温,具有祛风除湿、舒筋活络、活血的功效,可用于治疗风湿痹痛、腰腿痛、半身不遂、偏瘫、跌打损伤、扭挫伤、偏头痛、臂痛、月经不调。

分布: 罗城、环江。

马蹄参属 *Diplopanax*

马蹄参 *Diplopanax stachyanthus* Hand.-Mazz.

药用部位及功效：树皮具有与人参相同的强壮作用，在民间主要用于治疗风湿性关节炎。

分布：罗城、环江。

刺五加属 *Eleutherococcus*

细柱五加 *Eleutherococcus nodiflorus* (Dunn) S. Y. Hu

药用部位及功效：根皮、叶味辛、苦，性温，具有祛风除湿、强筋壮骨、活血祛瘀的功效，可用于治疗风湿性关节炎、陈伤腰痛、鹤膝风、腰肌劳损、半身不遂、跌打损伤、踝关节痛。

分布：罗城。

白簕 *Eleutherococcus trifoliatus* (L.) S. Y. Hu

药用部位及功效：根可用于治疗风湿痹痛、跌打损伤、坐骨神经痛、风湿性关节炎、感冒发热、肠炎、胃痛、咳嗽。根皮、叶味苦、辛，性凉，具有祛风除湿、解热毒、散瘀止痛的功效。叶还可用于治疗骨折、湿疹、乳腺炎、疮疡肿毒。

分布：南丹、罗城、环江、都安。

常春藤属 *Hedera*

常春藤 *Hedera sinensis* (Tobler) Hand.-Mazz.

药用部位及功效：全株具有祛风利湿、活血消肿的功效，可用于治疗风湿关节肿痛、腰痛、跌打损伤、肾炎性水肿、闭经，外用可治疗痈疖肿毒、瘾疹、湿疹。茎、叶味辛、苦，性平。果可用于治疗羸弱、腹内冷痛、血虚经闭。

分布：罗城、环江。

鹅掌柴属 *Schefflera*

穗序鹅掌柴 *Schefflera delavayi* (Franch.) Harms

药用部位及功效：根、根皮味苦、涩，性微寒，具有祛风活络、通大便、消肿毒的功效，可用于治疗骨折、挫伤、风湿关节肿痛、腰肌劳损、无名肿毒。树皮可用于治疗未破皮的骨折。叶可用于治疗皮肤皲裂。

分布：环江。

密脉鹅掌柴 *Schefflera elliptica* (Blume) Harms

药用部位及功效：根可用于治疗感冒发热、咽喉肿痛、风湿痹痛、跌打损伤。茎、叶味苦、甘，性温。茎皮具有舒筋活络、消肿止痛的功效，可用于治疗跌打损伤、风湿关节肿痛、消化性溃疡疼痛。叶外用可治疗外伤出血、过敏性皮炎、湿疹。

分布：环江。

鹅掌柴 *Schefflera heptaphylla* (L.) Frodin

药用部位及功效：根皮、叶味苦、微辛，气香，性凉，可用于治疗感冒发热、咽喉肿痛、腮腺炎、腹泻、风湿骨痛、木薯或断肠草中毒，外用可治疗跌打肿痛。叶还可用于治疗湿疹、风疹、漆疮、过敏性皮炎。

分布：罗城。

球序鹅掌柴 *Schefflera pauciflora* R. Vig.

药用部位及功效：根皮、树皮具有祛风活络、止痛消肿的功效，可用于治疗风湿骨痛、跌打损伤、关节疼痛、骨折、臌胀、感冒发热。

分布：天峨、凤山、环江。

通脱木属 *Tetrapanax*

通脱木 *Tetrapanax papyrifer* (Hook.) K. Koch

药用部位及功效：根、茎髓味甘、淡，性微寒。茎髓具有泻肺、利小便、下乳汁的功效，可用于治疗小便不利、淋证、水肿、产妇乳汁不通、目昏、鼻塞。

分布：南丹、天峨、环江。

刺通草属 *Trevesia*

刺通草 *Trevesia palmata* (DC.) Vis.

药用部位及功效：髓心具有利尿的功效，可用于治疗小便不利。叶味微苦，性平。根、叶具有强筋壮骨的功效，可用于治疗跌打损伤、腰痛。

分布：南丹、天峨、东兰、环江、巴马。

伞形科 Apiaceae (Umbelliferae)

莳萝属 *Anethum*

莳萝 *Anethum graveolens* L.

药用部位及功效：全株具有理气开胃、解鱼肉毒、促进消化的功效。

分布：金城江、宜州、天峨、凤山、东兰、罗城、环江、都安。

当归属 *Angelica*

紫花前胡 *Angelica decursiva* (Miq.) Franch. et Sav.

药用部位及功效：根具有疏风清热、下气消痰的功效，可用于治疗痰稠咳喘、风热郁肺、咳痰不爽。

分布：金城江、宜州、南丹、天峨、凤山、东兰、罗城、环江、巴马、都安、大化。

积雪草属 *Centella*

积雪草 *Centella asiatica* (L.) Urb.

药用部位及功效：全株味苦、辛，性寒，具有清热解毒、活血祛瘀、利尿消肿、凉血生津的功效，可用于治疗湿热型黄疸、肝炎、外感风寒、上呼吸道感染、流行性感冒、肺炎、胸膜炎、中暑、痢疾、腹泻、砂淋、血淋、痈肿疮毒、跌打损伤、蜈蚣咬伤、木刺入肉、野菌中毒、木薯中毒、农药中毒、断肠草中毒。

分布：金城江、宜州、南丹、天峨、凤山、东兰、罗城、环江、巴马、都安、大化。

蛇床属 *Cnidium*

蛇床 *Cnidium monnieri* (L.) Cusson

药用部位及功效：果具有温肾壮阳、燥湿、祛风杀虫、止痒的功效，可用于治疗阳痿、胞宫虚冷、不孕、寒湿带下、滴虫性阴道炎、湿痹腰痛，外用可治疗阴湿疹、阴痒、阴囊湿痒、疥癣疮、皮肤瘙痒。种子味辛、苦，性温，有小毒。

分布：金城江、东兰、罗城、环江。

芫荽属 *Coriandrum*

芫荽 *Coriandrum sativum* L.

药用部位及功效：全株味辛，性温。全株、果具有发汗透疹、散寒理气、健胃消食的功效，可用于治疗麻疹不透、痧疹、胃寒痛、食欲不振、食积不消、腹胀、牙痛、头痛、眩晕、脱肛、感冒无汗、鱼肉中毒、毒蛇咬伤，还可增强性功能、增加精子和卵子数目。

分布：金城江、宜州、南丹、天峨、凤山、东兰、罗城、环江、巴马、都安、大化。

鸭儿芹属 *Cryptotaenia*

鸭儿芹 *Cryptotaenia japonica* Hassk.

药用部位及功效：根味辛，性温，具有发表散寒、止咳化痰、活血止痛的功效，可用于治疗风寒感冒、咳嗽、跌打肿痛。茎、叶味辛、苦，性平，具有祛风止咳、利湿解毒、化痰止痛的功效，可用于治疗感冒咳嗽、肺痈、淋痛、疝气、月经不调、风火牙痛、目赤翳障、痈疽疮肿、皮肤瘙痒、跌打肿痛、蛇虫咬伤。果味辛，性温，具有消积顺气的功效，可用于治疗食积腹胀。

分布：金城江、东兰、环江。

胡萝卜属 *Daucus*

胡萝卜 *Daucus carota* var. *sativus* Hoffm.

药用部位及功效：根、果味甘、辛，性平。根具有健胃、化滞的功效，可用于治疗消化不良、咳嗽、久痢。果具有化痰平喘、解毒止痢、驱虫的功效，可用于治疗久痢、咳喘、时痢、蛔虫病、虫积腹痛、慢性痢疾。

分布：金城江、宜州、南丹、天峨、凤山、东兰、罗城、环江、巴马、都安、大化。

茴香属 *Foeniculum*

茴香 *Foeniculum vulgare* Mill.

药用部位及功效：果具有开胃进食、理气散寒、助阳道的功效，可用于治疗中焦有寒、食欲减退、恶心呕吐、腹部冷痛、疝气疼痛、睾丸肿痛、脾胃气滞、脘腹胀满作痛。

分布：金城江、宜州、南丹、天峨、凤山、东兰、罗城、环江、巴马、都安、大化。

天胡荽属 *Hydrocotyle*

红马蹄草 *Hydrocotyle nepalensis* Hook.

药用部位及功效：全株味辛、微苦，性凉，具有活血止血、化瘀、清热、清肺止咳的功效，可用于治疗感冒、肺热咳嗽、咯血、吐血、跌打损伤，外用可治疗痔疮、外伤出血。

分布：金城江、宜州、南丹、天峨、凤山、东兰、罗城、环江、巴马、都安、大化。

天胡荽 *Hydrocotyle sibthorpioides* Lam.

药用部位及功效：全株味甘、淡、微辛，性凉，具有清热解毒、祛痰止咳、凉血利尿的功效，可用于治疗黄疸性肝炎、肝硬化腹水、急性胆囊炎、胆道结石、尿路感染、急性肾炎、感冒发热、急性结膜炎、带状疱疹、咳嗽气喘。

分布：金城江、宜州、南丹、天峨、凤山、东兰、罗城、环江、巴马、都安、大化。

破铜钱 *Hydrocotyle sibthorpioides* Lam. var. *batrachaum* (Hance) Hand.-Mazz. ex Shan

药用部位及功效：全株具有宣肺止咳、利湿化浊、利尿通淋的功效，可用于治疗肺气不宣咳嗽、咳痰、肝胆湿热、黄疸、口苦、头晕目眩、喜呕、两肋胀满、湿热淋证。

分布：罗城。

肾叶天胡荽 *Hydrocotyle wilfordii* Maxim.

药用部位及功效：全株具有清热利湿、排石镇痛的功效，可用于治疗小便淋痛、胃脘痛。

分布：罗城、环江。

藁本属 *Ligusticum*

川芎 *Ligusticum sinense* Oliv. cv. *Chuanxiong* S. H. Qiu et al.

药用部位及功效：根茎味辛，性温，具有发表散寒、祛风止痛的功效，可用于治疗风寒感冒、头晕头痛、风湿骨痛、胸胁胀痛、经闭腹痛、月经不调。

分布：南丹。

水芹属 *Oenanthe*

水芹 *Oenanthe javanica* (Blume) DC.

药用部位及功效：全株味甘，性平。全株、根具有清热解毒、利湿、止血、凉血降压的功效，可用于治疗感冒发热、暴热烦渴、呕吐腹泻、黄疸、水肿、尿路感染、淋证、崩漏、带下病、瘰疬、流行性腮腺炎、高血压。

分布：金城江、宜州、南丹、天峨、凤山、东兰、罗城、环江、巴马、都安、大化。

茴芹属 *Pimpinella*

异叶茴芹 *Pimpinella diversifolia* DC.

药用部位及功效：全株味辛、苦，性温，有小毒。全株、根具有散瘀消肿、解毒、祛风散寒、止痛、解表化积的功效，可用于治疗风寒感冒、咽喉肿痛、胃痛、黄疸性肝炎、急性胆囊炎、小儿疳积，外用可治疗蜂刺后肿痛、毒蛇咬伤、皮肤瘙痒、跌打损伤。

分布：金城江、宜州、南丹、天峨、凤山、东兰、罗城、环江、巴马、都安、大化。

囊瓣芹属 *Pternopetalum*

裸茎囊瓣芹 *Pternopetalum nudicaule* (H. Boissieu) Hand.-Mazz.

药用部位及功效：全株具有清热解毒、止血、散结的功效。根茎可用于治疗劳伤。

分布：南丹、环江。

五匹青 *Pternopetalum vulgare* (Dunn) Hand.-Mazz.

药用部位及功效：根味辛，性温，具有温中散寒、理气止痛的功效，可用于治疗胃痛、腹胀腹痛、胸肋痛。

分布：罗城、环江。

变豆菜属 *Sanicula*

薄片变豆菜 *Sanicula lamelligera* Hance

药用部位及功效：全株味甘、辛，性温，具有散风、清肺、化痰止咳、行血通经的功效，可用于治疗风寒感冒咳嗽、百日咳、哮喘、月经不调、闭经、腰痛。

分布：南丹、罗城、环江。

野鹅脚板 *Sanicula orthacantha* S. Moore

药用部位及功效：全株味苦，性温，具有清热解毒的功效，可用于治疗麻疹后热毒未尽、跌打损伤。

分布：罗城、环江。

窃衣属 *Torilis*

窃衣 *Torilis scabra* (Thunb.) DC.

药用部位及功效：全株味苦、辛，性平。果具有活血消肿、收敛、杀虫的功效，可用于治疗痈疮溃烂、久不收口、久泻、蛔虫病。

分布：南丹、天峨、罗城。

杜鹃花科 Ericaceae

白珠树属 *Gaultheria*

滇白珠 *Gaultheria leucocarpa* Blume var. *yunnanensis* (Franch.) T. Z. Hsu et R. C. Fang

药用部位及功效：全株味辛，性温，具有祛风除湿、活血化瘀、舒筋活络、健胃消食的功效，可用于治疗风湿或类风湿性关节炎、筋骨痛、产后风瘫、消化不良、食欲不振、胃寒痛、急性肠炎、跌打肿痛。

分布：罗城、环江。

珍珠花属 *Lyonia*

珍珠花 *Lyonia ovalifolia* (Wall.) Drude var. *ovalifolia*

药用部位及功效：根、枝、叶、果味辛、微苦，性温。枝、叶具有敛疮止痒的功效，外用可治疗皮肤疮毒、疥疮发痒、皮肤瘙痒、麻风。果具有活血祛瘀、止痛、补肝益肾、祛风、杀虫、解毒、强筋健骨的功效，外用可治疗跌打损伤、闭合性骨折、癣疮、肝肾不足、腰膝酸软。

分布：金城江、南丹、罗城、环江、都安、大化。

小果珍珠花 *Lyonia ovalifolia* (Wall.) Drude var. *elliptica* (Sieb. et Zucc.) Hand.-Mazz.

药用部位及功效：全株味甘，性温，有毒。根、枝、叶、果具有健脾止泻、活血强筋、祛风解毒、强壮滋补的功效，可用于治疗脾虚腹泻、跌打损伤、全身酸麻、刀伤。

分布：金城江、南丹、天峨、罗城、环江。

毛果珍珠花 *Lyonia ovalifolia* (Wall.) Drude var. *hebecarpa* (Franch. ex F. B. Forbes et Hemsl.) Chun

药用部位及功效： 根、叶味甘、酸，性平，具有活血、健脾、止泻的功效，可用于治疗脾虚腹泻、头晕目眩、跌打损伤。

分布： 罗城、环江。

杜鹃花属 *Rhododendron*

腺萼马银花 *Rhododendron bachii* H. Lév.

药用部位及功效： 叶可用于治疗咳嗽、哮喘。

分布： 环江。

多花杜鹃 *Rhododendron cavaleriei* H. Lév.

药用部位及功效： 枝、叶具有清热解毒、止血通络的功效。

分布： 罗城。

羊踯躅 *Rhododendron molle* (Blume) G. Don

药用部位及功效： 根味辛，性温，有大毒，具有祛风除湿、活血化瘀、麻醉止痛、止咳、杀虫的功效，可用于治疗风湿骨痛、半身不遂、腰椎间盘突出症、神经痛、慢性支气管炎、跌打损伤。花味辛，性温，有大毒，具有镇痛、杀虫的功效，可用于治疗疥癣、龋齿痛。果味苦，性温，有大毒，外用可治疗跌打损伤、风湿骨痛。

分布： 罗城。

马银花 *Rhododendron ovatum* (Lindl.) Planch. ex Maxim.

药用部位及功效： 根味苦，性平，有毒，具有清热利湿、止咳的功效，可用于治疗湿热带下、阴部瘙痒、下黄浊水、咳嗽，水煎外洗可治疗疥疮毒。

分布： 天峨、环江。

乌饭树科 Vacciniaceae

越橘属 *Vaccinium*

南烛 *Vaccinium bracteatum* Thunb.

药用部位及功效： 根、叶味辛、微苦，性温，有毒。根具有散瘀、消肿、止痛的功效，可用于治疗牙痛、手足跌伤红肿。叶具有益精气、强筋骨、明目、止泻的功效。果具有益肾固精、强筋明目的功效，可用于治疗久泻梦遗、久痢久泻、赤白带下。

分布： 环江。

石生越桔 *Vaccinium saxicola* Chun ex Sleum.

药用部位及功效： 枝、叶味苦、辛，性凉，具有通经散瘀的功效，可用于治疗跌打损伤、闪腰挫气。

分布： 环江。

刺毛越桔 *Vaccinium trichocladum* Merr. et F. P. Metcalf

药用部位及功效： 果具有消食化积的功效。

分布：罗城。

水晶兰科 Monotropaceae

水晶兰属 *Monotropa*

水晶兰 *Monotropa uniflora* L.

药用部位及功效：全株味微咸，性平，具有补虚止咳的功效，可用于治疗虚咳，北美洲将其用作强壮剂、镇静剂、解痉剂、健神经剂。根具有补虚强身的功效，可用于治疗虚咳。

分布：天峨、环江。

柿科 Ebenaceae

柿属 *Diospyros*

乌材 *Diospyros eriantha* Champ. ex Benth.

药用部位及功效：根皮、果可用于治疗风湿病、疝气、心气痛。叶味微苦、涩、辛，性平，我国台湾用其外敷治疗创伤。

分布：环江。

柿 *Diospyros kaki* Thunb. var. *kaki*

药用部位及功效：马来西亚将全株用作解毒剂治疗蛇咬虫螫。根味苦、涩，性凉，具有凉血止血的功效，可用于治疗血崩、血痢、便血。树皮可用于治疗便血、烫伤。叶具有降压、止血的功效，可用于治疗高血压、咳喘、肺气肿、各种内出血。花外用可治疗痘疮破烂。果具有清热、润肺、止渴的功效，可用于治疗热渴、咳嗽咽痛、声音嘶哑、吐血口疮。宿存花萼具有降逆下气等功效。

分布：南丹、天峨、东兰、罗城、环江。

野柿 *Diospyros kaki* Thunb. var. *silvestris* Makino

药用部位及功效：果味苦、涩，性平。根、叶、宿存花萼（柿蒂）具有开窍辟恶、行气活血、祛痰、清热凉血、润肠的功效，可用于治疗吐血、痔疮出血、呃逆。果具有润肺止咳、生津、润肠的功效，可用于治疗肺燥咳嗽、咽干、咽痛。柿漆（未成熟果加工形成的胶状液体）可用于治疗高血压。柿霜可用于治疗咽痛、咳嗽。

分布：环江、巴马。

罗浮柿 *Diospyros morrisiana* Hance

药用部位及功效：树皮、叶、果味苦、涩，性凉，具有清热解毒、收敛、消炎、健胃的功效，可用于治疗食物中毒、泄泻、痢疾，外用可治疗烧烫伤。

分布：金城江、宜州、南丹、天峨、凤山、东兰、罗城、环江、巴马、都安、大化。

油柿 *Diospyros oleifera* Cheng

药用部位及功效：根可用于治疗吐血、痔疮出血。果具有清热、润肺的功效，可用于治疗肺燥咳嗽。宿存花萼（柿蒂）可用于治疗呃逆。柿霜可用于治疗咳嗽、咽痛。

分布：罗城、环江。

石山柿 *Diospyros saxatilis* S. Lee

药用部位及功效：叶具有清热、解毒、健脾胃的功效，可用于治疗小儿营养不良、泄泻、小儿消化不良、疔疮、烧烫伤。

分布：罗城、环江、都安。

紫金牛科 Myrsinaceae

紫金牛属 *Ardisia*

罗伞树 *Ardisia affinis* Hemsl.

药用部位及功效：根、叶味苦、辛，性平，具有清咽消肿、散瘀止痛的功效，可用于治疗咽喉肿痛、风湿关节肿痛、跌打损伤、疖肿。

分布：南丹、罗城、环江。

少年红 *Ardisia alyxiifolia* Tsiang ex C. Chen

药用部位及功效：全株具有止咳平喘、化瘀消肿的功效，可用于治疗喘咳、气逆、痰证、跌打损伤、瘀血肿痛。

分布：罗城。

九管血 *Ardisia brevicaulis* Diels

药用部位及功效：全株味苦、微辛，性寒。全株、根具有祛风清热、散瘀消肿的功效，可用于治疗咽喉肿痛、风火牙痛、风湿筋骨痛、腰痛、跌打损伤、无名肿毒。

分布：罗城、环江。

小紫金牛 *Ardisia chinensis* Benth.

药用部位及功效：全株味辛、微苦，性平，具有活血散瘀、止血止痛的功效，可用于治疗肺结核、咳嗽痰喘、咯血、跌打损伤、闭经、痛经、睾丸炎、小便淋痛、黄疸。

分布：环江。

朱砂根 *Ardisia crenata* Sims

药用部位及功效：根味苦、辛，性凉，具有清热解毒、祛风止痛的功效，可用于治疗上呼吸道感染、扁桃体炎、咽痛、白喉、丹毒、淋巴结炎、劳伤吐血、心胃气痛、风湿骨痛、跌打损伤。

分布：金城江、宜州、南丹、天峨、凤山、东兰、罗城、环江、巴马、都安、大化。

百两金 *Ardisia crispa* (Thunb.) A. DC.

药用部位及功效：根、根茎味苦、辛，性凉，具有清热、祛痰、祛风、利湿、活血、止痛的功效，可用于治疗咽喉肿痛、肺热咳嗽、咳痰不畅、湿热型黄疸、水肿、痢疾、白浊、风湿骨痛、子痈。

分布：天峨、凤山、罗城、环江。

剑叶紫金牛 *Ardisia ensifolia* E. Walker

药用部位及功效：全株具有镇咳祛瘀、活血、利尿、解毒的功效。根、叶味苦，性寒，可用于治疗扁桃体炎、跌打损伤。

分布：宜州、凤山、罗城、环江、巴马、都安。

月月红 *Ardisia faberi* Hemsl.

药用部位及功效：全株味苦、辛，性寒，具有清热解毒、祛痰利湿、活血止血的功效，可用于治疗感冒、咳嗽、肺结核咳嗽、血崩、扁桃体炎、产后心悸、风湿麻木、疮疡。

分布：凤山、环江。

灰色紫金牛 *Ardisia fordii* Hemsl.

药用部位及功效：全株可用于治疗跌打损伤、风湿骨痛。

分布：金城江、凤山、罗城。

走马胎 *Ardisia gigantifolia* Stapf

药用部位及功效：全株、根味苦、微辛，性温，具有祛风活络、消肿止痛、止血生肌的功效，可用于治疗风湿性关节炎、风湿骨痛、半身不遂、产后风瘫、产后血瘀腹痛、小儿麻痹后遗症、月经不调、崩漏、跌打损伤、疖肿、下肢溃疡、痈疮溃烂。

分布：罗城、环江。

郎伞树 *Ardisia hanceana* Mez

药用部位及功效：根、叶味辛、苦，性平，可用于治疗跌打损伤、风湿痹痛、闭经。

分布：罗城、环江、巴马、都安。

紫金牛 *Ardisia japonica* (Thunb.) Blume

药用部位及功效：全株味辛、微苦、涩，性平，具有清热解毒、止咳化痰、平喘、止血消肿的功效，可用于治疗肺结核、支气管炎、小儿肺炎、咳嗽、咯血、黄疸性肝炎、慢性肝炎、尿路感染、闭经、跌打损伤。

分布：凤山、罗城。

心叶紫金牛 *Ardisia maclurei* Merr.

药用部位及功效：全株味苦，性凉，具有止血、清热解毒的功效，可用于治疗吐血、便血、疮疖。

分布：金城江、凤山、环江。

虎舌红 *Ardisia mamillata* Hance

药用部位及功效：全株味苦、辛，性凉，具有清热利湿、活血化瘀的功效，可用于治疗痢疾、肝炎、胆囊炎、风湿痛、跌打损伤、咯血、吐血、痛经、血崩、小儿疳积、疮疖痈肿。

分布：天峨、凤山、罗城、环江、都安。

纽子果 *Ardisia polysticta* Migo

药用部位及功效：根可用于治疗风湿痹痛、骨折。

分布：罗城。

莲座紫金牛 *Ardisia primulifolia* Gardner et Champ.

药用部位及功效：全株味微苦、辛，性凉，具有补血、止咳、通络的功效，可用于治疗劳伤咳嗽、风湿痛、跌打损伤、疮疖、毛虫刺伤。根具有散瘀止血、祛风解毒的功效。

分布：南丹、凤山、东兰、罗城、环江。

九节龙 *Ardisia pusilla* A. DC.

药用部位及功效：全株味苦、辛，性温，具有清热解毒、活血通络、消肿止痛的功效，可用于治疗跌打损伤、风湿筋骨痛、腰痛、月经不调。

分布：罗城、环江。

海南罗伞树 *Ardisia quinquegona* Blume

药用部位及功效：根、叶味苦、辛，性平，具有清咽消肿、散瘀止痛的功效，可用于治疗咽喉肿痛、风湿关节肿痛、跌打损伤、疖肿。

分布：环江。

雪下红 *Ardisia villosa* Roxb.

药用部位及功效：全株味苦、辛，性平，具有祛风除湿、散瘀消肿、活血止痛的功效，可用于治疗风湿痛、跌打肿痛、咳嗽、咯血、吐血、寒气腹痛、痢疾、痈疮。

分布：环江。

酸藤子属 *Embelia*

当归藤 *Embelia parviflora* Wall. ex A. DC.

药用部位及功效：根、茎味苦、涩，性温，具有活血散瘀、通经活络、除湿补血、调经、补肾强腰的功效，可用于治疗月经不调、闭经、不孕症、贫血、腰腿痛、跌打损伤、骨折、慢性肠炎。

分布：罗城、环江。

疏花酸藤子 *Embelia pauciflora* Diels

药用部位及功效：根味辛、微苦，性凉，具有祛痰、解毒、行血消肿的功效，可用于治疗扁桃体炎、炭疽、红丝疔、扁桃体炎。

分布：环江。

厚叶白花酸藤果 *Embelia ribes* Burm. f. subsp. *pachyphylla* (Chun ex C. Y. Wu et C. Chen) Pipoly et C. Chen

药用部位及功效：根、茎可用于治疗跌打损伤、风湿痹痛、月经不调、闭经、痢疾、急性肠胃炎、腹泻、外伤出血、毒蛇咬伤。

分布：罗城、环江。

白花酸藤子 *Embelia ribes* Burm. f.

药用部位及功效：根、茎味甘、辛，性平。根具有祛风止痛、消炎止泻的功效，可用于治疗小儿头疮、跌打损伤、泄泻、急性胃肠炎、闭经、刀枪伤、外伤出血。叶可用于治疗外伤。

分布：金城江、宜州、南丹、天峨、凤山、东兰、罗城、环江、巴马、都安、大化。

瘤皮孔酸藤子 *Embelia scandens* (Lour.) Mez

药用部位及功效：根、叶味酸，性平，具有舒筋活络、敛肺止咳的功效，可用于治疗风湿痹痛、肺结核、风湿病、小儿疳积。鲜叶可用于灭虱。

分布：凤山、东兰、罗城、环江、都安。

平叶酸藤子 *Embelia undulata* (Wall.) Mez

药用部位及功效：全株味酸、涩，性平，具有利湿、散瘀的功效，可用于治疗水肿、泄泻、跌打瘀肿。

分布：环江。

密齿酸藤子 *Embelia vestita* Roxb.

药用部位及功效：果味苦，性平，具有杀虫、消积的功效，可用于治疗虫积腹痛、蛔虫病、绦虫病。

分布：金城江、宜州、南丹、天峨、凤山、东兰、罗城、环江、巴马、都安、大化。

杜茎山属 ***Maesa***

杜茎山 *Maesa japonica* (Thunb.) Moritzi et Zoll.

药用部位及功效：根、叶味苦，性寒，具有清热解毒、祛风止痛、消肿利尿的功效，可用于治疗感冒头痛、眼目眩晕、烦渴心躁、水肿（黄肿）、腹水、腰痛、皮肤风毒。根还可用于治疗白带崩漏。茎、叶外用可治疗跌打损伤、外伤出血。

分布：金城江、宜州、南丹、天峨、凤山、东兰、罗城、环江、巴马、都安、大化。

金珠柳 *Maesa montana* A. DC.

药用部位及功效：根、叶味苦，性寒，具有清热解毒、止渴、消炎、止泻、祛风除湿、活血化瘀的功效，可用于治疗痢疾、腹泻、风湿麻木、筋骨疼痛。

分布：罗城、环江。

鲫鱼胆 *Maesa perlarius* (Lour.) Merr.

药用部位及功效：全株味苦，性平，具有活血化瘀、接骨、消肿、去腐生肌的功效，可用于治疗跌打损伤、筋扭骨折、刀伤、痈疽疔疮。

分布：罗城、环江。

铁仔属 ***Myrsine***

广西密花树 *Myrsine kwangsiensis* (E. Walker) Pipoly et C. Chen

药用部位及功效：根、叶可用于治疗跌打损伤。

分布：金城江、天峨、凤山、东兰、环江、都安。

打铁树 *Myrsine linearis* (Lour.) Poir.

药用部位及功效：叶可用于治疗疮疡肿毒。

分布：环江。

密花树 *Myrsine seguinii* H. Lév.

药用部位及功效：根皮、叶味淡，性寒，具有清热利湿、凉血解毒的功效，可用于治疗乳痈、疮痈、膀胱结石、湿疹。

分布：金城江、宜州、南丹、天峨、凤山、东兰、罗城、环江、巴马、都安、大化。

针齿铁仔 *Myrsine semiserrata* Wall.

药用部位及功效：全株具有行气活血的功效。根可用于治疗小儿遗尿。果味苦、酸，性平，具有杀虫驱虫、助消化的功效，可用于驱绦虫，治疗由绦虫引起的腹痛、大便带血、面黄肌瘦、头晕、肾病浮肿、皮肤瘙痒、皮肤病。

分布：环江。

安息香科 Styracaceae

赤杨叶属 *Alniphyllum*

赤杨叶 *Alniphyllum fortunei* (Hemsl.) Makino

药用部位及功效：根味辛，性微温。根、心材具有理气和胃、祛风除湿、利尿消肿的功效，可用于治疗风湿性关节炎、水肿。枝、叶外用可治疗水肿。

分布：金城江、宜州、南丹、天峨、凤山、东兰、罗城、环江、巴马、都安、大化。

陀螺果属 *Melliodendron*

陀螺果 *Melliodendron xylocarpum* Hand.-Mazz.

药用部位及功效：根、叶具有清热、杀虫的功效。

分布：金城江、宜州、南丹、天峨、凤山、东兰、罗城、环江、巴马、都安、大化。

安息香属 *Styrax*

赛山梅 *Styrax confusus* Hemsl.

药用部位及功效：全株具有止泻、止痒的功效。根可用于治疗胃脘痛。枝、叶味辛，性温。叶可用于治疗外伤出血、风湿痹痛、跌打损伤。果具有清热解毒、消痈散结的功效，可用于治疗感冒发热。

分布：金城江、宜州、南丹、天峨、凤山、东兰、罗城、环江、巴马、都安、大化。

白花龙 *Styrax faberi* Perkins

药用部位及功效：根、叶具有止血、生肌、消肿的功效，可用于治疗胃脘痛。

分布：罗城。

野茉莉 *Styrax japonicus* Sieb. et Zucc.

药用部位及功效：叶、花、果味辛，性温。叶、果、虫瘿具有祛风除湿的功效，可用于治疗风湿性关节炎、瘫痪。花具有清热解毒的功效，可用于治疗咽痛、牙痛。

分布：环江。

栓叶安息香 *Styrax suberifolius* Hook. et Arn.

药用部位及功效：根、树皮、叶味辛，性微温。根、叶具有祛风除湿、理气止痛的功效，可用于治疗胃气痛，外用可治疗风湿关节肿痛。

分布：环江。

山矾科 Symplocaceae

山矾属 *Symplocos*

越南山矾 *Symplocos cochinchinensis* (Lour.) S. Moore

药用部位及功效：根具有化痰止咳的功效，可用于治疗咳嗽。花蕾具有清热疏肝、解郁的功效。

分布：凤山、东兰、环江。

光叶山矾 *Symplocos lancifolia* Sieb. et Zucc.

药用部位及功效：全株具有和肝健脾、止血生肌的功效，可用于治疗外伤出血、吐血、咯血、结膜炎。根、叶味甘，性平。根可用于治疗跌打损伤。

分布： 宜州、东兰、罗城、环江。

白檀 *Symplocos paniculata* (Thunb.) Miq.

药用部位及功效： 根、叶具有清热解毒、调气散结、祛风止痒的功效，可用于治疗乳腺炎、淋巴腺炎、肠痈、疮疖、疝气、荨麻疹、皮肤瘙痒。

分布： 金城江、宜州、南丹、天峨、凤山、东兰、罗城、环江、巴马、都安、大化。

马钱科 Loganiaceae

醉鱼草属 *Buddleja*

巴东醉鱼草 *Buddleja albiflora* Hemsl.

药用部位及功效： 全株具有祛瘀、杀虫的功效。花蕾具有止咳化痰的功效，可用于治疗眼病。

分布： 环江、巴马。

白背枫 *Buddleja asiatica* Lour.

药用部位及功效： 全株味辛、苦，性温，有小毒，具有祛风化湿、通络、杀虫的功效，可用于治疗风寒发热、风湿性关节炎、头身疼痛、脾湿腹胀、痢疾、丹毒、跌打损伤、虫积腹痛。根、叶具有祛风消肿、散瘀、止咳、化湿、杀虫、解毒的功效，可用于治疗感冒发热、疮疖、骨折、跌打损伤、风湿痹痛。花可用于治疗面目浮肿、腹水、咳嗽、哮喘。果可用于治疗小儿蛔虫病、疳积。

分布： 金城江、宜州、南丹、天峨、凤山、东兰、罗城、环江、巴马、都安、大化。

醉鱼草 *Buddleja lindleyana* Fortune

药用部位及功效： 全株味微辛、苦，性温，有小毒，具有祛风解毒、散瘀、杀虫的功效，可用于治疗腮腺炎、瘰疬、痈肿、蛔虫病、钩虫病、风湿性关节炎。花具有祛痰、截疟、解毒的功效，可用于治疗痰饮喘促、疟疾、小儿疳积、烧烫伤。

分布： 金城江、宜州、南丹、天峨、凤山、东兰、罗城、环江、巴马、都安、大化。

密蒙花 *Buddleja officinalis* Maxim.

药用部位及功效： 根、叶、花序、花蕾味甘，性寒，有小毒。根具有清热解毒、除湿利胆的功效，可用于治疗黄疸性肝炎、水肿。叶具有祛腐生肌的功效，可用于治疗痈疮溃烂。花序、花蕾具有清热养肝、明目退翳的功效，可用于治疗目赤肿痛、多泪羞明、眼生翳膜、肝虚目暗、视物昏花。

分布： 金城江、宜州、南丹、天峨、凤山、东兰、罗城、环江、巴马、都安、大化。

钩吻属 *Gelsemium*

钩吻 *Gelsemium elegans* (Gardn. et Champ.) Benth.

药用部位及功效： 全株味苦、辛，性温，有剧毒。根、根皮具有祛风、解毒、消肿、止痛、接骨、杀蛆虫、抗肿瘤的功效，可用于治疗疔疮肿毒、跌打损伤、骨折、痔疮、疥癞、湿疹、瘰疬、风湿痹痛、神经痛。

分布： 金城江、宜州、南丹、天峨、凤山、东兰、罗城、环江、巴马、都安、大化。

木犀科 Oleaceae

梣属 *Fraxinus*

白蜡树 *Fraxinus chinensis* Roxb.

药用部位及功效：树皮、叶味辛，性微温。树皮具有清热燥湿、收敛、明目的功效，可用于治疗湿热泄泻、带下病、目生翳膜。叶具有调经、止血、生肌、收敛的功效，可用于治疗烫伤。花具有止咳、定喘的功效，可用于治疗咳嗽、哮喘。果可用于治疗头痛。

分布：南丹、天峨、环江。

苦枥木 *Fraxinus insularis* Hemsl.

药用部位及功效：树皮具有清热燥湿、消炎镇痛的功效。

分布：环江。

素馨属 *Jasminum*

白萼素馨 *Jasminum albicalyx* Kobuski.

药用部位及功效：全株、叶具有生肌的功效，可用于治疗跌打损伤。根具有驱虫的功效，可用于治疗蛔虫病。

分布：宜州、天峨、罗城、环江。

扭肚藤 *Jasminum elongatum* (Bergius) Willd.

药用部位及功效：全株味微苦，性凉。茎、叶具有清热解毒、利湿消滞的功效，可用于治疗急性胃肠炎、痢疾、消化不良、急性结膜炎、急性扁桃体炎。花具有通便的功效，可用于治疗腹胀。

分布：金城江、宜州、南丹、天峨、凤山、东兰、罗城、环江、巴马、都安、大化。

清香藤 *Jasminum lanceolaria* Roxb.

药用部位及功效：根茎、枝具有祛风除湿、活血散瘀、止痛的功效，可用于治疗风湿痹痛、腰腿痛、关节疼痛、跌打损伤、骨折、痈疽疮毒、毒蛇咬伤。叶可用于治疗目赤肿痛。

分布：金城江、南丹、天峨、凤山、东兰、罗城、环江、都安、大化。

青藤仔 *Jasminum nervosum* Lour.

药用部位及功效：全株味微苦，性凉，具有清湿热、拔脓生肌、排脓消肿、接骨的功效，可用于治疗痢疾、疟疾、劳伤腰痛、疮疡溃烂、梅毒、跌打损伤。

分布：金城江、罗城、环江。

迎春花 *Jasminum nudiflorum* Lindl.

药用部位及功效：叶具有活血解毒、消肿止痛的功效，可用于治疗肿毒恶疮、跌打损伤、外伤出血。花具有发汗、解热、利尿的功效，可用于治疗发热头痛、小便涩痛。仫佬族用其治疗发热头痛、小便热痛、痈疮湿疹。

分布：南丹、天峨、罗城。

厚叶素馨 *Jasminum pentaneurum* Hand.-Mazz.

药用部位及功效：全株具有祛瘀解毒的功效，可用于治疗跌打损伤、咽痛、口疮、痈疮、毒蛇咬伤。

分布：金城江、罗城。

茉莉花 *Jasminum sambac* (L.) Aiton

药用部位及功效： 根、叶、花具有理气和中、开郁辟秽的功效，可用于治疗下痢腹痛、目赤肿痛、疮疡肿毒。

分布： 金城江、宜州、南丹、天峨、凤山、东兰、罗城、环江、巴马、都安、大化。

亮叶素馨 *Jasminum seguinii* H. Lév.

药用部位及功效： 根味涩，性凉。根、叶具有舒筋活血、止痛、止血、健胃强壮的功效，可用于治疗跌打损伤、外伤出血、骨折、疮疖。花具有清热解表、祛风散寒、利湿的功效，可用于治疗风寒感冒、发热、目赤肿痛。

分布： 金城江、环江。

华素馨 *Jasminum sinense* Hemsl.

药用部位及功效： 全株具有消炎、止痛、活血、接骨的功效，可用于治疗外伤出血、烧烫伤。花具有清热解毒、消炎的功效，可用于治疗疮疖。

分布： 金城江、环江。

女贞属 ***Ligustrum***

女贞 *Ligustrum lucidum* W. T. Aiton

药用部位及功效： 根、树皮、叶、果味甘、苦，性凉。根具有止咳、祛风除湿的功效。树皮外用可治疗烫伤。叶可作解热镇痛消炎剂，用于治疗口腔炎、结膜炎、烫伤。果具有滋补肝肾、增强腰膝、强壮、明耳目、乌发的功效，可用于治疗虚损眩晕耳鸣、腰膝酸软、须发早白、目暗不明、瘰疬、肺结核潮热、水肿、腹水。

分布： 南丹、东兰、罗城、环江。

光萼小蜡 *Ligustrum sinense* Lour. var. *myrianthum* (Diels) Hoefker

药用部位及功效： 树皮、叶味苦，性凉。枝、叶具有清热解毒、消炎泻火、清肺利咽、止痛的功效，可用于治疗咽痛、口腔溃疡、口唇糜烂、疮疖、跌打损伤、荨麻疹、龋齿痛。

分布： 罗城、环江。

小蜡 *Ligustrum sinense* Lour. var. *sinense*

药用部位及功效： 根、叶味苦，性寒。树皮具有清热降火的功效，可用于治疗吐血、牙痛、口疮、咽炎、黄水疮。叶具有清热解毒、抑菌杀菌、消肿止痛、祛腐生肌的功效，可用于治疗急性传染性黄疸性肝炎、痢疾、肺热咳嗽，外用可治疗跌打损伤、创伤感染、烧烫伤、疮疡肿毒。

分布： 罗城、环江、巴马。

夹竹桃科 Apocynaceae

香花藤属 ***Aganosma***

广西香花藤 *Aganosma siamensis* Craib

药用部位及功效： 全株可用于治疗水肿。

分布： 天峨、凤山、环江。

鸡骨常山属 *Alstonia*

糖胶树 *Alstonia scholaris* (L.) R. Br.

药用部位及功效：根、叶味苦，性寒，有小毒。根皮可用于治疗急慢性肝炎、风湿骨痛。叶可用于治疗感冒发热、支气管炎、扁桃体炎、肺炎、百日咳、跌打肿痛、骨折、疮疡肿毒。

分布：天峨、凤山。

链珠藤属 *Alyxia*

筋藤 *Alyxia levinei* Merr.

药用部位及功效：全株味辛、微苦，性温，具有活血通络、祛风利湿、消肿止痛、祛瘀生新的功效，可用于治疗风湿痹痛、小儿疳积、抽筋、腰痛、胃痛、疮疖。

分布：南丹、环江。

清明花属 *Beaumontia*

清明花 *Beaumontia grandiflora* Wall.

药用部位及功效：根、叶味辛，性温，具有祛风除湿、散瘀活血、接骨的功效，可用于治疗风湿关节肿痛、腰腿痛、跌打损伤、腰肌劳损、骨折。

分布：罗城、环江。

长春花属 *Catharanthus*

长春花 *Catharanthus roseus* (L.) G. Don

药用部位及功效：全株味微苦，性寒，有毒，具有清热解毒、清肝、降火、镇静安神、凉血、抗癌、降血压的功效，可用于治疗急性淋巴细胞白血病、何杰金氏病、淋巴肉瘤、肺癌、绒毛膜上皮癌、子宫癌、巨滤泡性淋巴瘤、高血压、烫伤。叶具有凉血的功效，可用于治疗糖尿病、高血压。

分布：金城江、宜州、南丹、天峨、凤山、东兰、罗城、环江、巴马、都安、大化。

山橙属 *Melodious*

尖山橙 *Melodinus fusiformis* Champ. ex Benth.

药用部位及功效：全株具有活血、祛风、补肺、通乳的功效，可用于治疗风湿痹痛、风湿性心脏病、跌打损伤。果味苦，性凉，具有行气止痛的功效。

分布：南丹、罗城、环江。

夹竹桃属 *Nerium*

夹竹桃 *Nerium oleander* L.

药用部位及功效：全株具有强心、利尿、发汗、祛痰、散瘀、止痛、解毒、杀蝇的功效，可用于治疗哮喘、癫痫、心力衰竭。树皮、叶味辛、苦、涩，性温，有大毒。叶具有强心利尿、祛痰杀虫的功效，可用于治疗心力衰竭、癫痫，外用可杀蝇及治疗甲沟炎、斑秃。

分布：金城江、宜州、南丹、天峨、凤山、东兰、罗城、环江、巴马、都安、大化。

鸡蛋花属 *Plumeria*

鸡蛋花 *Plumeria rubra* L.

药用部位及功效：树皮可用于治疗痢疾、感冒发热、哮喘。花味甘，性凉，具有清热解毒、解暑、利湿、润肺止咳的功效，可用于预防中暑及治疗肝炎、消化不良、咳嗽痰喘、小儿疳积、细菌性痢疾、感冒发热、肺热咳嗽、支气管炎、贫血。

分布：金城江、宜州、南丹、天峨、凤山、东兰、罗城、环江、巴马、都安、大化。

萝芙木属 *Rauvolfia*

萝芙木 *Rauvolfia verticillata* (Lour.) Baill.

药用部位及功效：根、茎、叶味苦，性凉，有小毒。根具有镇静降压、活血止痛、清热解毒的功效，可用于治疗高血压、头痛、眩晕、失眠、高热不退、感冒发热、咽喉肿痛、胆囊炎、黄疸、吐泻、跌打损伤、毒蛇咬伤、风痒、疥疮。茎、叶具有祛风、降压、行瘀、清热解毒的功效，可用于治疗感冒、咽喉肿痛、眩晕头痛、高血压、痈肿疮疖、跌打损伤。

分布：金城江、宜州、南丹、天峨、凤山、东兰、罗城、环江、巴马、都安、大化。

羊角拗属 *Strophanthus*

羊角拗 *Strophanthus divaricatus* (Lour.) Hook. et Arn.

药用部位及功效：全株味苦，性寒，有剧毒，具有强心、消肿、止痛、止痒、杀虫的功效。叶可用于治疗跌打肿痛、风湿骨痛、小儿麻痹后遗症、骨折。果可用于治疗疥癣。种子可用于治疗风湿痹痛、小儿麻痹后遗症、跌打损伤、痈肿、疥癣。

分布：金城江、罗城。

络石属 *Trachelospermum*

短柱络石 *Trachelospermum brevistylum* Hand.-Mazz.

药用部位及功效：茎可用于治疗风湿痹痛。

分布：罗城。

绣毛络石 *Trachelospermum dunnii* (H. Lév.) H. Lév.

药用部位及功效：叶芽具有活血散瘀的功效，外用可治疗跌打损伤。

分布：南丹、天峨、罗城、环江。

络石 *Trachelospermum jasminoides* (Lindl.) Lem.

药用部位及功效：带叶藤茎味苦，性微寒，有毒。茎、叶具有祛风、通络、止血、消瘀的功效，可用于治疗风湿痹痛、筋脉拘挛、痈肿、喉痹、吐血、跌打损伤、产后恶露不行。果可用于治疗筋骨痛。

分布：金城江、宜州、南丹、天峨、凤山、东兰、罗城、环江、巴马、都安、大化。

水壶藤属 *Urceola*

毛杜仲藤 *Urceola huaitingii* (Chun et Tsiang) D. J. Middleton

药用部位及功效：根、茎味苦、微辛，性平，有小毒，具有祛风活络、强筋壮骨的功效，可用于治疗风湿痹痛、腰肌劳损、腰腿痛、跌打损伤、外伤出血。

分布：凤山、罗城、环江。

酸叶胶藤 *Urceola rosea* (Hook. et Arn.) D. J. Middleton

药用部位及功效：全株味酸、微涩，性凉，具有利尿消肿、止痛的功效，可用于治疗咽喉肿痛、慢性肾炎、肠炎、风湿骨痛、跌打瘀肿。

分布：南丹、天峨、罗城、环江。

倒吊笔属 *Wrightia*

个溥 *Wrightia sikkimensis* Gamble

药用部位及功效：全株具有祛风活络、化瘀散结的功效，可用于治疗风湿病、荨麻疹、湿疹、腮腺炎、疮痈。叶具有止血的功效。

分布：南丹、天峨、罗城、环江。

萝藦科 Asclepiadaceae

乳突果属 *Adelostemma*

乳突果 *Adelostemma gracillimum* (Wall. ex Wight) Hook. f.

药用部位及功效：根具有消食健胃、理气止痛的功效，可用于治疗食积饱胀、胸腹胀痛、胃脘疼痛、消化不良。果外用可治疗疮疖、毒蛇咬伤。

分布：南丹、天峨、东兰、罗城、环江。

马利筋属 *Asclepias*

马利筋 *Asclepias curassavica* L.

药用部位及功效：全株味苦，性寒，有毒，具有解毒消肿、散瘀止血的功效，可用于治疗乳腺炎、疮疖痈肿、湿疹、顽癣、骨折、跌打肿痛、外伤出血。

分布：凤山、罗城、都安。

吊灯花属 *Ceropegia*

长叶吊灯花 *Ceropegia dolichophylla* Schltr.

药用部位及功效：根味辛、微苦，性温，具有祛风除湿、补虚的功效，可用于治疗劳伤虚弱、脚气病。

分布：环江。

吊灯花 *Ceropegia trichantha* Hemsl.

药用部位及功效：全株味酸，性平，可用于治疗骨折、跌打损伤、癞癣、疮疖。

分布：环江。

白叶藤属 *Cryptolepis*

白叶藤 *Cryptolepis sinensis* (Lour.) Merr.

药用部位及功效：全株味甘、淡，性凉，有小毒，具有清热解毒、散瘀止痛、凉血止血的功效，可用于治疗肺结核咯血、肺热咳嗽、胃出血、蛇虫咬伤、疮毒溃疡、疥疮、跌打损伤、刀伤出血。

分布：环江。

鹅绒藤属 *Cynanchum*

刺瓜 *Cynanchum corymbosum* Wight

药用部位及功效：全株味甘、淡，性平，有小毒，具有益气、催乳、解毒的功效，可用于治疗乳汁不足、肾虚水肿、慢性肾炎、神经衰弱、肺结核、尿血、闭经。

分布：天峨、罗城、环江。

青羊参 *Cynanchum otophyllum* C. K. Schneid.

药用部位及功效：根味甘、辛，性温，有小毒，具有补肾、解毒、镇惊、祛风除湿的功效，可用于治疗肾虚腰痛、腹痛、头晕、耳鸣、心慌、癫病、风湿骨痛、荨麻疹、瘾疹、慢性迁延性肝炎、蛇犬咬伤。

分布：罗城、环江。

眼树莲属 *Dischidia*

尖叶眼树莲 *Dischidia australis* Tsiang et P. T. Li

药用部位及功效：全株具有清热化痰、凉血解毒的功效，可用于治疗肺热咯血、肺结核咳嗽、顿咳、小儿疳积、痢疾、疔肿疖疮、哮喘、咳嗽、湿疹、疥疮、关节炎。

分布：罗城。

滴锡眼树莲 *Dischidia tonkinensis* Costantin

药用部位及功效：全株味甘、微酸，性寒，具有清肺化痰、凉血解毒的功效，可用于治疗肺燥咯血、小儿疳积、跌打肿痛、疔疮肿毒、毒蛇咬伤。

分布：金城江、罗城、环江。

纤冠藤属 *Gongronema*

纤冠藤 *Gongronema napalense* (Wall.) Decne.

药用部位及功效：全株具有祛风活血的功效，可用于治疗腰肌劳损、关节疼痛。

分布：罗城、都安。

匙羹藤属 *Gymnema*

匙羹藤 *Gymnema sylvestre* (Retz.) Schult.

药用部位及功效：根、嫩枝、叶味微苦，性凉，有毒，具有清热解毒、消肿止痛、祛风除湿的功效，可用于治疗感冒发热、咳嗽、咽痛、胆囊炎、肝区痛、尿血、风湿关节肿痛、高血糖症，外用可治疗痈疖肿痛、跌打肿痛、骨折。

分布：东兰、罗城。

醉魂藤属 *Heterostemma*

催乳藤 *Heterostemma oblongifolium* Costantin

药用部位及功效：全株味微苦、甘，性平，具有催乳的功效，可用于治疗乳汁不下、乳房胀痛、胸胁不舒、嗳气。

分布：环江。

广西醉魂藤 *Heterostemma tsoongii* Tsiang

药用部位及功效：全株可用于治疗胎毒、风湿骨痛。

分布：罗城。

球兰属 *Hoya*

球兰 *Hoya carnosa* (L. f.) R. Br.

药用部位及功效：全株味苦，性平，有毒，具有清热解毒、祛风利湿、消肿止痛的功效，可用于治疗肺炎、支气管炎、睾丸炎、流行性乙型脑炎、风湿性关节炎、小便不利，外用可治疗痈肿疮疡。

分布：罗城。

黄花球兰 *Hoya fusca* Wall.

药用部位及功效：全株可用于治疗风湿病、跌打损伤、骨折、外伤出血。

分布：凤山、罗城、环江。

荷秋藤 *Hoya griffithii* Hook. f.

药用部位及功效：茎、叶味苦、辛，性凉，具有祛风除湿、活血祛瘀、消肿、接骨的功效，可用于治疗跌打损伤、刀伤。

分布：天峨、环江。

毛球兰 *Hoya villosa* Costantin

药用部位及功效：全株味苦，性寒，具有舒筋活络、祛风除湿的功效，可用于治疗跌打损伤。

分布：天峨、罗城、环江。

牛奶菜属 *Marsdenia*

通光藤 *Marsdenia tenacissima* (Roxb.) Moon

药用部位及功效：藤茎、叶味苦，性寒，有毒。藤茎具有宣肺止咳、平喘、清热解毒、消炎、散结止痛、祛痰、抑制癌细胞的功效，可用于治疗咽痛、慢性支气管炎、支气管哮喘、咳嗽痰喘、乳汁不通、小便不利、癌肿。叶外用可治疗痈疮疖疡。

分布：环江。

蓝叶藤 *Marsdenia tinctoria* R. Br.

药用部位及功效：全株具有滋补的功效，可用于治疗体弱。茎、果味辛、苦，性温。茎、茎皮可用于治疗风湿骨痛、肝肿大。果具有疏肝和胃的功效，可用于治疗肝气郁积、胃脘胀满、胃脘痛、心胃气痛、食少纳呆、嗳气吞酸、苔薄脉弦。

分布：南丹、天峨、罗城、环江。

石萝藦属 *Pentasachme*

石萝藦 *Pentasachme caudatum* Wall. ex Wight

药用部位及功效：全株味苦、辛，性凉，具有清热解毒的功效，可用于治疗肝炎、急性结膜炎、感冒、气管炎、咽炎、肾炎、风湿痹痛、毒蛇咬伤。

分布：环江。

鲫鱼藤属 *Secamone*

鲫鱼藤 *Secamone elliptica* R. Br.

药用部位及功效：花、叶可用于治疗瘰疬。根可用于治疗风湿痹痛、跌打损伤、疮疡肿毒。

分布：天峨、东兰、环江。

吊山桃 *Secamone sinica* Hand.-Mazz.

药用部位及功效：叶具有壮筋骨、补精、催乳的功效。

分布：南丹、罗城、东兰。

弓果藤属 *Toxocarpus*

弓果藤 *Toxocarpus wightianus* Hook. et Arn.

药用部位及功效：全株具有行气消积、活血散瘀的功效，可用于治疗食欲不振、宿食不化、跌打损伤、无名肿毒。

分布：罗城。

娃儿藤属 *Tylophora*

通天连 *Tylophora koi* Merr.

药用部位及功效：全株具有解毒、消肿的功效，可用于治疗感冒、跌打损伤、毒蛇咬伤、疮疖痈肿。

分布：东兰、环江。

娃儿藤 *Tylophora ovata* (Lindl.) Hook. ex Steud.

药用部位及功效：根味辛，性温，有小毒。根、根茎具有行气、散瘀、止痛、化痰、止咳的功效，可用于治疗跌打伤、喘咳、风湿痛。

分布：罗城、环江。

茜草科 Rubiaceae

水团花属 *Adina*

水团花 *Adina pilulifera* (Lam.) Franch. ex Drake

药用部位及功效：全株味苦、涩，性凉。全株、花、果具有清热解毒、散瘀消肿的功效，可用于治疗感冒发热、咳嗽、流行性腮腺炎、咽喉肿痛、吐泻、水肿、痢疾，外用可治疗跌打损伤、骨折、疮疡肿痛、皮肤瘙痒、外伤出血。

分布：金城江、宜州、南丹、天峨、凤山、东兰、罗城、环江、巴马、都安、大化。

细叶水团花 *Adina rubella* Hance

药用部位及功效：全株味苦、涩，性凉，具有清热解毒、利湿、杀虫的功效，可用于治疗肠炎、痢疾、风火牙痛、黄疸性肝炎，外用可治疗湿疹、稻田性皮炎、滴虫性阴道炎、皮肤瘙痒。

分布：宜州、罗城。

鱼骨木属 *Canthium*

鱼骨木 *Canthium dicoccum* (Gaertn.) Merr.

药用部位及功效：树皮具有解热止痛的功效，可用于治疗感冒发热、头痛。

分布：南丹、天峨、罗城、环江。

大叶鱼骨木 *Canthium simile* Merr. et Chun

药用部位及功效：根味辛，性寒。全株、根、茎、叶具有接骨的功效，可用于治疗跌打损伤、骨折。树皮可用于治疗痢疾。

分布：罗城、环江。

风箱树属 *Cephalanthus*

风箱树 *Cephalanthus tetrandrus* (Roxb.) Ridsdale et Bakh. f.

药用部位及功效：根味淡，性平，具有清热化湿、散瘀止痛、祛痰止咳的功效，可用于治疗感冒发热、肺热咳嗽、咽喉肿痛、肺炎、腮腺炎、肠炎、痢疾、乳腺炎，外用可治疗疖肿、跌打损伤。叶、嫩芽味苦，性凉，具有清热解毒、拔毒止痒、消肿生肌的功效，可用于治疗急性肠炎、慢性痢疾、皮肤瘙痒、天疱疮、对口疮。花序味苦，性凉，具有清热利湿、收敛止泻的功效，可用于治疗痢疾、肠炎腹泻。

分布：罗城。

弯管花属 *Chassalia*

弯管花 *Chassalia curviflora* (Wall.) Thwaites

药用部位及功效：全株味辛、苦，性寒，具有祛风止痛、舒筋活络、解毒的功效，可用于治疗风湿痹痛、腰腿酸痛、腰肌劳损、咽痛、肺炎、跌打损伤、骨折、贫血、闭经。根、叶具有清热解毒的功效。

分布：罗城、环江。

流苏子属 *Coptosapelta*

流苏子 *Coptosapelta diffusa* (Champ. ex Benth.) Steenis

药用部位及功效：全株、地上部分具有利湿、杀虫的功效，可用于治疗疥疮、湿疹。根味辛、苦，性凉，具有杀菌的功效，可用于治疗皮炎、皮肤瘙痒。茎可用于治疗风湿痹痛、风湿关节肿痛，外用可治疗疮疖。

分布：罗城、环江。

虎刺属 *Damnacanthus*

短刺虎刺 *Damnacanthus giganteus* (Makino) Nakai

药用部位及功效：全株、叶具有清热利湿、舒筋活血、祛风止痛的功效，可用于治疗跌打损伤。根味苦、甘，性平，具有补养气血、舒筋活血、收敛止血、祛风除湿、安神止咳的功效，可用于治疗肾虚、贫血、黄疸、风湿痹痛、瘰疬、附骨疽、肺结核咳嗽、小儿疳积、肝脾肿大、月经不调、肠风便血、体弱血虚、神经衰弱、肝炎、肿瘤、跌打损伤。

分布：环江。

云桂虎刺 *Damnacanthus henryi* (H. Lév.) H. S. Lo

药用部位及功效：根、叶味辛，性温。叶具有疗伤止痛的功效，外用可治疗跌打损伤、闪挫扭伤、金疮、腰肌劳损、外伤肿痛、骨折。

分布：罗城、环江。

虎刺 *Damnacanthus indicus* C. F. Gaertn.

药用部位及功效：全株味甘、苦，性平。根具有祛风利湿、清热解毒、活血消肿、止痛的功效，可用于治疗咽喉肿痛、风湿关节肿痛、痛风、风湿痹痛、感冒咳嗽、肝炎、黄疸、肝脾肿大、肺痈、水肿、闭经、小儿疳积、跌打损伤、龋齿痛。花具有祛风除湿、舒筋止痛的功效，可用于治疗风湿痹痛、头痛、四肢拘挛。

分布：环江。

拉拉藤属 *Galium*

拉拉藤 *Galium aparine* L. var. *echinospermum* (Wallr.) Farw.

药用部位及功效：全株味苦，性凉，具有清热解毒、消肿止痛、散瘀止血、利尿通淋的功效，可用于治疗淋浊、尿血、跌打损伤、肠痈疖肿、中耳炎。

分布：金城江、宜州、南丹、天峨、凤山、东兰、罗城、环江、巴马、都安、大化。

四叶葎 *Galium bungei* Steud.

药用部位及功效：全株味甘，性平，具有清热解毒、利尿消肿、止血、消食的功效，可用于治疗痢疾、吐血、风热咳嗽、小儿疳积、小便淋痛、带下病，外用可治疗蛇头疔、痈肿、皮肤溃疡、跌打损伤、骨折。

分布：罗城、环江。

栀子属 *Gardenia*

栀子 *Gardenia jasminoides* J. Ellis var. *jasminoides*

药用部位及功效：根、叶、花、果味苦，性寒。果具有清热解毒、泻火、凉血止血、利尿散瘀的功效，可用于治疗热病高烧、心烦不眠、实火牙痛、口舌生疮、鼻出血、吐血、目赤红肿、疮疡肿毒、黄疸、痢疾、流行性脑脊髓膜炎、肾炎性水肿、尿血，外用可治疗外伤出血、扭挫伤。

分布：金城江、宜州、南丹、天峨、凤山、东兰、罗城、环江、巴马、都安、大化。

耳草属 *Hedyotis*

纤花耳草 *Hedyotis angustifolia* Cham, et Schltdl.

药用部位及功效：全株具有清热解毒、消肿止痛的功效，可用于治疗癌症、阑尾炎、痢疾、毒蛇咬伤、阑尾炎、肝炎、尿路感染、支气管炎、扁桃体炎、咽炎、跌打损伤、乳腺炎、疮痈肿毒。

分布：罗城。

耳草 *Hedyotis auricularia* L. var. *auricularia*

药用部位及功效：全株味苦，性凉，具有清热解毒、凉血消肿的功效，可用于治疗感冒发热、肺热咳嗽、咽喉肿痛、便血、痢疾、小儿疳积、小儿惊风、湿疹、皮肤瘙痒、疮痈肿毒、毒蛇咬伤、跌打损伤。

分布：环江。

金毛耳草 *Hedyotis chrysotricha* (Palib.) Merr.

药用部位及功效：全株味苦，性凉，具有清热利湿、消肿解毒、舒筋活血的功效，可用于治疗外感风热、吐泻痢疾、黄疸、急性肾炎、中耳炎、咽喉肿痛、小便淋痛、血崩，外用可治疗毒蛇或蜈蚣咬伤、跌打损伤、外伤出血、疔疮肿毒、骨折、刀伤。

分布：罗城、环江。

白花蛇舌草 *Hedyotis diffusa* Willd.

药用部位及功效：全株味甘、淡，性凉，具有清热解毒、利尿消肿、活血止痛的功效，可用于治疗阑尾炎、黄疸性肝炎、尿路感染、支气管炎、肺热咳嗽、盆腔炎、附件炎、咽炎、扁桃体炎、疖肿、跌打损伤、胃癌、肠癌、肺癌、鼻咽癌、毒蛇咬伤。

分布：罗城。

牛白藤 *Hedyotis hedyotidea* (DC.) Merr.

药用部位及功效：根、茎、叶味甘、淡，性凉，具有清热解暑、祛风除湿、消肿解毒、续筋壮骨的功效，可用于治疗中暑、感冒、咳嗽、胃肠炎、吐泻、风湿关节肿痛、痔疮出血、疮疖出血、疮疖痈肿、跌打损伤、骨折，外用可治疗皮肤湿疹、瘙痒、带状疱疹。

分布：金城江、宜州、南丹、天峨、凤山、东兰、罗城、环江、巴马、都安、大化。

长节耳草 *Hedyotis uncinella* Hook. et Arn.

药用部位及功效：全株具有祛风、散寒、除湿的功效，可用于治疗风湿关节疼痛。

分布：罗城。

龙船花属 *Ixora*

白花龙船花 *Ixora henryi* H. Lév.

药用部位及功效：根、叶、花味甘、辛，性凉。全株具有清热解毒、消肿止痛、接骨的功效，可用于治疗肝炎、痈疮肿毒、骨折。

分布：罗城、环江。

粗叶木属 *Lasianthus*

台湾粗叶木 *Lasianthus formosensis* Matsum.

药用部位及功效：根可用于治疗湿热型黄疸、风湿痹痛。

分布：罗城。

鸡屎树 *Lasianthus hirsutus* (Roxb.) Merr.

药用部位及功效：叶具有补肾活血、止痛的功效，可用于治疗风湿腰痛。

分布：罗城。

滇丁香属 *Luculia*

滇丁香 *Luculia pinceana* Hook.

药用部位及功效：全株味辛，性温。根、花、果具有祛风除湿、理气止痛、补肾强身的功效，可用于治疗百日咳、慢性支气管炎、肺结核、月经不调、痛经、风湿疼痛、偏头痛、尿路感染、尿路结石、病后头晕心慌，外用可治疗毒蛇咬伤。

分布：金城江、南丹、天峨、环江、都安、大化。

巴戟天属 *Morinda*

大果巴戟 *Morinda cochinchinensis* DC.

药用部位及功效：根味辛、微苦，性凉，具有清热解毒、祛风除湿、止咳的功效，可用于治疗风湿痹痛、感冒、咳嗽。

分布：环江

羊角藤 *Morinda umbellata* L. subsp. *obovata* Y. Z. Ruan

药用部位及功效：全株具有清热、泻火、解毒的功效。根味甘，性凉。根、根皮具有祛风除湿、补肾、止痛的功效，可用于治疗风湿关节肿痛、肾虚骨痛、胃痛。叶外用可治疗创伤出血、毒蛇咬伤。

分布：罗城、环江。

玉叶金花属 *Mussaenda*

仁昌玉叶金花 *Mussaenda chingii* C. Y. Wu ex Hsue et H. Wu

药用部位及功效：根、藤具有清热解暑、凉血解毒的功效，可用于治疗中毒、感冒、支气管炎、扁桃体炎、咽炎、肾炎性水肿、肠炎、子宫出血、毒蛇咬伤。

分布：罗城。

椭圆玉叶金花 *Mussaenda elliptica* Hutch.

药用部位及功效：根可用于治疗不孕不育。

分布：罗城、环江。

楠藤 *Mussaenda erosa* Champ. ex Benth.

药用部位及功效：枝、叶味微甘，性凉，具有清热解毒的功效，可用于治疗疥疮、疮疡肿毒、烧烫伤、咳嗽、哮喘。

分布：凤山、东兰、罗城、环江。

贵州玉叶金花 *Mussaenda esquirolii* H. Lév.

药用部位及功效：根、枝、叶味苦、微甘，性凉，具有清热解毒、解暑利湿的功效，可用于治疗感冒、中暑高热、咽喉肿痛、痢疾泄泻、小便不利、无名肿毒、毒蛇咬伤。

分布：南丹、天峨、罗城、环江。

粗毛玉叶金花 *Mussaenda hirsutula* Miq.

药用部位及功效：全株具有清热、解毒、抗疟、疏风的功效。

分布：罗城。

大叶玉叶金花 *Mussaenda macrophylla* Wall.

药用部位及功效：叶可用于治疗黄水疮、皮肤溃疡。

分布：罗城。

玉叶金花 *Mussaenda pubescens* W. T. Aiton

药用部位及功效：根、茎、叶味苦、甘，性凉，具有清热解暑、凉血解毒、消肿的功效，可用于治疗中暑、风热感冒、咳嗽痰喘、支气管炎、扁桃体炎、咽喉肿痛、肾炎性水肿、肠炎、泄泻、崩漏、子宫出血、野菌中毒、烧烫伤、毒蛇咬伤。

分布：金城江、宜州、南丹、天峨、凤山、东兰、罗城、环江、巴马、都安、大化。

腺萼木属 *Mycetia*

华腺萼木 *Mycetia sinensis* (Hemsl.) Craib f. *sinensis*

药用部位及功效：根具有除湿、利大小便的功效。叶含甜茶素，可代甜茶用。

分布：金城江、罗城。

密脉木属 *Myrioneuron*

密脉木 *Myrioneuron faberi* Hemsl.

药用部位及功效：全株可用于治疗跌打损伤。

分布：金城江、南丹、天峨、罗城、环江、都安。

乌檀属 *Nauclea*

乌檀 *Nauclea officinalis* (Pierre ex Pit.) Merr. et Chun

药用部位及功效：根、茎味苦，性寒，具有清热解毒、消炎止痛的功效，可用于治疗感冒发热、咽喉肿痛、胆囊炎、肝炎、淋浊、白带异常、肠炎、乳痈、扁桃体炎、下肢溃疡。

分布：环江。

新耳草属 *Neanotis*

薄叶新耳草 *Neanotis hirsuta* (L. f.) W. H. Lewis

药用部位及功效：全株具有清热解毒、利尿退黄、消肿止痛的功效，可用于治疗黄疸、肾炎、水肿、耳内流脓、疔疮红肿、毒蛇咬伤、呕吐。

分布：罗城、环江。

薄柱草属 *Nertera*

薄柱草 *Nertera sinensis* Hemsl.

药用部位及功效：全株具有清热解毒的功效，可用于治疗烧烫伤、感冒咳嗽。

分布：罗城。

蛇根草属 *Ophiorrhiza*

广州蛇根草 *Ophiorrhiza cantoniensis* Hance

药用部位及功效：全株可用于治疗肠炎、泄泻。根、根茎具有清热解毒、消肿止痛的功效，可用于治疗咳嗽、神经衰弱、泄泻、月经不调、跌打损伤。

分布：凤山、东兰、罗城、环江。

中华蛇根草 *Ophiorrhiza chinensis* H. S. Lo

药用部位及功效：全株可用于治疗咳嗽、关节炎、骨折。

分布：罗城、环江。

日本蛇根草 *Ophiorrhiza japonica* Blume

药用部位及功效：全株味淡，性平，具有止咳化痰、活血调经的功效，可用于治疗气血不足、肺结核咯血、劳伤吐血、咳嗽痰喘、气管炎、便血、月经不调，外用可治疗扭挫伤。

分布：凤山、东兰、罗城、环江。

鸡矢藤属 *Paederia*

耳叶鸡矢藤 *Paederia cavaleriei* H. Lév.

药用部位及功效：茎、叶可用于治疗风湿痹痛、疮疡肿毒。

分布：金城江、天峨、东兰、罗城、环江。

鸡矢藤 *Paederia scandens* (Lour.) Merr. var. *scandens*

药用部位及功效：全株、果味甘、苦，性平，有小毒，具有祛风利湿、健胃、消食化积、消炎止咳、活血止痛的功效，可用于治疗黄疸性肝炎、肠炎、闭经、痢疾、胃肠绞痛、胃气痛、风湿疼痛、跌打损伤、泄泻、肺结核咯血、支气管炎、顿咳、消化不良、小儿疳积、气虚浮肿、放射引起的白细胞减少症、农药中毒，外用可治疗皮炎、湿疹、疮痈肿毒、毒蛇咬伤、毒虫蜇伤、冻疮。

分布：天峨、罗城、环江。

毛鸡矢藤 *Paederia scandens* (Lour.) Merr. var. *tomentosa* (Blume) Hand.-Mazz.

药用部位及功效：全株味甘，性平，具有清热解毒、健脾利湿的功效，可用于治疗疟疾、黄疸、痢疾、消化不良、腹痛。根可用于治疗黄疸、积食饱胀、小儿疳积、蛔虫腹痛、血虚经少、胃气痛。

分布：凤山、东兰、罗城、环江。

云南鸡矢藤 *Paederia yunnanensis* (H. Lév.) Rehder

药用部位及功效：根味甘、微苦，性凉。根、藤茎具有消炎、止痛、消食、接骨的功效，可用于拔异物及治疗肝炎、消化不良、急性结膜炎、目赤肿痛、骨折、跌打损伤。

分布：东兰、罗城、环江。

大沙叶属 *Pavetta*

香港大沙叶 *Pavetta hongkongensis* Bremek.

药用部位及功效：根味苦、涩，性寒。全株、根、茎、叶具有清热解毒、清暑利湿、活血祛瘀的功效，可用于治疗感冒发热、中暑、肝炎、小便淋痛、风湿痹痛、跌打损伤、疥疮。

分布：天峨、罗城、环江。

九节属 *Psychotria*

驳骨九节 *Psychotria prainii* H. Lév.

药用部位及功效：根、叶味苦、甘，性凉，具有清热解毒、祛风止痛的功效，可用于治疗感冒、肠炎、痢疾、风湿骨痛、跌打损伤。

分布：金城江、南丹、天峨、凤山、东兰、罗城、环江。

九节 *Psychotria rubra* (Lour.) Poir. var. *rubra*

药用部位及功效：根可用于治疗吐血、肠风便血、跌打损伤、痈肿、痔疮、丹毒、毒蛇咬伤。嫩枝、叶味苦，性寒，具有清热解毒、祛风除湿的功效，可用于治疗扁桃体炎、白喉、疮疡肿毒、风湿疼痛、跌打损伤。

分布：东兰、罗城、环江、巴马、都安。

蔓九节 *Psychotria serpens* L.

药用部位及功效：全株味苦、微辛，性微温。全株、枝、叶具有祛风除湿、壮筋骨、止痛、消肿的功效，可用于治疗风湿关节肿痛、咽喉肿痛、痈肿、疥疮、结核、坐骨神经痛。

分布：环江。

黄脉九节 *Psychotria straminea* Hutch.

药用部位及功效：全株具有消肿、解毒、止血的功效，可用于治疗风湿骨痛、外伤出血及解木薯或钩吻中毒。

分布：罗城。

假九节 *Psychotria tutcheri* Dunn

药用部位及功效：全株可用于治疗风湿痹痛、跌打肿痛。

分布：罗城。

茜草属 ***Rubia***

金剑草 *Rubia alata* Roxb.

药用部位及功效：根、根茎可用于治疗月经不调、风湿痹痛。

分布：凤山、环江、巴马、都安。

茜草 *Rubia cordifolia* L.

药用部位及功效：全株味苦，性寒，具有凉血止血、活血化瘀、通经的功效，可用于治疗衄血、吐血、便血、尿血、崩漏、月经不调、闭经、关节痛，外用可治疗跌打损伤、疖肿、神经性皮炎、外伤出血。

分布：东兰、罗城。

钩毛茜草 *Rubia oncotricha* Hand.-Mazz.

药用部位及功效：根、根茎味苦，性寒，具有清热活血、行血止血、通经活络、祛瘀止痛、祛痰止咳的功效，可用于治疗便血、衄血、吐血、病后虚弱、血崩、月经不调、经闭腹痛、关节疼痛、跌打损伤、瘀血肿痛。

分布：环江。

多花茜草 *Rubia wallichiana* Decne.

药用部位及功效：全株可用于治疗吐血、崩漏、外伤出血、经闭瘀阻、关节痹痛、跌打肿痛。

分布：罗城。

白马骨属 ***Serissa***

六月雪 *Serissa japonica* (Thunb.) Thunb.

药用部位及功效：全株味淡、苦、微辛，性温，具有祛风利湿、清热解毒的功效，可用于治疗感冒、黄疸性肝炎、肾炎性水肿、咳嗽、咽痛、角膜炎、肠炎、痢疾、腰腿疼痛、咳血、尿血、闭经、白带异常、小儿疳积、惊风、风火牙痛、痈疽肿毒、跌打损伤。

分布：南丹、环江。

白马骨 *Serissa serissoides* (DC.) Druce

药用部位及功效：全株味苦，性凉，具有疏风解表、清热利湿、舒筋活络的功效，可用于治疗感冒咳嗽、牙痛、扁桃体炎、咽喉肿痛、急慢性肝炎、泄泻、痢疾、小儿疳积、高血压头痛、偏头痛、目赤肿痛、风湿关节肿痛、带下病、痈疽、瘰疬。根具有清热解毒的功效，可用于解雷公藤中毒及治疗小儿惊风、带下病、风湿性关节炎。

分布：罗城。

乌口树属 ***Tarenna***

假桂乌口树 *Tarenna attenuata* (Voigt) Hutch.

药用部位及功效：全株味酸、辛、微苦，性微温，具有祛风消肿、散瘀止痛的功效，可用于治疗跌打损伤、风湿骨痛、蜂窝织炎、脓肿、胃肠绞痛、肝炎。叶外用可治疗口疮、跌打损伤。

分布：凤山、东兰、环江、都安。

白皮乌口树 *Tarenna depauperata* Hutch.

药用部位及功效：叶可用于治疗疔疮溃烂。

分布：东兰、罗城。

白花苦灯笼 *Tarenna mollissima* (Hook. et Arn.) Rob.

药用部位及功效：根、叶味辛、微苦，性凉。叶、果具有通筋骨、治劳伤、清热解毒、散瘀镇痛的功效，可用于治疗头痛、身骨痛、跌打损伤。

分布：环江。

钩藤属 ***Uncaria***

毛钩藤 *Uncaria hirsuta* Havil.

药用部位及功效：根、带钩枝条味甘，性凉。根具有舒筋活络、清热消肿的功效，可用于治疗关节痛风、半身不遂、癫痫、水肿、跌打损伤。带钩枝条具有清热平肝、熄风定惊的功效，可用于治疗小儿惊痫、血压偏高、头晕、目眩、子痫。

分布：环江。

倒挂金钩 *Uncaria lancifolia* Hutch.

药用部位及功效：根、带钩枝条味甘，性凉。根具有舒筋活络、清热消肿的功效，可用于治疗关节痛风、半身不遂、癫痫、水肿、跌打损伤。带钩枝条具有清热平肝、熄风定惊的功效，可用于治疗小儿惊痫、血压偏高、头晕、目眩、子痫。

分布：环江。

钩藤 *Uncaria rhynchophylla* (Miq.) Miq. ex Havil.

药用部位及功效：根具有舒筋活络、清热消肿的功效，可用于治疗关节痛风、半身不遂、癫痫、水肿、跌打损伤。带钩枝条味甘、苦，性微寒，具有清热平肝、熄风定惊的功效，可用于治疗小儿惊痫、血压偏高、头晕、目眩、子痫。

分布：金城江、宜州、南丹、天峨、凤山、东兰、罗城、环江、巴马、都安、大化。

侯钩藤 *Uncaria rhynchophylloides* F. C. How

药用部位及功效：根、带钩枝条味甘，性凉。根具有舒筋活络、清热消肿的功效，可用于治疗关节痛风、半身不遂、癫痫、水肿、跌打损伤。带钩枝条具有清热平肝、熄风定惊的功效，可用于治疗小儿惊痫、血压偏高、头晕、目眩、子痫。

分布：环江。

攀茎钩藤 *Uncaria scandens* (Sm.) Hutch.

药用部位及功效：根、带钩枝条味甘，性凉。根具有舒筋活络、清热消肿的功效，可用于治疗关节痛风、半身不遂、癫痫、水肿、跌打损伤。带钩枝条具有清热平肝、熄风定惊的功效，可用于治疗小儿惊痫、血压偏高、头晕、目眩、子痫。

分布：凤山、环江。

水锦树属 *Wendlandia*

水锦树 *Wendlandia uvariifolia* Hance

药用部位及功效：根、叶味微苦，性凉，具有祛风除湿、散瘀消肿、止血生肌的功效。根可用于治疗风湿性关节炎、跌打损伤。叶可用于治疗外伤出血、疮疡溃烂久不收。

分布：金城江、宜州、南丹、天峨、凤山、东兰、罗城、环江、巴马、都安、大化。

忍冬科 Caprifoliaceae

忍冬属 *Lonicera*

华南忍冬 *Lonicera confusa* (Sweet) DC.

药用部位及功效：茎、花蕾味甘，性寒。嫩枝、花蕾具有清热解毒、凉散风热的功效，可用于治疗感冒发热、咽痛、热毒血痢、泄泻、淋巴腺炎、喉痹、痈肿疔疮、丹毒。叶具有清热解毒的功效，可用于治疗疮痈疔毒、麻疹痘毒、痈疮、痢疾。

分布：宜州、环江、都安。

菰腺忍冬 *Lonicera hypoglauca* Miq.

药用部位及功效：茎、花蕾味甘，性寒，具有清热解毒、疏散风热的功效，可用于治疗痈肿疔疮、喉痹、丹毒、热血毒、风热感冒、湿病发热。

分布：金城江、宜州、南丹、天峨、凤山、东兰、罗城、环江、巴马、都安、大化。

净花菰腺忍冬 *Lonicera hypoglauca* Miq. subsp. *nudiflora* P. S. Hsu et H. J. Wang

药用部位及功效：花具有清热解毒、凉血解毒的功效，可用于治疗外感风热、温病初起、发热而微感风寒、外科疮痈、疽肿、热毒下痢。

分布：南丹、罗城、巴马、都安。

大花忍冬 *Lonicera macrantha* (D. Don) Spreng.

药用部位及功效：全株具有镇惊、祛风、败毒、清热的功效，可用于治疗小儿急惊风、疮毒、咽痛、流行性感冒、扁桃体炎、乳痈、风热咳嗽、泄泻、目赤红肿、肠痈、疮痈脓肿、丹毒、外伤感染、带下病。

分布：罗城。

灰毡毛忍冬 *Lonicera macranthoides* Hand.-Mazz.

药用部位及功效：藤茎具有清热解毒、疏风通络的功效。花蕾具有清热解毒、凉散风热的功效。

分布：罗城。

云雾忍冬 *Lonicera nubium* (Hand.-Mazz.) Hand.-Mazz.

药用部位及功效：藤茎具有清热解毒、疏风通络的功效。花蕾具有清热解毒、凉散风热的功效。

分布：罗城。

短柄忍冬 *Lonicera pampaninii* H. Lév.

药用部位及功效：茎、花蕾味甘，性寒，具有清热解毒、舒筋通络、凉血止血、截疟的功效，可用于治疗鼻出血、咯血、吐血、疟疾、热毒泄泻、下痢赤白。

分布：罗城、环江。

皱叶忍冬 *Lonicera rhytidophylla* Hand.-Mazz.

药用部位及功效：茎、花蕾味甘，性寒，具有清热解毒、凉血、止痢的功效，可用于治疗风热感冒、咽喉肿痛、肺炎、痢疾、腹泻、便脓血、疮疡肿毒、丹毒。

分布：环江。

细毡毛忍冬 *Lonicera similis* Hemsl.

药用部位及功效：全株具有镇惊、祛风败毒的功效，可用于治疗小儿急惊风、疮毒。茎、花蕾味甘，性寒，具有清热解毒、截疟的功效，可用于治疗咽痛、流行性感冒、扁桃体炎、乳痈、肠痈、痈疖脓肿、丹毒、外伤感染、带下病。叶可用于治疗蛔虫病、寒热腹胀。

分布：环江。

接骨木属 *Sambucus*

接骨草 *Sambucus chinensis* Lindl.

药用部位及功效：根味苦，性平。全株、根具有祛风除湿、活血散瘀、活络消肿的功效，可用于治疗风湿疼痛、风湿水肿、脑气浮肿、痢疾、黄疸、慢性支气管炎、瘙痒、丹毒、疮肿、跌打损伤、骨折。

分布：金城江、宜州、南丹、天峨、凤山、东兰、罗城、环江、巴马、都安、大化。

荚蒾属 *Viburnum*

短序荚蒾 *Viburnum brachybotryum* Hemsl.

药用部位及功效：全株、叶外用可治疗皮肤瘙痒、体癣。根具有清热解毒、祛风除湿的功效，可用于治疗风湿关节肿痛、跌打损伤。花可用于治疗风热咳嗽。

分布：金城江、南丹、环江。

金腺荚蒾 *Viburnum chunii* Hsu

药用部位及功效：根可用于治疗风湿痹痛、跌打肿痛。

分布：罗城、环江。

荚蒾 *Viburnum dilatatum* Thunb.

药用部位及功效：根、枝、叶味辛、涩、酸，性微寒。茎、叶具有下气、消谷的功效，可用于治疗小儿疳积。种子具有破血、止痢、消肿、除蛊症的功效，可用于治疗蛇毒。

分布：罗城、环江。

南方荚蒾 *Viburnum fordiae* Hance

药用部位及功效：根、叶味苦，性凉。根、茎具有祛风清热、散瘀活血的功效，可用于治疗暑热感冒、月经不调。根还可用于治疗肥大性脊髓炎、风湿痹痛、跌打损伤，外用可治疗湿疹。

分布：金城江、宜州、南丹、天峨、凤山、东兰、罗城、环江、巴马、都安、大化。

淡黄荚蒾 *Viburnum lutescens* Blume

药用部位及功效：叶具有祛风除湿的功效，可用于治疗风湿骨痛。

分布：罗城。

台东荚蒾 *Viburnum taitoense* Hayata

药用部位及功效：枝、叶可用于治疗跌打损伤。

分布：罗城。

败酱科 Valerianaceae

败酱属 *Patrinia*

异叶败酱 *Patrinia heterophylla* Bunge

药用部位及功效：全株味苦、微酸、涩，性凉，具有清热解毒、燥湿消肿、生肌、活血止血、止带截疟、抗癌的功效，可用于治疗宫颈柱状上皮异位、早期宫颈癌、带下崩漏、疟疾、跌打损伤、无名肿毒。

分布：环江。

少蕊败酱 *Patrinia monandra* C. B. Clarke

药用部位及功效：全株味苦、辛，性凉，具有清热解毒、消肿消炎、宁心安神、利湿、祛瘀排脓、止血止痛的功效，可用于治疗肠痈、泄泻、肝炎、目赤肿痛、产后瘀血腹痛、赤白带下、痈肿疔疮、疥癣。

分布：南丹、环江。

败酱 *Patrinia scabiosifolia* Fisch. ex Trevir.

药用部位及功效：全株味苦、辛，性微寒，具有清热解毒、利湿排脓、活血祛瘀的功效，可用于治疗肠痈、阑尾炎、肠炎、泄泻、肝炎、结膜炎、目赤肿痛、产后瘀血腹痛、赤白带下、痈肿疔疮、疥癣。

分布：金城江、宜州、南丹、天峨、凤山、东兰、罗城、环江、巴马、都安、大化。

白花败酱 *Patrinia villosa* (Thunb.) Juss.

药用部位及功效：全株味辛、苦，性微寒，具有清热解毒、活血排脓的功效，可用于治疗肠痈、肺痈、痈肿、痢疾、产后瘀滞腹痛。

分布：金城江、宜州、南丹、天峨、凤山、东兰、罗城、环江、巴马、都安、大化。

川续断科 Dipsacaceae

川续断属 *Dipsacus*

川续断 *Dipsacus asper* Wall.

药用部位及功效：根味苦，性微温，具有补肝肾、强筋骨、利关节、止崩漏的功效，可用于治疗腰膝酸痛、风湿骨痛、先兆流产、功能性子宫出血、白带异常、血崩、跌打损伤、骨折。

分布： 南丹、天峨。

菊科 Asteraceae (Compositae)

下田菊属 *Adenostemma*

下田菊 *Adenostemma lavenia* (L.) Kuntze

药用部位及功效： 全株味苦，性寒，具有清热解毒、消肿止痛、祛风除湿的功效，可用于治疗感冒高热、咽喉肿痛、扁桃体炎、黄疸性肝炎、支气管炎，外用可治疗疮疖痈肿、乳痈、毒蛇咬伤。

分布： 金城江、宜州、南丹、天峨、凤山、东兰、罗城、环江、巴马、都安、大化。

藿香蓟属 *Ageratum*

藿香蓟 *Ageratum conyzoides* L.

药用部位及功效： 全株味微苦，气臭，性凉。全株、嫩茎、叶具有祛风清热、止痛、止血、排石的功效，可用于治疗扁桃体炎、咽痛、泄泻、胃痛、崩漏、肾结石、湿疹、鹅口疮、痈疮肿毒、下肢溃疡、中耳炎、外伤出血。

分布： 金城江、宜州、南丹、天峨、凤山、东兰、罗城、环江、巴马、都安、大化。

兔儿风属 *Ainsliaea*

边地兔儿风 *Ainsliaea chapaensis* Merr.

药用部位及功效： 全株可用于治疗肺结核、风湿痹痛。

分布： 环江。

秀丽兔儿风 *Ainsliaea elegans* Hemsl.

药用部位及功效： 全株可用于治疗风湿性关节炎、肺结核。

分布： 环江。

杏香兔儿风 *Ainsliaea fragrans* Champ. ex Benth.

药用部位及功效： 全株具有清热、利湿、凉血、解毒的功效，可用于治疗虚劳咯血、湿热型黄疸、水肿、痈疽肿毒、疮疡。

分布： 金城江、宜州、南丹、天峨、凤山、东兰、罗城、环江、巴马、都安、大化。

长穗兔儿风 *Ainsliaea henryi* Diels

药用部位及功效： 全株具有润肺止咳、平喘的功效，可用于治疗肺燥咳嗽、外感咳嗽、哮喘。

分布： 金城江、宜州、南丹、天峨、凤山、东兰、罗城、环江、巴马、都安、大化。

香青属 *Anaphalis*

珠光香青 *Anaphalis margaritacea* (L.) Benth. et Hook. f.

药用部位及功效： 全株味微苦、甘，性平。全株、根具有清热解毒、祛风通络、驱虫的功效，可用于治疗感冒、牙痛、泄泻、风湿关节肿痛、蛔虫病、刀伤、跌打损伤、瘰疬。

分布： 罗城、环江。

山黄菊属 *Anisopappus*

山黄菊 *Anisopappus chinensis* (L.) Hook. et Arn.

药用部位及功效：叶、花序具有清热化痰、消肿止痛的功效，可用于治疗感冒头痛、慢性咳嗽痰喘。

分布：金城江、宜州、南丹、天峨、凤山、东兰、罗城、环江、巴马、都安、大化。

牛蒡属 *Arctium*

牛蒡 *Arctium lappa* L.

药用部位及功效：根可用于治疗风热感冒、咳嗽、疮疖肿毒。叶可用于治疗乳腺炎（未化脓）。果味苦、辛，性寒，具有疏热散风、宣肺透疹、散结解毒的功效，可用于治疗风热感冒、头痛、疹出不透、腮腺炎、咽喉肿痛。

分布：天峨。

蒿属 *Artemisia*

黄花蒿 *Artemisia annua* L.

药用部位及功效：干燥地上部分味苦，气香，性寒。全株、地上部分具有清热凉血、截疟、退虚热、解暑的功效，可用于灭蚊及治疗肺结核热、疟疾、伤暑低热、无汗、小儿惊风、泄泻、恶疮、疥癣。根可用于治疗劳热、骨蒸、关节酸痛、便血。果具有清热明目、杀虫的功效，可用于治疗劳热、骨蒸、痢疾、恶疮、疥癣。

分布：金城江、宜州、南丹、天峨、凤山、东兰、罗城、环江、巴马、都安、大化。

艾 *Artemisia argyi* H. Lév. et Vaniot

药用部位及功效：全株味苦、辛，性温，具有散寒除湿、温经止血、理气安胎的功效，可用于治疗功能性子宫出血、胎动不安、痛经、月经不调、血崩、带下病、衄血、胸腹冷痛，外用可治疗湿疹、皮肤瘙痒、痈疮。

分布：罗城。

无毛牛尾蒿 *Artemisia dubia* Wall. ex Bess.

药用部位及功效：全株味苦、微辛，性凉，具有清热解毒、镇咳、理气血、逐寒湿、调经、安胎、止血的功效，可用于治疗月经不调、痛经、产后腹痛、尿路感染、肾盂肾炎、慢性支气管炎，外用可治疗腰膝酸痛。叶炭可用于治疗吐血、衄血、便血。

分布：环江。

五月艾 *Artemisia indica* Willd.

药用部位及功效：地上部分具有祛风消肿、止痛止痒、调经止血的功效，可用于治疗偏头痛、月经不调、崩漏、风湿痹痛、疟疾、痈肿、疥癣、皮肤瘙痒。

分布：南丹、天峨、罗城、都安。

牡蒿 *Artemisia japonica* Thunb.

药用部位及功效：全株、根味苦、微甘，性凉。全株具有清热、凉血、解毒的功效，可用于治疗夏季感冒、肺结核潮热、咯血、小儿疳热、衄血、便血、崩漏、带下病、黄疸、丹毒、毒蛇咬伤。根具有祛风、补虚、杀虫、截疟的功效，可用于治疗产后伤风感冒、风湿痹痛、劳伤乏力、虚肿、疟疾。

分布: 凤山、东兰、都安。

白苞蒿 *Artemisia lactiflora* Wall. ex DC.

药用部位及功效: 全株味微苦、甘，性平，具有活血散瘀、利湿消肿、理气止痛、通经的功效，可用于治疗瘀血腹痛、月经不调、闭经、食积腹胀、肾炎性水肿、慢性肝炎、脚气病浮肿、产后腹痛，外用可治疗外伤出血、烧烫伤、疮疡溃烂、跌打损伤、骨折、湿疹。

分布: 金城江、宜州、南丹、天峨、凤山、东兰、罗城、环江、巴马、都安、大化。

白莲蒿 *Artemisia sacrorum* Ledeb.

药用部位及功效: 全株具有清热、解毒、祛风、利湿、止血的功效。

分布: 罗城。

猪毛蒿 *Artemisia scoparia* Waldst. et Kit.

药用部位及功效: 茎、叶味苦，性微寒，具有清热利湿、利胆退黄的功效，可用于治疗黄疸性肝炎、胆囊炎、胆道蛔虫症、伤暑发热、高血脂、小便不利，外用可治疗湿疹。

分布: 罗城。

鬼针草属 *Bidens*

白花鬼针草 *Bidens alba* (L.) DC.

药用部位及功效: 全株味甘、微苦，性微寒，具有清热解毒、利湿退黄的功效，可用于治疗感冒发热、风湿痹痛、湿热型黄疸、痈肿疮疖、咽喉肿痛、阑尾炎、蛇虫咬伤。

分布: 罗城、环江。

鬼针草 *Bidens pilosa* L. var. *pilosa*

药用部位及功效: 全株味甘、微苦，性微寒，具有清热解毒、活血祛风的功效，可用于治疗咽喉肿痛、吐泻、消化不良、胃肠炎、风湿关节肿痛、疟疾、疮疖、毒蛇咬伤、跌打肿痛、小儿惊风、疳积、急性阑尾炎、急性黄疸性肝炎。

分布: 金城江、宜州、南丹、天峨、凤山、东兰、罗城、环江、巴马、都安、大化。

艾纳香属 *Blumea*

艾纳香 *Blumea balsamifera* (L.) DC.

药用部位及功效: 全株味辛、微苦，性温，有小毒，具有祛风消肿、活血散瘀的功效，可用于治疗风寒感冒、产后身痛、风湿骨痛、跌打损伤、痛经、月经不调、疖肿、湿疹、皮炎。

分布: 金城江、天峨、巴马。

节节红 *Blumea fistulosa* (Roxb.) Kurz

药用部位及功效: 全株可用于治疗感冒咳嗽、风湿痹痛。

分布: 罗城。

东风草 *Blumea megacephala* (Randeria) C. C. Chang et Y. Q. Tseng

药用部位及功效: 全株味苦、微辛，性凉，具有祛风除湿、活血调经的功效，可用于治疗感冒、风湿关节肿痛、跌打肿痛、产后浮肿、血崩、月经不调、疮疖、目赤肿痛、湿疹。

分布: 金城江、宜州、南丹、天峨、凤山、东兰、罗城、环江、巴马、都安、大化。

天名精属 *Carpesium*

天名精 *Carpesium abrotanoides* L.

药用部位及功效：全株、果味苦、辛，性寒。全株、根、茎、叶具有祛痰、清热、破血、止血、解毒、杀虫的功效，可用于治疗扁桃体炎、喉痹、疟疾、急性肝炎、急慢惊风、血瘕、血淋、衄血、疔肿疮毒、皮肤痒疹、脚癣、虫积。果具有消肿杀虫的功效，可用于治疗蛔虫病、绦虫病、蛲虫病、虫积腹痛。

分布：金城江、宜州、南丹、天峨、凤山、东兰、罗城、环江、巴马、都安、大化。

石胡荽属 *Centipeda*

石胡荽 *Centipeda minima* (L.) A. Braun et Asch.

药用部位及功效：全株味辛，性温，具有祛风、散寒、通络、消肿止痛、胜湿、去翳、通鼻塞的功效，可用于治疗感冒、喉痹、慢性支气管炎、百日咳、顿咳、风湿性腰腿痛、痧气腹痛、鼻炎、鼻息肉、目翳涩痒、小儿疳积、蛔虫病、小儿麻痹后遗症、疟疾、黄疸性肝炎、阿米巴痢疾、骨折、跌打损伤、疥疮、皮癣、毒蛇咬伤。

分布：金城江、宜州、南丹、天峨、凤山、东兰、罗城、环江、巴马、都安、大化。

茼蒿属 *Chrysanthemum*

野菊 *Chrysanthemum indicum* L.

药用部位及功效：全株味苦、微辛，性寒，具有清热解毒、凉血平肝、消肿止痛的功效，可用于治疗感冒发热、流行性感冒、高血压、干咳、腮腺炎、大叶性肺炎、肺脓肿、乳腺炎、阑尾炎、口腔炎，外用可治疗跌打损伤、痈疖疔疮。

分布：金城江、宜州、南丹、天峨、凤山、东兰、罗城、环江、巴马、都安、大化。

南茼蒿 *Chrysanthemum segetum* L.

药用部位及功效：全株、茎、叶具有清凉明目、和脾胃、通二便、消痰饮的功效，可用于治疗小便淋痛不利、偏坠气痛、肠胃不适。

分布：环江。

蓟属 *Cirsium*

大蓟 *Cirsium japonicum* (Thunb.) Fisch. ex DC.

药用部位及功效：全株味苦，性凉。根、地上部分具有凉血止血、祛瘀消肿的功效，可用于治疗吐血、尿血、便血、崩漏、功能性子宫出血、外伤出血、痰中带血、肺结核、痈肿疮毒、漆疮、瘰疬、烫伤、跌打损伤。

分布：金城江、宜州、南丹、天峨、凤山、东兰、罗城、环江、巴马、都安、大化。

线叶蓟 *Cirsium lineare* (Thunb.) Sch.-Bip.

药用部位及功效：根、花具有活血散瘀、解毒消肿的功效，可用于治疗月经不调、闭经、痛经、乳腺炎、跌打损伤、尿路感染、痈疔、神经性皮炎、毒蛇咬伤。

分布：罗城。

总序蓟 *Cirsium racemiforme* Y. Ling et C. Shih

药用部位及功效： 根味甘，性平，可用于治疗小儿消化不良、外伤出血。

分布： 环江。

藤菊属 *Cissampelopsis*

岩穴藤菊 *Cissampelopsis spelaeicola* (Vaniot) C. Jeffrey et Y. L. Chen

药用部位及功效： 茎、叶具有熄风止痉、散瘀通络的功效，可用于治疗小儿惊风、风湿骨痛、跌打损伤。

分布： 南丹、凤山、环江。

藤菊 *Cissampelopsis volubilis* (Blume) Miq.

药用部位及功效： 藤茎具有舒筋活络、祛风除湿的功效，可用于治疗风湿痹痛、肌腱挛缩、小儿麻痹后遗症。枝、叶味辛、微苦，性微温。

分布： 罗城、环江。

白酒草属 *Conyza*

香丝草 *Conyza bonariensis* (L.) Cronq.

药用部位及功效： 全株味辛、苦，性凉，具有清热解毒、祛湿、行气消胀、祛风、止痛、缓下的功效，可用于治疗感冒、疟疾、气滞胀满、风湿关节肿痛、大便燥结、外伤出血。

分布： 天峨、东兰、环江、都安。

白酒草 *Conyza japonica* (Thunb.) Less.

药用部位及功效： 全株具有消肿镇痛、祛风化痰的功效，可用于治疗小儿风热咳喘、胸膜炎、咽痛、目赤、小儿惊风。

分布： 南丹、罗城。

苏门白酒草 *Conyza sumatrensis* (Retz.) Walker

药用部位及功效： 全株味辛，性温，具有祛风通络、润肺止咳、温经止血、利尿的功效，可用于治疗风湿关节肿痛、麻木不仁、咳嗽、气喘、胸满胁痛、崩漏、子宫出血、小便不利、淋漓不尽。

分布： 环江。

野茼蒿属 *Crassocephalum*

野茼蒿 *Crassocephalum crepidioides* (Benth.) S. Moore

药用部位及功效： 全株味辛，性平，具有清热解毒、利尿消肿、行气健脾的功效，可用于治疗感冒发热、消化不良、泄泻、水肿、小便淋痛、乳痈。

分布： 金城江、宜州、南丹、天峨、凤山、东兰、罗城、环江、巴马、都安、大化。

鱼眼草属 *Dichrocephala*

鱼眼草 *Dichrocephala auriculata* (Thunb.) Druce

药用部位及功效： 全株味苦、辛，性平，具有活血调经、解毒消肿的功效，可用于治疗咽炎、头痛、月经不调、扭伤肿痛、毒蛇咬伤、疔毒。

分布：南丹、天峨、罗城、环江、都安。

鳢肠属 *Eclipta*

鳢肠 *Eclipta prostrata* (L.) L.

药用部位及功效：全株味甘、酸，性寒，具有清热解毒、凉血止血、滋补肝肾的功效，可用于治疗肝肾阴虚、头晕目眩、吐血、咯血、尿血、便血、血痢、刀伤出血。

分布：金城江、宜州、南丹、天峨、凤山、东兰、罗城、环江、巴马、都安、大化。

地胆草属 *Elephantopus*

地胆草 *Elephantopus scaber* L.

药用部位及功效：全株、根味苦，性寒，具有清热解毒、利尿消肿的功效，可用于治疗感冒、急性扁桃体炎、黄疸性肝炎、急慢性肾炎、咽炎、结膜炎、口腔炎、阑尾炎、咳嗽、百日咳、热淋、乳腺炎、疖肿、湿疹、肺结核、风火牙痛、肠炎、痢疾。

分布：凤山、罗城、巴马。

一点红属 *Emilia*

小一点红 *Emilia prenanthoidea* DC.

药用部位及功效：全株具有清热解毒、活血祛瘀的功效，可用于治疗跌打损伤、红白痢、疮疡肿毒。

分布：罗城。

一点红 *Emilia sonchifolia* DC.

药用部位及功效：全株味苦，性凉，有小毒，具有清热解毒、散瘀消肿、消炎利尿、凉血的功效，可用于治疗咽痛、口腔破溃、风热咳嗽、上呼吸道感染、肠炎泄泻、痢疾、尿路感染、小便淋痛、结膜炎、子痈、乳痈、疖肿疮疡。孕妇慎用。

分布：金城江、宜州、南丹、天峨、凤山、东兰、罗城、环江、巴马、都安、大化。

飞蓬属 *Erigeron*

一年蓬 *Erigeron annuus* Pers.

药用部位及功效：全株味苦，性凉，具有清热解毒、助消化、抗疟的功效，可用于治疗消化不良、肠炎、泄泻、传染性肝炎、瘰疬、尿血、疟疾，外用可治疗牙龈炎、毒蛇咬伤。

分布：金城江、宜州、南丹、天峨、凤山、东兰、罗城、环江、巴马、都安、大化。

牛膝菊属 *Galinsoga*

牛膝菊 *Galinsoga parviflora* Cav.

药用部位及功效：全株味淡，性平，具有消炎、消肿、止血的功效，可用于治疗咽痛、扁桃体炎、急性黄疸性肝炎、外伤出血。花序具有清肝明目的功效，可用于治疗夜盲症、视力模糊及其他眼疾。

分布：南丹、环江。

大丁草属 *Gerbera*

大丁草 *Gerbera anandria* (L.) Sch. Bip.

药用部位及功效： 全株具有清热利湿、解毒消肿的功效，可用于治疗肺热咳嗽、湿热下痢、热淋、风湿关节肿痛、痈疮肿毒、臁疮、毒蛇咬伤、烧烫伤、外伤出血。

分布： 罗城。

毛大丁草 *Gerbera piloselloides* (L.) Cass.

药用部位及功效： 全株味苦、辛，性寒，具有清热、凉血、解毒、利湿的功效，可用于治疗感冒、百日咳、扁桃体炎、咽炎、结膜炎、黄疸、肾炎性水肿、月经不调、白带异常、疮疖、湿疹、蛇虫咬伤。根味苦，性寒，具有清热、除湿、解毒的功效，可用于治疗中暑发热、头痛、牙痛、肾炎性水肿、菌痢、肠炎、乳腺炎、月经不调、白带异常、痈肿。

分布： 金城江、宜州、南丹、天峨、凤山、东兰、罗城、环江、巴马、都安、大化。

鼠麴草属 *Gnaphalium*

鼠麴草 *Gnaphalium affine* D. Don

药用部位及功效： 全株味甘、淡，性平，具有化痰、止咳、平喘、祛风散寒的功效，可用于治疗咳嗽痰喘、风寒感冒、蚕豆病、风湿痹痛、筋骨疼痛、带下病、痈疮肿毒。

分布： 南丹、天峨、罗城、环江、都安。

细叶鼠麴草 *Gnaphalium japonicum* Thunb.

药用部位及功效： 全株具有清热利湿、解毒消肿的功效，可用于治疗结膜炎、角膜白斑、感冒、咳嗽、咽喉肿痛、尿道炎，外用可治疗乳腺炎、痈肿、毒蛇咬伤。

分布： 金城江、南丹、东兰、罗城、都安。

匙叶鼠麴草 *Gnaphalium pensylvanicum* Willd.

药用部位及功效： 全株味甘，性平，具有清热解毒、宣肺平喘的功效，可用于治疗感冒、风湿关节肿痛。

分布： 罗城、环江。

菊三七属 *Gynura*

红凤菜 *Gynura bicolor* (Roxb. ex Willd.) DC.

药用部位及功效： 全株、根茎、叶味甘、苦，性凉，具有清热解毒、凉血止血、消肿止痛的功效，可用于治疗肾盂肾炎、肠炎腹泻、痢疾、盆腔炎、支气管炎、乳腺炎、咯血、血崩、痛经、月经不调、疔疮痈肿、甲沟炎、外伤出血。

分布： 金城江、南丹、天峨、罗城。

白子菜 *Gynura divaricata* (L.) DC.

药用部位及功效： 全株味甘、淡，性寒，有小毒。全株、茎、叶具有清热解毒、舒筋、止血、祛瘀的功效，可用于治疗顿咳、风湿关节肿痛、骨折、外伤出血、痈肿疮疖。根、根茎具有清热凉血、散瘀消肿的功效，可用于治疗咳嗽痰喘、肺痈、崩漏、烫伤、跌打损伤、刀伤出血。

分布： 天峨、凤山、罗城、环江、都安。

菊三七 *Gynura japonica* (Thunb.) Juel

药用部位及功效：全株、根味甘、微苦，性温，具有散瘀止痛、凉血止血、解毒消肿的功效，可用于治疗吐血、衄血、尿血、便血、血崩、月经过多、闭经、瘀血腹痛、功能性子宫出血、扁桃体炎、风湿骨痛，外用可治疗乳腺炎、疮疖肿痛、跌打损伤。

分布：南丹、天峨。

平卧菊三七 *Gynura procumbens* (Lour.) Merr.

药用部位及功效：全株味辛、微苦，性凉，具有散瘀消肿、消炎止痛、止咳、通经活络的功效，可用于治疗跌打损伤、软组织损伤、咳嗽痰喘、支气管炎、肺结核、肺痈。

分布：罗城。

向日葵属 *Helianthus*

向日葵 *Helianthus annuus* L.

药用部位及功效：根、茎髓、叶、花序、果味淡，性平。根具有止痛、润肠的功效，可用于治疗胸肋胃脘作痛、二便不利、跌打损伤。茎髓可用于治疗血淋、砂淋、小便淋痛。叶具有清热解毒、截疟、降血压的功效，可用于治疗高血压。花序具有祛风、明目、催生的功效，可用于治疗头晕、面肿。花托具有养阴补肾、止痛的功效，可用于治疗头痛、胃腹痛、痛经。果壳可用于治疗耳鸣。种子具有滋阴、上痢、透疹的功效，可用于治疗血痢、麻疹不透、痈肿。

分布：金城江、宜州、南丹、天峨、凤山、东兰、罗城、环江、巴马、都安、大化。

菊芋 *Helianthus tuberosus* L.

药用部位及功效：块根、枝、叶味甘、微苦，性凉。块茎、叶具有清热凉血、活血消肿、利尿、接骨的功效，可用于治疗热病、肠热便血、跌打损伤、骨折、消渴。

分布：金城江、宜州、南丹、天峨、凤山、东兰、罗城、环江、巴马、都安、大化。

泥胡菜属 *Hemistepta*

泥胡菜 *Hemistepta lyrata* (Bunge) Bunge

药用部位及功效：全株味辛，性平，具有清热解毒、利尿、消肿祛瘀、止咳、止血、活血的功效，可用于治疗痔漏、痈肿疔疮、外伤出血、骨折、阴虚咯血、慢性支气管炎。

分布：天峨、罗城、环江、巴马。

异裂菊属 *Heteroplexis*

异裂菊 *Heteroplexis vernonioides* C. C. Chang

药用部位及功效：民间用全株治疗刀伤、跌打损伤。

分布：环江。

旋覆花属 *Inula*

羊耳菊 *Inula cappa* (Buch.-Ham. ex D. Don) DC.

药用部位及功效：全株味微苦、辛，气香，性温，具有清热解毒、散风消肿、祛风、利湿、行气化滞的功效，可用于治疗风湿关节肿痛、胸膈痞闷、疟疾、泄泻、感冒发热、咽喉肿痛、乳腺炎、肝炎、痔疮、疥癣、痈疮疔毒。根具有祛风散寒、活血舒筋的功效，可用于治疗风寒感冒、咳嗽痰喘、风湿痹痛、月经不调。

分布： 金城江、宜州、南丹、天峨、凤山、东兰、罗城、环江、巴马、都安、大化。

小苦荬属 *Ixeridium*

细叶小苦荬 *Ixeridium gracile* (DC.) Shih

药用部位及功效： 全株味苦，性凉，具有清热解毒、消肿止痛的功效，可用于治疗白带异常、尿路感染、酒糟鼻、腹痛吐泻、蛇虫咬伤、黄疸、目赤肿痛。

分布： 金城江、宜州、南丹、天峨、凤山、东兰、罗城、环江、巴马、都安、大化。

抱茎小苦荬 *Ixeridium sonchifolium* (Maxim.) C. Shih

药用部位及功效： 全株具有清热、解毒、消肿、凉血、活血的功效。

分布： 金城江、宜州、南丹、天峨、凤山、东兰、罗城、环江、巴马、都安、大化。

苦荬菜属 *Ixeris*

剪刀股 *Ixeris japonica* (Burm. f.) Nakai

药用部位及功效： 全株具有清热解毒、利尿消肿的功效，可用于治疗肺脓疡、咽痛、目赤、乳腺炎、痈疽疮疡、水肿、小便不利。

分布： 金城江、宜州、南丹、天峨、凤山、东兰、罗城、环江、巴马、都安、大化。

苦荬菜 *Ixeris polycephala* Cass.

药用部位及功效： 全株味苦，性凉，具有清热解毒、消肿止痛的功效，可用于治疗痈疮肿毒、乳痈、咽喉肿痛、黄疸、痢疾、淋证、带下病、跌打损伤。

分布： 金城江、宜州、南丹、天峨、凤山、东兰、罗城、环江、巴马、都安、大化。

马兰属 *Kalimeris*

马兰 *Kalimeris indica* (L.) Sch. Bip.

药用部位及功效： 全株味辛，性凉，具有清热解毒、凉血、理气消食、消肿利湿、利尿的功效，可用于治疗吐血、衄血、血痢、水泻、胃脘胀痛、外伤出血、疟疾、水肿、尿路感染、淋浊、咽痛、痔疮、痈肿、丹毒、毒蛇咬伤。

分布： 金城江、宜州、南丹、天峨、凤山、东兰、罗城、环江、巴马、都安、大化。

莴苣属 *Lactuca*

莴苣 *Lactuca sativa* L.

药用部位及功效： 全株味苦、甘，性凉。嫩茎具有清热解毒、利尿通乳的功效，可用于治疗小便不利、乳汁不通、尿血、热毒疮肿。果具有活血、祛瘀、通乳的功效，可用于治疗阴肿、痔瘘下血、扭伤腰痛、跌打损伤、骨折、乳汁不通。干燥种子的注射液有降低血压、减慢心律、降低血脂、抗心律失常、抗动脉粥样硬化的功效。

分布： 金城江、宜州、南丹、天峨、凤山、东兰、罗城、环江、巴马、都安、大化。

橐吾属 *Ligularia*

鹿蹄橐吾 *Ligularia hodgsonii* Hook.

药用部位及功效：根味淡、微辛，性温。全株、根具有止咳化痰、解毒、祛瘀活血、止痛、止痢的功效，可用于治疗跌打损伤、瘀血肿痛、腹痛、肺结核咯血、劳伤吐血、喉痹、风寒咳嗽、小便不利、月经不调、闭经、痛经。

分布：环江。

黄瓜菜属 *Paraixeris*

黄瓜菜 *Paraixeris denticulata* (Houtt.) Nakai

药用部位及功效：全株味甘、微苦，性寒，具有清热解毒、消痈散结、祛瘀消肿、止痛、止血、止带的功效，可用于治疗肺痈、乳痈、血淋、疖肿、跌打损伤、无名肿毒、蛇虫咬伤。

分布：宜州、南丹、环江、巴马。

银胶菊属 *Parthenium*

银胶菊 *Parthenium hysterophorus* L.

药用部位及功效：全株具有强壮、解热、通经、镇痛的功效，可用于治疗神经痛、疟疾。

分布：天峨、东兰、罗城、环江。

风毛菊属 *Saussurea*

三角叶风毛菊 *Saussurea dehoidea* (DC.) Sch.-Bip.

药用部位及功效：根味甘、微苦，性温，具有健脾消疳、催乳、祛风除湿、通经活络的功效，可用于治疗产后乳少、带下病、消化不良、腹胀、小儿疳积、病后体虚、胃寒痛、风湿关节肿痛、痈疖疔毒。

分布：天峨、罗城、环江。

千里光属 *Senecio*

千里光 *Senecio scandens* Buch.-Ham. ex D. Don

药用部位及功效：全株味苦，性凉，具有清热解毒、凉血消肿、清肝明目、杀虫的功效，可用于治疗各种急性炎症性疾病、目赤红肿、目翳、伤寒、菌痢、风热咳嗽、黄疸、扁桃体炎、泄泻、流行性感冒、毒血症、败血症、痈肿疖毒、干湿癣疮、丹毒、湿疹、烫伤、过敏性皮炎、痔疮、滴虫性阴道炎。

分布：金城江、宜州、南丹、天峨、凤山、东兰、罗城、环江、巴马、都安、大化。

豨莶属 *Sigesbeckia*

豨莶 *Sigesbeckia orientalis* L.

药用部位及功效：全株味辛、苦，性寒，有小毒，具有祛风除湿、通络、降血压、解毒、镇痛的功效，可用于治疗四肢麻痹、筋骨疼痛、腰膝无力、疟疾、急性肝炎、高血压、疔疮肿毒、外伤出血。

分布：金城江、宜州、南丹、天峨、凤山、东兰、罗城、环江、巴马、都安、大化。

腺梗豨莶 *Sigesbeckia pubescens* Makino

药用部位及功效：根可用于治疗风湿顽痹、头风、带下病、烫伤、白带异常、感伤风热、泄泻、狂犬咬伤、高血压。

分布：罗城、都安。

蒲儿根属 *Sinosenecio*

蒲儿根 *Sinosenecio oldhamianus* (Maxim.) B. Nord.

药用部位及功效：全株味辛、苦，性凉，有小毒，具有解毒、活血、清热、消肿的功效，可用于治疗疮疡、疮毒化脓、金疮。

分布：南丹、天峨、罗城、环江。

一枝黄花属 *Solidago*

一枝黄花 *Solidago decurrens* Lour.

药用部位及功效：全株味苦、辛，性凉，有小毒，具有疏风清热、消肿解毒的功效，可用于治疗感冒头痛、咽喉肿痛、黄疸、百日咳、小儿惊风、跌打损伤、痈肿发背、鹅掌风、皮肤瘙痒、灰指甲、脚癣、毒蛇咬伤。

分布：金城江、宜州、南丹、天峨、凤山、东兰、罗城、环江、巴马、都安、大化。

苦苣菜属 *Sonchus*

苦苣菜 *Sonchus oleraceus* L.

药用部位及功效：全株可用于治疗咽喉肿痛、肠炎、痢疾、黄疸、吐血、便血、崩漏、血淋、痈肿疔疮、肠痈、乳痈、痔瘘、毒蛇咬伤。

分布：南丹、罗城。

花叶滇苦菜 *Sonchus asper* (L.) Hill

药用部位及功效：全株具有清热解毒、止血的功效。

分布：金城江、宜州、南丹、天峨、凤山、东兰、罗城、环江、巴马、都安、大化。

长裂苦苣菜 *Sonchus brachyotus* DC.

药用部位及功效：全株味苦、微酸、涩，性凉，具有清热解毒、散瘀止痛、止血、止带的功效，可用于治疗宫颈柱状上皮异位、白带过多、子宫出血、下腿淋巴管炎、跌打损伤、无名肿毒、乳痈疔肿、烧烫伤、滴虫性阴道炎。

分布：金城江、宜州、南丹、天峨、凤山、东兰、罗城、环江、巴马、都安、大化。

金纽扣属 *Spilanthes*

金纽扣 *Spilanthes paniculata* Wall. ex DC.

药用部位及功效：全株味辛，性温，具有解毒利湿、消肿止痛、止咳定喘的功效，可用于治疗牙痛、疟疾、肠炎、痢疾、咳嗽、哮喘、百日咳、肺结核，外用可治疗毒蛇咬伤、狂犬咬伤、痈疖肿毒。

分布：凤山、环江。

金腰箭属 *Synedrella*

金腰箭 *Synedrella nodiflora* (L.) Gaertn.

药用部位及功效：全株具有清热透疹、解毒消肿的功效，可用于治疗感冒发热、臁疮、疮痈肿毒。

分布：罗城。

合耳菊属 *Synotis*

锯叶合耳菊 *Synotis nagensium* (C. B. Clarke) C. Jeffrey et Y. L. Chen

药用部位及功效：全株味淡，性平，具有祛风除湿、清热、定喘、止泻、驱虫的功效，可用于治疗风湿痹痛、蛔虫病、寸白虫病、姜片虫病、感冒发热、支气管炎、哮喘、腹痛腹泻、肾炎性水肿、膀胱炎、疮毒、刀伤。

分布：环江。

蒲公英属 *Taraxacum*

蒲公英 *Taraxacum mongolicum* Hand.-Mazz.

药用部位及功效：全株味苦、甘，性寒，具有清热解毒、消肿散结、利尿催乳的功效，可用于治疗急性乳痈、目赤、胃炎、胃溃疡、肝炎、胆囊炎、淋巴结炎、扁桃体炎、支气管炎、感冒发热、便秘、尿路感染、肾盂肾炎、阑尾炎、小便淋痛、瘰疬、疥疮、蛇虫咬伤。

分布：金城江、宜州、南丹、天峨、凤山、东兰、罗城、环江、巴马、都安、大化。

斑鸠菊属 *Vernonia*

糙叶斑鸠菊 *Vernonia aspera* (Roxb.) Bucli.-Ham.

药用部位及功效：根味辛、甘，性温，具有发表散寒、凉血、败毒的功效，可用于辅助人工流产及治疗风寒感冒。整叶具有祛风解表、提气健脾的功效，可用于治疗感冒、头痛、咳嗽、疟疾、食欲不振。

分布：环江。

广西斑鸠菊 *Vernonia chingiana* Hand.-Mazz

药用部位及功效：根、叶味苦，性寒，具有解毒消肿、镇痉熄风的功效，可用于治疗烂疮、目赤肿痛、小儿惊风。

分布：凤山、罗城、环江、都安。

夜香牛 *Vernonia cinerea* (L.) Less.

药用部位及功效：全株味苦、微甘，性凉，具有清热、除湿、解毒的功效，可用于治疗外感发热、急性黄疸性肝炎、湿热腹泻、疔疮肿毒。马来西亚取其汁用于治疗肿瘤。

分布：金城江、宜州、南丹、天峨、凤山、东兰、罗城、环江、巴马、都安、大化。

毒根斑鸠菊 *Vernonia cumingiana* Benth.

药用部位及功效：全株味苦，性凉，有小毒，具有祛风解表、舒筋活络、截疟的功效，可用于治疗风湿关节肿痛、腰肌劳损、四肢麻痹、感冒发热、疟疾、牙痛、目赤红肿。

分布：天峨、凤山、罗城、环江。

斑鸠菊 *Vernonia spirei* Gand.

药用部位及功效：根、叶可用于治疗疟疾发热、高热、寒战、汗出、热退身凉、肢体烦疼、面红目赤、便秘尿赤、脉象洪数。

分布：南丹、天峨、凤山、罗城、都安。

茄叶斑鸠菊 *Vernonia solanifolia* Benth.

药用部位及功效：全株可用于治疗腹痛、肠炎、痞气。

分布：东兰、罗城。

蟛蜞菊属 *Wedelia*

蟛蜞菊 *Wedelia chinensis* (Osbeck) Merr.

药用部位及功效：全株味甘、微酸，性凉，具有清热解毒、凉血平肝、化痰止咳的功效，可用于治疗感冒发热、白喉、百日咳、肺炎、扁桃体炎、支气管炎、痢疾，外用可治疗疮疖肿痛、腮腺炎。

分布：南丹、天峨、东兰、罗城。

麻叶蟛蜞菊 *Wedelia urticifolia* DC.

药用部位及功效：根味甘，性温，具有温经、通络、养血、补肾的功效，可用于治疗肾虚腰痛、气血虚弱、跌打损伤。

分布：罗城、环江。

苍耳属 *Xanthium*

苍耳 *Xanthium sibiricum* Patrin ex Widder

药用部位及功效：根可用于治疗疔疮、痈疽、高血压、痢疾、缠喉痹风。茎、叶具有祛风散热、解毒杀虫的功效，可用于治疗头风、头晕、湿痹拘挛、目赤、目翳、风癞、疔肿、热毒疮疡、崩漏、麻风。花可用于治疗白癞顽癣、白痢。果味苦、辛，性温，有小毒，具有散风止痛、杀虫、祛湿的功效，可用于治疗风寒头痛、鼻渊、牙痛、风寒湿痹、四肢挛痛、疥癞。

分布：金城江、宜州、南丹、天峨、凤山、东兰、罗城、环江、巴马、都安、大化。

黄鹌菜属 *Youngia*

黄鹌菜 *Youngia japonica* (L.) DC.

药用部位及功效：全株味甘、微苦，性凉，具有清热解毒、消肿止痛的功效，可用于治疗感冒、咽痛、乳腺炎、结膜炎、疮疖、尿路感染、白带异常、风湿性关节炎、肝硬化腹水、胼胝、狂犬咬伤。

分布：金城江、宜州、南丹、天峨、凤山、东兰、罗城、环江、巴马、都安、大化。

龙胆科 Gentianaceae

穿心草属 *Canscora*

穿心草 *Canscora lucidissima* (H. Lév. et Vaniot) Hand.-Mazz.

药用部位及功效：全株味微甘、微苦，性平，具有清热解毒、止咳、止痛的功效，可用于治疗肺热咳嗽、胃痛、黄疸、肝炎、毒蛇咬伤、跌打内瘀、钩端螺旋体病、胸痛。

分布：宜州、罗城、环江。

龙胆属 *Gentiana*

华南龙胆 *Gentiana loureiroi* (G. Don) Griseb.

药用部位及功效：全株味苦、辛，性寒，具有清热解毒、利尿消肿、止血的功效，可用于治疗咽喉肿痛、肝炎、阑尾炎、肾炎、前列腺炎、目赤红肿、膀胱炎、尿血、白带异常，外用可治疗疮疖肿毒、乳腺炎、毒蛇咬伤。

分布：罗城。

报春花科 Primulaceae

点地梅属 *Androsace*

点地梅 *Androsace umbellata* (Lour.) Merr.

药用部位及功效：全株味辛、甘，性微寒，具有祛风、清热、消肿、解毒的功效，可用于治疗咽喉肿痛、口疮、目赤、目翳、头痛、牙痛、风湿热痛、哮喘、淋浊、带下病、疔疮肿毒、跌打损伤、烫伤。

分布：南丹、天峨、凤山、东兰、环江、都安。

珍珠菜属 *Lysimachia*

广西过路黄 *Lysimachia alfredi* Hance

药用部位及功效：全株具有清热利湿、排石通淋的功效，可用于治疗黄疸性肝炎、痢疾、热淋、石淋、白带异常。

分布：罗城。

泽珍珠菜 *Lysimachia Candida* Lindl.

药用部位及功效：全株味苦，性凉，有毒，具有解热、解毒、消肿散结、凉血活血、调经、止血、止咳的功效，可用于治疗痈疮肿毒、疥癣、跌打伤痛、外伤骨折、外伤红肿、月经不调、月经过多、崩漏、稻田性皮炎。

分布：天峨、凤山、环江。

石山细梗香草 *Lysimachia capillipes* Hemsl. var. *cavaleriei* (H. Lév.) Hand.-Mazz.

药用部位及功效：广西用其治疗肝炎、肝癌。

分布：天峨、环江。

四川金钱草 *Lysimachia christiniae* Hance

药用部位及功效：全株味甘、酸、微苦，性凉，具有清热解毒、利湿通淋、消肿、利胆排石、和胃降逆的功效，可用于治疗热淋、砂淋、尿路结石、尿赤、尿涩作痛、黄疸性肝炎、胆结石、胆囊炎、水肿、湿热带下、痈肿疔疮、毒蛇咬伤、狂犬咬伤、跌打损伤、痈疮疔毒、丹毒、噎膈反胃、劳伤咳嗽带血。

分布：金城江、天峨、东兰、罗城、环江。

矮桃 *Lysimachia clethroides* Duby

药用部位及功效：全株味辛、微涩，性平，具有清热解毒、活血调经、利尿消肿、健脾和胃的功效，可用于治疗月经不调、带下病、小儿疳积、水肿、风湿性关节炎、跌打损伤、咽痛、乳痈、石淋、胆囊炎、毒蛇咬伤、疖肿。

分布：环江。

临时救 *Lysimachia congestiflora* Hemsl.

药用部位及功效：全株味苦，性凉，具有清热解毒、祛风散寒、化痰止咳、利湿消积的功效，可用于治疗风寒感冒、咽喉风痹肿痛、咳嗽痰多、头痛身痛、泄泻、小儿疳积、蛇虫咬伤、疔疮、跌打损伤、肾炎性水肿、肾结石。

分布： 凤山、罗城、环江。

延叶珍珠菜 *Lysimachia decurrens* G. Forst.

药用部位及功效： 全株味苦、辛，性平，具有活血调经、消肿散结、止痛的功效，可用于治疗月经不调、瘰疬、流行性腮腺炎、扁桃体炎，外用可治疗跌打损伤、骨折、疔毒。

分布： 环江。

独山香草 *Lysimachia dushanensis* F. H. Chen et C. M. Hu

药用部位及功效： 全株可用于治疗跌打损伤。

分布： 南丹、环江。

灵香草 *Lysimachia foenum-graecum* Hance

药用部位及功效： 全株味甘，气香，性平，具有清热解毒、行气止痛、杀虫止痒、祛风除湿、驱蛔虫的功效，可用于治疗感冒发热头痛、咽喉肿痛、牙痛、胸满腹胀、风湿痹痛、月经不调、蛔虫病，外用可治疗皮肤瘙痒、腋臭。

分布： 东兰、罗城、环江。

星宿菜 *Lysimachia fortunei* Maxim.

药用部位及功效： 全株味苦、涩，性平，具有活血散瘀、消肿止痛、利尿化湿、收敛止泻、清肝明目的功效，可用于治疗跌打损伤、关节风湿痛、月经不调、闭经乳痈、瘰疬、目赤肿痛、视力减退、湿热型黄疸、肝炎、水肿、疟疾、痢疾、腹泻。

分布： 金城江、宜州、南丹、天峨、凤山、东兰、罗城、环江、巴马、都安、大化。

狭叶落地梅 *Lysimachia paridiformis* Franch. var. *stenophylla* Franch.

药用部位及功效： 全株味苦、辛，性温，具有清热解毒、祛风除湿、活血化瘀、消肿止痛的功效，可用于治疗感冒发热、咽喉肿痛、痢疾、风湿痹痛、半身不遂、疮疖、跌打损伤、骨折、毒蛇咬伤、小儿惊风、乳腺炎、分娩脱宫、胃出血、咯血。

分布： 罗城、环江。

假婆婆纳属 ***Stimpsonia***

假婆婆纳 *Stimpsonia chamaedryoides* Wright ex A. Gray

药用部位及功效： 全株具有清热解毒、活血、消肿止痛的功效，可用于治疗疮疡肿毒、毒蛇咬伤。

分布： 罗城、环江。

白花丹科 Plumbaginaceae

白花丹属 ***Plumbago***

白花丹 *Plumbago zeylanica* L.

药用部位及功效： 全株味苦、辛，性温，有小毒，具有散瘀消肿、祛风止痛、消积杀菌的功效。根可用于治疗风湿骨痛、肝脾肿大、慢性肝炎、跌打损伤。叶外用可治疗跌打肿痛、扭挫伤、体癣、痈疮肿毒。

分布： 罗城。

车前科 Plantaginaceae

车前属 *Plantago*

车前 *Plantago asiatica* L. subsp. *asiatica*

药用部位及功效：全株、种子味甘，性寒，具有清热利尿、祛痰止咳、明目的功效，可用于治疗尿路感染、肾炎性水肿、尿路结石、小便不利、急性结膜炎、黄疸性肝炎、痢疾。

分布：金城江、宜州、南丹、天峨、凤山、东兰、罗城、环江、巴马、都安、大化。

大车前 *Plantago major* L.

药用部位及功效：全株味甘，性寒，功效同车前。欧洲用其叶治疗创伤、肠道病、结石。提取物可用于治疗扭挫伤、烧伤。

分布：金城江、宜州、南丹、天峨、凤山、东兰、罗城、环江、巴马、都安、大化。

桔梗科 Campanulaceae

沙参属 *Adenophora*

轮叶沙参 *Adenophora tetraphylla* (Thunb.) Fisch.

药用部位及功效：全株可用于治疗肺热咳嗽、咳痰稠黄、虚劳久咳、咽干舌燥、津伤口渴。

分布：罗城、环江。

牧根草属 *Asyneuma*

球果牧根草 *Asyneuma chinense* D. Y. Hong

药用部位及功效：根具有养阴清肺、清虚火、止咳的功效，可用于治疗咳嗽、小儿疳积、小儿腹泻、慢性支气管炎、肺结核咯血。

分布：罗城、环江、都安。

金钱豹属 *Campanumoea*

桂党参 *Campanumoea javanica* Blume

药用部位及功效：根味甘，性平，具有补血益气、润肺生津、健脾胃、祛痰止咳的功效，可用于治疗气虚乏力、脾虚腹泻、肺虚咳嗽、小儿疳积、乳汁稀少。

分布：天峨、环江、巴马。

金钱豹 *Campanumoea javanica* Blume subsp. *japonica* (Maxim.) D. Y. Hong

药用部位及功效：根具有清热、镇静、健脾补气、祛痰止咳的功效，可用于治疗气虚乏力、泄泻、肺虚咳嗽、肾虚、小儿疳积、乳汁稀少。

分布：南丹、天峨、罗城。

土党参属 *Cyclocodon*

长叶轮钟草 *Cyclocodon lancifolius* (Roxb.) Kurz

药用部位及功效：根味甘、微苦，性平，具有益气补虚、祛瘀止痛的功效，可用于治疗咳嗽、气虚乏力、痢疾、风湿痹痛、过敏性皮炎。

分布：金城江、宜州、南丹、天峨、凤山、东兰、罗城、环江、巴马、都安、大化。

桔梗属 *Platycodon*

桔梗 *Platycodon grandiflorus* (Jacq.) A. DC.

药用部位及功效：根味苦、辛，性平，具有宣肺、散寒、利咽、祛痰、排脓的功效，可用于治疗外感咳嗽、咳痰不爽、咽痛、音哑、胸闷腹胀、肺痈吐脓、疮疡脓成不溃。

分布：南丹、天峨、环江。

蓝花参属 *Wahlenbergia*

蓝花参 *Wahlenbergia marginata* (Thunb.) A. DC.

药用部位及功效：全株味甘，性平，具有补虚、解表、化痰止咳、截疟的功效，可用于治疗虚损劳伤、咯血、衄血、自汗、盗汗、白带异常、高血压、伤风咳嗽、胃痛、下痢、小儿疳积、跌打损伤、刀伤、毒蛇咬伤。

分布：天峨、罗城、环江。

半边莲科 Lobeliaceae

半边莲属 *Lobelia*

铜锤玉带草 *Lobelia angulata* Forst.

药用部位及功效：全株味辛、苦，性平，具有祛风利湿、活血散瘀的功效，可用于治疗风湿疼痛、月经不调、白带异常、遗精、跌打损伤、外伤出血、病后虚弱、疮疡肿毒。

分布：金城江、宜州、南丹、天峨、凤山、东兰、罗城、环江、巴马、都安、大化。

半边莲 *Lobelia chinensis* Lour.

药用部位及功效：全株味微辛，性平，有小毒，具有清热解毒、利尿消肿的功效，可用于治疗黄疸、大腹水肿、肝硬化腹水、晚期血吸虫病腹水、面足浮肿、水肿、扁桃体炎、肠痈，外用可治疗跌打损伤、痈疖疔疮、毒蛇咬伤。

分布：金城江、宜州、南丹、天峨、凤山、东兰、罗城、环江、巴马、都安、大化。

西南山梗菜 *Lobelia seguinii* H. Lév. et Vaniot

药用部位及功效：全株味辛，性寒，有剧毒，具有祛风消炎、止痛、清热解毒、杀虫的功效，可用于治疗风湿关节肿痛、跌打损伤、疮疡肿毒、痈疽搭背、流行性腮腺炎、扁桃体炎。

分布：金城江、南丹、天峨、凤山、环江。

山梗菜 *Lobelia sessilifolia* Lamb.

药用部位及功效：全株具有利尿、消肿、解毒的功效，可用于治疗黄疸、水肿、臌胀、泄泻、痢疾、无名肿毒、湿疹、癣疾、跌打扭伤肿痛、面足浮肿、痈肿疔疮、蛇虫咬伤、晚期血吸虫病腹水。

分布：罗城。

卵叶半边莲 *Lobelia zeylanica* L.

药用部位及功效：全株可用于治疗无名肿毒。

分布：金城江、宜州、南丹、天峨、凤山、东兰、罗城、环江、巴马、都安、大化。

铜锤玉带属 *Pratia*

广西铜锤草 *Pratia wollastonii* S. Moore

药用部位及功效：全株可用于治疗毒蛇咬伤、疮疡肿毒。

分布：罗城。

紫草科 Boraginaceae

斑种草属 *Bothriospermum*

柔弱斑种草 *Bothriospermum zeylanicum* (J. Jacq.) Druce

药用部位及功效：全株味苦、涩，性平，有小毒，具有止咳、止血的功效，可用于治疗咳嗽、吐血。

分布：凤山、环江、巴马。

琉璃草属 *Cynoglossum*

小花琉璃草 *Cynoglossum lanceolatum* Forssk.

药用部位及功效：全株味苦，性寒，具有清热解毒、利尿消肿、活血调经的功效，可用于治疗急性肾炎、牙周炎、牙周肿胀、急性颌下淋巴结炎、月经不调、跌打损伤、痈疮肿毒、毒蛇咬伤。

分布：凤山、罗城、环江。

厚壳树属 *Ehretia*

厚壳树 *Ehretia acuminata* (DC.) R. Br.

药用部位及功效：心材、枝、叶味甘、微苦，性平。心材具有破瘀生新、止痛生肌的功效，可用于治疗跌打损伤肿痛、骨折、痈疮红肿。枝具有收敛止泻的功效，可用于治疗泄泻。叶具有清热解暑、祛腐生肌的功效，可用于治疗感冒、偏头痛。

分布：罗城。

上思厚壳树 *Ehretia tsangii* I. M. Johnst.

药用部位及功效：叶具有和胃、解毒、消肿的功效，可用于治疗食物中毒、腹痛、呕吐，外用可治疗毒蛇咬伤。

分布：罗城。

紫草属 *Lithospermum*

紫草 *Lithospermum erythrorhizon* Sieb. et Zucc.

药用部位及功效：根味甘、咸，性寒，具有清热解毒、凉血活血、透疹、抗癌的功效，可用于治疗疹痘未发、斑疹紫黑、麻疹不透、猩红热、血热毒盛、疮疡、湿疹、烫伤。

分布：罗城、环江、都安。

盾果草属 *Thyrocarpus*

盾果草 *Thyrocarpus sampsonii* Hance

药用部位及功效：全株味苦，性凉，具有清热解毒、消肿的功效，可用于治疗痈疖疔疮、痢疾、泄泻、咽痛，外用可治疗乳疮、疔疮。

分布：金城江、罗城、环江、都安。

附地菜属 *Trigonotis*

附地菜 *Trigonotis peduncularis* (Trevis.) Benth. ex Baker et S. Moore

药用部位及功效：全株味甘、辛，性温，具有祛风、镇痛的功效，可用于治疗遗尿、赤白带下、发背、热肿、手脚麻木。

分布：环江。

茄科 Solanaceae

辣椒属 *Capsicum*

辣椒 *Capsicum annuum* L.

药用部位及功效：根具有活血消肿的功效，可用于治疗崩漏。茎可用于治疗风湿冷痛。叶可用于治疗水肿。果味辛，性热，具有温中散寒、健胃、发汗的功效，可用于治疗脾胃虚寒、消化不良、呕吐、下痢，外用可治疗风湿痛、腰腿痛、冻疮。种子可用于治疗风湿痛。

分布：金城江、宜州、南丹、天峨、凤山、东兰、罗城、环江、巴马、都安、大化。

夜香树属 *Cestrum*

夜香树 *Cestrum nocturnum* L.

药用部位及功效：叶、花味辛，性温，有小毒。叶具有清热消肿的功效，外用可治疗乳腺炎、痈疮，玛雅人用其治疗体冷发热。花具有行气止痛、散寒的功效，可用于治疗胃脘疼痛，亦可用作香料。

分布：金城江、宜州、南丹、天峨、凤山、东兰、罗城、环江、巴马、都安、大化。

曼陀罗属 *Datura*

洋金花 *Datura metel* L.

药用部位及功效：花具有平喘止咳、麻醉止痛、解痉止搐的功效，可用于外科麻醉及治疗哮喘咳嗽、脘腹冷痛、风湿痹痛、癫痫、惊风。

分布：东兰、罗城。

曼陀罗 *Datura stramonium* L.

药用部位及功效：叶、花、种子味辛、苦，性温，有剧毒，具有麻醉、镇痛、平喘、止咳的功效，可用于手术麻醉及治疗气管炎哮喘、慢性喘息性支气管炎、胃痛、牙痛、风湿痛、跌打损伤。

分布：金城江、宜州、南丹、天峨、凤山、东兰、罗城、环江、巴马、都安、大化。

红丝线属 *Lycianthes*

红丝线 *Lycianthes biflora* (Lour.) Bitter

药用部位及功效：全株味苦，性凉，具有祛痰止咳、清热解毒、补虚的功效，可用于疮疥火疗及治疗感冒、虚劳咳嗽、气喘、消化不良、疟疾、跌打损伤、外伤出血、骨鲠、狂犬咬伤。

分布：金城江、宜州、南丹、天峨、凤山、东兰、罗城、环江、巴马、都安、大化。

密毛红丝线 *Lycianthes biflora* var. *subtusochracea* Bitter

药用部位及功效：根、叶具有抗癌、祛风止痒的功效，可用于治疗宫颈癌、绒毛膜上皮癌、风湿病、皮肤瘙痒、风湿跌打损伤，外用可治疗蛇虫咬伤。

分布：东兰、环江。

单花红丝线 *Lycianthes lysimachioides* (Wall.) Bitter

药用部位及功效：全株味辛，性温，有小毒，具有杀虫、解毒的功效，可用于治疗痈肿疮毒、耳疮、鼻疮。

分布：环江。

枸杞属 *Lycium*

枸杞 *Lycium chinense* Mill.

药用部位及功效：根、根皮（地骨皮）、茎、叶味苦，性寒，具有清热凉血、降压、安胎、消肿的功效，可用于治疗风火牙痛、坐骨神经痛、痢疾。果（枸杞子）味甘，性平，具有滋补肝肾、益精明目的功效，可用于治疗肾虚精血不足、腰脊酸痛、神经衰弱、头晕目眩、肺虚咳嗽、阳痿、遗精。

分布：金城江、宜州、南丹、天峨、凤山、东兰、罗城、环江、巴马、都安、大化。

番茄属 *Lycopersicon*

番茄 *Lycopersicon esculentum* Mill.

药用部位及功效：果味甘、酸，性微寒，具有生津止渴、健胃消食的功效，可用于治疗口渴、食欲不振，是希腊传统用药；果切薄片加糖外敷可治疗疖。

分布：金城江、宜州、南丹、天峨、凤山、东兰、罗城、环江、巴马、都安、大化。

烟草属 *Nicotiana*

烟草 *Nicotiana tabacum* L.

药用部位及功效：全株味辛，性温，有毒，具有行气止痛、麻醉、发汗、镇静、催吐、消肿、解毒、杀虫的功效，可用于治疗食滞饱胀、气结疼痛、骨折疼痛、偏头痛、疟疾、痈疽疔疮、无名肿毒、头癣、白秃疮、蛇犬咬伤。烟油垢可用于治疗毒蛇咬伤、蜈蚣咬伤。

分布：金城江、宜州、南丹、天峨、凤山、东兰、罗城、环江、巴马、都安、大化。

碧冬茄属 *Petunia*

碧冬茄 *Petunia hybrida* (Hook.) Vilm.

药用部位及功效：种子具有舒气、杀虫的功效，可用于治疗腹水、腹胀便秘、蛔虫病。

分布：金城江、宜州、南丹、天峨、凤山、东兰、罗城、环江、巴马、都安、大化。

酸浆属 *Physalis*

挂金灯 *Physalis alkekengi* L. var. *francheti* (Mast.) Makino

药用部位及功效：全株具有清热、解毒、利尿、降压、强心、抑菌的功效，可用于治疗热咳、咽痛、音哑、急性扁桃体炎、小便不利、水肿等。

分布：天峨、罗城。

苦蘵 *Physalis angulata* L.

药用部位及功效： 全株具有清热、利尿、解毒、消肿的功效，可用于治疗感冒、肺热咳嗽、咽喉肿痛、牙龈肿痛、湿热型黄疸、痢疾、水肿、热淋、天疱疮、疔疮。

分布： 凤山、罗城。

小酸浆 *Physalis minima* L.

药用部位及功效： 全株味苦，性凉，具有渗湿、杀虫的功效，可用于治疗黄疸、小便不利、慢性咳嗽气喘、湿疮、小儿发热、癌症、毒蛇咬伤。

分布： 南丹、罗城、环江。

茄属 *Solanum*

喀西茄 *Solanum aculeatissimum* Jacquem.

药用部位及功效： 根、叶、果味微苦，性寒，有小毒，具有消炎解毒、镇静止痛的功效，可用于治疗风湿跌打疼痛、神经性头痛、胃痛、牙痛、乳腺炎、腮腺炎。

分布： 罗城、环江。

少花龙葵 *Solanum americanum* Mill.

药用部位及功效： 全株味微苦、甘，性寒，具有清热、解毒、利尿、散血、消肿的功效，可用于治疗痢疾、淋证、目赤、咽痛、疖疮。

分布： 环江。

牛茄子 *Solanum capsicoides* All.

药用部位及功效： 全株味苦、辛，性温，有毒，具有活血散瘀、麻醉止痛、镇咳平喘的功效，可用于治疗风湿腰腿痛、跌打损伤、慢性咳嗽痰喘、胃痛、慢性骨髓炎、瘰疬、冻疮、脚癣、痈疮肿毒。

分布： 南丹、环江。

假烟叶树 *Solanum erianthum* D. Don

药用部位及功效： 全株味辛、微苦，性温，有毒，可用于治疗痈疮肿毒、毒蛇咬伤、湿疹、腹痛、骨折、跌打肿痛等。根可用于治疗胃痛、腹痛、骨折、跌打损伤、慢性粒细胞性白血病，外用可治疗疮毒、疥癣。叶具有消肿止痛、化痰止咳、止血、杀虫的功效，可用于治疗水肿痛风、血崩、跌打肿痛、牙痛、瘰疬、痈疮肿毒、湿疹、皮炎、皮肤溃疡、外伤出血。

分布： 金城江、宜州、南丹、天峨、凤山、东兰、罗城、环江、巴马、都安、大化。

白英 *Solanum lyratum* Thunb.

药用部位及功效： 全株味苦，性微寒，有小毒，具有清热利湿、祛风解毒的功效，可用于治疗疟疾、黄疸、水肿、淋证、风湿关节肿痛、丹毒、疔疮。根可用于治疗风火牙痛、头痛、瘰疬、无名肿毒、痔漏。

分布： 环江。

茄 *Solanum melongena* L.

药用部位及功效： 根、茎、叶、蒂、花、具有散瘀止痛、消肿宽肠的功效，可用于治疗寒热、五脏劳损、瘟病、毒肿、乳裂、冻疮皲裂、金疮、牙痛、肠风便血不止、血痔。

分布： 金城江、宜州、南丹、天峨、凤山、东兰、罗城、环江、巴马、都安、大化。

龙葵 *Solanum nigrum* L.

药用部位及功效：全株味苦，性寒，有小毒，具有清热解毒、利尿消肿、降血压、抗癌的功效，可用于治疗小便不利、膀胱炎、白带异常、痢疾、乳腺炎、牙痛、感冒发热、慢性支气管炎、胃癌、食道癌，外用可治疗疮疖肿痛、湿疹、天疱疮。

分布：金城江、宜州、南丹、天峨、凤山、东兰、罗城、环江、巴马、都安、大化。

海桐叶白英 *Solanum pittosporifolium* Hemsl.

药用部位及功效：全株具有清热解毒、散瘀消肿、祛风除湿、抗癌的功效。

分布：金城江、南丹、环江。

珊瑚樱 *Solanum pseudocapsicum* L.

药用部位及功效：全株味辛、微苦，性温，有毒。根具有理气止痛、生肌、解毒、消炎的功效，可用于治疗腰肌劳损、牙痛、血热、水肿、疮疡肿毒。

分布：环江。

旋花茄 *Solanum spirale* Roxb.

药用部位及功效：全株具有清热解毒、利湿健胃、利尿、止咳、截症的功效，可用于治疗哮喘。

分布：金城江、南丹、凤山、东兰、罗城。

水茄 *Solanum torvum* Sw.

药用部位及功效：根、叶味辛，性微凉，有小毒。根具有活血散瘀、消肿止痛、清热镇咳、发汗、通经的功效，可用于治疗跌打瘀痛、腰肌劳损、感冒咳嗽、咯血、痧证、闭经、牙痛、胃痛、疖疮、痈肿。叶可用于治疗无名肿毒。果具有明目的功效。

分布：天峨、东兰、环江、都安。

刺天茄 *Solanum violaceum* Ortega

药用部位及功效：全株具有祛风止痛、清热解毒、镇静消炎的功效，可用于治疗风湿痹痛、乳痈、跌打疼痛、神经性头痛、胃痛、牙痛、乳腺炎、腮腺炎。

分布：金城江、宜州、南丹、天峨、凤山、东兰、罗城、环江、巴马、都安、大化。

旋花科 Convolvulaceae

银背藤属 *Argyreia*

东京银背藤 *Argyreia pierreana* Boiss.

药用部位及功效：茎、叶味甘、淡，性凉，可用于治疗跌打损伤、风湿疼痛、支气管炎、崩漏、内外出血、湿疹、乳腺炎、疮疖等。

分布：金城江、南丹、天峨、环江、都安。

菟丝子属 *Cuscuta*

南方菟丝子 *Cuscuta australis* R. Br.

药用部位及功效：全株可用于治疗哮喘、肺炎、肝炎、子宫脱垂。种子味甘、辛，性平，具有补肝肾、固精缩尿、安胎、明目、止泻的功效。

分布：南丹、罗城、环江。

金灯藤 *Cuscuta japonica* Choisy

药用部位及功效：全株味甘、苦，性平。种子具有滋补肝肾、固精缩尿、安胎、明目、止泻的功效。

分布：金城江、宜州、南丹、天峨、凤山、东兰、罗城、环江、巴马、都安、大化。

马蹄金属 *Dichondra*

马蹄金 *Dichondra micrantha* Urb.

药用部位及功效：全株味辛、微苦，性凉，具有清热解毒、利尿消肿、祛风止痛、行气活血的功效，可用于治疗黄疸性肝炎、胆囊炎、胆结石、口腔炎、牙痛、牙槽脓肿、急性结膜炎、白喉、肺出血、风寒感冒咳嗽、痢疾、石淋、白浊、尿血、肾炎、水肿、尿路感染、膀胱结石、跌打损伤、疔疮疖毒、小儿发热抽搐、乳腺炎、乳痈、闭经等。

分布：金城江、宜州、南丹、天峨、凤山、东兰、罗城、环江、巴马、都安、大化。

土丁桂属 *Evolvulus*

银丝草 *Evolvulus alsinoides* (L.) L. var. *decumbens* (R. Br.) Ooststr.

药用部位及功效：全株味苦、辛，性凉，可用于治疗咳嗽痰喘、肾虚腰痛、跌打损伤。

分布：环江。

番薯属 *Ipomoea*

蕹菜 *Ipomoea aquatica* Forssk.

药用部位及功效：全株味甘、淡，性寒，具有清热解毒、止血、利尿的功效，可用于治疗乳痈、牙痛、疮痈、痔漏、食物中毒、黄藤中毒、钩吻中毒、砒霜中毒、野菇中毒、小便不利、尿血、鼻出血、咯血、疟疾、蜈蚣咬伤、毒蛇咬伤。茎、叶具有清热、凉血、止血的功效。

分布：金城江、宜州、南丹、天峨、凤山、东兰、罗城、环江、巴马、都安、大化。

番薯 *Ipomoea batatas* (L.) Lam.

药用部位及功效：块根味甘，性平，具有补中益气、生津、活血、止血、健胃、通便、排脓的功效，可用于治疗胃痛、便秘、便血、吐泻、崩漏、乳汁不通，外用可治疗无名肿痛、痈疮、血管痉挛。

分布：金城江、宜州、南丹、天峨、凤山、东兰、罗城、环江、巴马、都安、大化。

毛牵牛 *Ipomoea biflora* (L.) Pers.

药用部位及功效：全株具有清热解毒、消疳祛积的功效，可用于治疗感冒、毒蛇咬伤、小儿疳积。种子可用于治疗跌打损伤、毒蛇咬伤。

分布：天峨、凤山、罗城。

牵牛 *Ipomoea nil* (L.) Roth

药用部位及功效：全株具有泻下、利尿、消肿、驱虫的功效，可用于治疗肢体水肿、肾炎性水肿、肝硬化腹水、便秘、虫积腹痛。

分布：金城江、宜州、南丹、天峨、凤山、东兰、罗城、环江、巴马、都安、大化。

玄参科 Scrophulariaceae

毛麝香属 *Adenosma*

毛麝香 *Adenosma glutinosum* (L.) Druce

药用部位及功效：全株味辛、苦，性温，具有祛风除湿、消肿解毒、散瘀行气、止痛止痒的功效，可用于治疗小儿麻痹症初期、受凉腹痛、风湿骨痛、跌打损伤、疮疡肿毒、黄蜂蜇伤、毒蛇咬伤、皮肤湿疹、瘾疹、瘙痒。

分布：金城江、宜州、南丹、天峨、凤山、东兰、罗城、环江、巴马、都安、大化。

来江藤属 *Brandisia*

来江藤 *Brandisia hancei* Hook. f.

药用部位及功效：全株味微苦，性凉，具有清热解毒、祛风利湿、止血的功效，可用于治疗附骨疽、骨膜炎、黄疸、跌打损伤、风湿筋骨痛、水肿、下痢、吐血、心悸，外用可治疗疮疖。根具有清热解毒的功效，可用于治疗附骨疽、黄疸。叶可用于治疗痈疽。

分布：南丹、天峨、环江、都安。

广西来江藤 *Brandisia kwangsiensis* H. L. Li

药用部位及功效：全株味微辛，性平。叶可用于治疗咳嗽。

分布：天峨、环江。

黑草属 *Buchnera*

黑草 *Buchnera cruciata* Buch.-Ham. ex D. Don

药用部位及功效：全株味淡、微苦，性凉，具有清热解毒的功效，可用于治疗流行性感冒、中暑腹痛、蛛网膜下腔出血、荨麻疹。

分布：金城江、宜州、南丹、天峨、凤山、东兰、罗城、环江、巴马、都安、大化。

石龙尾属 *Limnophila*

抱茎石龙尾 *Limnophila connata* (Buch.-Ham. ex D. Don) Hand.-Mazz.

药用部位及功效：全株具有清热利尿、凉血解毒的功效。

分布：罗城。

母草属 *Lindernia*

长蒴母草 *Lindernia anagallis* (Burm. f.) Pennell

药用部位及功效：全株具有清肺利尿、凉血消毒、消炎退肿的功效，可用于治疗风热目痛、痈疽肿毒、白带异常、淋病、痢疾、小儿腹泻。

分布：南丹、凤山、罗城。

泥花母草 *Lindernia antipoda* (L.) Alston

药用部位及功效：全株具有清热、解毒、消肿、祛瘀的功效，可用于治疗肺热咳嗽、咽痛、毒蛇咬伤、扭伤。

分布：罗城。

刺齿泥花草 *Lindernia ciliata* (Colsm.) Pennell

药用部位及功效：全株味淡，性平，具有清热解毒、祛瘀破血、消肿止痛的功效，可用于治疗毒蛇咬伤、跌打损伤、产后出血、瘀血腹痛、疮疖疔毒。

分布：环江。

母草 *Lindernia crustacea* (L.) F. Muell.

药用部位及功效：全株具有清热利湿、活血止痛、解毒的功效，可用于治疗感冒、急慢性菌痢、肠炎、痈疖疔肿。

分布：罗城。

旱田草 *Lindernia ruellioides* (Colsm.) Pennell

药用部位及功效：全株具有理气活血、解毒消肿的功效，可用于治疗月经不调、痛经、闭经、胃痛、乳痈、乳腺炎、瘰疬、跌打损伤、痈肿疼痛、毒蛇咬伤、狂犬咬伤。

分布：罗城、南丹、天峨、凤山、东兰。

通泉草属 *Mazus*

美丽通泉草 *Mazus pulchellus* Hemsl.

药用部位及功效：全株具有清热解毒的功效，可用于治疗劳伤吐血、跌打损伤。

分布：环江。

通泉草 *Mazus pumilus* (Burm. f.) Steenis var. *pumilus*

药用部位及功效：全株具有清热解毒、消炎消肿、利尿、止痛、健胃消积的功效，可用于治疗偏头痛、消化不良、疔疮、脓疮、无名肿毒、烧烫伤、毒蛇咬伤。

分布：凤山、东兰、环江。

泡桐属 *Paulownia*

白花泡桐 *Paulownia fortunei* (Seem.) Hemsl.

药用部位及功效：根、果味苦，性寒。根具有解毒、祛风除湿、消肿止痛的功效。果具有化痰止咳的功效。种子可用于治疗伤寒发狂。

分布：金城江、宜州、南丹、天峨、凤山、东兰、罗城、环江、巴马、都安、大化。

台湾泡桐 *Paulownia kawakamii* T. Ito

药用部位及功效：树皮、叶味苦，性寒。树皮具有祛风解毒、接骨消肿的功效，可用于治疗风湿病、跌打损伤、骨折、疮毒、早期肝硬化。叶外用可治疗跌打损伤。

分布：南丹、罗城、环江。

松蒿属 *Phtheirospermum*

松蒿 *Phtheirospermum japonicum* (Thunb.) Kanitz

药用部位及功效：全株味微辛，性凉，可用于治疗感冒、黄肿。

分布：宜州、南丹。

阴行草属 ***Siphonostegia***

阴行草 *Siphonostegia chinensis* Benth.

药用部位及功效：全株味苦，性寒，具有清热利湿、消肿散瘀、凉血止血的功效，可用于治疗黄疸性肝炎、胆囊炎、急性肾炎、胃肠炎、尿血、便血、产后瘀血、外伤出血、烧烫伤、跌打损伤、风湿关节肿痛。

分布：宜州、罗城。

独脚金属 ***Striga***

独脚金 *Striga asiatica* (L.) Kuntze

药用部位及功效：全株味甘、淡，性凉，具有清肝消食、杀虫、解毒、清心火的功效，可用于治疗小儿伤食积食、暑热腹泻、黄疸性肝炎、黄肿、夜盲。

分布：金城江、宜州、南丹、天峨、凤山、东兰、罗城、环江、巴马、都安、大化。

蝴蝶草属 ***Torenia***

光叶蝴蝶草 *Torenia asiatica* L.

药用部位及功效：全株味甘、微苦，性凉，具有清热利湿、解毒、化瘀的功效，可用于治疗热咳、黄疸、下痢、跌打损伤、毒蛇咬伤。

分布：罗城、环江、都安。

单色蝴蝶草 *Torenia concolor* Lindl.

药用部位及功效：全株味苦，性凉，具有清热解毒、利湿、止咳、化瘀、和胃止呕的功效，可用于治疗发痴呕吐、黄疸、泄泻、尿血、风热咳嗽、跌打损伤、疔毒疮疡、毒蛇咬伤。

分布：金城江、罗城、环江、巴马、都安。

黄花蝴蝶草 *Torenia flava* Buch.-Ham. ex Benth.

药用部位及功效：全株味甘，性平，可用于治疗阴囊肿大。

分布：罗城。

紫萼蝴蝶草 *Torenia violacea* (Azaola ex Blanco) Pennell

药用部位及功效：全株味微苦，性凉，具有清热解毒、利湿止咳、化痰的功效，可用于治疗小儿疳积、吐泻、痢疾、目赤、黄疸、血淋、疔疮、痈肿、毒蛇咬伤。

分布：天峨、环江、巴马。

婆婆纳属 ***Veronica***

阿拉伯婆婆纳 *Veronica persica* Poir.

药用部位及功效：全株味辛、苦、咸，性平，具有解热毒、治肾虚、疗风湿的功效，可用于治疗肾虚腰痛、风湿疼痛、久疟、小儿阴囊肿大。

分布：南丹、罗城、环江。

水苦荬 *Veronica undulata* Wall. ex Jack

药用部位及功效：全株具有活血止血、解毒消肿的功效，可用于治疗咽喉肿痛、肺结核咯血。

分布：天峨、东兰、罗城。

腹水草属 ***Veronicastrum***

四方麻 *Veronicastrum caulopterum* (Hance) T. Yamaz.

药用部位及功效：全株味苦，性寒，具有清热解毒、消肿止痛、生肌长肉的功效，可用于治疗红白痢、咽痛、目赤、黄肿、淋证、下疳、刀伤、痈疽、瘰疬、皮肤溃疡、湿疹、烫伤。

分布：环江。

列当科 Orobanchaceae

野菰属 ***Aeginetia***

野菰 *Aeginetia indica* L.

药用部位及功效：全株味苦，性凉，有小毒，具有清热解毒、消肿、凉血的功效，可用于治疗咽痛、扁桃体炎、尿路感染、小便淋痛、小儿高热、附骨疽（骨髓炎），外用可治疗疔疮、毒蛇咬伤。

分布：南丹、环江。

狸藻科 Lentibulariaceae

狸藻属 ***Utricularia***

挖耳草 *Utricularia bifida* L.

药用部位及功效：全株具有清热解毒、消肿止痛的功效，可用于治疗感冒发热、咽喉肿痛、牙痛、急性肠炎、痢疾、尿路感染、淋巴结结核、疔疮肿毒、乳腺炎、腮腺炎、带状疱疹、毒蛇咬伤、中耳炎。

分布：罗城。

苦苣苔科 Gesneriaceae

芒毛苣苔属 ***Aeschynanthus***

芒毛苣苔 *Aeschynanthus acuminatus* Wall. ex A. DC.

药用部位及功效：全株味甘淡，性平，具有宁神、祛风除湿、消肿止痛的功效，可用于治疗神经衰弱、癫痫、慢性肝炎、肺虚咳嗽、风湿骨痛、坐骨神经痛、产后腹痛，外用可治疗骨折。

分布：罗城。

广西芒毛苣苔 *Aeschynanthus austroyunnanensis* W. T. Wang var. *guangxiensis* (Chun ex W. T. Wang) W. T. Wang

药用部位及功效：全株可用于治疗咳嗽、坐骨神经痛，外用可治疗关节炎。

分布：东兰、罗城、环江。

朱红苣苔属 ***Calcareoboea***

朱红苣苔 *Calcareoboea coccinea* C. Y. Wu ex H. W. Li

药用部位及功效：全株具有止咳、活血的功效，可用于治疗咳嗽、吐血。

分布: 宜州、环江。

唇柱苣苔属 ***Chirita***

牛耳朵 *Chirita eburnea* Hance

药用部位及功效: 全株味甘，性平，具有滋阴清热、清肺止咳、除湿、止血的功效，可用于治疗阴虚咳嗽、肺结核咯血、吐血、血崩、白带异常，外用可治疗外伤出血、痈疮疖肿。

分布: 南丹、天峨、环江。

蚂蟥七 *Chirita fimbrisepala* Hand.-Mazz.

药用部位及功效: 根茎味苦，性凉，具有健脾消食、清热利湿、活血止痛、止咳、接骨的功效，可用于治疗小儿疳积、胃痛、肝炎、痢疾、肺结核咯血、刀伤出血、无名肿毒、跌打损伤。

分布: 罗城、环江。

钩序唇柱苣苔 *Chirita hamosa* R. Br.

药用部位及功效: 全株可用于治疗毒蛇咬伤、小便不利。

分布: 东兰、环江。

羽裂唇柱苣苔 *Chirita pinnatifida* (Hand.-Mazz.) B. L. Burtt

药用部位及功效: 全株可用于治疗痢疾、跌打损伤，外用可消肿毒。

分布: 罗城、环江。

圆唇苣苔属 ***Gyrocheilos***

稀裂圆唇苣苔 *Gyrocheilos retrotrichum* W. T. Wang var. *oligolobum* W. T. Wang

药用部位及功效: 叶可用于治疗疔疮溃烂。

分布: 罗城、环江。

半蒴苣苔属 ***Hemiboea***

华南半蒴苣苔 *Hemiboea follicularis* C. B. Clarke

药用部位及功效: 全株可用于治疗咳嗽、风热咳喘、骨折。叶外用可治疗化脓性疾病、毒蛇咬伤。

分布: 南丹、东兰、环江。

大苞半蒴苣苔 *Hemiboea magnibracteata* Y. G. Wei et H. Q. Wen

药用部位及功效: 全株具有清热、利湿、解毒的功效，可用于治疗湿热型黄疸、咽喉肿痛、毒蛇咬伤、烧烫伤。

分布: 罗城、环江。

半蒴苣苔 *Hemiboea subcapitata* C. B. Clarke

药用部位及功效: 全株具有清热解毒、散瘀消肿、利尿、止咳、生津的功效，可用于治疗伤暑、毒蛇咬伤、疔疮、湿热型黄疸、泄泻、痢疾、肠痈、痈疮肿毒、扁桃体炎、口疮、目赤肿痛、跌打损伤。

分布: 南丹、天峨、罗城。

紫花苣苔属 *Loxostigma*

滇黔紫花苣苔 *Loxostigma cavaleriei* (H. Lév. et Vaniot) B. L. Burtt

药用部位及功效：全株具有清热解毒、消肿止痛、健脾燥湿的功效，可用于预防流行性感冒及治疗跌打损伤、骨折、消化不良、腹泻、菌痢、流行性乙型脑炎、咯血、风湿疼痛、支气管炎、哮喘、疟疾、贫血。

分布：罗城。

紫花苣苔 *Loxostigma griffithii* (Wight) C. B. Clarke

药用部位及功效：全株具有清热解毒、消肿止痛、健脾燥湿的功效，可用于预防流行性感冒及治疗跌打损伤、骨折、消化不良、腹泻、菌痢、流行性乙型脑炎、咯血、风湿疼痛、支气管炎、哮喘、疟疾、贫血。

分布：罗城。

吊石苣苔属 *Lysionotus*

桂黔吊石苣苔 *Lysionotus aeschynanthoides* W. T. Wang

药用部位及功效：全株具有清热解毒、润肺止咳的功效，可用于治疗风湿关节肿痛、咯血、咳嗽、肺结核、骨折。

分布：金城江、环江。

多齿吊石苣苔 *Lysionotus denlculosus* W. T. Wang

药用部位及功效：全株具有祛风除湿的功效，可用于治疗跌打损伤。

分布：罗城、环江。

吊石苣苔 *Lysionotus pauciflorus* Maxim.

药用部位及功效：全株味苦，性凉。地上部分具有清热解毒、利湿、祛痰止咳、活血调经、凉血止血、消食化滞、通络止痛的功效，可用于治疗肺热咳嗽、支气管炎、吐血、细菌性痢疾、小儿疳积、头晕眼花、各种虚症、钩端螺旋体病、风湿痹痛、腰膝痛、跌打损伤、皮肤化脓性感染、月经不调、崩漏、带下病。

分布：南丹、天峨、东兰、罗城、环江、都安。

马铃苣苔属 *Oreocharis*

长瓣马铃苣苔 *Oreocharis auricula* (S. Moore) C. B. Clarke

药用部位及功效：全株具有清热解毒、凉血止血的功效，可用于治疗痈疽、出血、跌打损伤。

分布：罗城。

绢毛马铃苣苔 *Oreocharis sericea* (H. Lév.) H. Lév.

药用部位及功效：全株可用于治疗无名肿毒。

分布：环江。

蛛毛苣苔属 *Paraboea*

白花蛛毛苣苔 *Paraboea glutinosa* (Hand.-Mazz.) K. Y. Pan

药用部位及功效：全株可用于治疗吐血、水肿、子宫脱垂、跌打损伤、骨折。

分布：金城江、宜州、南丹、罗城、环江。

蛛毛苣苔 *Paraboea sinensis* (Oliv.) B. L. Burtt

药用部位及功效：全株具有疏风清热、止咳平喘、利湿、凉血生新、接骨止痛的功效，可用于治疗黄疸性肝炎、支气管炎、咳嗽痰喘、哮喘、痢疾，外用可治疗瘾疹、荨麻疹、外伤出血、子宫脱垂。

分布：南丹、天峨、凤山、罗城、环江。

锥序蛛毛苣苔 *Paraboea swinhoei* (Hance) B. L. Burtt

药用部位及功效：全株可用于治疗带下病、子宫脱垂、便血、小儿疳积、骨折。

分布：金城江、南丹、天峨、罗城、环江、都安。

石山苣苔属 *Petrocodon*

石山苣苔 *Petrocodon dealbatus* Hance

药用部位及功效：全株可用于治疗肺热咳嗽、吐血、肿痛、出血。

分布：南丹、罗城、环江。

线柱苣苔属 *Rhynchotechum*

线柱苣苔 *Rhynchotechum ellipticum* (Wall. ex D. Dietr.) A. DC.

药用部位及功效：全株具有清肝、解毒的功效，可用于治疗疥疮。叶、花可用于治疗咳嗽、烧烫伤。

分布：凤山、罗城、环江、都安。

长梗线柱苣苔 Rhynchotechum longipes W. T. Wang

药用部位及功效：全株具有清肝、解毒的功效，可用于治疗疔疮。

分布：罗城。

紫葳科 Bignoniaceae

凌霄属 *Campsis*

凌霄 *Campsis grandiflora* (Thunb.) K. Schum.

药用部位及功效：根味苦，性凉，具有清热利湿、散瘀消肿的功效，可用于治疗急性胃肠炎、风湿骨痛、胃腹痛、小便不利、闭经，外用可治疗跌打损伤、骨折。花味酸，性微寒，具有破瘀活血、凉血祛风的功效，可用于治疗血滞闭经、急性胃肠炎、便血、乳腺炎、崩漏、白带异常。

分布：南丹。

梓属 *Catalpa*

梓 *Catalpa ovata* G. Don

药用部位及功效：根可用于治疗湿热型黄疸、咳嗽痰多，外用可治疗小儿热疹。果可用于治疗慢性肾炎。

分布：金城江、宜州、南丹、天峨、凤山、东兰、罗城、环江、巴马、都安、大化。

木蝴蝶属 ***Oroxylum***

木蝴蝶 *Oroxylum indicum* (L.) Benth. ex Kurz

药用部位及功效：树皮、种子味苦、甘，性凉。树皮具有清热利湿、凉血的功效，可用于治疗传染性肝炎、膀胱炎、胃炎、消化性溃疡、湿疹、痈疮溃烂。种子具有清肺热、利咽、止咳、止痛的功效，可用于治疗急性咽炎、支气管炎、扁桃体炎、肺结核咳嗽、百日咳、胃痛。

分布：金城江、南丹、天峨。

菜豆树属 ***Radermachera***

菜豆树 *Radermachera sinica* (Hance) Hemsl.

药用部位及功效：根、叶、果味苦，性寒，具有清热解毒、散瘀消肿、止痛的功效，可用于治疗伤暑发热、高热头痛、感冒、痛经、风湿痛、跌打损伤、扭挫伤、骨折、痈肿疔疮、毒蛇咬伤。

分布：东兰、罗城、环江、都安。

胡麻科 Pedaliaceae

胡麻属 ***Sesamum***

芝麻 *Sesamum indicum* L.

药用部位及功效：茎可用于治疗哮喘、水肿。叶可用于治疗风寒湿痹、崩中、吐血、阴部湿痒。花可用于治疗秃发、冻疮。种子味甘，性平。黑色种子具有补肝肾、润五脏的功效，可用于治疗肝肾不足、虚风眩晕、风痹、瘫痪、大便燥结、病后体虚、须发早白、产后缺乳。白色种子具有润燥、滑肠的功效，可用于治疗脾弱便难、小儿头疮。

分布：金城江、宜州、南丹、天峨、凤山、东兰、罗城、环江、巴马、都安、大化。

爵床科 Acanthaceae

穿心莲属 ***Andrographis***

穿心莲 *Andrographis paniculata* (Burm. f.) Nees

药用部位及功效：干燥地上部分味苦，性寒，具有清热解毒、凉血止血、消肿止痛的功效，可用于治疗菌痢、胃肠炎、扁桃体炎、咽炎、流行性感冒、流行性脑脊髓膜炎、肺炎、慢性支气管炎、急性盆腔炎、钩端螺旋体病，外用可治疗疮疡肿毒、毒蛇咬伤。

分布：金城江、宜州、南丹、天峨、凤山、东兰、罗城、环江、巴马、都安、大化。

白接骨属 ***Asystasiella***

白接骨 *Asystasiella neesiana* (Wall.) Lindau

药用部位及功效：全株味淡，性凉，具有清热解毒、散瘀止血、利尿的功效，可用于治疗肺结核、咽喉肿痛、消渴、腹水，外用可治疗外伤出血、扭伤、疖肿。

分布：金城江、宜州、南丹、天峨、凤山、东兰、罗城、环江、巴马、都安、大化。

狗肝菜属 *Dicliptera*

狗肝菜 *Dicliptera chinensis* (L.) Juss.

药用部位及功效：全株味甘、微苦，性寒，具有清热解毒、凉血生津、利尿消肿、平肝明目的功效，可用于治疗感冒高热、斑疹、麻疹、发热、暑热烦渴、风湿关节肿痛、咽喉肿痛、目赤、结膜炎、小便不利、溺血、便血、痢疾，外用可治疗疖肿疔疮、炭疽、带状疱疹。

分布：金城江、宜州、南丹、天峨、凤山、东兰、罗城、环江、巴马、都安、大化。

爵床属 *Justicia*

鸭嘴花 *Justicia adhatoda* L.

药用部位及功效：全株味苦、辛，性温，具有祛风活血、散瘀止痛、接骨的功效，可用于治疗骨折、扭伤、风湿关节肿痛、腰痛、月经过多、崩漏、咯血、跌打损伤。

分布：金城江、宜州、南丹、天峨、凤山、东兰、罗城、环江、巴马、都安、大化。

小驳骨 *Justicia gendarussa* L. f.

药用部位及功效：全株、茎、叶味辛、微酸，性平，有毒，具有续筋接骨、消肿止痛、祛风除湿的功效，可用于治疗骨折、跌打损伤、扭挫伤、风湿性关节炎。

分布：金城江、宜州、南丹、天峨、凤山、东兰、罗城、环江、巴马、都安、大化。

爵床 *Justicia procumbens* L.

药用部位及功效：全株味微苦，性寒，具有清热解毒、利尿消肿、活血止痛、消疳明目的功效，可用于治疗感冒发热、疟疾、咽喉肿痛、小儿疳积、痢疾、肠炎、肝炎、肾炎性水肿、尿路感染、乳糜尿，外用可治疗痈疮肿痛、跌打损伤。

分布：金城江、宜州、南丹、天峨、凤山、东兰、罗城、环江、巴马、都安、大化。

黑叶小驳骨 *Justicia ventricosa* Wall. ex Sims.

药用部位及功效：全株具有活血散瘀、祛风除湿、续筋接骨的功效，可用于治疗骨折、跌打损伤、风湿关节肿痛、腰腿痛、外伤出血。仫佬族用其治疗跌打损伤、骨质增生。

分布：罗城。

观音草属 *Peristrophe*

九头狮子草 *Peristrophe japonica* (Thunb.) Bremek.

药用部位及功效：全株具有祛风清热、凉肝定惊、散瘀解毒的功效，可用于治疗感冒发热、肺热咳喘、肝热目赤、小儿惊风、咽喉肿痛、痈肿疔毒、乳痈、聤耳、痔疮、蛇虫咬伤、跌打损伤。

分布：金城江、宜州、南丹、天峨、凤山、东兰、罗城、环江、巴马、都安、大化。

紫云菜属 *Strobilanthes*

板蓝 *Strobilanthes cusia* (Nees) Kuntze

药用部位及功效：根、叶味苦，性凉，具有清热解毒、凉血止血、消肿止痛的功效，可用于治疗流行性感冒、上呼吸道感染、流行性乙型脑炎、腮腺炎、肺炎、急性肝炎、丹毒、衄血、吐血。

分布：金城江、宜州、南丹、天峨、凤山、东兰、罗城、环江、巴马、都安、大化。

球花马蓝 *Strobilanthes dimorphotricha* Hance

药用部位及功效：全株味甘，性凉，具有滋阴养肾、清热泻火的功效，可用于治疗肝炎、风湿关节肿痛、毒蛇咬伤、咽喉肿痛、骨折。

分布：凤山、环江。

马鞭草科 Verbenaceae

紫珠属 *Callicarpa*

紫珠 *Callicarpa bodinieri* H. Lév. var. *bodinieri*

药用部位及功效：全株具有止血散瘀、消炎、平肝、潜阳、定惊的功效，可用于治疗衄血、子宫出血、上呼吸道感染、扁桃体炎、肝炎、支气管炎、癫痫、妇女血崩，外用可治疗外伤出血、烧伤。根、茎、叶味苦、微辛，性平，具有活血通经、祛风除湿、收敛止血的功效，可用于治疗月经不调、虚劳、带下病、产后血气痛、外伤出血、风寒感冒，外用可治疗毒蛇咬伤、丹毒。

分布：天峨、东兰、环江。

白棠子树 *Callicarpa dichotoma* (Lour.) K. Koch

药用部位及功效：根、茎、叶具有收敛止血、祛风除湿的功效，可用于治疗吐血、咯血、衄血、便血、崩漏、外伤出血。枝、叶味涩，性凉。

分布：金城江、宜州、南丹、天峨、凤山、东兰、罗城、环江、巴马、都安、大化。

藤紫珠 *Callicarpa integerrima* Champ. var. *chinensis* (C. Pei) S. L. Chen

药用部位及功效：全株可用于治疗泄泻、感冒发热、风湿痛。

分布：环江。

尖萼紫珠 *Callicarpa loboapiculata* F. P. Metcalf

药用部位及功效：叶外用可治疗体癣。

分布：罗城、环江。

白毛长叶紫珠 *Callicarpa longifolia* Lam. var. *floccosa* Schauer

药用部位及功效：叶可用于治疗中耳炎、风湿病、头晕。

分布：天峨、罗城、环江、都安。

长柄紫珠 *Callicarpa longipes* Dunn

药用部位及功效：全株具有祛风、除湿、活血、止血的功效，可用于治疗风湿痛、风寒咳嗽、吐血。

分布：东兰、罗城。

大叶紫珠 *Callicarpa macrophylla* Vahl

药用部位及功效：全株可用于治疗风湿骨痛、内外出血。根、叶味辛、苦，性平，具有散瘀止血、消肿止痛、生肌的功效，可用于治疗暑热痧证、烦热口渴、消化道出血、咯血、衄血、跌打肿痛、外伤出血。

分布：金城江、宜州、南丹、天峨、凤山、东兰、罗城、环江、巴马、都安、大化。

钝齿红紫珠 *Callicarpa rubella* Lindl. f. *crenata* C. Pei

药用部位及功效：全株、根、叶具有清热止血、消肿止痛的功效，可用于治疗咯血、肝炎、红白痢疾、外伤出血、跌打伤肿。

分布：环江、都安。

红紫珠 *Callicarpa rubella* Lindl. f. *rubella*

药用部位及功效：全株可用于治疗蛔虫病、疗疮。根、叶味微苦，性平，具有清热、活血消肿、止血止痛的功效，可用于治疗带下病、月经不调、痔疮出血、体癣、蛔虫病、疔疮、骨折。根还具有通经的功效，可用于治疗赤白带下。

分布：金城江、宜州、南丹、天峨、凤山、东兰、罗城、环江、巴马、都安、大化。

狭叶红紫珠 *Callicarpa rubella* Lindl. f. *angustata* C. Pei

药用部位及功效：根、叶可用于治疗小儿惊风、咳嗽、外伤出血、疟疾、漆疮。

分布：罗城、都安。

莸属 *Caryopteris*

锥花莸 *Caryopteris paniculata* C. B. Clarke

药用部位及功效：根、叶具有解热、止血、止痢、利湿的功效，可用于治疗面赤目红、发热口渴、痢疾、吐血、便血。

分布：环江。

大青属 *Clerodendrum*

臭牡丹 *Clerodendrum bungei* Steud.

药用部位及功效：茎、叶味辛、微苦，性平，具有清热解毒、祛风除湿、解表散瘀、消肿止痛的功效，可用于治疗风湿关节肿痛、跌打损伤、乳腺炎、黄疸、水肿、腹痛、痢疾、高血压、头晕头痛、虚咳、牙痛、痔疮、脱肛、痈疽疔疮、荨麻疹、湿疹、脚气病、崩漏、白带异常、白浊、月经不调、子宫脱垂、小儿疳积、毒蛇咬伤。

分布：南丹、罗城、环江。

灰毛大青 *Clerodendrum canescens* Wall. ex Walp.

药用部位及功效：全株味淡，性凉，具有养阴清热、宣肺祛痰、镇痛退热、凉血、止血、止痛的功效，可用于治疗感冒、高热、肺结核咯血、红白痢疾、带下病、风湿痛、闭经、痛经、子宫脱垂，外用可治疗乳疮、水肿、无名肿毒。

分布：金城江、宜州、南丹、天峨、凤山、东兰、罗城、环江、巴马、都安、大化。

重瓣臭茉莉 *Clerodendrum chinense* (Osbeck) Mabb.

药用部位及功效：根可用于治疗风湿病。

分布：金城江、宜州、南丹、天峨、凤山、东兰、罗城、环江、巴马、都安、大化。

臭茉莉 *Clerodendrum chinense* (Osbeck) Mabb. var. *simplex* (Moldenke) S. L. Chen

药用部位及功效：根、叶味苦，性平，具有祛风利湿、化痰止咳、活血消肿的功效，可用于治疗风湿性关节炎、脚气病水肿、白带异常、支气管炎、湿疹、皮肤瘙痒。

分布：天峨、东兰、环江、都安。

大青 *Clerodendrum cyrtophyllum* Turcz. var. *cyrtophyllum*

药用部位及功效：根具有清热解毒、祛风利湿、凉血的功效，可用于治疗感冒头痛、乙型脑炎、流行性脑脊髓膜炎、麻疹并发哮喘、流行性腮腺炎、扁桃体炎、传染性肝炎、痢疾、淋证、蜈蚣咬伤。茎、叶味苦，性寒。叶具有清热凉血、解毒的功效，可用于治疗流行性乙型脑炎、流行性感冒、流行性腮腺炎、风热咳喘、急性肝炎、热病发斑、丹毒、疔疮肿毒、蛇虫咬伤。

分布：金城江、宜州、南丹、天峨、凤山、东兰、罗城、环江、巴马、都安、大化。

白花灯笼 *Clerodendrum fortunatum* L.

药用部位及功效：根、根皮、茎、叶具有清热止咳、解毒消肿、凉血的功效，可用于治疗肺热咳嗽、骨蒸潮热、咽喉肿痛、跌打损伤、痈肿疔疮、感冒发热、咳嗽、咽痛、衄血、血痢、疥疮、跌打肿痛。

分布：金城江、宜州、南丹、天峨、凤山、东兰、罗城、环江、巴马、都安、大化。

赪桐 *Clerodendrum japonicum* (Thunb.) Sweet

药用部位及功效：根、叶、花味微甘、淡，性凉，具有清热解毒、祛风利湿、散瘀消肿、调经排脓、补血的功效，可用于治疗风湿骨痛、腰肌劳损、跌打损伤、感冒、肺热咳嗽、痢疾、失眠、月经不调、子宫脱垂、白带异常、痔疮出血、痈疽疔疮、无名肿毒、疝气、黄疸。

分布：金城江、天峨、东兰、罗城、环江、都安。

尖齿臭茉莉 *Clerodendrum lindleyi* Decne. ex Planch.

药用部位及功效：根、茎、叶味苦，性平，具有清热解毒、祛风除湿、活血、消肿、强筋壮骨、降血压、止痛的功效，可用于治疗风湿痹痛、中耳炎、跌打损伤、肺脓肿、痢疾、高血压、痈肿疔疮、脚气病水肿、四肢酸软、偏头痛、白带异常、子宫脱垂、皮肤湿疹。

分布：金城江、环江。

海通 *Clerodendrum mandarinorum* Diels

药用部位及功效：根、枝、叶味苦、辛，性平，具有清热解毒、通经活络、祛风除痹、利尿的功效，可用于治疗水肿、气血瘀滞、风湿痹痛、肢体拘挛、腰膝酸软、麻木、行走无力、小儿行迟、小儿麻痹症、中风、半边风。

分布：南丹、天峨、环江。

三对节 *Clerodendrum serratum* (L.) Moon var. *serratum*

药用部位及功效：全株味苦、辛，性凉，有小毒，具有清热解毒、截疟、接骨止痛、祛风除湿、杀虫的功效，可用于治疗扁桃体炎、咽痛、头痛、风湿骨痛、疟疾、肝炎，外用可治疗痈疥肿痛、骨折、跌打损伤、劳伤、蜈蚣咬伤、无名肿毒、黄水疮。

分布：金城江、南丹、天峨、东兰、环江、都安、大化。

三台花 *Clerodendrum serratum* (L.) Moon var. *amplexifolium* Moldenke

药用部位及功效：全株味苦、辛，性凉，有小毒。根、茎皮具有清热解毒、截疟、接骨、避孕、祛风除湿的功效，可用于治疗疟疾、骨痛、急性胃肠炎、重感冒、头痛、跌打损伤、风湿病、肝炎。

分布：金城江、天峨、环江、都安。

马缨丹属 *Lantana*

马缨丹 *Lantana camara* L.

药用部位及功效：根味苦，性寒。全株、根具有清热解毒、散结止痛的功效，可用于治疗感冒高热、久热不退、瘰疬、风湿骨痛、胃痛、跌打损伤。叶具有祛风止痒、解毒消肿的功效，外用可治疗湿疹、皮炎、皮肤瘙痒、跌打损伤、骨痛、疖肿。花具有清热解毒、止血消肿的功效，可用于治疗湿疹、吐泻、肺结核咯血。

分布：金城江、宜州、南丹、天峨、凤山、东兰、罗城、环江、巴马、都安、大化。

过江藤属 *Phyla*

过江藤 *Phyla nodiflora* (L.) E. L. Greene

药用部位及功效：全株具有清热解毒、散瘀消肿的功效，可用于治疗痢疾、急性扁桃体炎、咳嗽咯血、跌打损伤，外用可治疗痈疽疔毒、带状疱疹、慢性湿疹。

分布：天峨、罗城。

豆腐柴属 *Premna*

滇桂豆腐柴 *Premna confinis* C. Pei et S. L. Chen ex C. Y. Wu

药用部位及功效：叶具有祛风除湿、止痛的功效，可用于治疗跌打损伤、风湿关节肿痛、肾虚久痹，外敷可治疗关节炎肿。

分布：环江。

黄毛豆腐柴 *Premna fulva* Craib

药用部位及功效：全株味甘、淡、微涩，性平，具有活血散瘀、消肿止痛、强筋健骨的功效，可用于治疗肥大性脊椎炎、风湿性关节炎、腰肌劳损、肩周炎。

分布：天峨。

臭黄荆 *Premna ligustroides* Hemsl.

药用部位及功效：根、叶具有清热利湿、解毒消肿的功效，可用于治疗痢疾、疟疾、风热头痛、肾炎性水肿、痔疮、脱肛，外用可治疗疮疡肿毒。

分布：天峨、罗城。

豆腐柴 *Premna microphylia* Turcz.

药用部位及功效：全株味苦、涩，性寒。根具有清热解毒的功效，可用于治疗疟疾、风火牙痛、跌打损伤、毒蛇咬伤、烧烫伤。茎、叶具有清热、消肿的功效，可用于治疗疟疾、下痢、痈疔、肿毒、外伤出血。

分布：罗城、环江。

狐臭柴 *Premna puberula* Pamp.

药用部位及功效：根、叶具有清湿热、解毒的功效，可用于治疗月经不调。

分布：罗城。

四棱草属 ***Schnabelia***

四棱草 *Schnabelia oligophylla* Hand.-Mazz.

药用部位及功效：全株味辛、苦，性温，具有祛风通络、散瘀止痛的功效，可用于治疗风湿痹痛、四肢麻木、跌打损伤、闭经。

分布：罗城、环江。

马鞭草属 ***Verbena***

马鞭草 *Verbena officinalis* L.

药用部位及功效：干燥地上部分味苦，性微寒，具有清热解毒、活血散瘀、利尿消肿的功效，可用于治疗外感发热、湿热型黄疸、水肿、痢疾、疟疾、白喉、喉痹、淋证、闭经、癥瘕、痈肿疮毒、牙疳。

分布：金城江、宜州、南丹、天峨、凤山、东兰、罗城、环江、巴马、都安、大化。

牡荆属 ***Vitex***

灰毛牡荆 *Vitex canescens* Kurz

药用部位及功效：根可用于治疗外感风寒、疟疾、蛲虫病。果具有祛风、除痰、行气、止痛的功效，可用于治疗感冒、咳嗽、哮喘、风痹、疟疾、胃痛、疝气、痔漏。

分布：环江。

牡荆 *Vitex negundo* L. var. *cannabifolia* (Sieb. et Zucc.) Hand.-Mazz.

药用部位及功效：根、茎、叶、种子味甘、苦，性平。果具有祛风化痰、下气、止痛的功效，可用于治疗咳嗽气喘、中暑发痧、胃痛、疝气、白带异常。

分布：金城江、宜州、南丹、天峨、凤山、东兰、罗城、环江、巴马、都安、大化。

黄荆 *Vitex negundo* L. var. *negundo*

药用部位及功效：全株味微苦，性平。根茎具有清热止咳、化痰、截疟的功效，可用于治疗支气管炎、疟疾、肝炎。叶具有清热解表的功效，外敷可治疗蛇虫咬伤，还可灭蚊。果具有祛风、除痰、行气、止痛、止咳、平喘的功效，可用于治疗感冒、咳嗽、哮喘、风痹、疟疾、胃痛、疝气、痔漏、消化不良、肠炎、痢疾。

分布：罗城、环江、都安。

山牡荆 *Vitex quinata* (Lour.) F. N. Williams

药用部位及功效：根、茎、叶味淡，性平。根、树干心材具有止咳定喘、镇静退热的功效，可用于治疗急慢性支气管炎、喘咳、气促、小儿发热、烦躁不安。

分布：金城江、罗城、环江。

透骨草科 Phrymaceae

透骨草属 ***Phryma***

透骨草 *Phryma leptostachya* L. subsp. *asiatica* (Hara) Kitamura

药用部位及功效：全株味辛，性温，具有清热利湿、活血消肿、杀灭蚊蝇幼虫的功效，可用于杀蛆、灭蝇及治疗黄水疮、疥疮、漆疮、湿疹、疮毒感染发热、跌打损伤、骨折。根具有清热解毒、利湿、活血消肿的功效。

分布：南丹、天峨、环江。

唇形科 Lamiaceae (Labiatae)

藿香属 *Agastache*

藿香 *Agastache rugosa* (Fisch. et C. A. Mey.) Kuntze

药用部位及功效：地上部分味辛，性微温，具有祛暑解表、化湿和中、理气开胃的功效，可用于治疗暑湿感冒、胸闷、腹痛吐泻、不思饮食、疟疾，外用可治疗手足癣。

分布：环江、都安、大化。

筋骨草属 *Ajuga*

金疮小草 *Ajuga decumbens* Thunb.

药用部位及功效：全株味苦，性寒，具有清热解毒、止咳祛痰、活络止痛、舒筋活血的功效，可用于治疗慢性支气管炎、扁桃体炎、咳嗽痰喘、咽喉肿痛、关节疼痛，外用可治疗外伤出血。

分布：金城江、罗城、环江。

大籽筋骨草 *Ajuga macrosperma* Wall. ex Benth.

药用部位及功效：全株具有散血的功效，可用于治疗痛伤咯血、跌打肿痛。

分布：罗城、环江。

紫背金盘 *Ajuga nipponensis* Makino

药用部位及功效：全株味苦、辛，性寒，具有消炎、凉血、接骨的功效，可用于治疗脓疮、风热咳喘、扁桃体炎、咳嗽痰喘、流行性腮腺炎、急性胆囊炎、肝炎、痢疾、梅毒、痔疮、肿瘤、鼻出血、牙痛、目赤肿痛、便血、蛋白尿、血瘀肿痛、产后瘀血、血气痛及小儿斑秃等。

分布：东兰、环江。

广防风属 *Anisomeles*

广防风 *Anisomeles indica* (L.) Kuntze

药用部位及功效：全株味辛、苦，性微温，具有祛风解表、理气止痛的功效，可用于治疗感冒发热、风湿关节肿痛、胃痛、胃肠炎、头痛，外用可治疗湿疹、神经性皮炎、痈疮疖肿、皮肤瘙痒、蛇虫咬伤。

分布：金城江、宜州、南丹、天峨、凤山、东兰、罗城、环江、巴马、都安、大化。

肾茶属 *Clerodendranthus*

肾茶 *Clerodendranthus spicatus* (Thunb.) C. Y. Wu ex H. W. Li

药用部位及功效：全株味甘、淡、微苦，性凉，具有清热利湿、通淋排石的功效，可用于治疗急慢性肾炎、膀胱炎、尿路结石、胆结石、风湿性关节炎。

分布：金城江、宜州、南丹、天峨、凤山、东兰、罗城、环江、巴马、都安、大化。

风轮菜属 *Clinopodium*

风轮菜 *Clinopodium chinense* (Benth.) Kuntze

药用部位及功效：全株味辛、苦，性凉，具有清热疏风、除湿解毒、止血、止痢的功效，可用于治疗感冒、中暑、痢疾、肝炎、呕血、尿血、崩漏，外用可治疗外伤出血、疔疮肿毒、皮肤瘙痒。

分布：凤山、罗城。

细风轮菜 *Clinopodium gracile* (Benth.) Matsum.

药用部位及功效：全株味辛、苦，性凉，具有清热解毒、消肿止痛、凉血止痢、祛风止痒、止血的功效，可用于治疗白喉、咽喉肿痛、泄泻、赤白痢疾、肠炎、乳痈、血崩、感冒头痛、鼻塞、产后咳嗽、雷公藤中毒、跌打损伤、瘀肿疼痛，外用可治疗过敏性皮炎、荨麻疹、疔疮丹毒、毒虫咬伤。

分布：罗城、环江。

灯笼草 *Clinopodium polycephalum* (Vaniot) C. Y. Wu et S. J. Hsuan

药用部位及功效：全株味辛、涩，性凉，具有清热解毒、凉血止血的功效，可用于治疗肺结核咯血、支气管扩张咯血、尿血、功能性子宫出血、外伤出血、白喉、黄疸、肝炎、胆囊炎、急性结膜炎、感冒、腹痛、小儿疳积、疔疮痈肿、跌打损伤、蛇犬咬伤。

分布：罗城、环江。

鞘蕊花属 *Coleus*

肉叶鞘蕊花 *Coleus carnosifolius* (Hemsl.) Dunn

药用部位及功效：全株味辛，性平，具有散寒解表、祛痰止咳、止血接骨的功效，可用于治疗感冒、肺结核、咳嗽、肺脓肿、咯血、咽痛、神经衰弱、小儿疳积，外用可治疗疮疡肿毒、毒蛇咬伤、疮疖。

分布：罗城、环江。

香薷属 *Elsholtzia*

紫花香薷 *Elsholtzia argyi* H. Lév.

药用部位及功效：全株味辛，性微温，具有祛风散寒、解表发汗、解暑、利尿、止咳的功效，可用于治疗感冒、发热无汗、黄疸、带下病、咳嗽、口臭。

分布：金城江、罗城、环江。

香薷 *Elsholtzia ciliata* (Thunb.) Hyland.

药用部位及功效：全株味辛、微苦，性温，具有祛风、发汗、解暑、利尿的功效，可用于治疗急性吐泻、感冒发热、恶寒无汗、中暑、胸闷。

分布：环江。

水香薷 *Elsholtzia kachinensis* Prain

药用部位及功效：全株具有消食健胃的功效，可用于治疗消化不良、腹泻。

分布：罗城、环江。

白背香薷 *Elsholtzia rugulosa* Hemsl.

药用部位及功效：全株具有解表退热、化湿和中的功效，可用于治疗感冒发热、头痛、呕吐泄泻、痢疾、烂疮、咯血、外伤出血。仫佬族用其治疗受凉、头痛发热、恶寒无汗、胸闷腹痛、呕吐、腹泻、水肿、脚气病。

分布：罗城。

活血丹属 *Glechoma*

活血丹 *Glechoma longituba* (Nakai) Kuprian.

药用部位及功效：全株味苦、辛，性凉。地上部分具有利湿通淋、清热解毒、散瘀消肿、利尿排石、镇咳的功效，可用于治疗热淋、石淋、尿路结石、水肿、风湿痹痛、湿热型黄疸、疮痈肿痛、跌打损伤、小儿疳积、惊痫、疮癣、湿疹。

分布：金城江、宜州、南丹、天峨、凤山、东兰、罗城、环江、巴马、都安、大化。

锥花属 *Gomphostemma*

中华锥花 *Gomphostemma chinense* Oliv.

药用部位及功效：全株味苦，性平，具有益气补虚、补血、舒筋活络、祛风除湿的功效，可用于治疗肾虚、肝炎、刀伤出血、断指、口疮。

分布：南丹、环江。

四轮香属 *Hanceola*

四轮香 *Hanceola sinensis* (Hemsl.) Kudo

药用部位及功效：全株具有清热凉血、杀虫的功效。

分布：环江。

香茶菜属 *Isodon*

香茶菜 *Isodon amethystoides* (Benth.) H. Hara

药用部位及功效：全株味辛、苦，性凉，具有清热利湿、活血散瘀、解毒消肿的功效，可用于治疗湿热型黄疸、淋证、水肿、咽喉肿痛、关节痹痛、闭经、乳痈、痔疮、发背、跌打损伤、毒蛇咬伤。

分布：金城江、罗城、环江。

碎米桠 *Isodon rubescens* (Hemsl.) H. Hara

药用部位及功效：全株味苦、甘，性凉，具有清热解毒、祛风除湿、活血止痛、抗癌、消炎、抗菌的功效，可用于治疗咽喉肿痛、肺痈、乳痈、感冒头痛、慢性肝炎、癌症、蛇虫咬伤、风湿关节肿痛。

分布：凤山、环江。

益母草属 *Leonurus*

益母草 *Leonurus japonicus* Houtt.

药用部位及功效：全株味苦、辛，性微寒，具有活血调经、祛瘀生新、利尿消肿、消水的功效，可用于治疗月经不调、痛经、闭经、恶露不尽、胎漏难产、胎衣不下、产后血晕、瘀血、腹痛、崩中漏下、急性肾炎性水肿、尿血、泻血、痈肿疮疡。果具有活血调经、清肝明目的功效，可用于治疗月经不调、闭经、痛经、目赤翳障。

分布：金城江、宜州、南丹、天峨、凤山、东兰、罗城、环江、巴马、都安、大化。

龙头草属 *Meehania*

梗花华西龙头草 *Meehania fargesii* var. *pedunculata* (Hemsl.) C. Y. Wu

药用部位及功效：全株具有清热燥湿的功效，可用于治疗湿热泄泻、腹泻。

分布：天峨、罗城、环江。

薄荷属 *Mentha*

薄荷 *Mentha canadensis* L.

药用部位及功效：干燥地上部分味辛，性凉，具有宣散风热、明目、透疹的功效，可用于治疗风热感冒、头痛、目赤、喉痹、口疮、风疹、麻疹、胸胁胀满。挥发油可用作调味香及祛风药，可使皮肤或黏膜产生清凉感以减轻疼痛。鲜茎、叶的蒸馏液具有和中、发汗、解热宣滞、凉膈、清头目的功效，可用于治疗头痛、热咳、皮肤瘾疹、耳目咽喉口齿诸病等。

分布：金城江、宜州、南丹、天峨、凤山、东兰、罗城、环江、巴马、都安、大化。

冠唇花属 *Microtoena*

南川冠唇花 *Microtoena prainiana* Diels

药用部位及功效：全株具有解表散寒、降气消痰的功效。

分布：环江。

石荠苎属 *Mosla*

石香薷 *Mosla chinensis* Maxim.

药用部位及功效：全株可用于治疗小儿惊风、小儿疳积、感冒发热、湿热型黄疸、泄泻、痢疾、崩漏、风湿骨痛、跌打损伤、湿疹、皮肤瘙痒。

分布：金城江、宜州、南丹、天峨、凤山、东兰、罗城、环江、巴马、都安、大化。

小鱼仙草 *Mosla dianthera* (Buch.-Ham. ex Roxb.) Maxim.

药用部位及功效：全株味辛，性温，具有祛风发表、利湿止痒的功效，可用于驱蚊及治疗感冒头痛、扁桃体炎、中暑、溃疡、痢疾，外用可治疗湿疹、皮肤瘙痒、疔疮、蜈蚣咬伤。

分布：南丹、罗城、环江。

石荠苎 *Mosla scabra* (Thunb.) C. Y. Wu et H. W. Li

药用部位及功效：全株具有疏风解表、清暑除湿、解毒止痒的功效，可用于治疗感冒头痛、咳嗽、中暑、风疹、痢疾、痔血、血崩、热痹、湿疹、肢癣、蛇虫咬伤。

分布：金城江、宜州、南丹、天峨、凤山、东兰、罗城、环江、巴马、都安、大化。

牛至属 *Origanum*

牛至 *Origanum vulgare* L.

药用部位及功效：全株具有解表、利尿、理气止痛、解毒消炎的功效，可用于治疗扁桃体炎、痧气腹痛、胃气痛、吐血、中暑、感冒、胃痛。

分布：南丹、罗城。

假糙苏属 *Paraphlomis*

小叶假糙苏 *Paraphlomis javanica* (Blume) Prain var. *coronata* (Vaniot) C. Y. Wu et H. W. Li.

药用部位及功效：全株味甘，性平，具有滋阴润燥、止咳、调经补血的功效，可用于治疗虚劳咳嗽、月经不调。

分布：凤山、环江。

假糙苏 *Paraphlomis javanica* (Blume) Prain var. *javanica*

药用部位及功效：全株味甘，性平，具有清肝、发表、滋阴润燥、润肺止咳、补血调经的功效，可用于治疗感冒发热咳嗽、劳伤、月经不调、水肿、骨鲠。茎、叶具有清肝火、发表的功效，可用于治疗感冒发热、肾炎。

分布：南丹、罗城、环江。

紫苏属 *Perilla*

紫苏 *Perilla frutescens* (L.) Britton var. *frutescens*

药用部位及功效：全株味辛，性温，具有散寒解表、理气宽中的功效，可用于治疗感冒、头痛、咳嗽、胸腹胀满。茎（苏梗）味辛，性温，具有理气宽胸、解郁安胎的功效，可用于治疗胸闷不舒、气滞腹胀、妊娠呕吐、胎动不安。叶味辛，性温，具有发表散寒的功效，可用于治疗风寒感冒、鼻塞头痛、咳嗽、鱼蟹中毒。果（苏子）味辛，性温，具有降气定喘、化痰止咳的功效，可用于治疗咳嗽痰多、气喘呃逆。

分布：金城江、宜州、南丹、天峨、凤山、东兰、罗城、环江、巴马、都安、大化。

回回苏 *Perilla frutescens* (L.) Britton var. *crispa* (Benth.) Deane ex Bailey

药用部位及功效：全株具有补中益气、开胃下食、通大小肠的功效，可用于治疗心腹胀满、霍乱转筋、脚气病。

分布：金城江、宜州、南丹、天峨、凤山、东兰、罗城、环江、巴马、都安、大化。

野生紫苏 *Perilla frutescens* (L.) Britton var. *purpurascens* (Hayata) H. W. Li

药用部位及功效：全株味辛，性温。根及近根老茎具有除风散寒、祛痰、降气的功效，可用于治疗咳逆上气、胸膈痰饮、头晕身痛、鼻塞流涕、胎动不安。茎具有理气宽中的功效。叶具有发表散寒、理气和营的功效，可用于治疗感冒风寒、恶寒发热、咳嗽呕吐、气喘、妊娠呕吐、胸腹胀满、胎动不安、鱼蟹中毒。果（苏子）可用于治疗血虚感冒。

分布：金城江、宜州、南丹、天峨、凤山、东兰、罗城、环江、巴马、都安、大化。

刺蕊草属 *Pogostemon*

广藿香 *Pogostemon cablin* (Blanco) Benth.

药用部位及功效：干燥地上部分味辛，性微温，具有芳香化浊、开胃止呕、发表解暑的功效，可用于治疗湿浊中阻、脘痞呕吐、暑湿倦怠、胸闷不舒、腹痛吐泻、鼻渊头痛。

分布：金城江、宜州、南丹、天峨、凤山、东兰、罗城、环江、巴马、都安、大化。

刺蕊草 *Pogostemon glaber* Benth.

药用部位及功效：全株味苦，性凉，具有清热解毒、祛风除湿、凉血止血的功效，可用于治疗肺结核吐血、咯血、急性胃肠炎、吐泻、闭经、月经不调、小儿疳积、角膜云翳。

分布：金城江、环江。

夏枯草属 *Prunella*

夏枯草 *Prunella vulgaris* L.

药用部位及功效：干燥果穗味辛、苦，性寒，具有消肿散结、明目止痛的功效，可用于治疗瘰疬、瘿瘤、乳痈、乳癌、目珠夜痛、畏光流泪、头目眩晕、口眼㖞斜、筋骨疼痛、肺结核、急性黄疸型传染性肝炎、血崩、带下病。

分布：金城江、宜州、南丹、天峨、凤山、东兰、罗城、环江、巴马、都安、大化。

鼠尾草属 *Salvia*

贵州鼠尾草 *Salvia cavaleriei* H. Lév.

药用部位及功效：全株味苦、辛，性寒，具有凉血、止血、散瘀解毒的功效，可用于治疗吐血、肺结核、咯血、鼻出血、血痢、血崩、刀伤出血、跌打损伤、疖肿。

分布：环江。

华鼠尾草 *Salvia chinensis* Benth.

药用部位及功效：全株味辛、苦，性微寒，具有清热解毒、活血、利气、止痛的功效，可用于治疗噎膈、脘肋胀痛、痰喘、肝炎、赤白带下、痈肿、瘰疬。

分布：环江。

荔枝草 *Salvia plebeia* R. Br.

药用部位及功效：全株味苦、微辛，性凉，具有凉血、利尿、解毒、杀虫的功效，可用于治疗咯血、吐血、尿血、崩漏、腹水、白浊、咽喉疼痛、痈肿、痔疮、咳嗽、痢疾、牙痛、痒疹、近热风疹。

分布：金城江、宜州、南丹、天峨、凤山、东兰、罗城、环江、巴马、都安、大化。

黄芩属 *Scutellaria*

半枝莲 *Scutellaria barbata* D. Don

药用部位及功效：全株味微辛，性寒，具有清热解毒、散瘀止血、定痛的功效，可用于治疗咯血、衄血、血淋、血痢、黄疸、咽喉疼痛、肺痈、疔疮、瘰疬、疮毒、癌肿、跌打损伤、毒蛇咬伤。

分布：金城江、宜州、南丹、天峨、凤山、东兰、罗城、环江、巴马、都安、大化。

韩信草 *Scutellaria indica* L.

药用部位及功效：全株味辛、微苦，性寒，具有祛风、活血、解毒、止痛的功效，可用于治疗跌打损伤、吐血、咯血、痈肿、疔毒、喉风、牙痛。

分布：金城江、宜州、南丹、天峨、凤山、东兰、罗城、环江、巴马、都安、大化。

三脉钝叶黄芩 *Scutellaria obtusifolia* Hemsl. var. *trinervata* (Vaniot) C. Y. Wu et H. W. Li

药用部位及功效：全株具有清热解毒的功效，可用于治疗痈疮肿毒、蛇虫咬伤。

分布：金城江、天峨、环江。

红茎黄芩 *Scutellaria yunnanensis* H. Lév.

药用部位及功效：全株味苦，性寒，具有散寒、清火利胆、退热、明目的功效，可用于治疗目热生翳、目赤肿痛、流泪、少阳湿热、发热、口苦、身黄、尿赤。

分布：环江。

香科科属 *Teucrium*

铁轴草 *Teucrium quadrifarium* Buch.-Ham. ex D. Don

药用部位及功效：全株味辛、苦，性凉，具有清热解毒、止痛、利湿、防疟的功效，可用于治疗感冒风热、头痛、痢疾、风热咳嗽、毒蛇咬伤、跌打肿痛、痧证、皮肤湿疹。根可用于治疗肚胀、下痢。叶具有消炎、止血的功效，可用于治疗外伤出血、刀枪伤。

分布：金城江、宜州、南丹、天峨、凤山、东兰、罗城、环江、巴马、都安、大化。

血见愁 *Teucrium viscidum* Blume

药用部位及功效：全株味苦、微辛，性凉，具有凉血散瘀、消肿解毒的功效，可用于治疗吐血、肠风便血、跌打损伤、痈肿、痔疮、流火、疥疮疖肿、毒蛇咬伤。

分布：金城江、宜州、南丹、天峨、凤山、东兰、罗城、环江、巴马、都安、大化。

水鳖科 Hydrocharitaceae

黑藻属 *Hydrilla*

黑藻 *Hydrilla verticillata* (L. f.) Royle

药用部位及功效：全株具有清热解毒、利尿祛湿的功效，可用于治疗疮疡肿毒、无名肿毒、疥疮。

分布：金城江、宜州、南丹、天峨、凤山、东兰、罗城、环江、巴马、都安、大化。

水车前属 *Ottelia*

海菜花 *Ottelia acuminata* (Gagnep.) Dandy

药用部位及功效：全株具有清热化痰、止咳、解毒利尿的功效，可用于治疗甲状腺肿大、肺热咳喘、小便不利、烧烫伤等。

分布：凤山、东兰、都安。

泽泻科 Alismataceae

泽泻属 *Alisma*

东方泽泻 *Alisma orientale* (Samuel) Juz.

药用部位及功效：块茎具有利小便、清湿热的功效，可用于治疗小便淋痛、水肿胀满、泄泻尿少、痰饮眩晕、热淋、高脂血症。叶可用于治疗慢性支气管炎、乳汁不通。果具有补阴益肾、清热祛湿的功效，可用于治疗风痹、消渴。

分布：南丹、罗城、环江。

慈姑属 *Sagittaria*

矮慈姑 *Sagittaria pygmaea* Miq.

药用部位及功效：全株具有清热、解毒、利尿的功效，可用于治疗疮毒、湿疹、咽炎。

分布： 罗城。

野慈姑 *Sagittaria trifolia* L.

药用部位及功效： 全株具有清热解毒、凉血消肿的功效，可用于治疗黄疸、瘰疬、毒蛇咬伤。

分布： 罗城、环江。

眼子菜科 Potamogetonaceae

眼子菜属 *Potamogeton*

眼子菜 *Potamogeton distinctus* A. Benn.

药用部位及功效： 全株味微苦，性凉，具有清热解毒、利尿、消肿、止血、驱蛔虫的功效，可用于治疗痢疾、黄疸、淋证、带下病、血崩、蛔虫病、疮疡红肿、痔血。

分布： 环江。

鸭跖草科 Commelinaceae

穿鞘花属 *Amischotolype*

穿鞘花 *Amischotolype hispida* (A. Rich.) D. Y. Hong

药用部位及功效： 全株具有清热解毒、利尿消肿的功效，可用于治疗风湿病、跌打损伤、尿路感染、淋证、毒蛇咬伤。

分布： 天峨、罗城、环江、巴马、都安。

鸭跖草属 *Commelina*

饭包草 *Commelina benghalensis* L.

药用部位及功效： 全株味苦，性寒，具有清热解毒、利尿消肿的功效，可用于治疗小儿风热咳嗽、肺炎、小便不利、淋漓作痛、血痢、疔疮肿毒、毒蛇咬伤。

分布： 罗城、环江、都安。

鸭跖草 *Commelina communis* L.

药用部位及功效： 干燥地上部分味甘、淡，性寒，具有清热解毒、利尿消肿、退热凉血的功效，可用于治疗感冒发热、丹毒、腮腺炎、黄疸性肝炎、咽喉肿痛、淋证、小便不利、尿血、肾炎性水肿、脚气病、痢疾、疟疾、鼻出血、血崩、白带异常、尿路感染、结石、痈疽疔疮、跌打损伤、筋骨疼痛、蛇犬咬伤。

分布： 金城江、罗城、环江。

竹节菜 *Commelina diffusa* Burm.

药用部位及功效： 全株味淡，性凉，具有清热解毒、利尿消肿、止血的功效，可用于治疗急性咽喉炎、痢疾、白浊、疥癞、疔疮、小便淋痛不利，外用可治疗外伤出血。

分布： 环江。

大苞鸭跖草 *Commelina paludosa* Blume

药用部位及功效： 全株味甘，性寒，具有利尿消肿、清热解毒、凉血止血的功效，可用于治疗感冒发热、咳嗽、小便不利。

分布：金城江、天峨、环江。

蓝耳草属 *Cyanotis*

四孔草 *Cyanotis cristata* (L.) D. Don

药用部位及功效：全株具有收敛止血、止痛的功效，可用于治疗痈疮肿毒、刀伤、外伤出血。

分布：天峨、环江。

聚花草属 *Floscopa*

聚花草 *Floscopa scandens* Lour.

药用部位及功效：全株味苦，性凉，具有清热解毒、利尿消肿、消炎、活血的功效，可用于治疗疮疖肿毒、淋巴结肿大、水肿、急性肾炎、内伤、目赤肿痛。

分布：金城江、宜州、南丹、天峨、凤山、东兰、罗城、环江、巴马、都安、大化。

水竹叶属 *Murdannia*

大苞水竹叶 *Murdannia bracteata* (C. B. Clarke) J. K. Morton ex D. Y. Hong

药用部位及功效：全株味甘、淡，性凉，具有化痰散结的功效，可用于治疗瘰疬、肺结核咳嗽、咽喉肿痛、高热、咯血、吐血、便血、痔疮、小便淋痛，外用可治疗痈疮肿毒。

分布：东兰、罗城、环江。

牛轭草 *Murdannia loriformis* (Hassk.) R. S. Rao et Kammathy

药用部位及功效：全株味甘、淡、微苦，性寒，具有清热解毒、利尿的功效，可用于治疗小儿高热、肺热咳嗽、目赤肿痛、痢疾、热淋、小便不利、痈疮肿毒。泰国传统药，用于治疗气管炎。

分布：金城江、东兰、罗城、环江、巴马。

细竹篙草 *Murdannia simplex* (Vahl) Brenan

药用部位及功效：全株具有清热、凉血、解毒的功效，可用于治疗小儿惊风、肺热咳嗽、吐血、目赤肿痛、痈疮肿毒、止血、热症。

分布：天峨、罗城。

杜若属 *Pollia*

大杜若 *Pollia hasskarlii* R. S. Rao

药用部位及功效：根味甘，性温，具有补虚、祛风除湿、通经的功效，可用于治疗风湿骨痛、腰腿痛、膀胱炎、阳痿、产后大出血，外用可治疗脱肛、痈疮肿毒。

分布：天峨、凤山、环江、巴马。

杜若 *Pollia japonica* Thunb.

药用部位及功效：全株味辛，性微温，具有理气止痛、疏风消肿的功效，可用于治疗气滞作痛、肌肤肿痛、胃痛、胸痛、头痛、淋证，外用可治疗蛇虫咬伤、脱肛。根茎具有补肾的功效，可用于治疗腰痛、跌打损伤。

分布：宜州、天峨、东兰、罗城、环江、都安。

竹叶子属 *Streptolirion*

竹叶子 *Streptolirion volubile* Edgeworth

药用部位及功效：全株味甘，性平，具有祛风除湿、养阴、清热解毒、利尿的功效，可用于治疗跌打损伤、痈疮肿毒、风湿骨痛、肺结核、感冒发热、咽喉肿痛、口渴心烦、热淋、小便不利。

分布：南丹、凤山、东兰、环江。

紫万年青属 *Tradescantia*

吊竹梅 *Tradescantia zebrina* Bosse

药用部位及功效：全株味甘，性凉，煎剂内服可用于治疗感冒、头痛、胃溃疡、腹泻。叶可用于治疗疼痛、便秘、肾病、血液病。

分布：罗城、环江。

谷精草科 Eriocaulaceae

谷精草属 *Eriocaulon*

谷精草 *Eriocaukm buergerianum* Koern.

药用部位及功效：花序味辛、甘，性平，具有疏风散热、明目退翳的功效，可用于治疗结膜炎、角膜云翳、夜盲症、视网膜结膜炎、目赤红肿、小儿疳积。

分布：罗城。

白药谷精草 *Eriocaulon cinereum* R. Br.

药用部位及功效：全株味辛、甘，性平，具有清肝明目、退翳、祛风散热的功效。

分布：金城江、宜州、南丹、天峨、凤山、东兰、罗城、环江、巴马、都安、大化。

芭蕉科 Musaceae

芭蕉属 *Musa*

野蕉 *Musa balbisiana* Colla

药用部位及功效：种子味苦、辛，性凉，具有破瘀血、通大便的功效，可用于治疗跌打损伤、骨折、大便秘结。

分布：金城江、宜州、南丹、天峨、凤山、东兰、罗城、环江、巴马、都安、大化。

姜科 Zingiberaceae

山姜属 *Alpinia*

小花山姜 *Alpinia brevis* T. L. Wu et S. J. Chen

药用部位及功效：根茎具有祛风除湿、解疮毒、祛瘀血的功效。

分布：环江。

香姜 *Alpinia coriandriodora* D. Fang

药用部位及功效：根茎具有祛风行气的功效，可用于治疗宿食不消，亦可作调味香料。

分布：环江。

山姜 *Alpinia japonica* (Thunb.) Miq.

药用部位及功效：根茎味辛，性温，具有理气通络、祛风止痛的功效，可用于治疗风湿关节肿痛、跌打损伤、牙痛、胃痛。花具有调中下气、消食、解酒毒的功效。果、种子具有祛寒燥湿、芳香健胃、行气调中、止呕的功效，可用于治疗胃寒腹泻、反胃吐酸、食欲不振、呕吐。

分布：南丹、天峨、环江。

长柄山姜 *Alpinia kwangsiensis* T. L. Wu et S. J. Chen

药用部位及功效：根茎、果味辛、涩，性温，可用于治疗脘腹冷痛、呃逆、寒湿吐泻。

分布：宜州、环江。

华山姜 *Aipinia oblongifolia* Hayata

药用部位及功效：根茎味辛，性温，具有温中暖胃、散寒止痛、祛风除湿、解疮毒的功效，可用于治疗胃寒冷痛、呃逆呕吐、腹痛泄泻、消化不良、风湿关节肿痛、肺痈咳嗽、月经不调、无名肿毒。

分布：宜州、南丹、天峨、凤山、东兰、罗城、环江、巴马、都安、大化。

豆蔻属 ***Amomum***

疣果豆蔻 *Amomum muricarpum* Elmer

药用部位及功效：果具有开胃消食、行气和中、止痛安胎的功效。

分布：罗城。

草果 *Amomum tsaoko* Crevost et Lem.

药用部位及功效：果味辛，气香，性温，具有燥湿健脾、祛痰截疟的功效，可用于治疗脾虚泄泻、心腹疼痛、反胃呕吐、胸满痰多、疟疾。

分布：罗城、都安。

闭鞘姜属 ***Costus***

闭鞘姜 *Costus speciosus* (Koen.) Sm.

药用部位及功效：根茎味辛、酸，性微寒，有小毒，具有利尿、消肿、解毒、止痒、通便的功效，可致流产，可用于治疗肾炎性水肿、尿路感染、小便不利、膀胱湿热、淋浊、风湿骨痛、肝硬化腹水、百日咳、中耳炎、痈疮肿毒、无名肿毒、荨麻疹、麻疹不透、跌打损伤。

分布：罗城、环江。

姜黄属 ***Curcuma***

姜黄 *Curcuma longa* L.

药用部位及功效：根茎味辛、苦，性温，具有行气活血、通经止痛的功效，可用于治疗胸腹胀痛、肩周炎、月经不调、闭经、胃痛、产后腹痛、黄疸性肝炎、消化不良，外用可治疗风湿骨痛、跌打损伤。

分布：罗城。

莪术 *Curcuma phaeocaulis* Valeton

药用部位及功效：根茎味辛、苦，性温，具有祛风除湿、消肿止痛的功效，可用于治疗脘腹胀痛、胸胁痛、产后腹痛。

分布：宜州、罗城、都安。

温郁金 *Curcuma wenyujin* Y. H. Chen et C. Ling

药用部位及功效：块根具有行气化瘀、清心解郁、利胆退黄的功效，可用于治疗闭经、痛经、胸腹胀痛、刺痛、热病、神昏、黄疸、尿赤。根茎味辛、苦，性温，具有破瘀行气、清积止痛的功效，可用于治疗癥瘕积聚、气血凝滞、食积脘腹胀痛、血瘀闭经、跌打损伤、早期宫颈癌。

分布：罗城、都安。

姜花属 ***Hedychium***

广西姜花 *Hedychium kwangsiense* T. L. Wu et S. J. Chen

药用部位及功效：根茎可用于治疗咳嗽、胃痛、疮疡肿毒。

分布：东兰、罗城。

土田七属 ***Stahlianthus***

土田七 *Stahlianthus luvolucratus* (King ex Baker) R. M. Smith

药用部位及功效：块茎具有散瘀消肿、活血止血、行气止痛的功效，可用于治疗跌打瘀痛、风湿骨痛、吐血、衄血、月经过多、蛇虫咬伤。仫佬族将其用于产后体虚补气。

分布：罗城。

美人蕉科 Cannaceae

美人蕉属 ***Canna***

美人蕉 *Canna indica* L.

药用部位及功效：根、根茎味甘、淡，性凉，具有清热利湿、安神降压的功效，可用于治疗黄疸、神经官能症、高血压、久痢、咯血、血崩、带下病、月经不调、疮毒痈肿。花具有止血的功效，可用于治疗金疮及其他外伤出血。

分布：金城江、宜州、南丹、天峨、凤山、东兰、罗城、环江、巴马、都安、大化。

竹芋科 Marantaceae

竹芋属 ***Maranta***

花叶竹芋 *Maranta bicolor* Ker Gawl.

药用部位及功效：根茎具有清热消肿的功效，可用于治疗跌打损伤、瘀血肿痛、痈疽疮疡、无名肿毒。

分布：金城江、宜州、南丹、天峨、凤山、东兰、罗城、环江、巴马、都安、大化。

柊叶属 ***Phrynium***

柊叶 *Phrynium rheedei* Suresh et Nicolson

药用部位及功效：全株具有清热解毒、凉血止血、利尿的功效，可用于解酒及治疗肝肿大、小便赤痛、感冒发热、吐血、血崩、口腔溃疡。根茎味甘、淡，性微寒，具有清热解毒、凉血止血、利尿的功效，可用于治疗肝肿大、痢疾、尿赤。叶可用于治疗音哑、咽痛；叶柄可用于解酒及治疗口腔溃疡。

分布：南丹、天峨、罗城、环江、都安、大化。

百合科 Liliaceae

粉条儿菜属 *Aletris*

粉条儿菜 *Aletris spicata* (Thunb.) Franch.

药用部位及功效：全株可用于治疗小儿疳积、肺结核咳嗽、哮喘、骨髓炎、吐血、百日咳、肺痈、乳痈、肠风便血、产后乳少、闭经、蛔虫病。

分布：罗城。

狭瓣粉条儿菜 *Aletris stenoloba* Franch.

药用部位及功效：全株具有清热、养心安神、润肺、止咳、化痰、发汗、发乳、消积、驱虫的功效，外敷可用于治疗骨髓炎。

分布：环江。

葱属 *Allium*

藠头 *Allium chinense* G. Don

药用部位及功效：鳞茎具有解毒消肿、温中通阳、行气散结的功效，可用于治疗胸腹胀满、刺痛、肋间神经痛、心绞痛、动脉硬化症、消渴、肠无力症、慢性胃炎、痢疾、泄泻，外用可治疗毒蛇咬伤、溃疡、滴虫性阴道炎。全株可用于治疗跌打损伤、疮疖。

分布：罗城、环江。

葱 *Allium fistulosum* L.

药用部位及功效：全株味辛，性温。鳞茎具有理气、散结、止痛、解毒、消肿的功效，可用于治疗风寒感冒、头痛鼻塞、身热无汗、中风、面目浮肿、疮痈肿痛、跌打损伤。种子具有温肾明目的功效，可用于治疗阳痿、目眩。葱汁具有散瘀、解毒、驱虫的功效，可用于治疗头痛、衄血、尿血、虫积、痈肿、跌打损伤。

分布：金城江、宜州、南丹、天峨、凤山、东兰、罗城、环江、巴马、都安、大化。

薤白 *Allium macrostemon* Bunge

药用部位及功效：鳞茎味辛、苦，性温，具有通阳散结、行气导滞的功效，可用于治疗胸痹心痛、脘腹痞满胀痛、痢疾后重。

分布：环江。

蒜 *Allium sativum* L.

药用部位及功效：鳞茎味辛，性温，具有行滞气、暖脾胃、消癥积、解毒、杀虫的功效，可用于治疗饮食积滞、脘腹冷痛、水肿胀满、泄泻、痢疾、疟疾、百日咳、痈疽肿毒、斑秃癣疮、蛇虫咬伤。

分布：金城江、宜州、南丹、天峨、凤山、东兰、罗城、环江、巴马、都安、大化。

韭 *Allium tuberosum* Rottler ex Spreng.

药用部位及功效：全株味甘、辛，性温，具有健胃提神、止汗固涩的功效，可用于治疗噎膈反胃、自汗盗汗，外用可治疗跌打损伤、瘀血肿痛、外伤出血。根具有温中行气、散瘀的功效，可用于治疗胸痹、食积腹胀、赤白带下、吐血、衄血、癣疮、跌打损伤。

分布：金城江、宜州、南丹、天峨、凤山、东兰、罗城、环江、巴马、都安、大化。

芦荟属 *Aloe*

芦荟 *Aloe vera* (L.) Burm. f.

药用部位及功效：叶味甘、淡，性凉，有小毒（易引起腹泻），可用于治疗暑热头晕、头痛、耳鸣烦躁、小儿疳积、便秘、尿路感染，外用可治疗烧烫伤、疮疖肿痛、湿疹。花可用于治疗咯血、吐血、尿血、外伤出血、刀伤、擦伤、蜂螫伤等。

分布：金城江、宜州、南丹、天峨、凤山、东兰、罗城、环江、巴马、都安、大化。

天门冬属 *Asparagus*

天门冬 *Asparagus cochinchinensis* (Lour.) Merr.

药用部位及功效：块根味甘、苦，性寒，具有养阴生津、润肺清心的功效，可用于治疗肺燥干咳、虚劳咳嗽、津伤口渴、心烦失眠、内热消渴、肠燥便秘、白喉；鲜块根可用于治疗早期乳腺癌和乳腺小叶增生。

分布：金城江、宜州、南丹、天峨、凤山、东兰、罗城、环江、巴马、都安、大化。

短梗天门冬 *Asparagus lycopodineus* (Baker) F. T. Wang et T. Tang

药用部位及功效：块根味甘、淡，性平，具有润肺止咳、化痰、平喘的功效，可用于治疗咳嗽痰多、气逆。

分布：环江。

石刁柏 *Asparagus officinalis* L.

药用部位及功效：嫩茎具有润肺镇咳、祛痰杀虫的功效。

分布：罗城。

蜘蛛抱蛋属 *Aspidistra*

蜘蛛抱蛋 *Aspidistra elatior* Blume

药用部位及功效：根茎味辛、甘，性微寒，具有活血通络、泻热利尿的功效，可用于治疗跌打损伤、风湿筋骨痛、腰痛、闭经、腹痛、头痛、牙痛、热咳伤暑、泄泻、砂淋。

分布：金城江、宜州、南丹、天峨、凤山、东兰、罗城、环江、巴马、都安、大化。

长瓣蜘蛛抱蛋 *Aspidistra longipetala* S. Z. Huang

药用部位及功效：根茎可用于治疗咳嗽。

分布：罗城、环江。

九龙盘 *Aspidistra lurida* Ker Gawl.

药用部位及功效：根茎具有健胃止痛、续骨生肌的功效，可用于治疗咳嗽、风湿骨痛、跌打损伤、骨折。

分布：环江。

小花蜘蛛抱蛋 *Aspidistra minutiflora* Stapf

药用部位及功效：根茎味辛、苦，性寒，具有清热止咳、续伤接骨的功效，可用于治疗咳嗽、风湿骨痛、中耳炎。

分布：罗城、环江。

卵叶蜘蛛抱蛋 *Aspidistra typica* Baill.

药用部位及功效：根茎味辛、苦，性微温，具有清热解毒、滋阴止咳、润肺、生津止渴、活血散瘀、接骨止痛的功效，可用于治疗痢疾、风湿痹痛、肾虚腰腿痛、跌打损伤、骨折、毒蛇咬伤。

分布：环江。

开口箭属 ***Campylandra***

弯蕊开口箭 *Campylandra wattii* C. B. Clarke

药用部位及功效：全株味辛、苦，性寒，有毒，具有清热解毒、散瘀止痛的功效，可用于治疗感冒、咽痛、扁桃体炎、咳嗽痰喘、牙痛、胃痛、跌打损伤、骨折、外伤出血。

分布：罗城、环江。

白丝草属 ***Chionographis***

白丝草 *Chionographis chinensis* K. Krause

药用部位及功效：全株具有利尿通淋、清热安神、消肿止痛的功效，可用于治疗烧烫伤。

分布：环江。

吊兰属 ***Chlorophytum***

吊兰 *Chlorophytum comosum* (Thunb.) Jacques

药用部位及功效：全株味甘、微苦，性凉，具有止咳化痰、消肿解毒、活血接骨的功效，可用于治疗咳嗽痰喘、痈肿疔疮、痔疮、肿痛、骨折、烧伤。

分布：环江。

朱蕉属 ***Cordyline***

朱蕉 *Cordyline fruticosa* (L.) A. Chev.

药用部位及功效：根、叶、花、种子具有收敛止血、理气止痛、益肾固精、祛风活络、补肾、平肝、解毒的功效，可用于治疗各种出血、胃炎、胃溃疡、神经痛、闭经、癌症、胃痛、遗精、白带异常、痛经、高血压、肺结核咯血、肾虚牙痛、腰痛、风湿关节麻木疼痛、跌打损伤。

分布：金城江、宜州、南丹、天峨、凤山、东兰、罗城、环江、巴马、都安、大化。

山菅属 ***Dianella***

山菅 *Dianella ensifolia* (L.) DC.

药用部位及功效：全株、根茎味甘、辛，性凉，有毒，具有清热解毒、拔毒消肿、杀虫、利尿、止痛的功效，可用于治疗痈疮脓肿、疥癣、瘰疬、淋巴结炎、跌打损伤、黄疸、咽痛、风湿痹痛。

分布：金城江、宜州、南丹、天峨、凤山、东兰、罗城、环江、巴马、都安、大化。

竹根七属 *Disporopsis*

竹根七 *Disporopsis fuscopicta* Hance

药用部位及功效：根茎味甘、微辛，性平，具有养阴生津、补脾益肺、祛痰止咳、清热、止血消肿的功效，可用于治疗脾胃虚弱、肺虚燥咳、跌打损伤、刀伤出血。

分布：罗城、环江。

万寿竹属 *Disporum*

万寿竹 *Disporiim cantoniense* (Lour.) Merr.

药用部位及功效：根味苦、辛，性凉，具有清热解毒、祛风除湿、舒筋活血、消炎止痛的功效，可用于治疗高热不退、虚劳、骨蒸潮热、肺结核、风湿麻痹、关节腰腿疼痛、白浊、痛经、月经过多、痈疽疮疖、跌打损伤、骨折、蛔虫病、绦虫病。

分布：天峨、罗城、环江。

宝铎草 *Disporum sessile* D. Don

药用部位及功效：块根味甘、淡，性平，具有消炎止痛、祛风除湿、清肺化痰、止咳、健脾消食、舒筋活血的功效，可用于治疗肺结核咳嗽、咯血、肺气肿、食欲不振、胸腹胀满、肠风便血、筋骨疼痛、腰腿痛、劳伤、白带异常、遗精、遗尿，外用可治疗烧烫伤、骨折。

分布：环江。

萱草属 *Hemerocallis*

萱草 *Hemerocallis fulva* (L.) L.

药用部位及功效：根味甘，性凉，有小毒，具有利尿、凉血的功效，可用于治疗水肿、小便不利、淋浊、带下病、黄疸、衄血、便血、崩漏、乳痈。

分布：罗城、环江。

百合属 *Lilium*

野百合 *Lilium brownii* F. E. Br. ex Miellez

药用部位及功效：茎味甘，性平，具有养阴润肺、清心安神的功效，可用于治疗阴虚久咳、痰中带血、虚烦惊悸、失眠多梦、精神恍惚。

分布：金城江、罗城、环江、巴马。

百合 *Lilium brownii* F. E. Br. ex Miellez var. *viridulum* Baker

药用部位及功效：鲜茎、鳞叶、花具有清火、润肺、安神的功效。

分布：罗城。

山麦冬属 *Liriope*

矮小山麦冬 *Liriope minor* (Maxim.) Makino

药用部位及功效：块根味甘、微苦，性微寒，具有养阴、生津润肺、清心的功效，可用于治疗外感风寒、干咳无痰、痰少而黏、痰中带血、肺结核咯血、肺虚热咳、咽喉肿痛、心烦不安、热病伤津。

分布：环江。

阔叶山麦冬 *Liriope muscari* (Decne.) L. H. Bailey

药用部位及功效： 块根味甘、微苦，性微寒，具有养阴生津、润肺、清心、止咳、养胃的功效，可用于治疗燥咳痰黏、劳嗽咯血、舌干口渴、心烦失眠。

分布： 天峨、环江。

山麦冬 *Liriope spicata* (Thunb.) Lour.

药用部位及功效： 块根味甘、微苦，性微寒，具有养阴润肺、清心除烦、益胃生津、止咳的功效，可用于治疗肺燥干咳、吐血、咯血、肺痿肺痈、虚劳烦热、消渴、热病津伤、咽干口燥、便秘。

分布： 南丹、罗城、环江。

沿阶草属 *Ophiopogon*

褐鞘沿阶草 *Ophiopogon dracaenoides* (Baker) Hook. f.

药用部位及功效： 全株味甘，性平，可用于治疗感冒发热、风湿痹痛，外用可治疗跌打损伤。小块根具有定心安神、止咳化痰的功效，可用于治疗心悸、心慌、风湿性心脏病、肺结核、慢性支气管炎、咳嗽痰喘。

分布： 南丹、环江。

间型沿阶草 *Ophiopogon intermedius* D. Don

药用部位及功效： 块根味甘、苦，性寒，具有清热润肺、养阴生津、止咳的功效，可用于治疗肺燥干咳、吐血、咯血、咽干口燥。

分布： 天峨、罗城、环江。

狭叶沿阶草 *Ophiopogon stenophyllus* (Merr.) L. Rodr.

药用部位及功效： 全株具有滋阴补气、和中健胃、清热润肺、养阴生津、清心除烦的功效，可用于治疗肺燥咳嗽、阴虚足痿。

分布： 天峨、东兰、环江。

球子草属 *Peliosantlies*

大盖球子草 *Peliosanthes macrostegia* Hance

药用部位及功效： 全株具有止血开胃、健脾补气的功效。根、根茎味甘、淡，性平，具有祛痰止咳、疏肝止痛的功效，可用于治疗咳嗽痰稠、胸痛、肋痛、跌打损伤、小儿疳积。

分布： 凤山、罗城、环江。

黄精属 *Polygonatum*

多花黄精 *Polygonatum cyrtonema* Hua

药用部位及功效： 根茎味甘，性平，具有补气养阴、健脾、润肺、益肾、补血的功效，可用于治疗脾虚胃弱、体倦乏力、精血不足、内热消渴、糖尿病、疥癣。

分布： 罗城、环江。

滇黄精 *Polygonatum kingianum* Collett et Hemsl.

药用部位及功效： 根茎味甘，性平，具有补气养阴、健脾、润肺、益肾的功效，可用于治疗脾胃虚弱、体倦乏力、口干食少、肺虚燥咳、精血不足、内热消渴。

分布：天峨、都安。

玉竹 *Polygonatum odoratum* (Mill.) Druce

药用部位及功效：根茎味甘，性平，具有养阴润燥、生津止渴的功效，可用于治疗肺结核咳嗽、热病口渴、病后体弱、心脏病、糖尿病、盗汗、小便频数。

分布：罗城。

点花黄精 *Polygonatum punctatum* Royle ex Kunth

药用部位及功效：根茎具有清热解毒的功效，外用可治疗肿毒、疔疮。

分布：罗城。

万年青属 *Rohdea*

万年青 *Rohdea japonica* (Thunb.) Roth

药用部位及功效：根茎味甘、苦，性寒，具有清热解毒、强心、利尿、止血的功效，可用于治疗心力衰竭、咽喉肿痛、腮腺炎、扁桃体炎、白喉、痢疾、水肿、臌胀、心脏病、咯血、吐血、疔疮、丹毒、乳腺炎、毒蛇咬伤、跌打损伤、烫伤。花具有补肾益髓、活血止痛的功效，可用于治疗肾虚腰痛、跌打损伤。

分布：天峨、罗城、环江。

延龄草科 Trilliaceae

重楼属 *Paris*

凌云重楼 *Paris cronquistii* (Takht.) H. Li

药用部位及功效：根茎味苦，性微寒，有小毒，具有清热解毒、消肿止痛、凉肝定惊的功效，可用于治疗咽喉肿痛、痈疔肿毒、毒蛇咬伤、跌打损伤、惊风抽搐。

分布：环江。

球药隔重楼 *Paris fargesii* Franch.

药用部位及功效：根茎具有清热解毒、消肿止痛、平喘止咳、活血散瘀、凉肝定惊的功效，可用于治疗中毒、淋巴结结核、毒蛇咬伤。

分布：环江。

具柄重楼 *Paris fargesii* Franch. var. *petiolata* (Baker ex C. H. Wright) F. T. Wang et Ts. Tang

药用部位及功效：根茎具有清热解毒、消肿止痛、凉肝定惊的功效，可用于治疗蛇虫咬伤、外伤出血、痈疮肿毒、跌打损伤、癌症、风湿性关节炎、扁桃体炎、流行性腮腺炎。

分布：环江。

雨久花科 Pontederiaceae

凤眼蓝属 *Eichhornia*

凤眼蓝 *Eichhornia crassipes* (Mart.) Solms

药用部位及功效：全株味辛、淡，性凉，具有清热解暑、利尿消肿、祛风除湿的功效，可用于治疗中暑烦渴、水肿、小便不利，外敷可治疗热疮。

分布：金城江、宜州、南丹、天峨、凤山、东兰、罗城、环江、巴马、都安、大化。

雨久花属 *Monochoria*

鸭舌草 *Monochoria vaginalis* (Burm. f.) C. Presl ex Kunth

药用部位及功效：全株味甘，性凉，具有清热解毒、清肝凉血、消肿止痛的功效，可用于治疗肠炎、泄泻、痢疾、哮喘、扁桃体炎、牙龈脓肿、咽喉肿痛、吐血、血崩、小儿丹毒，外用可治疗蛇虫咬伤、疔疮痈疽、无名肿毒。

分布：金城江、宜州、南丹、天峨、凤山、东兰、罗城、环江、巴马、都安、大化。

菝葜科 Smilacaceae

肖菝葜属 *Heterosmilax*

短柱肖菝葜 *Heterosmilax septemnervia* F. T. Wang et Ts. Tang

药用部位及功效：根茎具有清热解毒、祛风利湿、利筋骨、消肿的功效，可用于治疗风湿关节肿痛、头痛、腰痛、痈疖肿毒、湿疹、皮炎。

分布：罗城、环江。

菝葜属 *Smilax*

弯梗菝葜 *Smilax aberrans* Gagnep.

药用部位及功效：根茎具有清热利湿的功效，可用于治疗风湿痹痛。

分布：南丹、东兰、罗城、环江。

尖叶菝葜 *Smilax arisanensis* Hayata

药用部位及功效：根茎可用于治疗腰膝疼痛、风湿骨痛。

分布：罗城。

西南菝葜 *Smilax biumbellata* T. Koyama

药用部位及功效：根茎具有祛风除湿、活血祛瘀、解毒散结的功效。

分布：罗城。

圆锥菝葜 *Smilax bracteata* C. Presl

药用部位及功效：根茎具有祛风除湿、消肿止痛的功效，可用于治疗风湿痹痛、跌打损伤。

分布：罗城、环江、都安。

菝葜 *Smilax china* L.

药用部位及功效：根茎味甘、微涩，性平，具有祛风利湿、解毒消肿的功效，可用于治疗关节疼痛、肌肉麻木、泄泻、痢疾、水肿、淋证、疔疮、无名肿毒、瘰疬、痔疮。叶外用可治疗痈疖疔疮、烫伤。

分布：金城江、宜州、南丹、天峨、凤山、东兰、罗城、环江、巴马、都安、大化。

土茯苓 *Smilax glabra* Roxb.

药用部位及功效：块茎味甘、淡，性平，具有清热利湿、消肿散结的功效，可用于治疗钩端螺旋体病、痢疾、腹泻、肾炎性水肿、尿路感染、月经不调、白浊、白带异常、糖尿病、风湿骨痛、疮疖肿毒、淋巴结结核。

分布：金城江、宜州、南丹、天峨、凤山、东兰、罗城、环江、巴马、都安、大化。

黑果菝葜 *Smilax glaucochina* Warb.

药用部位及功效：根茎可用于治疗风湿骨痛、瘘痛、淋浊、白带异常。

分布：南丹、罗城。

抱茎菝葜 *Smilax ocreata* A. DC.

药用部位及功效：根茎味甘、淡，性平，具有清热解毒、祛风除湿、强筋骨的功效，可用于治疗疮疡肿毒、跌打损伤、风湿痹痛。

分布：天峨、东兰、罗城、环江、都安。

牛尾菜 *Smilax riparia* A. DC.

药用部位及功效：根、根茎味甘，性平，具有补气活血、舒筋通络、祛痰止咳、消暑、润肺、消炎、镇痛的功效，可用于治疗气虚浮肿、筋骨疼痛、跌打损伤、腰肌劳损、偏瘫、头晕头痛、咳嗽吐血、淋巴结炎、支气管炎、肺结核、骨结核、带下病。

分布：罗城、环江。

尖叶牛尾菜 *Smilax riparia* var. *acuminata* (C. H. Wright) F. T. Wang et Tang

药用部位及功效：枝、叶可用于治疗风湿关节肿痛、筋骨疼痛、腰肌劳损、跌打损伤、支气管炎。

分布：罗城。

天南星科 Araceae

菖蒲属 *Acorus*

金钱蒲 *Acorus gramineus* Soland.

药用部位及功效：根茎味辛、苦，性温，具有化湿开胃、开窍祛痰、醒神益智的功效，可用于治疗脘痞不饥、噤口下痢、神昏癫痫、健忘、耳聋。

分布：东兰、罗城、环江。

石菖蒲 *Acorus tatarinowii* Schott.

药用部位及功效：根茎味辛、苦，性温，具有开窍、祛痰、理气、活血、散风、祛湿的功效，可用于治疗癫痫、痰厥、热病神昏、健忘、气闭耳聋、心胸烦闷、胃痛、腹痛、风寒湿痹、痈疽肿毒、跌打损伤等。

分布：金城江、宜州、南丹、天峨、凤山、东兰、罗城、环江、巴马、都安、大化。

海芋属 *Alocasia*

尖尾芋 *Alocasia cucullata* (Lour.) Schott

药用部位及功效：块根具有清热解毒、消肿镇痛的功效，可用于治疗流行性感冒、高烧、肺结核、急性胃炎、胃溃疡、慢性胃病、肠伤寒，外用可治疗毒蛇咬伤、蜂窝组织炎、疔疮、风湿病。

分布：罗城、都安。

海芋 *Alocasia odora* (Roxb.) K. Koch

药用部位及功效：根茎、果味辛，性寒，有毒，具有清热解毒、消肿散结、祛腐生肌的功效，可用于治疗热病高热、流行性感冒、肺结核、伤寒、风湿关节肿痛、鼻塞流涕，外用可治疗疔疮肿毒、蛇虫咬伤。

分布：环江。

磨芋属 *Amorphophallus*

磨芋 *Amorphophallus konjac* K. Koch

药用部位及功效：块茎味辛，性寒，有毒，具有祛瘀消肿、解毒止痛、化痰散结的功效，可用于治疗咳嗽积滞、闭经、疟疾、瘰疬、痈肿疔疮、痈疖肿毒、跌打损伤、毒蛇咬伤、烫伤。

分布：天峨、罗城、环江。

天南星属 *Arisaema*

一把伞南星 *Arisaema erubescens* (Wall.) Schott

药用部位及功效：块茎味苦、辛，性温，有毒，具有燥湿化痰、祛风止痉、散结消肿的功效，可用于治疗顽痰咳嗽、风疾眩晕、中风痰壅、口眼㖞斜、半身不遂、癫痫、惊风、破伤风，外用可治疗痈肿、毒蛇咬伤。

分布：罗城、环江。

螃蟹七 *Arisaema fargesii* Buchet

药用部位及功效：根、根茎味甘，性温，具有燥湿化痰、祛风止痉、散结消肿的功效，可用于治疗中风、口眼㖞斜、半身不遂、肢体麻木、破伤风、口噤强直、小儿惊风、痰咳、痈肿、跌打损伤、风湿关节肿痛。

分布：环江。

象头花 *Arisaema franchetianum* Engl.

药用部位及功效：块茎味辛，性温，有大毒，具有解毒散瘀、消肿止痛的功效，可用于治疗乳痈、瘰疬、无名肿毒、毒蛇咬伤、跌打损伤，兽医用其治疗痈疮肿毒、嗓癀。

分布：环江。

天南星 *Arisaema heterophyllum* Blume

药用部位及功效：块茎味苦、辛，性温，有毒，具有燥湿化痰、祛风止痉、散结消肿的功效，可用于治疗顽痰咳嗽、风疾眩晕、中风痰壅、口眼㖞斜、半身不遂、癫痫、惊风、破伤风，外用可治疗痈肿、蛇虫咬伤。

分布：罗城、环江。

画笔南星 *Arisaema penicillatum* N. E. Br.

药用部位及功效：块茎味辛，性温，有毒，具有止痛、消肿拔毒的功效，可用于治疗无名肿毒、毒蛇咬伤。

分布：环江。

芋属 *Colocasia*

芋 *Colocasia esculenta* (L.) Schott.

药用部位及功效：块茎具有宽肠胃、养肌肤、温中、疗烦热、止渴、使人肥白、开胃、通肠、破瘀血、去死肌、破血、止血、除烦止泻的功效，可用于治疗心烦迷闷、胎动不安、蛇虫咬伤、痈肿毒痈。

分布：金城江、宜州、南丹、天峨、凤山、东兰、罗城、环江、巴马、都安、大化。

半夏属 *Pinellia*

滴水珠 *Pinellia cordata* N. E. Br.

药用部位及功效：块茎味辛，性温，有小毒，具有解毒止痛、行瘀消肿、散结的功效，可用于治疗毒蛇咬伤、头痛、胃痛、腹痛、腰痛、漆疮、过敏性皮炎，外用可治疗痈疮肿毒、跌打损伤。

分布：环江。

虎掌 *Pinellia pedatisecta* Schott

药用部位及功效：块茎可用于治疗恶痢、冷漏疮、恶疮、疡风。

分布：南丹、罗城。

半夏 *Pinellia ternata* (Thunb.) Breitenb.

药用部位及功效：块茎味辛，性温，有毒，具有燥湿化痰、降逆止呕、消痞散结的功效。生半夏具有解毒消肿的功效，外用可治疗无名肿毒、疖肿、乳腺炎。制半夏具有止吐祛痰的功效，可用于治疗胃寒呃逆、恶心呕吐、痰喘咳嗽、慢性咽炎。

分布：东兰、罗城、南丹。

石柑属 *Pothos*

石柑子 *Pothos chinensis* (Raf.) Merr.

药用部位及功效：全株味辛、苦，性平，有小毒，具有行气止痛、消积、祛风除湿、散瘀解毒的功效，可用于治疗心胃气痛、疝气、小儿疳积、食积胀满、血吸虫晚期肝脾肿大、风湿痹痛、脚气病、跌打损伤、骨折、中耳炎、耳疮、鼻窦炎。

分布：金城江、宜州、南丹、天峨、凤山、东兰、罗城、环江、巴马、都安、大化。

崖角藤属 *Rhaphidophora*

爬树龙 *Rhaphidophora decursiva* (Roxb.) Schott

药用部位及功效：根、茎味苦，性寒，具有活血祛瘀、止痛、止血、接骨、消肿、清热解毒、镇咳、除湿的功效，可用于治疗跌打损伤、骨折、毒蛇咬伤、痈疮疔肿、顿咳、小儿百日咳、感冒、咽喉肿痛、风湿腰腿痛、四肢麻木。

分布：凤山、东兰、罗城、环江、都安。

上树蜈蚣 *Rhaphidophora lancifolia* Schott

药用部位及功效：茎、叶可用于治疗风湿痹痛、各种出血、跌打损伤、痈疮肿毒、蛇虫咬伤等。

分布：罗城。

犁头尖属 *Typhonium*

犁头尖 *Typhonium blumei* Nicolson et Sivadasan

药用部位及功效：块茎具有解毒消肿、散结、止血的功效，可用于治疗毒蛇咬伤、痈疽肿毒、血管瘤、淋巴结、跌打损伤、外伤出血。

分布：罗城。

鞭檐犁头尖 *Typhonium flagelliforme* (Lodd.) Blume

药用部位及功效：块茎具有解毒消肿、散结、止血的功效，可用于治疗毒蛇咬伤、痈疽肿毒、血管瘤、淋巴结、跌打损伤、外伤出血。

分布：罗城。

浮萍科 Lemnaceae

浮萍属 *Lemna*

浮萍 *Lemna minor* L.

药用部位及功效：全株具有发汗、祛风、行水、清热、解毒的功效，可用于治疗时行热病、斑疹不透、风热瘾疹、皮肤瘙痒、水肿、闭经、疮癣、丹毒、烫伤。

分布：金城江、宜州、南丹、天峨、凤山、东兰、罗城、环江、巴马、都安、大化。

紫萍属 *Spirodela*

紫萍 *Spirodela polyrrhiza* (L.) Schleiden

药用部位及功效：全株具有发汗、祛风、利尿、消肿、宣散风热、透疹的功效，可用于治疗麻疹不透、风疹瘙痒、水肿尿少。

分布：金城江、宜州、南丹、天峨、凤山、东兰、罗城、环江、巴马、都安、大化。

香蒲科 Typhaceae

香蒲属 *Typha*

香蒲 *Typha orientalis* C. Presl

药用部位及功效：全株味甘、微辛，性平，具有止血化瘀、清热凉血、利尿消肿的功效，可用于治疗各种出血、闭经、痛经、跌打肿痛、小便不利、乳痈、淋证、带下病、水肿、外伤出血。

分布：南丹、环江。

石蒜科 Amaryllidaceae

文殊兰属 *Crinum*

文殊兰 *Crinum asiaticum* var. *sinicum* (Roxb. ex Herb.) Baker

药用部位及功效：鳞茎味苦、辛，性凉，有毒，具有清热解毒、散瘀止痛的功效，可用于治疗痈疽疮肿、疥癣、乳痈、咽痛、牙痛、风湿关节肿痛、跌打损伤、骨折、毒蛇咬伤。叶味辛、苦，性凉，有毒，具有清热解毒、祛痰止痛的功效，可用于治疗热疮肿毒、淋巴结炎、咽炎、头痛、痹痛麻木、跌打瘀肿、骨折、毒蛇咬伤。果具有活血消肿的功效，可用于治疗跌打肿痛。

分布：金城江、宜州、南丹、天峨、凤山、东兰、罗城、环江、巴马、都安、大化。

石蒜属 *Lycoris*

忽地笑 *Lycoris aurea* (L'Hér.) Herb.

药用部位及功效：鳞茎味辛，性平，有小毒，具有清热解毒、消肿、润肺祛痰、止咳催吐的功效，可用于治疗肺热咳嗽、阴虚、结核热不退、咯血、肺结核、痈疮肿毒、无名肿毒、痞块、疮疖、疥癣、虫疮作痒、耳下红肿、烧烫伤。

分布：金城江、环江。

石蒜 *Lycoris radiata* (L'Hér.) Herb.

药用部位及功效：鳞茎味辛、甘，性温，有毒，具有消肿止痛、散结、解毒的功效，外用可治疗风湿骨痛、跌打损伤、疮疖肿毒、淋巴结结核、毒蛇咬伤。

分布：罗城、都安。

鸢尾科 Iridaceae

射干属 *Belamcanda*

射干 *Belamcanda chinensis* (L.) DC.

药用部位及功效：干燥根茎味苦，性寒，有小毒，具有清热解毒、利咽消痰的功效，可用于治疗咽喉肿痛、痰咳气喘、痰涎阻塞、扁桃体炎、痄腮红肿、牙根肿烂、便秘、闭经、跌打损伤。根茎、花、种子泡酒后服用可治疗筋骨痛。

分布：天峨、罗城、环江。

鸢尾属 *Iris*

蝴蝶花 *Iris japonica* Thunb.

药用部位及功效：全株具有清热解毒、消肿止痛、逐水燥湿的功效，可用于治疗湿热、黄疸性肝炎、肝肿大、肝区痛、胃痛、食积胀满、咽喉肿痛、跌打损伤、痈疽疔疮。根茎味苦，性寒，有小毒，具有清热解毒、通便、消食、杀虫的功效，可用于治疗食积腹胀、蛔虫腹痛、大便不通、牙痛、急性扁桃体炎，我国台湾用其治疗喉病、扁桃体炎、胎毒、肋膜炎。

分布：南丹、东兰、环江、都安。

百部科 Stemonaceae

百部属 *Stemona*

大百部 *Stemona tuberosa* Lour.

药用部位及功效：干燥块根味甘、苦，性微温，有小毒，具有温润肺气、止咳、抗结核、杀虫的功效，可用于治疗风寒咳嗽、百日咳、支气管炎、肺结核、老年咳喘、蛔虫病、蛲虫病、皮肤疥癣、脚癣、皮炎、荨麻疹、湿疹、头虱体虱、风湿病、阿米巴痢疾。

分布：南丹、天峨、罗城、环江。

薯蓣科 Dioscoreaceae

薯蓣属 *Dioscorea*

参薯 *Dioscorea alata* L.

药用部位及功效：块茎具有清热解毒、止血、活血、养血、收敛固涩、理气止痛的功效，可用于治疗崩漏、产后出血、咯血、尿血、上消化道出血、内伤出血、贫血、月经不调、腰痛、筋骨痛、关节炎、泄泻、痢疾、跌打损伤。

分布：金城江、宜州、南丹、天峨、凤山、东兰、罗城、环江、巴马、都安、大化。

黄独 *Dioscorea bulbifera* L.

药用部位及功效：块茎、叶腋内生长的紫褐色珠芽（零余子）味苦，性寒，有小毒，具有消肿解毒、化瘀散结、祛湿、降火、凉血、止血的功效，可用于治疗瘿瘤、咳嗽痰喘、百日咳、喉痹、咯血、吐血、衄血、瘰疬、痈疖、疮疡肿毒、蛇犬咬伤、腰背酸痛、地方性甲状腺肿、疝气。

分布：金城江、宜州、南丹、天峨、凤山、东兰、罗城、环江、巴马、都安、大化。

山葛薯 *Dioscorea chingii* Prain et Burkiil

药用部位及功效：根茎可用于治疗肾虚腰痛、跌打损伤。

分布：罗城。

薯莨 *Dioscorea cirrhosa* Lour.

药用部位及功效：块茎具有清热解毒、止血、活血、养血、收敛固涩、理气止痛的功效，可用于治疗崩漏、产后出血、咯血、尿血、上消化道出血、内伤出血、贫血、月经不调、腰痛、筋骨痛、关节炎、泄泻、痢疾、跌打损伤。

分布：罗城、环江。

七叶薯蓣 *Dioscorea esquirolii* Prain et Burkill

药用部位及功效：块茎味辛、苦，性凉，具有消肿止痛、活血止血的功效，可用于治疗跌打损伤、产后腹痛、痛经、肺结核咳嗽、咯血。

分布：罗城、环江、都安。

日本薯蓣 *Dioscorea japonica* Thunb.

药用部位及功效：根味甘，性平，具有补脾养胃、生津益肺、补肾涩精的功效，可用于治疗脾虚食少、久泻不止、肺虚喘咳、肾虚遗精、带下病、尿频、虚热消渴、白带过多。

分布： 罗城、环江。

黑珠芽薯蓣 *Dioscorea melanophyma* Prain et Burkill

药用部位及功效： 块茎具有健脾益肺、清热解毒的功效，可用于治疗食少倦怠、虚咳、尿频、咽喉肿痛、痈肿热毒。

分布： 罗城。

褐苞薯蓣 *Dioscorea persimilis* Prain et Burkill

药用部位及功效： 块茎味甘、涩，性平，具有补脾肺、涩精气、健胃的功效，可用于治疗脾虚泄泻、食滞不消。

分布： 环江。

薯蓣 *Dioscorea polystachya* Turcz.

药用部位及功效： 根茎具有健脾胃、益肺肾、补虚羸的功效，可用于治疗食少便溏、虚劳、喘咳、尿频、带下病、消渴、脾虚食少、泄泻便溏、白带过多。

分布： 金城江、宜州、南丹、天峨、凤山、东兰、罗城、环江、巴马、都安、大化。

马肠薯蓣 *Dioscorea simulans* Prain et Burkill

药用部位及功效： 根茎有毒，外用可治疗跌打肿痛、痈疽、瘰疬。

分布： 宜州、罗城。

龙舌兰科 Agavaceae

龙舌兰属 *Agave*

剑麻 *Agave sisalana* Perrine ex Engelm.

药用部位及功效： 叶可用于治疗咯血、便血、痢疾、痈疮肿毒、痔疮。

分布： 罗城。

棕榈科 Palmaceae

省藤属 *Calamus*

杖藤 *Calamus rhabdocladus* Burret

药用部位及功效： 嫩苗可用于治疗跌打损伤。

分布： 环江。

鱼尾葵属 *Caryota*

鱼尾葵 *Caryota ochlandra* Hance

药用部位及功效： 根具有强筋骨的功效，可用于治疗肝肾虚、筋痿软。叶鞘纤维炭味微甘、涩，性平，具有收敛止血的功效，可用于治疗吐血、咯血、便血、血崩。

分布： 罗城、环江。

石山棕属 *Guihaia*

石山棕 *Guihaia argyrata* (S. Lee et F. N. Wei) S. Lee. F. N. Wei et J. Dransf.

药用部位及功效：民间用根治疗风湿骨痛、跌打损伤、阳痿。

分布：金城江、宜州、南丹、天峨、凤山、东兰、罗城、环江、巴马、都安、大化。

蒲葵属 *Livistona*

蒲葵 *Livistona chinensis* (Jacq.) R. Br.

药用部位及功效：根、叶、种子味甘、涩，性平，具有抗癌、止痛、平喘、活血化瘀、软坚散结的功效，可用于治疗慢性肝炎、癥瘕积聚、食道癌、绒毛膜上皮癌、恶性葡萄胎、白血病。

分布：金城江、宜州、南丹、天峨、凤山、东兰、罗城、环江、巴马、都安、大化。

棕榈属 *Trachycarpus*

棕榈 *Trachycarpus fortunei* (Hook.) H. Wendl.

药用部位及功效：根、树皮、叶、花、果味甘、涩，性平，具有利尿通淋、止血的功效，可用于治疗血崩淋证、小便不通。茎髓可用于治疗心悸、头晕、崩漏。叶可用于治疗吐血、劳伤。叶鞘纤维炭具有收敛止血的功效。花可用于治疗下痢、肠风、血崩、带下病。果可用于治疗肠风、崩中带下。

分布：金城江、宜州、南丹、天峨、凤山、东兰、罗城、环江、巴马、都安、大化。

露兜树科 Pandanaceae

露兜树属 *Pandanus*

露兜草 *Pandanus austrosinensis* T. L. Wu

药用部位及功效：根具有清热祛湿的功效。

分布：罗城、环江。

分叉露兜 *Pandanus urophyllus* Hance

药用部位及功效：根、果味甘、淡，性凉，具有清热解毒、消肿利尿、发汗止痛的功效，可用于治疗感冒发热、咳嗽、淋证、尿路感染、肾结石、肾炎、水肿、目赤肿痛、肝炎、睾丸炎、风湿腰腿痛、胃痛、痢疾。果可用于治疗痢疾。

分布：环江。

仙茅科 Hypoxidaceae

仙茅属 *Curculigo*

大叶仙茅 *Curculigo capitulata* (Lour.) Kuntze

药用部位及功效：根茎味苦、涩，性平，具有润肺化痰、止咳平喘、镇静健脾、补肾固精、调经、利尿排石、消炎、祛湿的功效，可用于治疗急性肾盂肾炎、肾炎性水肿、膀胱炎、肾结石、尿路感染、带下病、遗精、白浊、崩漏、风湿痹痛、腰膝酸痛、跌打损伤。

分布：天峨、罗城、环江。

仙茅 *Curculigo orchioides* Gaertn.

药用部位及功效：干燥根茎味辛、甘，性温，具有补肾壮阳、强筋骨、祛寒湿的功效，可用于治疗阳痿精冷、肾虚腰痛、筋骨痿软、崩漏、白带异常、腰膝痿软、阳虚冷泻、痈疽、瘰疬、更年期高血压、小便混浊、小便失禁、神经衰弱、心腹冷痛。

分布：金城江、宜州、南丹、天峨、凤山、东兰、罗城、环江、巴马、都安、大化。

小金梅草属 ***Hypoxis***

小金梅草 *Hypoxis aurea* Lour.

药用部位及功效：全株味甘、微辛，性温，具有温肾壮阳、补气的功效，可用于治疗病后阴虚、疝气痛、阳痿精冷，外用可治疗跌打肿痛。

分布：金城江、宜州、南丹、天峨、凤山、东兰、罗城、环江、巴马、都安、大化。

蒟蒻薯科 Taccaceae

裂果薯属 ***Schizocapsa***

裂果薯 *Schizocapsa plantaginea* Hance

药用部位及功效：块茎味苦、微甘，性凉，有小毒，具有消炎止痛、凉血散瘀、消肿的功效，可用于治疗消化道溃疡、肠炎、高血压、肺结核、百日咳、跌打损伤、刀伤出血、咽痛、痈肿、牙痛、胃痛、烧烫伤。

分布：金城江、宜州、南丹、天峨、凤山、罗城、环江、巴马。

水玉簪科 Burmanniaceae

水玉簪属 ***Burmannia***

水玉簪 *Burmannia disticha* L.

药用部位及功效：全株味淡，性寒，具有清热的功效，可用于治疗水肿、尿黄。全株、根具有止咳的功效，可用于治疗气管炎。根茎可作补品。

分布：金城江、天峨、环江。

兰科 Orchidaceae

脆兰属 ***Acampe***

多花脆兰 *Acampe rigida* (Buch.-Ham. ex J. E. Sm.) P. F. Hunt

药用部位及功效：根、叶味辛、微苦，性平，可用于治疗跌打损伤、骨折。

分布：罗城、环江、巴马。

开唇兰属 ***Anoectochilus***

灰岩金线兰 *Anoectochilus calcareus* Aver.

药用部位及功效：全株味甘，性平，具有清热凉血、解毒消肿、润肺止咳的功效，可用于治疗咯血、咳嗽痰喘、小便涩痛、小儿惊风、心脏病、毒蛇咬伤。

分布：环江。

西南齿唇兰 *Anoectochilus elwesii* (C. B. Clarke ex Hook. f.) King et Pantl.

药用部位及功效：全株味甘，性平，具有清热凉血、解毒消肿、润肺止咳的功效，可用于治疗咯血、咳嗽痰喘、小便涩痛、小儿惊风、心脏病、毒蛇咬伤。

分布：天峨、环江。

金线兰（花叶开唇兰） *Anoectochilus roxburghii* (Wall.) Lindl.

药用部位及功效：全株味甘，性平，具有清热润肺、消炎解毒的功效，可用于治疗肺结核、咳血、肺热咳嗽、头痛、风湿性关节炎、肾炎、膀胱炎、糖尿病、慢性胃炎、跌打损伤、毒蛇咬伤、重症肌无力。

分布：凤山、罗城、环江。

浙江金线兰 *Anoectochilus zhejiangensis* Z. Wei et Y. B. Chang

药用部位及功效：全株味甘，性平，具有清热凉血、解毒消肿、润肺止咳的功效，可用于治疗咯血、咳嗽痰喘、小便涩痛、小儿惊风、心脏病、毒蛇咬伤。

分布：环江。

竹叶兰属 *Arundina*

竹叶兰 *Arundina graminifolia* (D. Don) Hochr.

药用部位及功效：全株可用于治疗风湿骨痛、关节肿胀疼痛、咳嗽、肝炎。

分布：金城江、宜州、南丹、天峨、凤山、东兰、罗城、环江、巴马、都安、大化。

白及属 *Bletilla*

小白及 *Bletilla formosana* (Hayata) Schltr.

药用部位及功效：块茎味苦，性平，具有补肺、止血、生肌、收敛的功效，可用于治疗肺结核咯血、硅沉着病（硅肺）、胃肠出血、跌打损伤、疮痈肿毒、溃烂疼痛、烫伤、灼伤、手足裂、肛裂。

分布：南丹、罗城、环江。

白及 *Bletilla striata* (Thunb. ex A. Murray) Rchb. f.

药用部位及功效：块茎味苦、甘、涩，性微寒，具有收敛止血、消肿生肌的功效，可用于治疗咯血、吐血、外伤出血、疮疡肿毒、皮肤皲裂、肺结核咯血、溃疡出血、烧烫伤。

分布：罗城、环江。

苞叶兰属 *Brachycorythis*

短距苞叶兰 *Brachycorythis galeandra* (Rchb. f.) Summerh.

药用部位及功效：块茎可用于治疗毒蛇咬伤。

分布：罗城。

石豆兰属 *Bulbophyllum*

梳帽卷瓣兰 *Bulbophyllum andersonii* (Hook. f.) J. J. Sm.

药用部位及功效：全株味甘，性温，具有祛风除湿、活血、止咳、消积的功效，可用于治疗咯血、肺炎、咽喉肿痛等。

分布：南丹、天峨、东兰、罗城、环江。

广东石豆兰 *Bulbophyllum kwangtungense* Schltr.

药用部位及功效：全株可用于治疗咳嗽、跌打损伤、痛经、淋浊、白带异常。

分布：罗城、环江。

密花石豆兰 *Bulbophyllum odoratissimum* (J. E. Smith) Lindl.

药用部位及功效：全株可用于治疗虚热咳嗽、肺结核、风火牙痛、小便涩痛。

分布：凤山、罗城、环江。

虾脊兰属 *Calanthe*

泽泻虾脊兰 *Calanthe alismaefolia* Lindl.

药用部位及功效：全株味辛、苦，性寒，可用于治疗肠痈、疖肿、瘰疬、热淋、尿血、跌打损伤。

分布：环江。

细花虾脊兰 *Calanthe mannii* Hook. f.

药用部位及功效：全株味苦、辛，性凉，具有清热解毒、软坚散结、祛风镇痛的功效，可用于治疗痰喘、瘰疬、风湿疼痛、疮疖痈肿、痔疮、咽喉肿痛。

分布：环江。

长距虾脊兰 *Calanthe sylvatica* (Thouars) Lindl.

药用部位及功效：全株具有活血止痛的功效，可用于治疗风湿骨痛、肾虚腰痛。

分布：罗城、环江。

黄兰属 *Cephalan theropsis*

黄兰 *Cephalantheropsis gracilis* (Lindl.) S. Y. Hu

药用部位及功效：全株具有止咳、利尿、驱寒的功效。

分布：罗城。

叉柱兰属 *Cheirostylis*

云南叉柱兰 *Cheirostylis yunnanensis* Rolfe

药用部位及功效：全株可用于治疗慢性溃疡。

分布：南丹、天峨、罗城、环江、都安。

隔距兰属 *Cleisostoma*

大序隔距兰 *Cleisostoma paniculatum* (Ker Gawl.) Garay

药用部位及功效：全株具有养阴、润肺、止咳、清热解毒、接骨的功效，可用于治疗跌打损伤、内伤、骨折、疮疖。

分布：凤山、环江。

尖喙隔距兰 *Cleisostoma rostratum* (Lodd.) Seidenf. ex Aver.

药用部位及功效：全株可用于治疗风湿骨痛、关节肿胀、跌打内外伤。

分布：凤山、环江。

吻兰属 *Collabium*

台湾吻兰 *Collabium formosanum* Hayata

药用部位及功效：全株可用于治疗风湿骨痛、跌打损伤。

分布：罗城。

兰属 *Cymbidium*

蕙兰 *Cymbidium faberi* Rolfe

药用部位及功效：根皮味苦、甘，性温，有小毒，具有润肺止咳、杀虫的功效，可用于治疗久咳、咳痰、蛔虫病、头虱。

分布：南丹、罗城、环江。

兔耳兰 *Cymbidium lancifolium* Hook.

药用部位及功效：全株具有补肝肺、祛风除湿、强筋骨、清热解毒、消肿、润肺、宁神、固气、利尿的功效。

分布：凤山、罗城、环江。

石斛属 *Dendrobium*

流苏石斛 *Dendrobium fimbriatum* Hook.

药用部位及功效：茎味甘，性微寒，具有益胃生津、滋阴清热、明目强腰的功效，可用于治疗阴伤津亏、口干烦渴、食少干呕、病后虚弱、目暗不明、流泪、腰膝酸软。

分布：南丹、天峨、东兰、环江。

曲轴石斛 *Dendrobium gibsonii* Lindl.

药用部位及功效：茎味甘、微苦，性凉，可用于治疗热病伤津、口干烦渴、阴虚潮热、肺结核。

分布：环江。

疏花石斛 *Dendrobium henryi* Schltr.

药用部位及功效：全株可用于治疗黄疸性肝炎。茎味甘，性微寒，具有滋阴补肾、益胃、生津除烦的功效，可用于治疗热病伤津、口干烦渴、病后虚热、肺结核、食欲不振。

分布：罗城、环江。

美花石斛 *Dendrobium loddigesii* Rolfe

药用部位及功效：茎味甘，性微寒，具有益胃生津、滋阴清热的功效，可用于治疗阴伤津亏、口干烦渴、食少干呕、病后虚弱、目暗不明。

分布：宜州、东兰、罗城、环江、都安、大化。

铁皮石斛 *Dendrobium officinale* Kimura et Migo

药用部位及功效：茎味甘，性微寒，具有益胃生津、滋阴清热的功效，可用于治疗阴伤津亏、口干烦渴、食少干呕、胃痛、病后虚弱、目暗不明。

分布：宜州、南丹、天峨、东兰、环江、巴马。

蛇舌兰属 *Diploprora*

蛇舌兰 *Diploprora championii* (Lindl.) Hook. f.

药用部位及功效：全株具有散瘀消肿的功效，可用于治疗跌打损伤。

分布：罗城、环江。

毛兰属 *Eria*

半柱毛兰 *Eria corneri* Rchb. f.

药用部位及功效：全株具有清热解毒、润肺消肿、益胃生津的功效，可用于治疗小儿哮喘、疮疡肿毒。

分布：东兰、罗城、环江、巴马。

菱唇毛兰 *Eria rhomboidalis* T. Tang et F. T. Wang

药用部位及功效：假鳞茎具有清热解毒、止咳的功效，可用于治疗小儿哮喘。

分布：罗城、环江。

斑叶兰属 *Goodyera*

高斑叶兰 *Goodyera procera* (Ker Gawl.) Hook.

药用部位及功效：全株味苦、辛，性温，具有祛风除湿、养血舒筋、润肺止咳、止血的功效，可用于治疗风湿关节肿痛、半身不遂、肺结核咯血、病后虚弱、肾虚腰痛、淋浊、黄疸、咳嗽痰喘、跌打损伤。

分布：金城江、宜州、南丹、天峨、凤山、东兰、罗城、环江、巴马、都安、大化。

玉凤花属 *Habenaria*

毛葶玉凤花 *Habenaria ciliolaris* Kraenzl.

药用部位及功效：块茎味苦、甘，性寒，具有清热生津、滋阴补肾、补血、补气的功效，可用于治疗肾虚遗精、阳痿早泄、肾炎、产后血虚、疮痈肿毒。

分布：天峨、罗城、环江。

鹅毛玉凤花 *Habenaria dentata* (Sw.) Schltr.

药用部位及功效：块茎味甘、微苦，性平，具有补肺肾、利尿、消炎的功效，可用于治疗肾虚腰痛、病后体虚、肾虚阳痿、气痛、胃痛、肺结核咳嗽、子痈、小便淋痛、肾炎性水肿。

分布：南丹、天峨、凤山、东兰、环江。

线瓣玉凤花 *Habenaria fordii* Rolfe

药用部位及功效：块茎可用于治疗咳嗽、肾虚。

分布：金城江、罗城。

坡参 *Habenaria linguella* Lindl.

药用部位及功效：根具有清肺止咳、润肺益肾、强壮筋骨的功效，可用于治疗肺炎、肺结核、肺热咳嗽、阳痿、劳伤腰痛、疝气、跌打损伤。

分布：金城江、宜州、罗城。

橙黄玉凤花 *Habenaria rhodocheila* Hance

药用部位及功效：全株具有补肾壮阳、纳气止喘的功效，可用于治疗阳痿、早泄、疝气腹痛、肾虚咳喘。块根味苦，性平，具有滋阴润肺、止咳、消肿的功效，可用于治疗咳嗽、跌打损伤、指头疮、疮疡肿毒。

分布：环江。

翻唇兰属 *Hetaeria*

四腺翻唇兰 *Hetaeria biloba* (Ridl.) Seidenf. et J. J. Wood

药用部位及功效：全株具有清热、补虚的功效。

分布：罗城。

羊耳蒜属 *Liparis*

镰翅羊耳蒜 *Liparis bootanensis* Griff.

药用部位及功效：全株味苦、甘，性微寒，具有清热解毒、祛瘀散结、活血调经、除湿的功效，可用于治疗肺结核、瘰疬、痰多咳喘、小儿疳积、腹泻、跌打损伤、白浊、月经不调、疮痈肿毒、风湿腰腿痛、腹胀痛、血吸虫病腹水。

分布：罗城、环江。

丛生羊耳蒜 *Liparis cespitosa* (Thouars) Lindl.

药用部位及功效：假鳞茎可用于治疗小便不利。

分布：罗城、环江。

大花羊耳蒜 *Liparis distans* C. B. Clarke

药用部位及功效：全株具有消肿、生津、养阴解毒的功效，可用于治疗肺热咳嗽、肺炎、酒精中毒。

分布：金城江、天峨、罗城、环江。

长苞羊耳蒜 *Liparis inaperta* Finet

药用部位及功效：全株具有化痰、止咳、润肺的功效。

分布：罗城、环江。

见血青 *Liparis nervosa* (Thunb. ex A. Murray) Lindl.

药用部位及功效：全株味苦，性寒，具有清热解毒、生新散瘀、消肿止痛、清肺止血、凉血的功效，可用于治疗吐血、肺热咯血、肠风便血、血崩、风火牙痛、咽喉肿痛、小儿惊风，外用可治疗疮肿、热毒疮疡、外伤出血、毒蛇咬伤。

分布：罗城、环江。

紫花羊耳蒜 *Liparis nigra* Seidenf.

药用部位及功效：全株具有破瘀活血、除湿、清热解毒的功效，可用于治疗风湿痹痛、皮炎。

分布：环江。

扇唇羊耳蒜 *Liparis stricklandiana* Rchb. f.

药用部位及功效：假鳞茎具有止咳的功效，可用于治疗小便不利。

分布：罗城、环江。

长茎羊耳蒜 *Liparis viridiflora* (Blume) Lindl.

药用部位及功效：全株味辛，性凉，具有清热解毒、活血调经的功效，可用于治疗血崩、白带异常、月经不调、风湿肿痛、劳伤、疝气、无名肿毒。

分布：金城江、罗城、环江、巴马。

钗子股属 *Luisia*

钗子股 *Lusia morsei* Rolfe

药用部位及功效：全株、根味苦、辛，性凉，有小毒，具有祛风利湿、催吐解毒的功效，可用于治疗风湿痹痛、头风、水肿、痈疽疮疖、疟疾、中耳炎、咽喉肿痛、小儿惊风、小儿麻痹症、带下病。

分布：环江。

沼兰属 *Malaxis*

阔叶沼兰 *Malaxis latifolia* J. E. Sm.

药用部位及功效：全株具有清热解毒、利尿消肿的功效。

分布：环江。

芋兰属 *Nervilia*

毛唇芋兰 *Nervilia fordii* (Hance) Schltr.

药用部位及功效：全株味苦、甘，性平，具有清肺止咳、健脾消积、镇静止痛、清热解毒、散瘀消肿的功效，可用于治疗肺热咳嗽、咯血、痰喘、小儿疳积、小儿肺热咳喘、胃痛、精神障碍、跌打肿痛、口疮、咽喉肿痛。

分布：东兰、罗城、环江。

广布芋兰 *Nervilia aragoana* Gaud.

药用部位及功效：块茎具有清热解毒、补肾、利尿、消肿止带、杀虫的功效，可用于治疗崩漏、淋证、白浊、带下病。

分布：环江。

鸢尾兰属 *Oberonia*

剑叶鸢尾兰 *Oberonia ensiformis* (J. E. Smith) Lindl.

药用部位及功效：全株具有散瘀止血的功效，可用于治疗骨折、外伤出血。

分布：罗城、环江。

羽唇兰属 *Ornithochilus*

羽唇兰 *Ornithochilus difformis* (Wall. ex Lindl.) Schltr.

药用部位及功效：全株可用于治疗风湿病、关节疼痛、跌打损伤。

分布：金城江、天峨、环江。

兜兰属 ***Paphiopedilum***

小叶兜兰 *Paphiopedilum barbigerum* T. Tang et F. T. Wang

药用部位及功效：全株可用于治疗痈疽疮疖。

分布：南丹、环江。

白蝶兰属 ***Pecteilis***

龙头兰 *Pecteilis susannae* (L.) Raf.

药用部位及功效：全株味甘，性微温，具有补肾壮阳、健脾、清热解毒的功效，可用于治疗子痈、肾虚腰痛、慢性肾炎、睾丸炎、阳痿、遗精、滑精、寒症、水肿、脾胃虚弱。

分布：环江。

阔蕊兰属 ***Peristylus***

狭穗阔蕊兰 *Peristylus densus* (Lindl.) Santapau et Kapadia

药用部位及功效：块茎可用于治疗头晕目眩。

分布：罗城。

阔蕊兰 *Peristylus goodyeroides* (D. Don) Lindl.

药用部位及功效：全株可用于治疗眩晕、乳腺炎、阳痿、小儿疝气、疳积。块茎具有解毒、消肿的功效。

分布：宜州、罗城、环江。

鹤顶兰属 ***Phaius***

黄花鹤顶兰 *Phaius flavus* (Blume) Lindl.

药用部位及功效：假鳞茎具有解毒、收敛、生肌、消瘰疬的功效。

分布：环江。

鹤顶兰 *Phaius tankervilliae* (Banks ex L'Hér.) Blume

药用部位及功效：假鳞茎味微辛，性温，有小毒，具有祛痰止咳、活血止血的功效，可用于治疗肺热咳嗽、咯血、痰多、跌打损伤、乳腺炎、外伤出血。

分布：东兰、环江。

石仙桃属 ***Pholidota***

石仙桃 *Pholidota chinensis* Lindl.

药用部位及功效：全株味甘、淡，性凉，具有清热解毒、养阴清肺、利湿、消瘀止痛、化痰止咳、止血的功效，可用于治疗肺结核咳嗽、肺气肿哮喘、肺热咳嗽、咽喉肿痛、肝炎、发热头痛、牙痛、胃痛、消化不良、关节痛、内出血、肾虚、痢疾、疔疮、跌打损伤，外用可治疗外伤出血、慢性骨髓炎。

分布：金城江、宜州、南丹、天峨、凤山、东兰、罗城、环江、巴马、都安、大化。

单叶石仙桃 *Pholidota leveilleana* Schltr.

药用部位及功效：假鳞茎可用于治疗肺热咳嗽、肺炎。

分布：金城江、南丹、凤山、罗城、环江、都安。

长足石仙桃 *Pholidota longipes* S. C. Chen et Z. H. Tsi

药用部位及功效：假鳞茎具有润肺止咳、化痰止痛的功效。

分布：罗城、环江。

绶草属 *Spiranthes*

绶草 *Spiranthes sinensis* (Pers.) Ames

药用部位及功效：全株味甘、淡，性平，具有清热解毒、滋阴益气、润肺止咳的功效，可用于治疗病后体虚、阴虚内热、神经衰弱、咳嗽吐血、肺结核、咽喉肿痛、扁桃体炎、牙痛、指头炎、肺炎、肾炎、肝炎、头晕、腰酸、遗精、阳痿、带下病、淋浊、疮疡痈肿、带状疱疹、小儿急惊风、糖尿病、毒蛇咬伤。

分布：金城江、宜州、南丹、天峨、凤山、东兰、罗城、环江、巴马、都安、大化。

万代兰属 *Vanda*

琴唇万代兰 *Vanda concolor* Blume

药用部位及功效：全株具有祛风除湿、活血、止血、解毒的功效，可用于治疗风湿痹痛、疮疖肿痛。

分布：罗城、环江。

拟万代兰属 *Vandopsis*

拟万代兰 *Vandopsis gigantea* (Lindl.) Pfitzer

药用部位及功效：全株具有止咳的功效，可用于治疗风湿骨痛、跌打损伤。

分布：罗城、环江。

香荚兰属 *Vanilla*

台湾香荚兰 *Vanilla annamica* Gagnep.

药用部位及功效：全株可用于治疗肺热咳嗽、风湿骨痛、胸胁痛、经络不舒。

分布：罗城、环江。

灯心草科 Juncaceae

灯心草属 *Juncus*

小灯心草 *Juncus bufonius* L.

药用部位及功效：全株味苦，性凉。茎髓具有清热、祛水利湿、通淋、利尿、止血的功效。

分布：环江。

星花灯心草 *Juncus diastrophanthus* Buchenau

药用部位及功效：全株具有清热、利尿、消食的功效。

分布：金城江、宜州、南丹、天峨、凤山、东兰、罗城、环江、巴马、都安、大化。

灯心草 *Juncus effusus* L.

药用部位及功效：茎髓味甘、淡，性微寒，具有清热降火、利尿通淋、清凉、镇静、安神的功效，可用于治疗心烦少眠、口舌生疮、淋证、小便淋痛不利。

分布：南丹、罗城、环江。

野灯心草 *Juncus setchuensis* Buchenau ex Diels

药用部位及功效：全株可用于治疗高热不退、心烦失眠、淋浊、水肿。

分布：罗城。

莎草科 Cyperaceae

球柱草属 *Bulbostylis*

球柱草 *Bulbostylis barbata* (Rottb.) C. B. Clarke

药用部位及功效：全株味苦，性寒，归肝经，具有凉血止血的功效，可用于治疗出血、呕血、咯血、衄血、尿血、便血。

分布：罗城。

薹草属 *Carex*

浆果薹草 *Carex baccans* Nees

药用部位及功效：全株、根具有凉血、止血、调经的功效，可用于治疗月经不调、崩漏、鼻出血、消化道出血、狂犬咬伤。果具有透疹止咳、补中利尿的功效，可用于治疗麻疹、水痘、顿咳、水肿、脱肛。种子味甘、微辛，性平。

分布：金城江、宜州、南丹、天峨、凤山、东兰、罗城、环江、巴马、都安、大化。

十字薹草 *Carex cruciata* Wahlenb.

药用部位及功效：全株味辛、甘，性平，具有清热凉血、止血、解表透疹、理气健脾的功效，可用于治疗风热感冒、痢疾、麻疹不出、消化不良。

分布：环江。

莎草属 *Cyperus*

扁穗莎草 *Cyperus compressus* L.

药用部位及功效：全株可用于治疗跌打肿痛。

分布：罗城、环江。

异型莎草 *Cyperus difformis* L.

药用部位及功效：全株味咸、微苦，性凉，具有行气、活血、止血、利尿、通淋的功效，可用于治疗热淋、小便不利、跌打损伤、吐血、衄血、胁痛、胸痛、水肿。

分布：宜州、罗城、环江。

畦畔莎草 *Cyperus haspan* L.

药用部位及功效：全株味甘，性平，具有解热、熄风止痉、镇惊的功效，可用于治疗婴儿破伤风。

分布：环江。

碎米莎草 *Cyperus iria* L.

药用部位及功效：全株味辛，性平，具有祛风除湿、调经利尿、清热止痛、行气破血、消积、通经活络的功效，可用于治疗风湿筋骨痛、跌打损伤、瘫痪、月经不调、痛经、闭经、慢性宫颈炎、产后腹痛、砂淋、消化不良、痢疾、痔疮。

分布: 金城江、宜州、南丹、天峨、凤山、东兰、罗城、环江、巴马、都安、大化。

毛轴莎草 *Cyperus pilosus* Vahl

药用部位及功效: 花序味辛，性温，可用于治疗水肿、肾炎、跌打损伤。

分布: 宜州、南丹、环江。

香附子 *Cyperus rotundus* L.

药用部位及功效: 块茎味辛、微苦、微甘，性平，具有理气解郁、调经止痛的功效，可用于治疗肝郁气滞、胸胁或脘腹胀痛、消化不良、胸脘痞闷、寒疝腹痛、乳房胀痛、月经不调、闭经、痛经。茎、叶具有行气、开郁、祛风的功效，可用于治疗胸闷不舒、皮肤风痒、痈肿。

分布: 金城江、宜州、南丹、天峨、凤山、东兰、罗城、环江、巴马、都安、大化。

荸荠属 *Eleocharis*

荸荠 *Eleocharis dulcis* (Burm. f.) Trin. ex Hensch.

药用部位及功效: 地上部分、球茎具有清热泻火、凉血解毒、利尿、通便、祛痰、消食除胀、调理痔疮的功效，可用于预防急性传染病，辅助退烧及治疗痢疾便血、崩漏、阴虚肺燥、痰热咳嗽、咽喉不利、痞块积聚、目赤障翳。

分布: 金城江、宜州、南丹、天峨、凤山、东兰、罗城、环江、巴马、都安、大化。

羽毛荸荠 *Eleocharis wichurai* Boeck.

药用部位及功效: 全株可用于治疗咳嗽、腹泻。

分布: 南丹、罗城、环江。

牛毛毡 *Eleocharis yokoscensis* (Franch. et Sav.) Ts. Tang et F. T. Wang

药用部位及功效: 全株具有发表散寒、祛痰平喘的功效，可用于治疗感冒咳嗽、痰多气喘、咳嗽失声。

分布: 罗城。

飘拂草属 *Fimbristylis*

两歧飘拂草 *Fimbristylis dichotoma* (L.) Vahl

药用部位及功效: 全株具有清热解毒、祛痰定喘、止血消肿、利尿的功效，可用于治疗小便不利、瘰疬。

分布: 环江、都安。

水虱草 *Fimbristylis miliacea* (L.) Vahl

药用部位及功效: 全株可用于治疗风热咳嗽、小便短赤、胃肠炎、跌打损伤、支气管炎、小便不利。

分布: 罗城、都安。

芙兰草属 *Fuirena*

芙兰草 *Fuirena umbellata* Rottb.

药用部位及功效: 全株可用于治疗疟疾、小儿风热。

分布：金城江、宜州、南丹、天峨、凤山、东兰、罗城、环江、巴马、都安、大化。

黑莎草属 *Gahnia*

黑莎草 *Gahnia tristis* Nees

药用部位及功效：全株可用于治疗子宫脱垂。

分布：环江。

水蜈蚣属 *Kyllinga*

短叶水蜈蚣 *Kyllinga brevifolia* Rottb.

药用部位及功效：全株具有发汗退热、消肿解毒的功效，可用于治疗感冒发热、疟疾、痢疾、皮肤瘙痒、蛇虫咬伤、乳糜尿。

分布：天峨、东兰、罗城、都安。

无刺鳞水蜈蚣 *Kyllinga brevifolia* Rottb. var. *leiolepis* (Franch. et Sav.) Hara

药用部位及功效：全株可用于治疗风寒感冒、寒热头痛、筋骨疼痛、咳嗽、疟疾、黄疸、痢疾、疮疡肿毒、跌打损伤。

分布：金城江、宜州、南丹、天峨、凤山、东兰、罗城、环江、巴马、都安、大化。

单穗水蜈蚣 *Kyllinga nemoralis* (J. R. et G. Forst.) Dandy ex Hatch. et Dalziel

药用部位及功效：全株味微甘、微苦，性平，具有疏风清热、止咳化痰、截疟、散瘀、活血消肿的功效，可用于治疗感冒、咳嗽、顿咳、百日咳、咽喉肿痛、痢疾、疟疾、跌打损伤、疮肿、毒蛇咬伤。

分布：凤山、罗城、环江。

砖子苗属 *Mariscus*

砖子苗 *Mariscus sumatrensis* (Retz.) J. Raynal

药用部位及功效：全株味苦、辛，性平，具有调经止痛、行气解表、祛风止痒、解郁调经的功效，可用于治疗感冒、月经不调、慢性子宫内膜炎、产后腹痛、跌打损伤、风湿关节肿痛、皮肤瘙痒、血崩。

分布：天峨、东兰、罗城、环江。

刺子莞属 *Rhynchospora*

刺子莞 *Rhynchospora rubra* (Lour.) Makino

药用部位及功效：全株味辛、苦，性寒，具有清热利湿、祛风的功效，可用于治疗淋浊。

分布：金城江、宜州、南丹、天峨、凤山、东兰、罗城、环江、巴马、都安、大化。

拟莞属 *Schoenoplectus*

萤蔺 *Schoenoplectus juncoides* (Roxb.) Palla

药用部位及功效：全株味甘、淡，性平，具有清热解毒、凉血利尿、清心火、止吐血的功效，可用于治疗咳嗽、百日咳、小便不利、高血压、麻疹瘟毒、肺结核咯血、火盛牙痛、目赤肿痛。

分布：金城江、宜州、南丹、天峨、凤山、东兰、罗城、环江、巴马、都安、大化。

三棱水葱 *Schoenoplectus triqueter* (L.) Palla

药用部位及功效：全株可用于治疗水肿胀满、小便不利。

分布：罗城、都安。

珍珠茅属 *Scleria*

毛果珍珠茅 *Scleria levis* Retz

药用部位及功效：全株具有清热、祛风除湿、通经活络的功效。根味苦、辛，性平，具有消肿解毒的功效，可用于治疗痢疾、咳嗽、消化不良、毒蛇咬伤。

分布：宜州、东兰、环江、都安。

禾本科 Poaceae

看麦娘属 *Alopecurus*

看麦娘 *Alopecurus aequalis* Sobol.

药用部位及功效：全株味淡，性凉，具有利湿、解毒、消肿的功效，可用于治疗水肿、水痘、小儿消化不良、泄泻。种子可用于治疗水肿、水痘、毒蛇咬伤。

分布：罗城、环江。

水蔗草属 *Apluda*

水蔗草 *Apluda mutica* L.

药用部位及功效：全株具有清热解毒、祛腐生肌的功效，可用于治疗毒蛇咬伤、阳痿。根外用可治疗毒蛇咬伤。茎、叶外用可治疗脚部糜烂。

分布：环江。

芦竹属 *Arundo*

芦竹 *Arundo donax* L.

药用部位及功效：根茎、嫩笋芽具有清热泻火的功效，可用于治疗热病烦渴、风火牙痛、小便不利。

分布：罗城。

细柄草属 *Capillipedium*

硬秆子草 *Capillipedium assimile* (Steud.) A. Camus

药用部位及功效：全株可用于治疗痢疾。

分布：东兰、罗城、环江。

金须茅属 *Chrysopogon*

竹节草 *Chrysopogon aciculatus* (Retz.) Trin.

药用部位及功效：全株可用于治疗风热感冒、小儿发热、暑热、小便短赤、腹痛、吐泻、木薯中毒。

分布：罗城。

薏苡属 *Coix*

薏苡 *Coix lacryma-jobi* L.

药用部位及功效：根味甘、淡，性凉，具有健脾利湿、清热排脓的功效，可用于治疗夜盲、遗精、淋浊、白带异常、崩漏、蛔虫病。

分布：金城江、宜州、南丹、天峨、凤山、东兰、罗城、环江、巴马、都安、大化。

薏米 *Coix lacryma-jobi* var. *ma-yuen* (Rom. Caill.) Stapf

药用部位及功效：种子味甘、淡，性凉，具有健脾渗湿、除痹止泻、清热排脓的功效，可用于治疗水肿、脚气病、小便不利、湿痹拘挛、脾虚泄泻、肺痈、肠痈、扁平疣。

分布：金城江、宜州、南丹、天峨、凤山、东兰、罗城、环江、巴马、都安、大化。

狗牙根属 *Cynodon*

狗牙根 *Cynodon dactylon* (L.) Pers.

药用部位及功效：全株味苦、微甘，性凉，具有清热利尿、散瘀祛风、活络、止血、生肌的功效，可用于治疗咽喉肿痛、肝炎、痢疾、小便淋涩、鼻出血、咯血、便血、呕血、脚气病水肿、风湿骨痛、瘾疹、半身不遂、手脚麻木、跌打损伤。

分布：金城江、宜州、南丹、天峨、凤山、东兰、罗城、环江、巴马、都安、大化。

马唐属 *Digitaria*

止血马唐 *Digitaria ischaemum* (Schreb.) Muhl.

药用部位及功效：全株味甘，性寒，具有凉血、止血、收敛的功效。

分布：金城江、宜州、南丹、天峨、凤山、东兰、罗城、环江、巴马、都安、大化。

稗属 *Echinochloa*

稗 *Echinochloa crusgalli* (L.) P. Beauv.

药用部位及功效：根、苗具有调经止血的功效，可用于治疗鼻出血、便血、月经过多、产后出血。种子具有益气、健脾、透疹、止咳、补中利尿的功效，可用于治疗麻疹、水痘、百日咳、脱肛、浮肿。仫佬族用其利尿消肿、安神。

分布：金城江、宜州、南丹、天峨、凤山、东兰、罗城、环江、巴马、都安、大化。

西来稗 *Echinochloa crusgalli* (L.) P. Beauv. var. *zelayensis* (Kunth) Hitchc.

药用部位及功效：全株味微苦，性微温，具有止血、生肌的功效，可用于治疗外伤出血、金疮、麻疹。

分布：金城江、宜州、南丹、天峨、凤山、东兰、罗城、环江、巴马、都安、大化。

穇属 *Eleusine*

牛筋草 *Eleusine indica* (L.) Gaertn.

药用部位及功效：全株味甘、淡，性平，具有清热解毒、祛风利湿、散瘀止血的功效，可用于治疗乙型脑炎、流行性脑脊髓膜炎、风湿性关节炎、黄疸、小儿消化不良、泄泻、痢疾、小便淋痛、跌打损伤、外伤出血、狂犬咬伤。

分布：金城江、宜州、南丹、天峨、凤山、东兰、罗城、环江、巴马、都安、大化。

披碱草属 *Elymus*

柯孟披碱草 *Elymus kamoji* (Ohwi) S. L. Chen

药用部位及功效：全株具有清热凉血、镇痛的功效，可用于治疗咳嗽、痰中带血、荨麻疹、劳伤疼痛。

分布：罗城。

画眉草属 *Eragrostis*

画眉草 *Eragrostis pilosa* (L.) P. Beauv.

药用部位及功效：全株具有利尿通淋、清热活血的功效，可用于治疗热淋、石淋、目赤肿痛、跌打损伤。

分布：金城江、宜州、南丹、天峨、凤山、东兰、罗城、环江、巴马、都安、大化。

拟金茅属 *Eulaliopsis*

拟金茅 *Eulaliopsis binata* (Retz.) C. E. Hubb.

药用部位及功效：全株可用于治疗月经不调。

分布：罗城。

白茅属 *Imperata*

白茅 *Imperata cylindrica* (L.) Raeuschel

药用部位及功效：根、花序味甘，性寒，具有清热、抗炎、祛瘀、利尿、凉血、止血的功效，可用于治疗暑热、内热烦渴、小便不利、热淋、尿血、子宫出血、口鼻出血、吐血、尿道热痛、口干渴、小儿麻疹。

分布：南丹、罗城、环江。

柳叶箬属 *Isachne*

柳叶箬 *Isachne globosa* (Thunb.) Kuntze

药用部位及功效：全株可用于治疗小便淋痛、跌打损伤。

分布：金城江、宜州、南丹、天峨、凤山、东兰、罗城、环江、巴马、都安、大化。

淡竹叶属 *Lophatherum*

淡竹叶 *Lophatherum gracile* Brongn.

药用部位及功效：茎、叶味甘、淡，性寒，具有清热除烦、利尿的功效，可用于治疗热病烦渴、小便赤涩、淋痛、口舌生疮。块根、根茎具有清热利尿的功效，可用于辅助人工流产、催生及治疗咽喉肿痛。

分布：罗城、环江。

芒属 *Miscanthus*

芒 *Miscanthus sinensis* Andersson

药用部位及功效：幼茎具有散血祛毒的功效。

分布：罗城。

类芦属 *Neyraudia*

类芦 *Neyraudia reynaudiana* (Kunth) Keng ex Hitchc.

药用部位及功效：全株味甘、淡，性平。幼苗、竹沥、嫩叶具有清热解毒、利湿、消肿、止血、利尿的功效，可用于治疗水肿、尿路感染。

分布：罗城、环江。

稻属 *Oryza*

稻 *Oryza sativa* L.

药用部位及功效：须根、茎、叶、种芽味甘，性平。须根具有止汗收敛、强壮镇静、退虚热、退蛋白尿的功效。茎、叶具有宽中下气、消食积的功效。发芽的果（谷芽）具有消食和中、健脾开胃、除烦渴、助消化的功效，可用于治疗食积不消、腹胀、口臭、脾胃虚弱、不饥少食。种皮（米糠）可用于治疗噎膈、脚气病。米水具有清热凉血、利小便的功效。米油具有滋阴长力、肥五脏百窍、利小便、通淋的功效。

分布：罗城、环江。

黍属 *Panicum*

心叶稷 *Panicum notatum* Retz.

药用部位及功效：全株具有清热、生津的功效。

分布：罗城、环江。

雀稗属 *Paspalum*

鸭乸草 *Paspalum scrobiculatum* L.

药用部位及功效：全株具有驱蚊的功效，可用于治疗小便不利。

分布：环江。

雀稗 *Paspalum thunbergii* Kunth ex Steud.

药用部位及功效：全株可用于治疗目赤肿痛、风湿咳喘、肝炎、跌打损伤。

分布：罗城。

芦苇属 *Phragmites*

芦苇 *Phragmites australis* (Cav.) Trin. ex Steud.

药用部位及功效：根、茎、花具有清胃火、除肺热、止血解毒、健胃、镇呕、利尿的功效，可用于治疗霍乱呕逆、痈疽、发背溃烂、鼻出血、血崩、上吐下泻、热血口渴、淋病。

分布：金城江、宜州、南丹、天峨、凤山、东兰、罗城、环江、巴马、都安、大化。

早熟禾属 *Poa*

早熟禾 *Poa annua* L.

药用部位及功效：全株可用于治疗咳嗽、湿疹、跌打损伤。

分布：环江。

金发草属 *Pogonatherum*

金丝草 *Pogonatherum crinitum* (Thunb.) Kunth

药用部位及功效：全株味甘、淡，性凉，具有清热解毒、凉血、止血、利湿的功效，可用于治疗感冒、中暑发热、口干咽燥、瘀痧疹毒、肝炎、肾炎性水肿、脾肿大、小便不利、咯血、外伤出血。

分布：环江。

金发草 *Pogonatherum paniceum* (Lam.) Hackel

药用部位及功效：全株味甘，性凉，具有清热、利湿、消积的功效，可用于治疗脾脏肿大、消化不良、小儿疳积、毒蛇咬伤。

分布：天峨、东兰、罗城、环江。

棒头草属 *Polypogon*

棒头草 *Polypogon fugax* Nees ex Steud.

药用部位及功效：全株可用于治疗关节痛。

分布：环江。

甘蔗属 *Saccharum*

甘蔗 *Saccharum officinarum* L.

药用部位及功效：全株具有下气和中、助脾气、利大肠、宽胸膈、消痰止渴、除心胸烦热、解酒毒的功效，可用于治疗呕吐反胃、小儿白秃疮。

分布：金城江、宜州、南丹、天峨、凤山、东兰、罗城、环江、巴马、都安、大化。

狗尾草属 *Setaria*

皱叶狗尾草 *Setaria plicata* (Lam.) T. Cooke

药用部位及功效：全株可用于治疗咯血、吐血、鼻出血、胎盘不下。

分布：天峨、凤山、罗城。

狗尾草 *Setaria viridis* (L.) P. Beauv.

药用部位及功效：全株味淡，性平，具有清热解毒、祛风明目、除热祛湿、消肿、杀虫的功效，可用于治疗痈疮肿毒、黄水疮、疥癣流汁、瘙痒、恶血、疣目、目赤多泪、翳障、老年眼目不明、头晕胀痛、黄发。

分布：罗城、环江。

鼠尾粟属 *Sporobolus*

鼠尾粟 *Sporobolus fertilis* (Steud.) Clayton

药用部位及功效： 全株味甘，性平，具有清热解毒、凉血、利尿的功效，可用于治疗伤暑烦热、小儿热病、赤白痢疾、便秘、热淋、尿血、流行性脑脊髓膜炎、乙型脑炎、传染性肝炎。

分布： 罗城、环江。

粽叶芦属 *Thysanolaena*

粽叶芦 *Thysanolaena latifolia* (Roxb. cx Hornem.) Honda

药用部位及功效： 根、笋味甘，性凉，具有清热解毒、生津止渴的功效，可用于治疗疟疾、烦渴。

分布： 罗城、环江。

玉蜀黍属 *Zea*

玉蜀黍 *Zea mays* L.

药用部位及功效： 根、叶、苞片、花柱、柱头味甘，性平。根具有利尿、祛瘀的功效，可用于治疗砂淋、吐血。叶可用于治疗砂淋。花柱具有利尿、泻热、平肝、利胆的功效，可用于治疗肾炎性水肿、脚气病、黄疸性肝炎、高血压、胆囊炎、胆结石、糖尿病、吐血、衄血、鼻渊、乳痈。穗轴具有健脾利湿的功效，可用于治疗小便不利、水肿、脚气病、泄泻。种子具有调中开胃、益肺宁心、健胃的功效。

分布： 金城江、宜州、南丹、天峨、凤山、东兰、罗城、环江、巴马、都安、大化。

菰属 *Zizania*

菰 *Zizania latifolia* (Griseb.) Turcz. ex Stapf

药用部位及功效： 根茎味甘，性凉，可用于治疗黄疸、小便不利。

分布： 金城江、宜州、南丹、天峨、凤山、东兰、罗城、环江、巴马、都安、大化。

参考文献

[1] 卜献春，陈立峰，戴小良，等，2004. 湖南药物志 第四卷[M]. 长沙：湖南科学技术出版社.

[2] 关晓燕，马世震，邢晓方，等，2017. 青海濒危中藏药材资源持续利用研究[J]. 青海科技，24(1)：45-47.

[3] 广西中药资源普查办公室，1993. 广西中药资源名录[M]. 南宁：广西民族出版社.

[4] 广西壮族自治区中国科学院植物研究所，1991. 广西植物志（第一卷）[M]. 南宁：广西科学技术出版社.

[5] 广西壮族自治区中国科学院植物研究所，2005. 广西植物志（第二卷）[M]. 南宁：广西科学技术出版社.

[6] 广西壮族自治区中国科学院植物研究所，2011. 广西植物志（第三卷）[M]. 南宁：广西科学技术出版社.

[7] 广西壮族自治区中国科学院植物研究所，2013. 广西植物志（第六卷）[M]. 南宁：广西科学技术出版社.

[8] 广西壮族自治区中国科学院植物研究所，2016. 广西植物志（第五卷）[M]. 南宁：广西科学技术出版社.

[9] 广西壮族自治区中国科学院植物研究所，2017. 广西植物志（第四卷）[M]. 南宁：广西科学技术出版社.

[10] 国家药典委员会，2015. 中华人民共和国药典：2015年版 一部[M]. 北京：中国医药科技出版社.

[11] 胡仁传，2014. 广西罗城仫佬族自治县药用植物资源调查研究[D]. 桂林：广西师范大学.

[12] 黄蓓，2018. 云南印发实施"定制药园"工作方案[J]. 中医药管理杂志，26(19)：157.

[13] 黄俞松，许为斌，林春蕊，等，2021. 广西中药资源大典（环江卷）[M]. 南宁：广西科学技术出版社.

[14] 江纪武，2005. 药用植物辞典[M]. 天津：天津科学技术出版社.

[15] 康志华，2017. 龙头企业在产业扶贫中做什么[J]. 农村经营管理，171(5)：45-46.

[16] 廖庆凌，杨爱艳，2020. 河池：中药材产业成"治"贫良方[J]. 农家之友(9)：18.

[17] 林春蕊，余丽莹，许为斌，等，2016. 广西恭城瑶族端午药市药用植物资源[M]. 南宁：广西科学技术出版社.

[18] 林涛，2005. 发挥资源优势，推进广西中草药产业化进程[J]. 广西农业科学，36(5)：482-485.

[19] 刘静，2014. 广西环江毛南族自治县药用植物资源调查[D]. 桂林：广西师范大学.

[20] 刘燕华，2005. 中医药现代化国家科技发展战略[J]. 世界科学技术－中医药现代化，7(5)：1-4.

[21] 罗青，2022. 贵州省中药产业链的比较优势研究[D]. 贵阳：贵州大学.

[22] 吕欣，覃艺淋，2021. 广西中药资源普查拿下三个"全国第一"[N]. 广西日报，2021-11-10(4).

[23] 马文杰，舒贝，苏志维，等，2021. 广西中药材种植专业合作社发展状况[J]. 北方园艺(5)：

162-168.
[24] 蒙涛，黄俞松，许为斌，等，2021. 广西中药资源大典（罗城卷）[M]. 南宁：广西科学技术出版社.
[25] 南京中医药大学，2006. 中药大辞典 [M]. 2 版. 上海：上海科学技术出版社.
[26] 覃海宁，刘演，2010. 广西植物名录 [M]. 北京：科学出版社.
[27] 全国中草药汇编编写组，1975. 全国中草药汇编（上册）[M]. 北京：人民卫生出版社.
[28] 全国中草药汇编编写组，1978. 全国中草药汇编（下册）[M]. 北京：人民卫生出版社.
[29] 史艳财，韦霄，刘演，等，2020. 广西特色中药材概评 [M]. 南宁：广西科学技术出版社.
[30] 王立升，薛井中，庞赛，等，2012. 广西中药资源开发利用对策 [J]. 广西科学院学报，28（2）：131-135.
[31] 韦艺，谢代祖，韦林，等，2020. 广西河池野生兰科植物资源分布调查 [J]. 广西林业科学，49（4）：565-574.
[32] 夏雪芳，牙韩良，骆相华，等，2022. 广西区域中药材产业高质量发展探讨与建议：以河池凤山县为例 [J]. 广西农学报，37（5）：64-68，73.
[33] 许玲，何秋伶，梁宗锁，2021. 药用植物育种现状、存在的问题及对策 [J]. 科技通报，37（8）：1-7.
[34] 叶华谷，李楚源，叶文才，等，2022. 中国中草药志 [M]. 北京：化学工业出版社.
[35] 张艳燕，2019. 贵州启动中药材电子商务平台建设 [J]. 中医药管理杂志，27（11）：65.